前　言

教育、科技、人才是全面建设社会主义现代化国家的基础性、战略性支撑。因此，本书在编写过程中，紧紧围绕“培养什么人、怎样培养人、为谁培养人”这一教育根本问题，全面落实立德树人根本任务，将绿色发展、守正创新、自立自强、文化自信等理念有机融入学生素养教育中，达到潜移默化的育人效果，培养德智体美劳全面发展的社会主义建设者和接班人。

本书从实用角度出发，全面介绍了电子元器件分类、命名及标称方法，并介绍了印制电路板（PCB）的知识。在此基础上介绍了 Altium Designer 21 的基本操作及使用环境，并详细讲解了电路原理图的设计和印制电路板的设计。在讲解过程中，以项目化教学的方式来实施。项目化教学把单一学习变为理实一体，将理论知识运用于实践；项目化教学力求在教学过程中充分调动学生的学习兴趣和积极性，提高学生解决问题的实践操作能力，建立课堂与生产、生活的联系，实现高等职业教育的培养目标。本书坚持产教融合、科教融汇，由工程技术项目重构形成典型的教学内容，每个项目之间循序渐进、深入浅出，知识和能力并重，符合高等职业教育学生的认知规律和技能人才成长规律，体现了编者丰富的电子线路设计经验，为培养高技能人才打下坚实基础。

全书共分 7 个项目：项目 1 为电子 CAD 设计基础，主要介绍电子 CAD 的发展历程、功能、常用软件及电子元器件的基础知识；项目 2 为稳压电源 PCB 设计，主要介绍稳压电源电路原理图的设计流程及单层 PCB 设计流程；项目 3 为幸运转盘 PCB 设计，主要介绍电子元器件的设计及双层 PCB 设计流程；项目 4 为简易单片机系统 PCB 设计，主要介绍层次电路的设计方法和流程，以及各种报表的生成方法；项目 5 为定时控制器 PCB 设计，主要介绍元器件封装设计及多层板的设计流程；项目 6 为超声波测距仪 PCB 设计，主要介绍一些设计技巧及手动设计 PCB 的流程；项目 7 为仔猪智能化喂料机 PCB 设计，主要介绍 DigiPCBA 云平台使用方法及工程文件输出的方法。附录为 Altium Designer 元器件库集锦。本书电子行业背景突出，职教特色鲜明。

本书教学资源丰富，提供有二维码链接的操作视频，以及与教材配套的教学大纲（课程标准）、授课计划、授课教案、PPT 课件等教学资源，如有需要，可发邮件至邮箱 360603935@qq.com 索取。

为了保持本书电路图与 Altium Designer 软件电路图图形符号的一致性，本书部分电路图保留了软件的电路符号画法，部分电路符号与国家标准不符。下表给出了本书中电子元器件图形符号与 GB/T 4728—2018《电气简图用图形符号》（部分）中图形符号对照表，以便读者查阅。

本书中电子元器件图形与 GB/T 4728 图形对照表

元器件名称	GB/T 4728 图形符号	本书中所用图形符号
发光二极管		

续表

元器件名称	GB/T 4728 图形符号	本书中所用图形符号
半导体二极管		
光电耦合器		
双绕组变压器		
接地符号		
一个绕组上有中间抽头的变压器		
动合（常开）触点		
静态继电器		
运算放大器	2 − 3 + ▷ ∞ 1	4 2 − 3 + 1 11
非门	1	1 2

本书由开封大学高明远和曹红英任主编，开封大学邓娜、晋中职业技术学院刘力涛和河南职业技术学院季小榜任副主编。其中，项目 1 由刘力涛编写，项目 2 和内容简介、前言、附录由曹红英编写，项目 3 和项目 4 的 4.2 节由邓娜编写，项目 5 由开封大学李莉编写，项目 6 由高明远编写，项目 4 的 4.1 节和项目 7 由季小榜编写。中铝郑州有色金属研究院有限公司自动化研究所教授级高级工程师高鸿光负责全书大纲的制订、项目的选择和内容的审核工作。

由于编写时间仓促，本书难免有疏漏之处，敬请广大读者批评指正。

高等职业教育电子信息类系列教材

Altium Designer 电路设计与应用

（第三版）

主　编　高明远　曹红英

副主编　邓　娜　刘力涛　季小榜

科　学　出　版　社

北　京

内 容 简 介

本书是根据电子行业岗位标准、职业资格证书和“1+X”职业技能等级证书考试的具体要求，结合多年来的教学实践和 EDA 技术发展的现状与趋势，并针对学生实践能力和创新能力的培养而编写的一本实践性较强的教材。

全书共分 7 个项目，分别为电子 CAD 设计基础、稳压电源 PCB 设计、幸运转盘 PCB 设计、简易单片机系统 PCB 设计、定时控制器 PCB 设计、超声波测距仪 PCB 设计和仔猪智能化喂料机 PCB 设计；附录为 Altium Designer 元器件库集锦。

本书可作为高等职业院校电子信息类、计算机类、自动化类等相关专业的电子设计自动化（EDA）教材，也可作为计算机辅助设计（Altium Designer 平台）职业资格和“1+X”职业技能等级证书考试用书，还可作为计算机、电子产品、仪器仪表等方面的工程技术人员及电子爱好者的参考书。

图书在版编目（CIP）数据

Altium Designer 电路设计与应用/高明远，曹红英主编. —3 版. —北京：科学出版社，2022.1

ISBN 978-7-03-071468-8

Ⅰ. ①A… Ⅱ. ①高… ②曹… Ⅲ. ①印刷电路-计算机辅助设计-应用软件-高等职业教育-教材 Ⅳ. ①TN410.2

中国版本图书馆 CIP 数据核字（2022）第 024953 号

责任编辑：孙露露 / 责任校对：马英菊

责任印制：吕春珉 / 封面设计：东方人华平面设计部

科学出版社 出版

北京东黄城根北街 16 号

邮政编码：100717

http://www.sciencep.com

三河市骏杰印刷有限公司印刷

科学出版社发行　各地新华书店经销

*

2016 年 6 月第 一 版　2023 年 12 月第十二次印刷

2019 年 11 月第 二 版　开本：787×1092 1/16

2022 年 1 月第 三 版　印张：17 1/4

字数：410 000

定价：53.00 元

（如有印装质量问题，我社负责调换〈骏杰〉）

销售部电话 010-62136230　编辑部电话 010-62138978-2010

目　录

项目 1

电子 CAD 设计基础

学习目标

1）了解电子 CAD 的概念及发展历程；
2）了解电子 CAD 的主要功能；
3）了解电子 CAD 的常用软件；
4）掌握常用电子元器件的基础知识。

素质目标

树立知史爱国、技能报国的意识，努力成长为电子行业高端装备建设者。

电子 CAD（computer aided design，计算机辅助设计）就是以计算机为辅助工具进行电子线路设计。本项目主要介绍电子 CAD 的发展历程、功能、常用软件及电子元器件的基础知识。

1.1 电子 CAD 简介

20 世纪 50 年代在美国诞生第一个计算机绘图系统，开始出现具有简单绘图输出功能的被动式计算机辅助设计技术。60 年代初期出现了 CAD 的曲面片技术，中期推出商品化的计算机绘图设备。70 年代，完整的 CAD 系统开始形成，后期出现了能产生逼真图形的光栅扫描显示器，推出了手动游标、图形输入板等多种形式的图形输入设备，促进了 CAD 技术的发展。80 年代，随着由强有力的超大规模集成电路制成的微处理器和存储器件的出现，工程工作站问世，CAD 技术在中小型企业逐步普及。80 年代中期以来，CAD 技术向标准化、集成化、智能化方向发展。一些标准的图形接口软件和图形功能相继推出，为 CAD 技术的推广、软件的移植和数据共享起了重要的促进作用；系统构造由过去的单一功能变成综合功能，出现了计算机辅助设计与辅助制造结合在一起的计算机集成制造系统；固化技术、网络技术、多处理机和并行处理技术在 CAD 中的应用，极大地提高了 CAD 系统的性能；人工智能和专家系统技术引入 CAD，出现了智能 CAD 技术，使 CAD 系统的问题求解能力大为增强，设计过程更趋自动化。现在，CAD 已在电子和电气、科学研究、机械设计、软件开发、机器人、服装业、出版业、工厂自动化、建筑、地质、计算机艺术等各个领域得到广泛应用。

电子 CAD 的主要功能包括电路原理图的编辑、电路功能仿真、工作环境模拟、印制电路板（printed-circuit board，PCB）设计（自动布局、自动布线）与检测等。电子 CAD 软件还能迅速形成各种各样的报表文件，如元件清单报表，为元器件的采购及工程预决算等提供方便。

现今较常见的电子 CAD 软件除了常见的 Altium Designer、EWB、MAX＋PLUS Ⅱ 以外，还有 Pspice、Multisim、Tina Pro、ORCAD、VISIO、PowerPCB 等。其中，Pspice、EWB、Multisim、Tina Pro 等都是主要用于电子线路仿真的软件。

1.2 Altium Designer 发展概述

Altium Designer 的早期版本是 Protel 软件，是由澳大利亚的 Protel Technology 公司在 20 世纪 80 年代末推出的电路行业的 CAD 软件。它当之无愧地排在众多 EDA 软件的前面，是电路设计者的首选软件。它较早在中国使用，普及率也最高。Protel 的前身是美国的 ACCEL Technologies 公司的 TANGO 软件包，当时只能运行在计算机的 DOS 操作系统下。直到微软公司的 Windows 操作系统问世以后，1991 年由 Protel Technology 公司最早推出 Protel for Windows 1.0 版本。其后随着计算机技术取得了令人瞩目的长足进步，Protel Technology 公司相继推出 Protel for Windows 2.0、Protel for Windows 3.0、Protel 98，并于 1999 年初推出 Protel 99，于 2000 年推出 Protel 99 SE，其性能不断提高。2001 年，Protel Technology 公司改名为 Altium 公司，2002 年推出 Protel DXP。Protel DXP 支持原理图和 PCB 同步设计、集成更多元件等，功能更强大。2006 年之后的产品，均以 Altium Designer 命名。Altium Designer 通过将原理图设计、电路仿真、PCB 绘制编辑、拓扑逻辑自动布线、信号完整性分析和设计输出等技术完美融合，为设计者提供了全新的设计解决方案，使设计者可以轻松地进行设计。

Altium Designer 21 是 Altium 公司于 2021 年发布的电路设计软件的新版本。Altium Designer 21 采用时尚、新颖的用户界面，简化了设计流程，可以显著提高用户体验和设计效率，同时通过 64 位多线程架构，实现了前所未有的性能优化。

1. 现代化的界面体验

新的、内聚的用户界面提供了一个全新的、直观的环境，并使其最优化，使用户的设计流程能够获得无与伦比的可视化。属性面板结合了属性对话框和监视器（inspector）面板，通过选择过滤器、文档/快照选项、快捷方式和对象属性简化了对对象属性和参数的访问过程；库面板可以快速搜索和放置元件，同时整合来自 100 多家经过验证的供应商的相关供应链数据；板层及颜色面板为用户提供了自定义板层比例、显示或屏蔽、三维对象，甚至系统颜色可视化的完整功能。

2. 强大的 PCB 设计

64 位体系结构和多线程任务优化，让用户可以比以前更快地设计和发布大型、复杂的 PCB。设计大型、复杂 PCB 时，确保不会出现内存不足的情况，并且利用更高效的算法显著提高了许多常见任务（包括在线 DRC、原理图编译、多边形敷铜和输出生成）的执行速度，大大缩短了设计时间。

3. 快速和高质量的布线能力

视觉约束和用户指导的互动结合，使用户能够跨板层进行复杂的拓扑结构布线——以计算机的速度布线，以人的智慧保证质量。ActiveRoute 提供了用户导向的布线自动化，以便在被定义的层范围内进行布线和调整，从而以机器的速度获得人类的高质量效果。

4. 原生 3D PCB 设计环境

PCB 的真实三维（3D）和实时渲染的视图包括通过直接连接 STEP 模型实现的 MCAD-ECAD 协同设计、实时的三维安全间距检查、二维和三维模式的显示配置、正交投影以及二维和三维 PCB 模型的纹理渲染。PCB 编辑器也支持导入机械外壳，从而实现精确的三维违规检测。

5. 功能强大的多板设计系统

许多产品包括多个互连的 PCB，将这些 PCB 组装在外壳内部，并确保它们正确连接到一起是产品开发过程中具有挑战性的阶段，这需要一个支持系统级设计的设计环境。利用 Altium Designer 的系统级多板工程，用户可以在其中定义功能逻辑系统，也可以定义将各种 PCB 连接在一起的空间，并在逻辑和物理上验证它们连接的正确性。

6. 简化的 PCB 文档处理流程

Draftsman 文档工具提供了快速的、自动化的制造和装配文档。它可以直接将所有必需的装配和制造视图与实际源数据放在一起，以便更新；还可以除去另一个产品，并从用户的设计流程中分离各环节，以生成相应的制造和装配图纸。用户只需单击 Next 按钮，所有图纸就会被更新以匹配源数据，而不需要文件交换。

1.3 电子元器件基础知识

1.3.1 电阻器

导体对电流的阻碍作用称为电阻。它是导体的一种基本性质，与导体的尺寸、材料、温度有关。电阻的基本单位是欧[姆]，用希腊字母“Ω”表示，常用单位还有千欧（kΩ）、兆欧（MΩ）等。在电子线路中，具有电阻性能的实体元件称为电阻器。电阻器在电路中的主要作用为分流、分压、限流、偏置等。常用电阻器的外形结构及电路图形符号如图 1-1 所示。

1. 电阻器的分类

常用的电阻器有碳膜电阻器，金属膜电阻器，合成膜电阻器，线绕电阻器，熔断电阻器，NTC、PTC 热敏电阻器等。

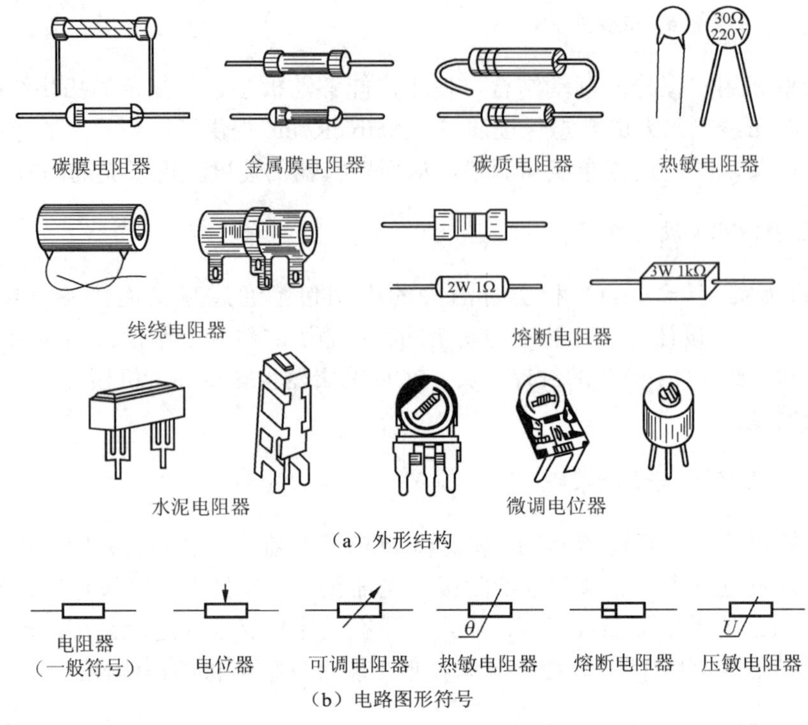

（a）外形结构

（b）电路图形符号

图 1-1　常用电阻器的外形结构及电路图形符号

（1）碳膜电阻器

碳膜电阻器是由碳沉积在瓷介质基体上制成的，通过改变碳膜的厚度或长度获得不同的电阻值。其主要特点是高频特性好、价格低，但精度差。它广泛用于家电产品，如收音机、录音机、电视机等。

（2）金属膜电阻器

金属膜电阻器是在真空条件下，通过在瓷介质基体上沉积一层合金粉制成的。调整金属膜的厚度或长度可获得不同的电阻值。其主要特点是耐高温。当环境温度升高后，其阻值随温度的变化很小，高频特性好、精度高，在精密仪表和要求较高的电子系统中使用。

（3）合成膜电阻器

合成膜电阻器包括合成漆膜电阻器、合成碳质实心电阻器和金属玻璃釉电阻器等。

1）合成漆膜电阻器是由炭黑、石墨和填充料以树脂漆作黏结剂，经加热聚合而成的、浸涂在陶瓷基体表面的漆膜，主要用作高阻电阻器和高压电阻器。

2）合成碳质实心电阻器是由炭黑、石墨、填充料和黏结剂混合压制并经加热聚合而成的实心电阻体，作为普通电阻器用在电路中。

3）金属玻璃釉电阻器又称厚膜电阻器，是在陶瓷或玻璃基体上，主要由金属、金属氧化物以玻璃釉作黏结剂，再加上有机黏结剂混合，经烘干、高温烧结而成的电阻膜。

（4）线绕电阻器

线绕电阻器是用康铜或锰铜丝绕在绝缘骨架上制成的。它具有功率大、耐高温、噪声小、精度高等优点，但分布电感大、高频特性差，适用于低频、高温、大功率等场合。

（5）熔断电阻器

熔断电阻器具有双重功能，在正常情况下具有普通电阻的电气特性，一旦电路中电压升高、电流增大或某电路元件损坏，熔断电阻器就会在规定的时间内熔断，从而达到保护其他元器件的目的。

（6）NTC、PTC热敏电阻器

NTC热敏电阻器是一种具有负温度系数的热敏元件，其阻值随温度的升高而减小，可用于稳定电路的工作点。PTC热敏电阻器是一种具有正温度系数的热敏元件，在达到某一特定温度前，其阻值随温度的升高而缓慢下降；当超过这个温度时，其阻值急剧增大。这个特定温度称为居里点，而居里点的调整可通过改变组成材料中各成分的比例实现。PTC热敏电阻器在家电产品中应用较广泛，如彩电中的消磁电阻、电饭煲中的温控器等。

2. 电阻器的主要参数

电阻器的主要参数有标称阻值和允许偏差、额定功率、温度系数、最高工作电压、稳定性、噪声电动势、高频特性等。这里主要介绍前3种。

（1）标称阻值和允许偏差

标称阻值是指在电阻器表面所标示的阻值。当前，电阻器标称阻值系列有E24、E12和E6共三大系列，如表1-1所示。

表1-1 通用电阻器的标称阻值系列

系列	允许偏差	电阻值
E24	±5%（Ⅰ级）	1.0 1.1 1.2 1.3 1.4 1.5 1.6 1.8 2.0 2.2 2.4 2.7 3.0 3.3 3.6 3.9 4.0 4.3 4.7 5.1 5.6 6.2 6.8 7.5 8.2 9.1
E12	±10%（Ⅱ级）	1.0 1.2 1.5 1.8 2.2 2.7 3.3 3.9 4.7 5.6 6.8 8.2
E6	±20%（Ⅲ级）	1.0 1.5 2.2 3.3 4.7 6.8

1）线绕和固定或非线绕电阻器的标称阻值，应符合表中所列数值之一（或表列数值再乘以10^n，其中n为正数）。

2）线绕电阻器的标称阻值常采用E24和E12两个系列；允许偏差分为±10%、±5%、±2%、±1%共4种，其中后两种仅限必要时采用。

3）非线绕电阻器的标称阻值采用E12和E6两个系列；允许偏差分为±20%、±10%、±5%共3种，其中±5%仅限必要时采用。

电阻器的标称阻值为表1-1中所列数值的10^n倍，以E6系列中的标称值2.2为例，它所对应的电阻器的标称阻值可为2.2Ω、22Ω、220Ω、2.2kΩ、22kΩ、220kΩ、2.2MΩ等。其他系列以此类推。

对于实际的电阻器，其实际阻值与标称阻值之间有一定的偏差，把标称阻值与实际阻值之间允许的最大偏差范围与标称阻值的比值的百分比称为电阻的允许偏差，偏差越小，电阻器的精度越高。电阻器的偏差范围有明确的规定，允许偏差与精度等级对应关系如下：±0.5%对应0.05，±1%对应0.1（或00），±2%对应0.2（或0），±5%对应Ⅰ级，±10%对应Ⅱ级，±20%对应Ⅲ级。

（2）额定功率

额定功率是指在正常的大气压力 90kPa～106.6kPa 及环境温度为－55～＋70℃的条件下，电阻器长期工作所允许耗散的最大功率。额定功率是选择电阻器的主要参数之一。各种功率的电阻器在电路图中采用不同的符号表示，如图 1-2 所示。

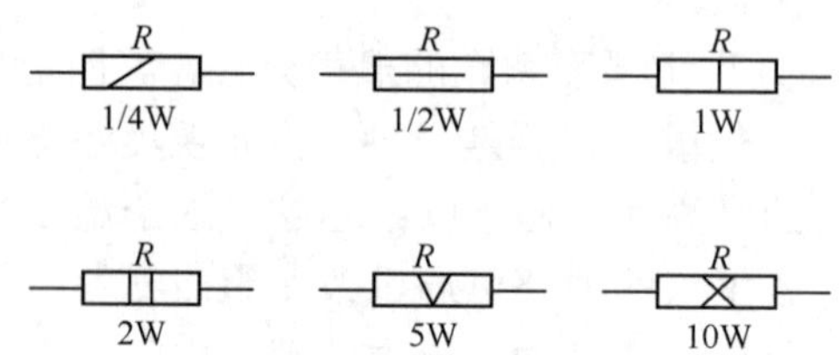

图 1-2　电阻器额定功率在电路图中的表示方法

（3）温度系数

温度系数是指温度每变化 1℃ 所引起的电阻值的相对变化。温度系数越小，电阻器的稳定性越好。电阻值随温度的升高而增大的为正温度系数，反之为负温度系数。

3. 电阻器的标称方法

电阻器的主要参数一般标注在其表面上，通常有 4 种标注方法。

（1）直标法

用数字和单位符号在电阻器表面标出阻值的标注方法，其允许偏差直接用百分数表示，若电阻器上未标注偏差，则表示允许偏差为±20%。此种方法直观、一目了然，但如果电阻器体积较小，则无法这样标注。

（2）文字符号法

用阿拉伯数字和文字符号两者有规律地组合来表示标称阻值，其允许偏差也用文字符号表示。符号前面的数字表示整数阻值，后面的数字依次表示第 1 位小数阻值和第 2 位小数阻值。用文字符号表示电阻的单位，有欧[姆]（Ω）、千欧（kΩ，$1k\Omega=10^3\Omega$）、兆欧（MΩ，$1M\Omega=10^6\Omega$）、吉欧（GΩ，$1G\Omega=10^9\Omega$）、太欧（TΩ，$1T\Omega=10^{12}\Omega$）。

表示允许偏差的文字符号 D、F、G、J、K、M 依次代表允许偏差为±0.5%、±1%、±2%、±5%、±10%、±20%。

例：6R2J 表示电阻值为 6.2Ω，允许偏差为±5%。

（3）色标法

用不同颜色的环或点在电阻器表面标出标称阻值和允许偏差，清晰明了。国际上惯用色标法，色环电阻占据着电阻器元件的主流地位。

色环电阻，顾名思义，就是在电阻器上用不同颜色的环来表示电阻的规格。如图 1-3 所示为电阻的色环标注方法。色环电阻有的用 4 条色环表示，有的用 5 条。四环电阻一般是碳膜电阻，用 3 条色环表示阻值，用 1 条色环表示偏差；五环电阻一般是金属膜电阻，为更好地表示精度，用 4 条色环表示阻值，用 1 条色环表示偏差。具体每条色环表示的内容如表 1-2 所示。

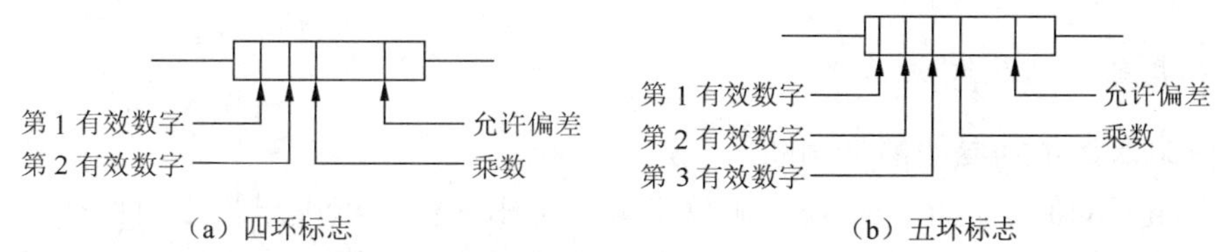

图 1-3　电阻器的色环标注方法

表 1-2　色环电阻的颜色与数码对照表

颜色	第 1 个数字	第 2 个数字	第 3 个数字（五环电阻）	乘数	偏差
黑	0	0	0	$10^0=1$	—
棕	1	1	1	$10^1=10$	±1%
红	2	2	2	$10^2=100$	±2%
橙	3	3	3	$10^3=1000$	—
黄	4	4	4	$10^4=10000$	—
绿	5	5	5	$10^5=100000$	±0.5%
蓝	6	6	6	$10^6=1000000$	±0.25%
紫	7	7	7	$10^7=10000000$	±0.1%
灰	8	8	8	$10^8=100000000$	±0.05%
白	9	9	9	$10^9=1000000000$	—
金	—			$10^{-1}=0.1$	±5%
银				$10^{-2}=0.01$	±10%

注：第 3 个数字仅五色环电阻才有。

普通电阻用 4 条色环表示，其中前 3 条表示阻值，后 1 条表示偏差，具体为：第 1、2 环是有效数字，第 3 环是乘数（即 10 的几次方），第 4 环是允许偏差。

例：一色环电阻的第 1 环是棕色，第 2 环是黑色，第 3 环是红色，第 4 环是金色，那么它的阻值是 10，第 3 环是加零的个数，这个电阻加 2 个零，因此它的实际阻值是 1000Ω，即 1kΩ。

精密电阻用 5 条色环表示，具体为第 1、2、3 环是有效数字，第 4 环是乘数（即 10 的几次方），第 5 环是允许偏差。

注　意

读色环的顺序是以靠近电阻器引线的色环为第 1 环，若两端色环与两端引线等距离时，可借助电阻的标称值系列以及色环符号规定中的有效数字与偏差的特点来判断。

（4）数码表示法

数码表示法是在电阻器上用 3 位数码表示标称值的标注方法。数码从左至右，第 1、2 位为有效值，第 3 位为乘数，即零的个数，单位为 Ω。

例：334 表示 $33\times10^4\Omega=330\text{k}\Omega$；275 表示 $27\times10^5\Omega=2.7\text{M}\Omega$。

4. 电阻器的测试及代换

（1）电阻器额定功率的简易判断

小型电阻器的额定功率一般在电阻体上并不标出。但根据电阻长度和直径大小是可以确定其额定功率值大小的。表 1-3 列出了常用的不同长度、直径的碳膜电阻器和金属膜电阻器所对应的额定功率值。

表 1-3 常用电阻器的额定功率表

额定功率/W	碳膜电阻器（RT）		金属膜电阻器（RJ）	
	长度/mm	直径/mm	长度/mm	直径/mm
1/8	11	3.9	6～7	2～2.5
1/4	18.5	5.5	7～8.3	2.5～2.9
1/2	28.5	5.5	10.8	4.2
1	30.5	7.2	13	6.6
2	48.5	9.5	18.5	8.6

（2）测量实际电阻值

电阻器的好坏可通过直接观看引线是否折断、电阻体是否烧焦等做出判断。电阻值可用万用表合适的电阻挡进行测量，测量时应尽量减小测量偏差。

1）将万用表的功能选择开关旋转到适当量程的电阻挡，先调整零点，然后再进行测量，并且在测量中每次变换量程时，都必须重新调零后再使用。

2）将两表笔（不分正负）分别与电阻器的两端相接即可测出实际电阻值。

在测量操作中要注意如下事项：

1）测试时，特别是在测量电阻值在几十千欧以上的电阻器时，手不要触及表笔和电阻器的导电部分。

2）被检测的电阻器必须从电路中焊下来，至少要焊开一个头，以免电路中的其他元器件对测试产生影响，造成测量误差。

3）色环电阻的阻值虽然能以色环标注来确定，但在使用时最好还是用万用表测量一下其实际阻值。

4）在测量敏感电阻器时，当敏感源（光、热、气等）发生变化时，用万用表的欧姆挡检测敏感电阻器的电阻值，若敏感电阻值也明显变化，说明该敏感电阻器是好的；若敏感电阻值变化很小，或几乎不变，则说明敏感电阻器出现故障。

（3）电阻器的代换

在实际应用中，如果找不到所用型号的电阻器，就要考虑用别的电阻器代换。代换方法有以下几种：

1）固定电阻器的代换。普通固定电阻器损坏后，可以用额定功率、额定阻值均相同的碳膜电阻器或金属膜电阻器代换。碳膜电阻器损坏后，可以用额定功率及额定阻值相同的金属膜电阻器代换。

若手中没有同规格的电阻器用于更换，也可以用电阻器串联或并联的方法作应急处理，

即利用电阻串联公式（$R=R_1+R_2+R_3+\cdots+R_n$）将低阻值电阻器变成所需的高阻值电阻器；利用电阻并联公式（$1/R=1/R_1+1/R_2+1/R_3+\cdots+1/R_n$）将高阻值电阻器变成所需的低阻值电阻器。

2）热敏电阻器的代换。热敏电阻器损坏后，若无同型号的产品用于更换，则可选用与其类型及性能参数相同或相近的其他型号热敏电阻器代换。

消磁用PTC热敏电阻器可以用与其额定电压值相同、阻值相近的同类热敏电阻器代换。例如，20Ω 的消磁用 PTC 热敏电阻器损坏后，可以用 18Ω 或 27Ω 的消磁用 PTC 热敏电阻器直接代换。

压缩机起动用PTC热敏电阻器损坏后，应使用同型号热敏电阻器代换或与其额定阻值、额定功率、起动电流、动作时间及耐压值均相同的其他型号热敏电阻器代换，以免损坏压缩机。

温度检测、温度控制用 NTC 热敏电阻及过电流保护用 PTC 热敏电阻损坏后，只能使用与其性能参数相同的同类热敏电阻器更换；否则，会造成应用电路不工作或损坏。

3）压敏电阻器的代换。压敏电阻器损坏后，应更换与其型号相同的压敏电阻器或用与其参数相同的其他型号压敏电阻器来代换。代换时，不能任意改变压敏电阻器的标称电压及通流容量；否则，会失去保护作用，甚至会被烧毁。

4）光敏电阻器的代换。光敏电阻器损坏后，若无同型号的光敏电阻器更换，则可以选用与其类型相同、主要参数相近的其他型号光敏电阻器来代换。

光谱特性不同的光敏电阻器（如可见光光敏电阻器、红外光光敏电阻器、紫外光光敏电阻器），即使阻值范围相同，也不能相互代换。

5）熔断电阻器的代换。熔断电阻器损坏后，若无同型号熔断电阻器更换，也可以用与其主要参数相同的其他型号熔断电阻器代换或用电阻器与熔断器串联后代用。

用电阻器与熔断器串联来代换熔断电阻器时，电阻器的阻值应与损坏熔断电阻器的阻值和功率相同，而熔断器的额定电流 I 可根据公式 $I=\sqrt{0.6}P/R$ 计算得出。式中，P 为原熔断电阻器的额定功率；R 为原熔断电阻器的电阻值。

对电阻值较小的熔断电阻器，也可以用熔断器直接代用。熔断器的额定电流值也可以根据上述计算公式得出。

1.3.2　电容器

电容器是一种储能元件，也是组成电子线路的基本元件之一。它在电子线路中起到耦合、滤波、隔直流和调谐等作用，用字母“C”表示。常用电容器的外形结构及电路图形符号如图 1-4 所示。

电容器容量的大小表明了存储电荷能力的强弱。它的基本单位是法[拉]（F）。由于法拉这个单位太大，因此常采用较小的单位，即毫法（mF）、微法（μF）、纳法（nF）和皮法（pF）。其换算关系为

$$1\text{F}=10^3\text{mF}=10^6\mu\text{F}=10^9\text{nF}=10^{12}\text{pF}$$

1. 电容器的分类

电容器按结构可分为固定电容器、可变电容器和微调电容器；按绝缘介质可分为空气

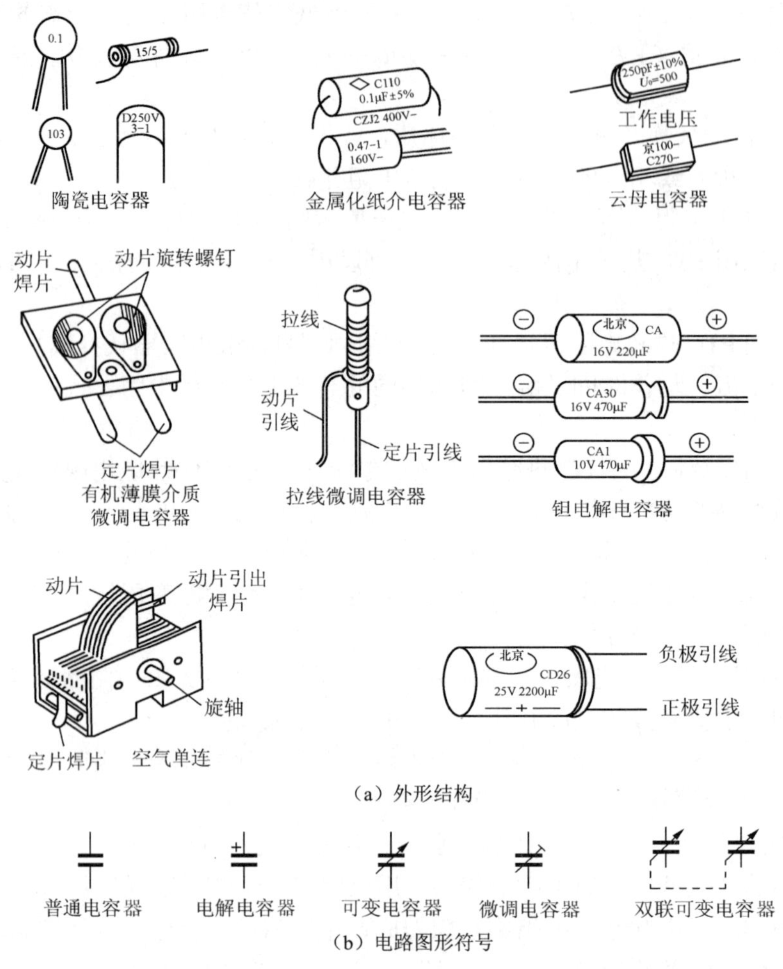

图 1-4　常用电容器外形结构及电路图形符号

介质电容器、云母电容器、瓷介电容器、涤纶电容器、聚苯烯电容器、金属化纸介电容器、电解电容器、玻璃釉电容器、独石电容器等。

2. 电容器的参数

（1）标称容量和允许偏差

标称容量越大，电容器储存电荷的能力越强。标称容量和允许偏差也分许多系列，常用的是 E6、E12、E24 系列。电容器的允许偏差系列为±5%、±10%、±20%、−20%～+50%、−10%～+100%。

（2）额定电压

额定电压通常也称耐压，是指在允许的环境温度范围内，电容器在电路中长期可靠地工作所允许加的最大直流电压。工作时交流电压的峰值不得超过电容器的额定电压；否则，电容器中的介质会被击穿，从而造成电容器的损坏。

（3）绝缘电阻

绝缘电阻也称漏电阻，是指电容器两极之间的电阻。一般电容器绝缘电阻为 10^8～

$10^{10}\Omega$，电容量越大，绝缘电阻越小，因此不能单凭所测绝缘电阻值的大小来衡量电容器的绝缘性能。

此外，电容器的技术参数还有电容器的损耗、频率特性、温度系数、稳定性和可靠性等。

3. 电容器的标称方法

（1）直标法

直标法是指在电容器表面直接标注主要技术指标的方法。一般必须标注标称容量、额定电压及允许偏差这 3 项参数，有些体积太小的电容器仅标容量一项，如图 1-5 所示。

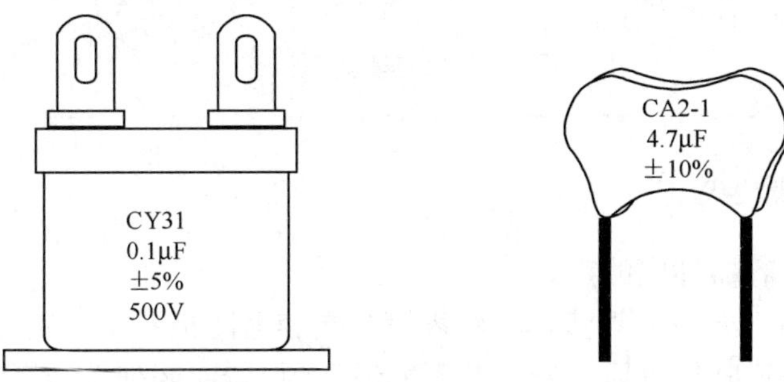

图 1-5 电容器的直标法图示

例： 密封云母电容器 0.1μF 误差±5% 耐压 500V　　固体电介质钽电解电容器 4.7μF 误差±10% 耐压 16V

（2）文字符号法

文字符号法是指在电容体表面，用阿拉伯数字和字母符号有规律地组合来表示标称容量的方法，有时也用在电路图的标注上。

以下举例说明电容器标注的文字符号法。

例：0.33pF 标成 P33；6800pF 标成 6n8；2.2pF 标为 2P2；4700μF 标为 4m7；1000pF 标为 1n；0.01μF 标为 10n。

用 3 位数字来表示标称容量值的，前两位是标称容量的有效数字，第 3 位是乘数，表示乘以 10 的几次方，容量单位是 pF。例如，0.22μF 标为 224；0.1μF 标为 104。

注：对于容量为 10pF 以下的电容允许偏差，用 B 标注，表示其允许偏差为±0.1pF；用 C 标注，表示允许偏差是±0.2pF；用 D 标注，表示允许偏差是±0.5pF；用 F 标注，表示允许偏差是±1pF。允许偏差也用文字符号表示：

F=±1%　G=±2%　J=±5%

K=±10%　M=±20%　N=±30%

例：标为 224K，则表示容量为 0.22μF，允许偏差为±10%；标为 104J，则表示容量为 0.1μF，允许偏差为±5%。

（3）色标法

电容器的色标法与电阻器的色标法基本相似，其单位是皮法（pF）。

注　意

电容器色环表示法有立式色环、卧式色环。卧式色环用色点表示。另外，某些电容器有一条宽色环，它代表两位相同的有效数字。色环及色点的读数基本单位为 pF。电容器耐压值也由色环表示，如图 1-6 所示。

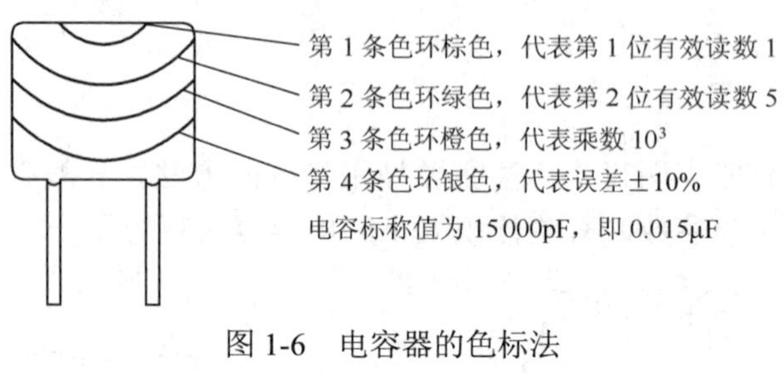

图 1-6　电容器的色标法

4. 电容器的测试及代换

（1）容量固定电容器漏电的判别

用万用表欧姆挡“$R\times10$k”量程，将表笔与电容器两极并接，表针先向顺时针方向跳动一下，然后逐步按逆时针复原，若表针不能退回到“$R=\infty$处”，则所指示的值就为电容器漏电的电阻值。

此值越大越好，越大说明电容器绝缘性能越好。一般应为几百兆欧至几千兆欧。

注：容量小于 5000pF 以下的小电容在动圈式万用表上，几乎观察不到表针的变化，应采用专门的测量仪判别。

（2）电解电容器极性的判别

电解电容器可用下述方法判别其正、负极。

1）外观判别。对于 CD11 型电解电容器，可根据其引线的长短来加以区别，长引线为正极，短引线为负极；对于铝壳电解电容器（CDX 型），中心引出端为正极，与铝壳连通处为负极。

2）用万用表判别。电解电容器具有正向漏电电阻大于反向漏电电阻的特点。利用此特点可以判别电解电容器的正、负极。具体方法是：将万用表拨至“$R\times1$k”或“$R\times10$k”挡，交换黑、红表笔测量电解电容器两次，观察其漏电电阻的大小，并以漏电电阻大的一次为准，黑表笔所接的就是电解电容器正极，红表笔所接的为负极。

测试时应注意，测试前应将电解电容器两引线先短接一下放电，以避免电容器储存的电能对万用表放电而毁坏仪表。测量容量较大的电解电容器时，在第 2 次测量时也应先短接两引线进行放电，以便释放上次测量中累积的充电电荷。如果仍有轻微的指针打表现象，属于正常现象，若两次测量得到的正、反向漏电电阻相差无几，则说明电解电容器正向漏电严重，已不能使用。

（3）电容器的代换

电容器损坏后，原则上应使用与其类型相同、主要参数相同、外形尺寸相近的电容器来更换。但若找不到同类型的电容器，也可用其他类型的电容器代换。纸介电容器损坏后，可用与其主要参数相同但性能更优的有机薄膜电容器或低频瓷介电容器代换。玻璃釉电容器或云母电容器损坏后，也可用与其主要参数相同的瓷介电容器代换。用于信号耦合、旁路的铝电解电容器损坏后，也可用与其主要参数相同但性能更优的钽电解电容器代换。电源滤波电容器和退耦电容器损坏后，可以用较其容量略大、耐压值与其相同（或高于原电容器耐压值）的同类型电容器更换。

代换的基本原则是可以用耐压值较高的电容器代换容量相同但耐压值低的电容器。

1.3.3　电感器

电感器和电容器一样，也是一种储能元件。它能把电能转换为磁场能，并在磁场中储存能量。电感器用符号 L 表示，它的基本单位是亨[利]（H），常用毫亨（mH）为单位。它经常和电容器一起工作，构成 LC 滤波器、LC 振荡器等。另外，还利用电感的特性，制造了阻流圈、变压器、继电器等。

1. 电感器的分类

电感器（电感线圈）的种类很多，按电感器的形式可分为固定电感器和可变电感器；按导磁性质可分为空心电感器和磁心电感器；按工作性质可分为天线线圈、振荡线圈、低频扼流线圈和高频扼流线圈；按耦合方式可分为自感应线圈和互感应线圈；按绕线结构可分为单层线圈、多层线圈和蜂房式线圈等。常用电感器（电感线圈）的外形及电路图形符号如图 1-7 所示。

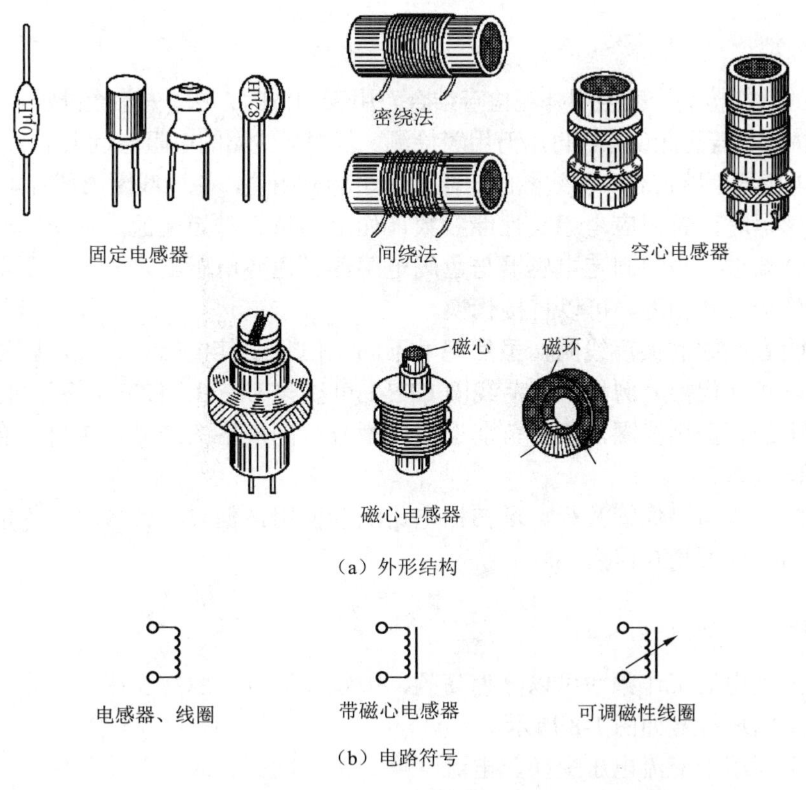

图 1-7　常用电感器（电感线圈）的外形结构及电路图形符号

2. 电感器的主要参数

（1）电感量

电感量也称为自感系数（L），是表示电感元件自感应能力的一种物理量。线圈电感量的大小与线圈直径、匝数、绕制方式及磁心材料有关。

（2）品质因数

品质因数也称为 Q 值，是指线圈在一个周期中储存能量与消耗能量的比值，是表示线圈品质的重要参数。它的大小取决于线圈的电感量、等效损耗电阻、工作频率。品质因数越高，电感的损耗越小，效率就越高。

（3）分布电容

线圈匝与匝之间、线圈与地之间、线圈与屏蔽盒之间以及线圈的层与层之间都存在着电容，这些电容统称为线圈的分布电容。分布电容的存在会使线圈的等效总损耗电阻增大，品质因数降低。为减少分布电容，高频线圈常采用多股漆包线或丝包线，绕制线圈时常采用蜂房绕法或分段绕法等。

（4）额定电流

额定电流是指允许长时间通过线圈的最大工作电流。

（5）稳定性

电感线圈的稳定性主要指参数受温度、湿度和机械振动等影响的程度。

3. 电感器的测试及代换

电感器的性能检测一般采用外观检查结合万用表测试的方法。先检查外观，看线圈有无断线或烧焦的情况，若无此现象，再用万用表检测。若测得线圈的电阻值远大于标称值或趋于无穷大，说明电感器断路；若测得线圈的电阻远小于标称阻值，说明线圈内部有短路故障。

选用电感器时，首先应考虑其性能参数（如电感量、额定电流、品质因数等）及外形尺寸是否符合要求。小型固定电感器与色码电感器、色环电感器之间，只要电感量、额定电流相同，外形尺寸相近，可以直接代换。

半导体收音机中的振荡线圈，虽然型号不同，但只要其电感量、品质因数及频率范围相同，也可以相互代换。例如，振荡线圈 LTF-1 可以与 LTF-3、LTF-4 相互直接代换。

电视机中的行振荡线圈，应尽可能选用同型号、同规格的产品；否则，会影响其安装及电路的工作状态。

偏转线圈一般与显像管及行、场扫描电路配套使用，但只要其规格、性能参数相近，即使型号不同，也可相互代换。

1.3.4 变压器

变压器按使用的工作频率可以分为高频、中频、低频、脉冲变压器。常用变压器的外形结构及电路图形符号如图 1-8 所示。

变压器主要用于交流电压变换、电流变换、传递功率、阻抗变换和缓冲隔离等，是电子整机中不可缺少的重要元件之一。高频变压器一般在收音机和电视机中作为阻抗变换器，如收音机的天线线圈等；中频变压器常用于收音机和电视机的中频放大器中；低频变压器

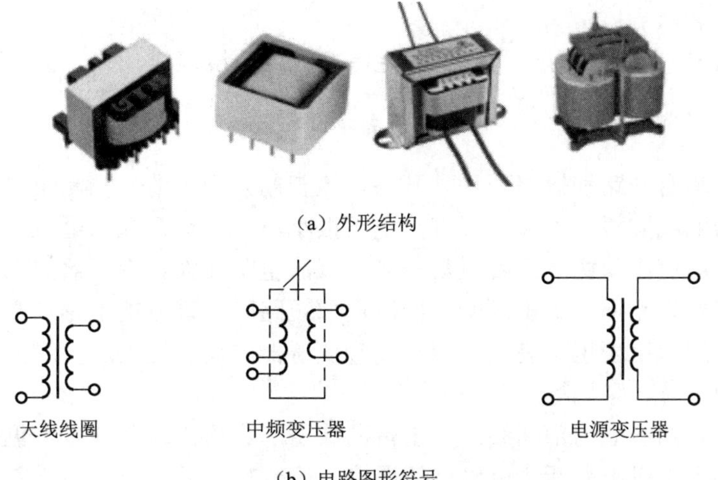

（a）外形结构

（b）电路图形符号

图 1-8　常用变压器的外形结构及电路图形符号

的种类很多，如电源变压器、音频变压器、耦合变压器等；脉冲变压器则用于脉冲电路中。

变压器按其磁心可分为铁心变压器、磁心（铁氧体心）变压器和空气心变压器等几种。铁心变压器用于低频及工频电路中，而磁心或空气心变压器则用于中、高频电路中。按防潮方式可分为非密封式、罐封式、密封式变压器。

1. 变压器的主要特征参数

（1）额定功率

额定功率是指在规定的频率和电压下，变压器能长期工作而不超过规定温度的输出功率。变压器输出功率的单位用瓦（W）或伏安（V•A）表示。

（2）变压比

变压比指次级电压与初级电压的比值或次级绕组匝数与初级绕组匝数的比值。

（3）效率

效率为变压器的输出功率与输入功率的比值。

（4）温升

温升主要是指线圈的温度。当变压器通电工作后，其温度上升到稳定值时比周围环境温度升高的数值。

除此以外，还有绝缘电阻、空载电流、漏电感、频带宽度和非线性失真等参数。

2. 变压器的组件

（1）铁心

铁心是变压器中主要的磁路部分，通常由含硅量较高，厚度为 0.35mm 或 0.5mm，表面涂有绝缘漆的热轧或冷轧硅钢片叠装而成。

铁心分为铁心柱和铁轭两部分，铁心柱套有绕组，铁轭起闭合磁路的作用。铁心结构的基本形式有心式和壳式两种。

（2）绕组

绕组是变压器的电路部分，用纸包的绝缘扁线或圆线绕成。

3. 变压器的检测

变压器的故障有开路和短路两种。开路的检查用万用表欧姆挡测电阻进行判断。一般中、高频变压器的线圈匝数不多，其直流电阻很小，在零点几欧姆至几欧姆之间，随变压器规格而异；低频变压器由于线圈匝数较多，直流电阻较大。变压器的直流电阻正常并不能表示变压器就完好无损，如电源变压器有局部短路时对直流电阻影响并不大，但变压器不能正常工作。用万用表也不易测量中、高频变压器的局部短路，一般需用专用仪器，其表现为品质因数下降、整机特性变差。

变压器开路是由线圈内部断线或引出端断线引起。引出端断线是常见的故障，仔细观察即可发现。如果是引出端断线可以重新焊接，但若是内部断线则需要更换或重绕。

电源变压器内部短路可通过空载通电进行检查，方法是切断电源变压器的负载，接通电源：如果通电 15～30min 后温升正常，说明变压器正常；如果空载温升较高（超过正常温升），说明内部存在局部短路现象。

1.3.5 半导体分立器件

半导体器件具有体积小、功能多、质量小、耗电省、成本低等诸多优点，在电子线路中得到广泛应用。

1. 二极管

半导体二极管（即晶体二极管）由一个 PN 结、电极引线和外加密封管壳制成，具有单向导电特性。半导体二极管的外形结构及电路图形符号如图 1-9 所示。

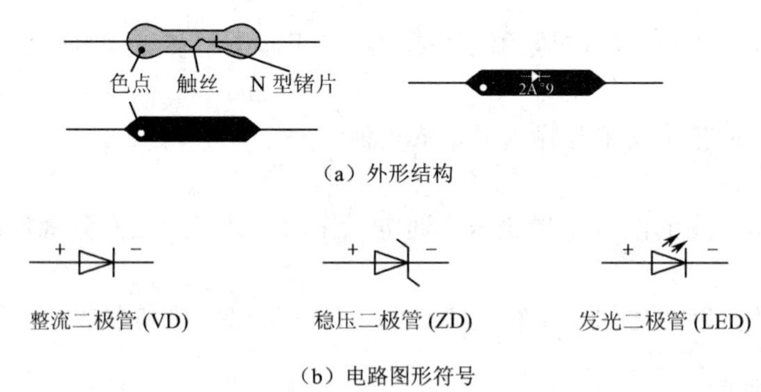

（a）外形结构

（b）电路图形符号

图 1-9 二极管的外形结构及电路图形符号

（1）PN 结的单向导电性

在同一块硅片或锗片上进行掺杂工艺处理，使其一部分是 N 型半导体，另一部分是 P 型半导体，则在两部分的分界面处就会形成一个特殊的空间电荷区——PN 结。将 PN 结接入一个串联实验电路中，可以看到 PN 结只能使电流单方向导通，且导通方向是从 P 型半导体到 N 型半导体，即 P 到 N 导通。PN 结正向导通，反向截止，具有单向导电的特性。

二极管由一个PN结、两条电极引线和管壳构成。在PN结的两侧用导线引出加以封装，就是二极管。因为二极管具有单向性，所以只要用万用表欧姆挡测量其正反向电阻值，就可以判别二极管的质量好坏和正负极。

二极管的正向电阻值小一些较好，反向电阻值越大越好，一般硅管的反向电阻趋于最大，锗管的反向电阻应大于200kΩ。

（2）二极管的分类

1）二极管按结构可分为点接触型和面接触型两种。点接触型二极管的结电容小，正向电流和允许加的反向电压小，常用于检波、变频等电路；面接触型二极管的结电容较大，正向电流和允许加的反向电压较大，主要用于整流等电路，面接触型二极管中用得较多的一类是平面型二极管。平面型二极管可以通过更大的电流，在脉冲数字电路中用作开关管。

2）二极管按材料可分为锗二极管和硅二极管。锗管与硅管相比，具有正向压降低（锗管0.2～3.3V，硅管0.5～0.7V）、反向饱和漏电流大、温度稳定性差等特点。

3）二极管按用途可分为普通二极管、整流二极管、开关二极管、发光二极管、变容二极管、稳压二极管、光敏二极管等。

（3）二极管的主要技术参数

1）最大正向电流I_F。最大正向电流指长期运行时二极管允许通过的最大正向平均电流。

2）最高反向工作电压U_{RM}。最高反向工作电压指正常工作时，二极管所能承受的反向电压的最大值。

3）最高工作频率f_M。最高工作频率指二极管能保持良好工作性能条件下的最高工作频率。

4）反向饱和电流I_S。反向饱和电流指二极管未击穿时的反向电流值。反向饱和电流主要受温度影响，该值越小，说明二极管的单向导电性越好。值得指出，不同用途的二极管，如稳压二极管、检波二极管、整流二极管、开关二极管、光敏二极管、发光二极管等，各有不同的主要技术参数。

（4）二极管的检测

用指针式万用表“$R\times100$”挡或“$R\times1$k”挡测其正、反向电阻，根据二极管的单向导电性可知，测得阻值小时与黑表笔相接的一端为正极；反之，为负极。若二极管的正、反向电阻相差越大，说明其单向导电性越好；若二极管正、反向电阻都很大，说明二极管内部开路；若二极管正、反电阻都很小，说明二极管内部短路。注意：不能用“$R\times1$”挡（内阻小，电流太大）和“$R\times10$k”挡（电压高）测试；否则，有可能会在测试过程中损坏二极管。

测量发光二极管（light emitting diode，LED）时，应选用“$R\times10$k”挡，因为一般情况下LED的工作电压较高。

（5）二极管的极性判别

1）原理。二极管具有单向导电性，利用这一特性，可借用万用表欧姆挡对二极管进行极性判别。

2）步骤。

第一步：连接。将万用表拨到欧姆挡（注意：一般选用“$R\times100$”挡或“$R\times1$k”挡）；将两支表笔与二极管两极并接，测其电阻值；调换表笔后，再测其电阻值。

第二步：比较读数。二极管与表笔并接后，观察读数，若测得阻值较大（称为反向电阻），表明 VD 未导通；调换表笔后再测，则所测阻值应较小（称为正向电阻），表明 VD 已导通；反之，则第一次所测为正向电阻，第二次所测为反向电阻。

第三步：判断。由二极管的单向导电性可知，第二步中测得正向电阻那一次，黑表笔所接管脚为二极管“＋”极（或 P 极）。注：万用表欧姆挡，黑表笔接在内部电池的“＋”极。

2. 晶体三极管

晶体三极管又称双极型三极管（因有两种载流子同时参与导电而得名），简称晶体管。晶体管是信号放大和处理的核心器件，广泛应用于电子产品中。常用晶体管的外形结构及电路图形符号如图 1-10 所示。

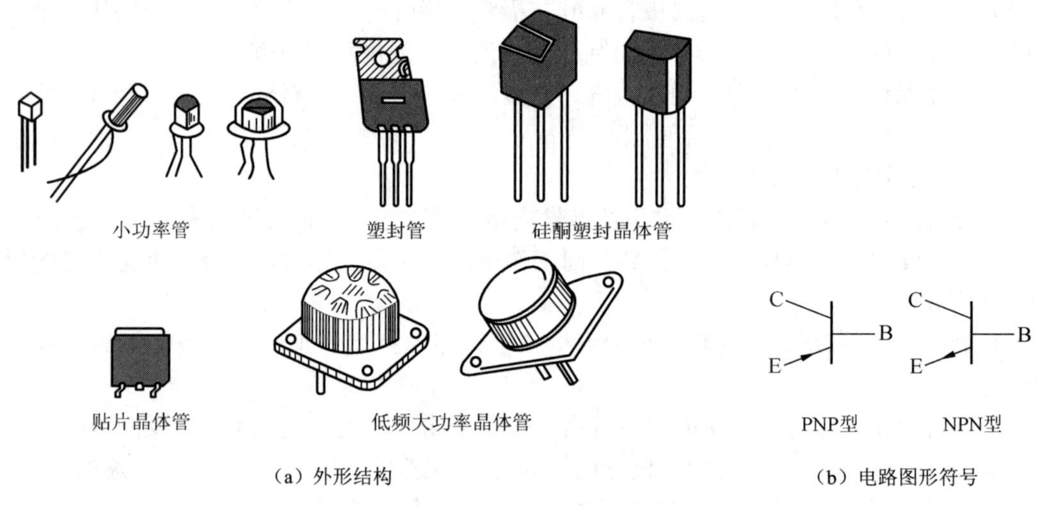

（a）外形结构　（b）电路图形符号

图 1-10　常用晶体管的外形结构及电路图形符号

（1）晶体管的分类

晶体管的种类很多，按 PN 结的组合方式可分为 NPN 型和 PNP 型；按材料可分为锗管和硅管；按工作频率可分为高频管（$f_T \geqslant 3$MHz）和低频管（$f_T < 3$MHz）；按功率可分为大功率管（$P_C \geqslant 1$W）和小功率管（$P_C < 1$W）等。

（2）晶体管的主要技术参数

1）交流电流放大系数。交流电流放大系数包括共发射极电流放大系数（β）和共基极电流放大系数（α），是晶体管放大能力的重要参数。

2）集电极最大允许电流 I_{CM}。集电极最大允许电流指放大器的电流放大系数明显下降时的集电极电流。

3）集-射极间反向击穿电压（$U_{(BR)CEO}$）。集-射极间反向击穿电压指晶体管基极开路时，集电极和发射极之间允许加的最高反向电压。

4）集电极最大允许耗散功率（P_{CM}）。集电极最大允许耗散功率指晶体管参数变化不超过规定允许值时的最大集电极耗散功率。

除上述参数外，还有表明热稳定性、频率特性等性能的参数。

（3）晶体管的命名方法

晶体管的命名由5部分组成，如图1-11所示。其中，第2部分、第3部分字母含义如表1-4所示。

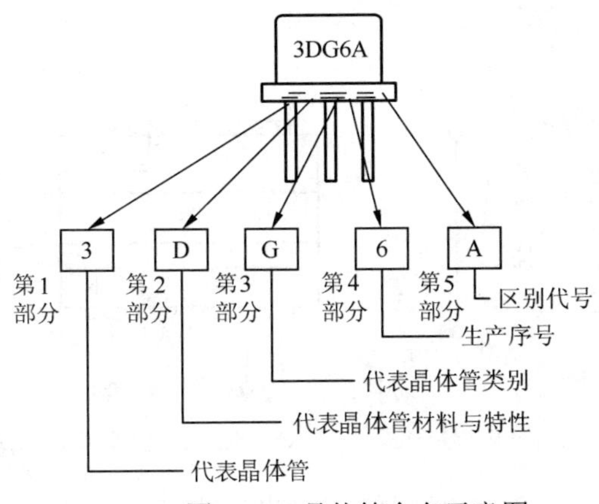

图1-11　晶体管命名示意图

表1-4　晶体管命名字母含义表

第2部分		第3部分	
字母	意义	字母	意义
A	PNP型锗材料	X	低频小功率管（f_T<3MHz，P_C<1W）
B	NPN型锗材料	G	高频小功率管（f_T≥3MHz，P_C<1W）
C	PNP型硅材料	D	低频大功率管（f_T<3MHz，P_C≥1W）
D	NPN型硅材料	A	高频大功率管（f_T≥3MHz，P_C≥1W）
E	化合物材料	U	光电器件
		K	开关管

（4）晶体管的检测

1）晶体管类型和基极B的判别。将指针式万用表置于“R×100”挡或“R×1k”挡，用黑表笔碰触某一极，红表笔分别碰触另外两极，若两次测量的电阻都小（或都大），黑表笔（或红表笔）所接引脚为基极且为NPN型（或PNP）。

2）发射极E和集电极C的判别。任意假设一只脚为集电极，以NPN为例。

第一步：将黑表笔与假设的集电极2脚接触上，并与已知基极1脚一起捏在左手拇指与食指之间，但要注意不能让基极1脚与黑表笔或2脚在指间相碰。右手用红笔去接触3脚。

第二步：记下读数，然后再做相反假设，即假设3脚为集电极。重复第一步，再记下指针读数。比较两次读数大小，其中读数较小的那一次假设成立。黑表笔所接为集电极。

若为PNP管，仍用上述办法，但必须将表笔对调一下。

3. 晶闸管

晶闸管又称可控硅（silicon controlled rectifier，SGR），其特点是耐压高、容量大、效率高、寿命长及使用方便，可用微小信号对大功率电源等进行控制和变换。晶闸管有单向、双向、可关断、快速、光控晶闸管等，目前应用最多的是单向、双向晶闸管。晶闸管的结构及电路图形符号如图 1-12 所示。

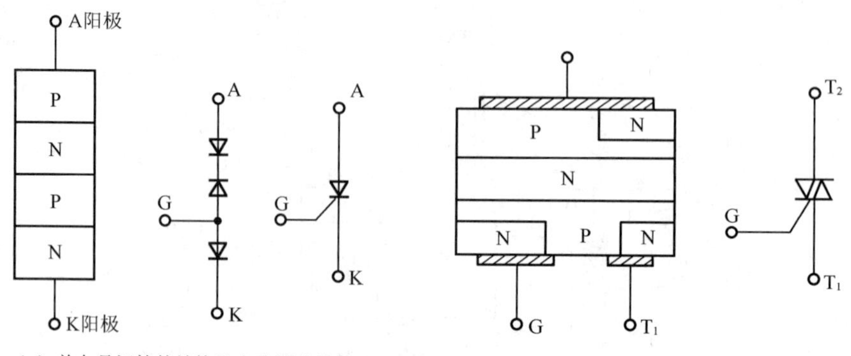

图 1-12 晶闸管的结构及电路图形符号

4. 场效应晶体管

场效应晶体管（field effect transistor，FET）为单极（只有一种载流子参与导电）型晶体管，简称场效应管，与普通晶体管相比较，场效应管具有输入阻抗很高、噪声低、动态范围大、功耗小、成本低和易于集成等特点，因此广泛用于数字电路、通信设备和仪器仪表等。

场效应管的种类很多，常用的有结型和绝缘栅型（即 MOS 管）两种，每一种又分为 N 沟道和 P 沟道。绝缘栅型又分为增强型和耗尽型。场效应管的 3 个电极为源极（S）、栅极（G）与漏极（D）。场效应管的电路图形符号如图 1-13 所示。其中，（a）是 N 沟道结型场效应管；（b）是 P 沟道结型场效应管；（c）是 P 沟道增强型绝缘栅管；（d）是N沟道增强型绝缘栅管；（e）是 P 沟道耗尽型绝缘栅管；（f）是 N 沟道耗尽型绝缘栅管。

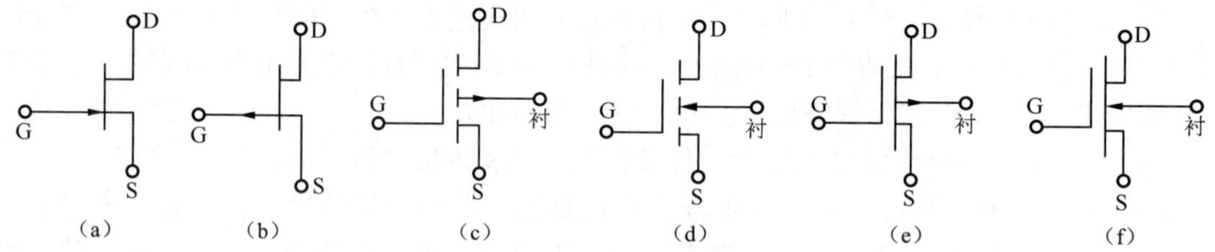

图 1-13 场效应管的电路图形符号

5. 光电器件

（1）发光二极管

LED 是采用磷化镓（GaP）或磷砷化镓（GaAsP）等半导体材料制成的，能直接将电能转换为光能。LED 与普通二极管一样具有单向导电性，但它的正向电压降较大（2V 左右），具有功耗低、体积小、色彩艳丽、响应速度快、抗震动、寿命长等优点，广泛用于电平指示器和电源指示器。常见 LED 的外形及电路图形符号如图 1-14 所示。

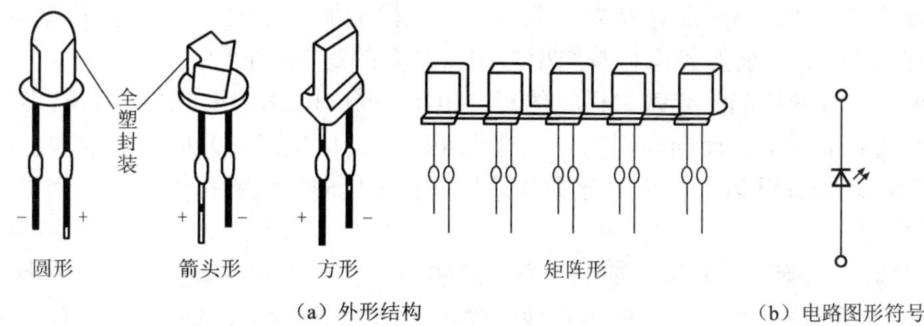

图 1-14　常见 LED 的外形结构及电路图形符号

LED 的正、负极可以通过查看引脚（长脚为正）或内芯结构来识别。检测 LED 正、负极和性能与普通二极管原则相似，但也存在不同。对于非低压 LED，由于其正向导通电压大于 1.8V，而万用表大多用 1.5V 电池（“$R\times10$k”挡除外），因此无法使 LED 导通。测量其正、反向电阻均为∞或很大，难以判断管子的好坏，所以要用设有“$R\times10$k”挡、内装 9V 或 9V 以上电池的万用表来进行测量，用“$R\times10$k”挡测正向电阻，用“$R\times1$k”挡测反向电阻。

其他常用的还有贴片 LED、高亮度 LED、紫外线 LED、草帽 LED 等，如图 1-15 所示。

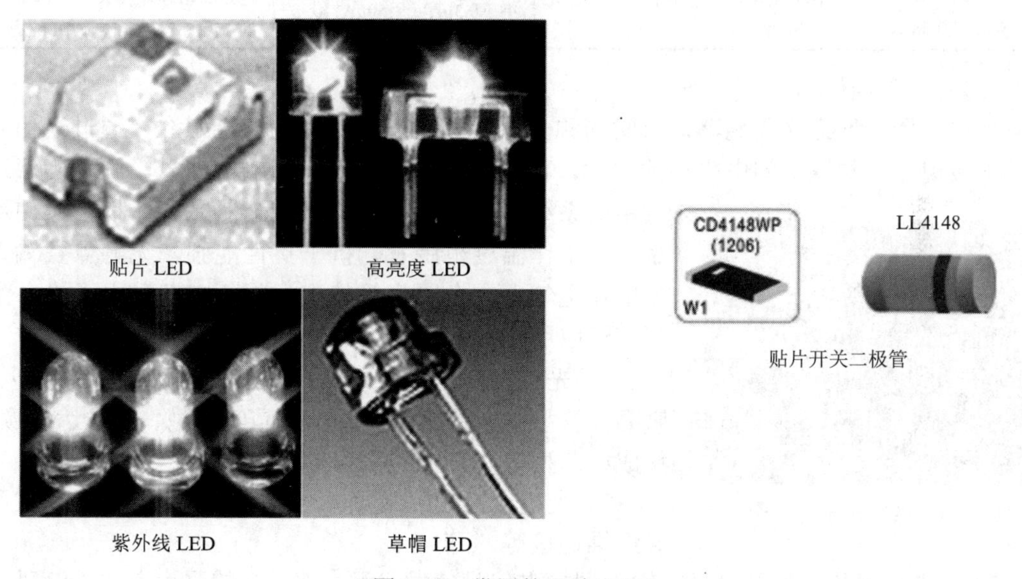

图 1-15　常用的几种 LED

（2）光敏二极管和光敏晶体管

光敏二极管和光敏晶体管均为红外线接收管。这类管子能把光能转换成电能，主要用于各种控制电路，如红外线遥感、光纤通信、光电转换器等。

1）光敏二极管。光敏二极管的构成和普通二极管相似，不同点在于管壳上有入射光窗口。它的工作状态有两种：一种是当光敏二极管加反向工作电压时，二极管中的反向电流将随光照强度的改变而改变，光照强度越大，反向电流越大，大多数情况都工作在这种状态；另一种是光敏二极管上不加电压，利用 PN 结在受光照射时产生正向电压的原理，把它当成微型光电池。这种工作状态一般用作光电检测器。光敏二极管有 4 种类型，即 PN 结型、PIN 结型、雪崩型和肖特基结型，用得最多的是 PN 结型。

光敏二极管的检测：光敏二极管的正向电阻约为 10kΩ，用指针万用表“R×1k”挡测试。在无光照情况下，反向电阻为∞；有光照时，反向电阻随光照强度的增加而减小，阻值在几千欧姆或 1kΩ 以下，说明此管是好的。若正反向电阻都是无穷大或为零，则表明管子是坏的。

2）光敏晶体管。光敏晶体管也是靠光的照射来控制电流的器件，可等效为一个光敏二极管和一个晶体管的结合，因此具有放大作用。它常用的材料是硅，一般只引出集电极和发射极，其外形和 LED 相似。有的基极也引出，作温度补偿用。

光敏晶体管的简易测试方法如表 1-5 所示。

表 1-5　光敏晶体管的简易测试方法

测试方法	接法	无光照	在白炽灯光照下
测电阻 “R×1k”挡	黑表笔接C极，红表笔接E极	指针微动，接近∞	随光照强度而变化，光照强度增大时，电阻变小，可达几千欧姆或1kΩ以下
	黑表笔接E极，红表笔接C极	电阻为∞	电阻为∞（或微动）
测电流 50μA或0.5mA挡	电流表串在电路中，工作电压为10V	小于0.3μA（用50μA挡）	随光照增强而加大，变压范围为零点几毫安至5mA（用5mA挡）

（3）光耦合器

光耦合器也称为光隔离器，有时简称光耦。这是一种以光为耦合媒介，通过光信号的传递来实现输入与输出间电隔离的器件，可在电路或系统之间传输电信号，同时确保这些电路或系统彼此间的绝缘。光耦合器具有体积小、使用寿命长、工作温度范围宽、抗干扰性能强，无触点且输入与输出在电气上完全隔离等特点，因而在各种电子设备上得到广泛应用。如图 1-16 所示为光耦合器的外形。

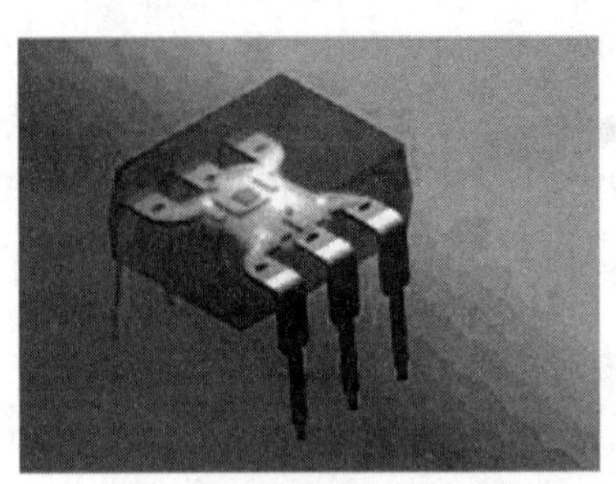

图 1-16　光耦合器的外形

1）光耦合器的种类较多，常见的有光敏二极管型、光敏晶体管型、光敏电阻型、光控晶闸管型、光敏达林顿型、集成电路型等。

2）光耦合器的封装形式一般有管式、双列直插式和光导纤维连接等。

3）光耦合器的工作原理是在输入端加电信号使发光源发光，光的强度取决于激励电流的大小，此光照射到封装在一起的受光器上后，因光电效应而产生了光电流，由受光器输出端引出，这样就实现了电—光—电的转换。

4）光耦合器的检测。在光耦合器的初级两引脚间加上＋5V 电压，电源电流限制在 35mA 左右，可在＋5V 电源正极串一只 150Ω 1/2W 的限流电阻。加电，用万用表“R×1k”挡测次级正向电阻，一般在 30～100Ω 为正常，偏差太大为损坏。测量上述引脚间的反向电阻为无穷大，若偏小则为漏电或击穿。

1.3.6 集成电路

集成电路是利用半导体工艺或厚薄膜工艺（或者这些工艺的结合）将电路的有源器件（晶体管、场效应管等）、无源元件（电阻器、电容器等）及其连线制作在半导体基片上或绝缘晶片上，形成具有特定功能的电路，并封装在管壳之中。集成电路与分立元器件电路相比，具有体积小、重量轻、功耗低、成本低、可靠性高、性能稳定等优点，广泛应用于电子产品中。集成电路的外形如图 1-17 所示。

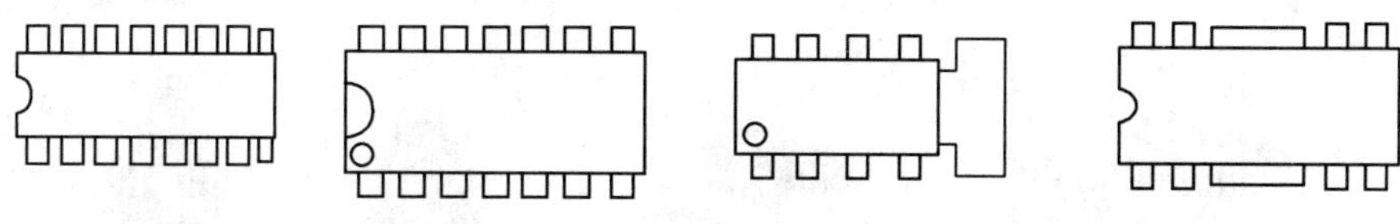

图 1-17 集成电路的外形

1.3.7 表面粘贴元器件

现代电子产品追求小型化，以前使用的穿孔插件元器件已无法缩小，为满足电子产品追求功能更完善的要求，采用的集成电路（integrated circuit，IC）已无穿孔元器件，特别是大规模、高集成 IC，不得不采用表面贴片元器件，也就是表面粘贴元器件，又称无端子元器件。表面粘贴元器件问世于 20 世纪 60 年代，人们习惯上把表面安装无源元件（如片式电阻、电容、电感）称为 SMC（surface mounted component，表面安装元件），而将表面安装有源器件[如小外形晶体 SOT 及四方扁平组件（QFT）]称为 SMD（surface mounted device，表面安装器件）。其结构特点是该种元器件无引线或有极短引线、小型且标准化。常见表面粘贴元器件如图 1-18 所示。

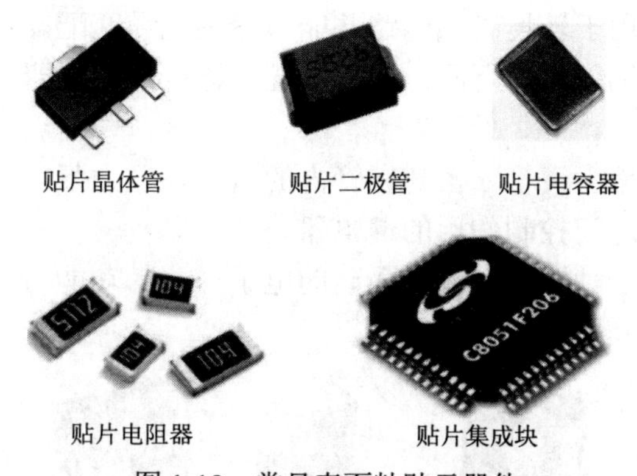

图 1-18 常见表面粘贴元器件

1.3.8 其他器件

1. 开关

（1）开关的作用

在电子设备中，开关是起电路的接通、断开或转换作用的。它是组成电路不可缺少的一部分。有些开关是靠人工手动来控制的，如机械开关；有些开关是靠电流来控制的，如电磁开关；有些开关是靠信号来控制的，如电子开关。

（2）常用的几种开关

常用的几种开关如图 1-19 所示。

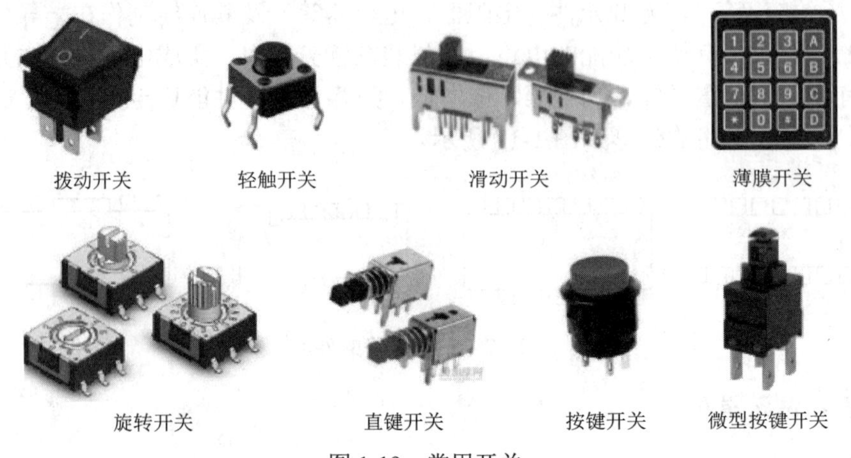

图 1-19　常用开关

2. 继电器

继电器是一种电气控制常用的机电器件，可以被看作一种由输入参量（如电、磁、光、声等）控制的开关。

电子产品中常用的继电器有以下几种。

1）电磁继电器：分交流与直流两大类，利用电磁吸力工作。

2）磁保持继电器：用极化磁场作用保持工作状态。

3）高频继电器：专用于转换高频电路并能与同轴电缆匹配。

4）控制继电器：按输入参量不同，有温度继电器、热继电器、光继电器、声继电器、压力继电器等。

5）舌簧继电器：利用舌簧管（密封在管内的簧片在磁力下闭合）工作的继电器。

6）时间继电器：有时间控制作用的继电器。

7）固态继电器：是一种输入与输出隔离的电子开关，功能与电磁继电器相同。

常用的几种继电器如图 1-20 所示。

图 1-20　常用继电器

3. 接插件

接插件又称连接器，是电子产品中用于电气连接的一类机电器件，使用十分广泛。

（1）接插件的种类

1）按使用频率分，有低频接插件（100MHz 以下使用）、高频接插件（100MHz 以上使用）。

2）按用途分，有电源接插件、耳机接插件、PCB 接插件、光纤与光缆接插件等。

3）按机构形状分，有矩形接插件、印制板接插件、带状电缆接插件、同心接插件、射频同轴接插件等。

常用接插件如图 1-21 所示。

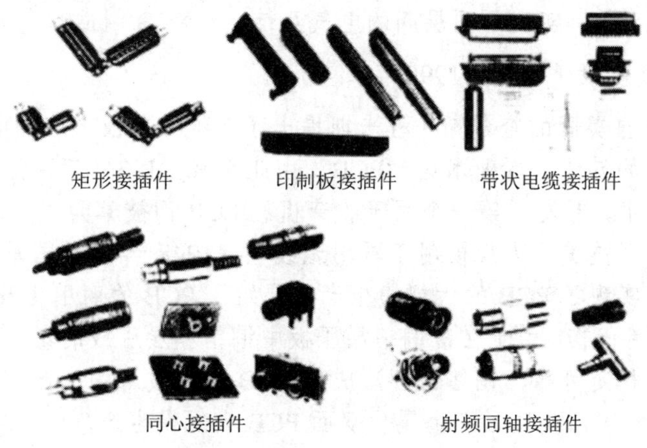

图 1-21　常用接插件

（2）接插件的检测

对接插件的检测，一般采用外表直观检查和万用表测量检查两种方法。通常做法是先进行外表直观检查，再用万用表检测。

1）外表直观检查。这种方法用来检查接插件是否有引脚相碰、引线断裂的现象。若外表检查无上述现象且需进一步检查时，采用万用表进行测量。

2）万用表检测。使用万用表的欧姆挡对接插件的有关电阻进行测量。

对接插件的连通点测量时，连通电阻值应小于 0.5Ω；否则，认为接插件接触不良。

对接插件的断开点测量时，其断开电阻值应为无穷大，若断开电阻值接近于零，说明断开点之间有相碰现象。

项 目 小 结

通过本项目的学习，了解电子 CAD 的功能、发展历程及常用软件；掌握电子元器件的基本知识。

拓展阅读

PCB 的起源与发展历史

PCB 被很多人誉为电子产品之母，它在电子信息、医疗、航空、新能源等行业有着广泛应用，每一天我们都在体验电子产品带来的便利。PCB 的发展可以概括为以下 3 个阶段。

1. PCB 启蒙阶段（1900～1920 年）

1903 年德国阿尔伯特•汉森发明了第一块电路板。他将“电线”概念用于电话交换系统，将金属箔用于切割线路导体，然后将石蜡纸粘在线路导体的顶部和底部，并在线路交叉处设置过孔，实现不同层间的电气互连，为 PCB 制造和发展奠定了理论基础。

2. PCB 发展阶段（1920～1990 年）

1925 年，来自美国的查尔斯•杜卡斯提出了在绝缘基板上印刷电路图、进行电镀，以制造用于布线的导体，专业术语“PCB”由此而来。1936 年，保罗•艾斯勒因第一个发表了薄膜技术，开发了第一个用于收音机的 PCB 而被奉为“印刷电路之父”。1943 年，他的技术发明被美国大规模用于军用无线电。1948 年，美国军队开发出一种自动组装工艺，从而实现了 PCB 的大规模生产，开始了 PCB 的商用化及传播。

20 世纪 50 年代初，由于在覆铜箔层压板中铜箔和层压板的黏合强度和耐焊性问题得到解决，性能稳定可靠，铜箔蚀刻法成为 PCB 制造技术的主流，开始用于生产单面板。20 世纪 60 年代，实现了孔金属化双面 PCB 大规模生产。

20 世纪 70 年代，另一项非常重要的发明出现了，这就是集成电路（IC）。随着集成电路进入电子制造业的世界，使用 PCB 成为强制性的技术要求，PCB 进入快速发展阶段。到 20 世纪 80 年代，计算机和 EDA（电子设计自动化）软件开始发挥作用，使 PCB 设计变得动态，并被整合到 PCB 制造机器中。同时，表面贴装技术（SMT）开始逐渐取代通孔安装技术，成为当时的主流，PCB 进入了数字时代，赢得了人们的青睐。

3. PCB 成熟阶段（1990 年至今）

20 世纪 90 年代，PCB 设计与生产实现了小型化。21 世纪初，智能手机的出现推动了高密度互连（HDI）PCB 技术的发展。同时，保留激光钻孔的微孔，堆叠过孔开始取代交错过孔，并结合“任何层”施工技术，HDI 板最终线宽/线距达到 40μm。

我国 1965 年开始 PCB 研制工作，20 世纪 60 年代开始研制双面板和多层板，70 年代，由于受当时历史条件的限制，PCB 技术发展缓慢，使得整个生产技术落后于国外先进水平。80 年代引进生产线，提高了我国 PCB 的生产技术水平。进入 90 年代，我国 PCB 产量和技术突飞猛进。2006 年，中国成为全球产值最大的 PCB 生产基地和技术发展最活跃的国家。

如今，我们已进入建设中国式现代化的新时代，PCB 在加快制造强国、质量强国、航天强国、交通强国、网络强国、数字中国的建设中是关键核心技术之一，我们应加快补齐短板，努力提升战略性资源供应保障能力。

稳压电源 PCB 设计——PCB 基础设计

学习目标
1）认识常用电气元器件符号；
2）熟悉绘制电气原理图的一般流程；
3）能用 Altium Designer 21 软件绘制简单电源原理图；
4）掌握设计 PCB 的一般流程。

设计要求
稳压电源电路原理图如图 2-1 所示，试设计该电路的 PCB。
1）用自动的方法设计该 PCB；
2）使用单层 PCB，PCB 尺寸为 4000mil×2320mil；
3）电源地线的铜膜线的宽度为 40mil；
4）一般布线的宽度为 20mil。

素质目标
树立工程设计意识和严谨的科学态度，提升工程设计能力。

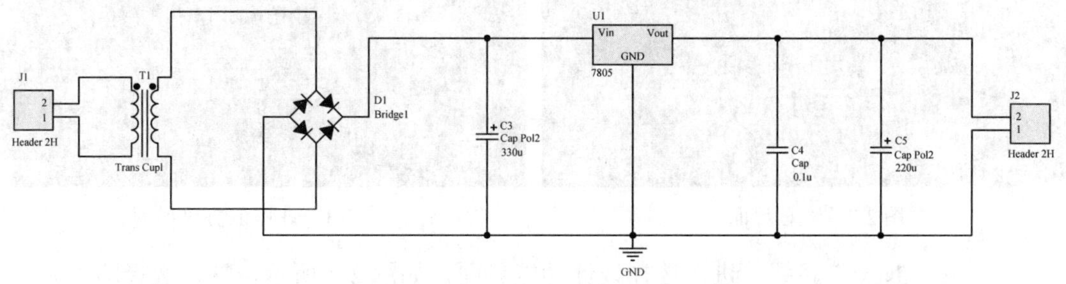

图 2-1　稳压电源电路原理图

稳压电源 PCB 制作过程（视频）

稳压电源由变压器、整流电路、滤波电路、稳压电路组成。变压器 T1 用于把 220V 的交流电转换成整流电路所需要的电压；整流电路 D1 把交流电转换为脉动的直流电；电容滤波电路的作用是将脉动直流电压转换为脉动较小的直流电；三端稳压器 7805 的作用是将比较稳定的直流电转换成稳定的直流电压。

2.1　绘制稳压电源电路原理图

2.1.1　Altium Designer 21 软件简介

1. 安装 Altium Designer 21 软件需要的最低系统配置

1）Windows 8（仅限 64 位）或 Windows 10（仅限 64 位）Intel 酷睿 i5 处理器或等同产品；尽管不推荐使用，但是仍支持 Windows 7 SP1（仅限 64 位）。

2）4GB 随机存储内存。

3）10GB 硬盘空间（安装＋用户文件）。

4）显卡（支持 DirectX 10 或以上版本），如 GeForce 200 系列、Radeon HD 5000 系列、Intel HD Graphics 4600。

5）最低分辨率为 1680×1050 像素（宽屏）或 1600×1200 像素（4∶3）的显示器。

2. 安装步骤

1）打开 Altium Designer 21 的安装文件，运行 Altium Designer 21 Setup.exe 文件，即可开启安装过程，屏幕上显示如图 2-2 所示的欢迎界面。

2）单击“Next”按钮，进入许可证协议界面，如图 2-3 所示，选中“I accept the agreement”复选框，激活“Next”按钮。

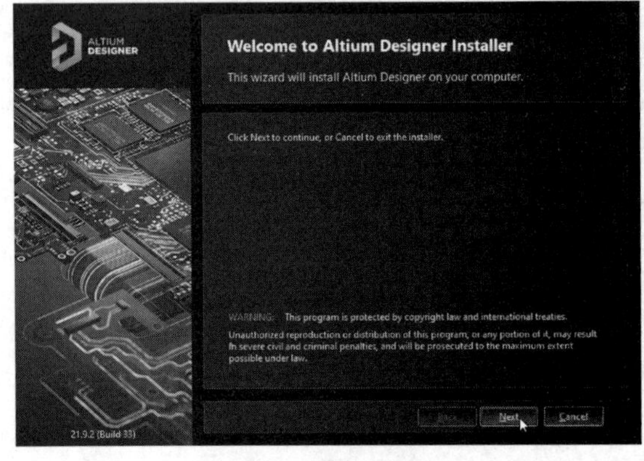
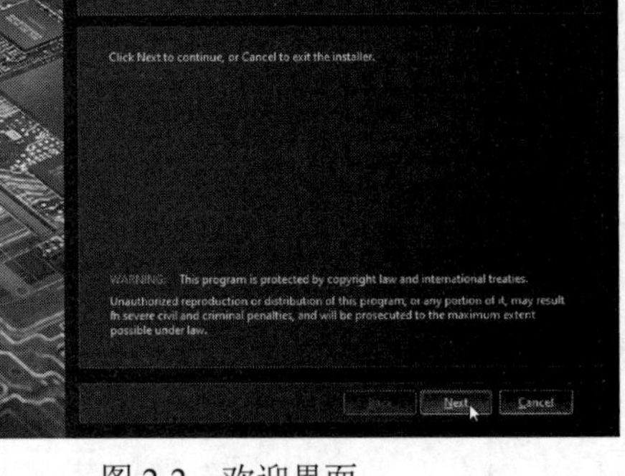

图 2-2　欢迎界面

图 2-3　许可证协议界面

3）单击“Next”按钮，进入选择设计功能界面，如图 2-4 所示，默认选择即可。

4）单击“Next”按钮，进入安装路径选择界面，如图 2-5 所示，默认的程序安装路径是 C:\ProgramFiles\Altium\AD21；默认的共享文档安装路径是 C:\Users\Public\Documents\Altium\AD21，该路径用来放置库文件、范例和模板。

5）单击“Next”按钮，进入用户体验改善选项界面，如图 2-6 所示。

6）单击“Next”按钮，进入安装准备界面，如图 2-7 所示。

7）单击“Next”按钮，开始进行正式安装。界面下方会显示一个安装进度条，如图 2-8 所示。耐心等待一段时间即可完成安装，并显示安装完成界面，如图 2-9 所示，单击“Finish”按钮退出安装程序。

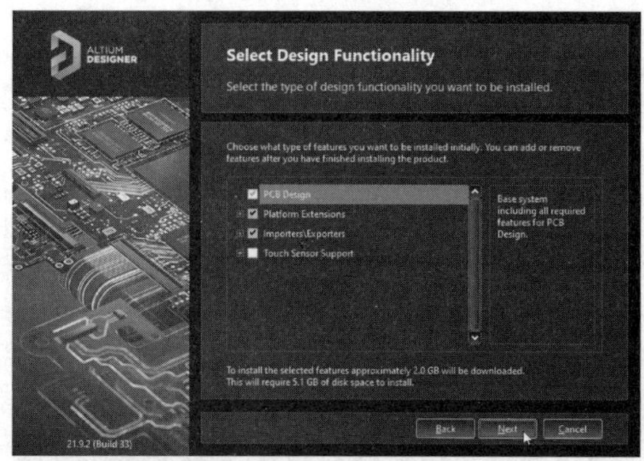

图 2-4　选择设计功能界面

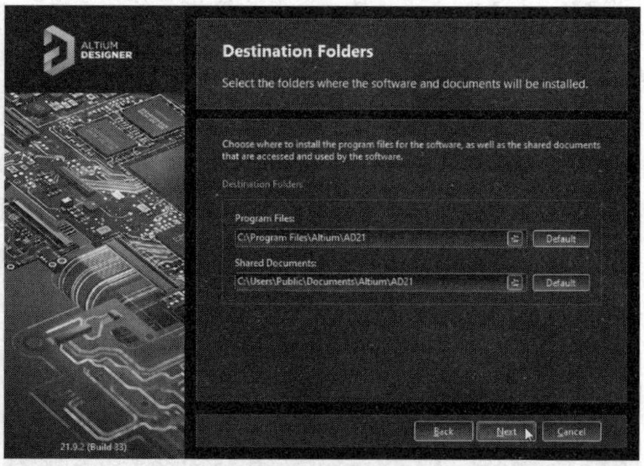

图 2-5　安装路径选择界面

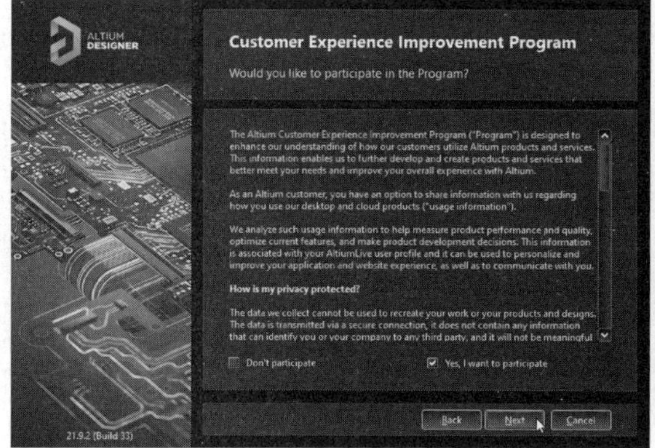

图 2-6　用户体验改善选项界面

图 2-7　安装准备界面

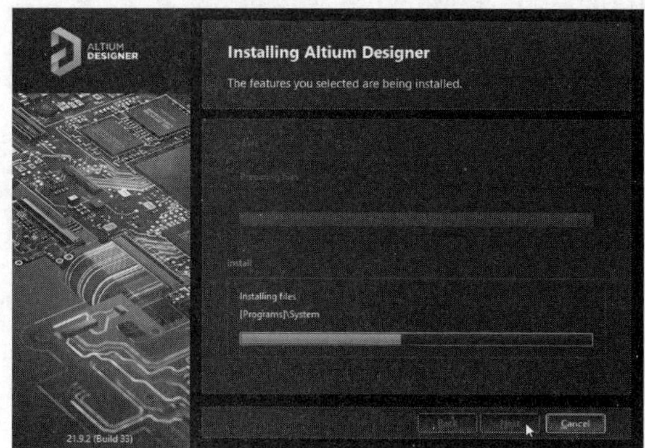

图 2-8　安装进度显示界面

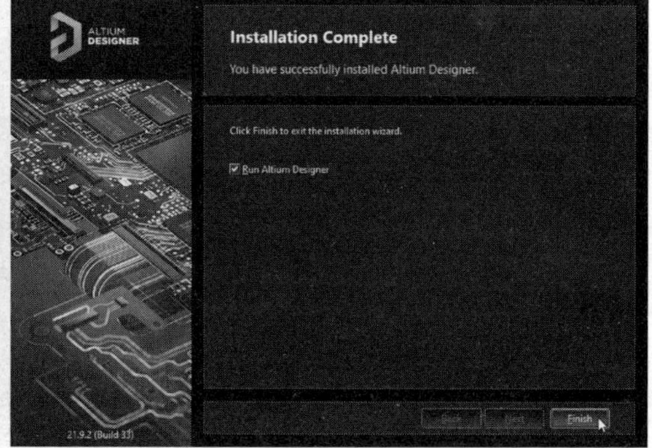

图 2-9　安装完成界面

3. 注册软件许可证

Altium Designer 需要获得许可证才能正常使用。安装完成后，启动 Altium Designer 21，进入如图 2-10 所示的用户账号界面，要求用户注册许可证信息。

Altium Designer 系统具有 3 种不同的许可证管理类型。

1）On-Demand：客户端许可证的获取。由 Altium Managed Server 管理，用户需要登录到 Altium Managed Server 获取许可证信息。

2）Standalone：用户通过授权文件（*.alf）获取使用许可证。只需将该授权文件复制到本地计算机上，然后添加该文件到 Standalone License 配置中即可。

3）Private Server：由用户私有的服务器管理客户端许可证的获取。一旦许可证在私有服务器上配置，本地网络上的用户即可从该服务器上获取许可证信息。

对于初学者，最方便的是 Standalone 许可证管理类型。如图 2-11 所示即是以这种方式安装的许可证界面。

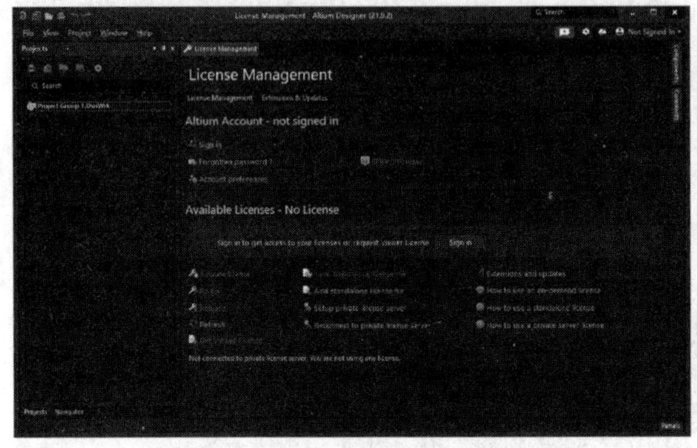

图 2-10 注册许可证界面

图 2-11 完成许可证安装的界面

4. *启动* Altium Designer 21 *软件*

单击开始，选取“Altium Designer”选项，即可启动 Altium Designer 21 集成设计环境，如图 2-12 所示。

图 2-12 Altium Designer 21 设计环境

在图 2-12 所示的界面中，包括以下几个区域。

（1）标题栏

标题栏用于显示软件名称和常用工具。

（2）设计主菜单

在该菜单中主要包括 设置系统参数、文件、视图、项目、Window 和帮助等菜单项。单击图标 将显现设置系统参数菜单，使用这些菜单选项可设置系统参数，使其他菜单及工具栏自动改变以适应编辑的文档。

（3）工作区面板

Altium Designer 21 为用户提供了多种工作区面板，如元件库面板、项目管理面板等，这些面板可以移动、修改或修剪。

（4）工作区

工作区是用户编辑各种文档的区域，在无编辑器打开的情况下，可以看到工作区内列出了 License 管理相关内容。

（5）面板标签

单击面板标签可以弹出相应的工作面板或快捷菜单。例如，单击 Components （元器件）面板标签，“Components”面板就显示在工作面板中。

5. *原理图设计步骤*

电路原理图设计是 Altium Designer 设计的基础，原理图设计的大致流程如图 2-13 所示。

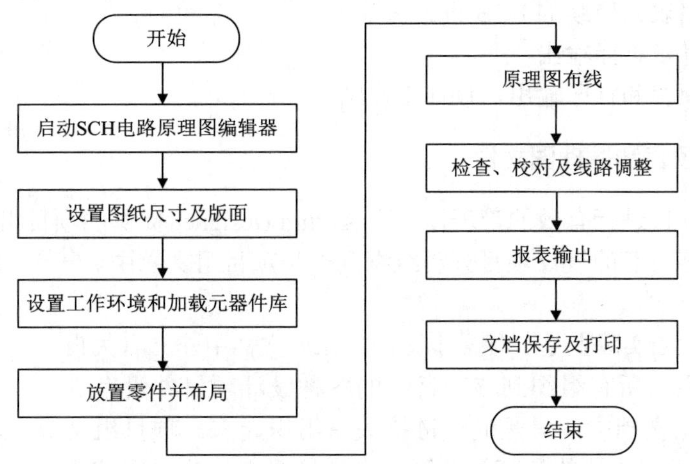

图 2-13　原理图设计流程图

设计原理图的具体步骤如下：

（1）启动 Altium Designer 电路原理图编辑器

启动 Altium Designer 设计系统后，展现在用户面前的只是一个设计桌面，用户必须通过新建或打开一个原理图文档（*.SchDoc 或*.Sch）来启动原理图编辑器，进入原理图编辑环境才能进行原理图的编辑。

（2）设置图纸尺寸及版面

编辑原理图文档（*.SchDoc 或*.Sch）之前，设计者首先应根据实际电路的规模和复杂程度来设置图纸的尺寸、图纸方向及标题栏等。设置合适大小的图纸是设计好原理图的第一步。

（3）设置工作环境和加载元器件库

设置工作环境包括设置网格大小及类型、光标类型等。大多数参数都可以用系统默认值，按照个性化设置的设计环境可以大大提高设计效率。

加载元器件库就是将在设计原理图时要用到的元器件模型所在的元器件库添加到 Altium Designer 软件环境中，为放置元器件做好准备；也可以边设计原理图边加载元器件库。

（4）放置零件并布局

在这个阶段，用户应根据实际电路图的需要，将元器件从元器件库中取出、放置到图纸上，并对放置的元器件的标识、元器件的封装等属性进行定义或设定等。另外，还需要对放置的元器件进行合理的布局。

（5）原理图布线

原理图布线就是利用 Sch 提供的各种工具将图纸上的元器件用具有电气意义的导线、符号连接起来，构成一张完整的原理图。

（6）检查、校对及线路调整

当原理图绘制完成以后，用户还需要利用 Sch 提供的各种工具对所绘制的原理图进行检查与校对，如有需要，也可以对初步绘制好的电路图做进一步的调整和修改，使得原理图更加美观、正确。

（7）报表输出

在这个阶段，用户通过 Sch 提供的各种报表工具生成各种报表，其中最重要的报表是网络表，通过网络表为后续的 PCB 设计做准备。

（8）文档保存及打印输出

最后是文档保存和打印输出，设计工作结束。

2.1.2 创建设计项目和原理图文件

为了对设计项目进行有效的管理，利用 Altium Designer 提供的项目组文档（*.PrjGrp）管理方式，可以将自己的设计项目分类组织到一个项目组文档中。一个项目组文档可以管理多个 PCB 项目文档。

设计项目组文档实际上是一种文本文档，在该文档中建立有关设计项目的链接关系，所有组织到该项目组的各种设计项目并没有真正包含到该项目组文档中，只是通过链接关系组织起来。项目组文档是 Altium Designer 文档的最高管理形式。项目组文件的组织结构如图 2-14 所示。

稳压电源电路原理图绘制（视频）

PCB项目组文件*.PrjPcb
- 原理图文件（*.SchDoc、*.Sch）
- PCB文件（*.PcbDoc、*.Pcb）
- 原理图库文件（*.SchLib、*.Lib）
- PCB元件库文件（*.PcbLib、*.Lib）
- 网络表文件（*.NET）
- CAM文件（*.Cam等）
- 输出报表（*.xls等）
- ……

图 2-14 项目组文件的组织结构

1. 创建设计项目

如果对 Altium Designer 21 软件的英文版本使用不方便，可以对其进行汉化。在 Altium Designer 21 设计环境中，单击 ✿ 设置系统参数选项，在“Preferences”对话框中选中“System”内“General”的“Use localized resources”复选框，如图 2-15 所示。之后，将 Altium Designer 软件关闭，再重新打开即是汉化版本。

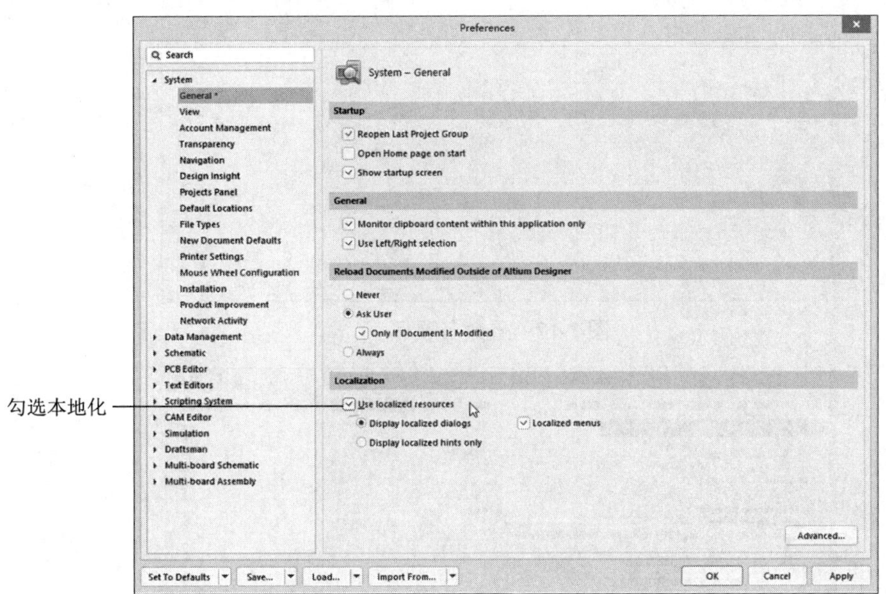

图 2-15　系统汉化

执行菜单命令“文件”→“新的”→“项目”，创建一个 PCB 项目，如图 2-16 所示。系统默认项目名为 PCB_Project，在弹出的对话框中重命名项目为“稳压电源”，如图 2-17 所示。单击“Create”（创建）按钮，创建项目。项目创建完成后，也可以对其进行重命名。

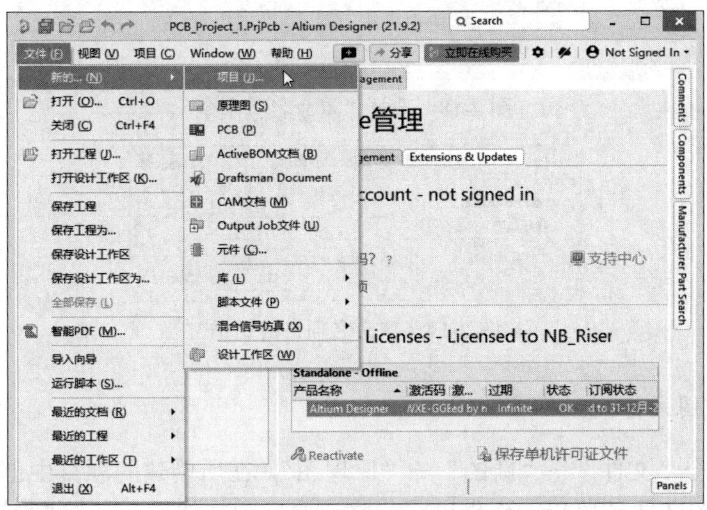

图 2-16　创建 PCB 项目

在“Projects”项目标签内的 PCB_Project.PrjPcb 文件处右击，在弹出的快捷菜单中选择“重命名”命令，如图 2-18 所示，弹出如图 2-19 所示的重命名项目对话框。

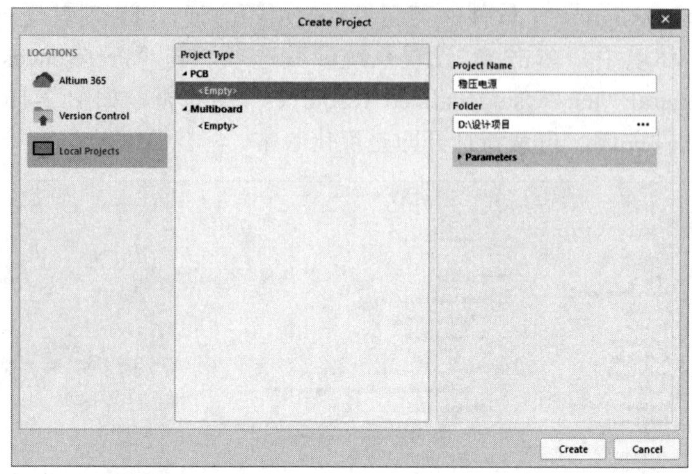

图 2-17　重命名项目

图 2-18　选择“重命名”命令

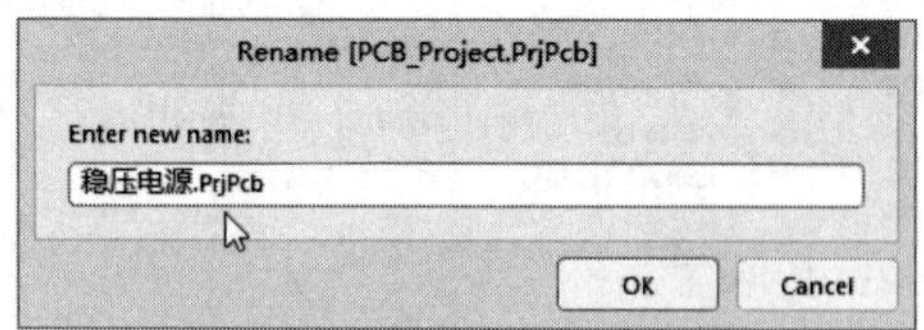

图 2-19　重命名项目对话框

2. 创建原理图文件

执行菜单命令“文件”→“新的”→“原理图”，在所创建的项目中创建一个原理图文件。其默认原理图文件名为 Sheet1.SchDoc，将该原理图文件重命名为“稳压电源.SchDoc”。此原理图文件属于上述项目“稳压电源.PrjPcb”，如图 2-20 所示。

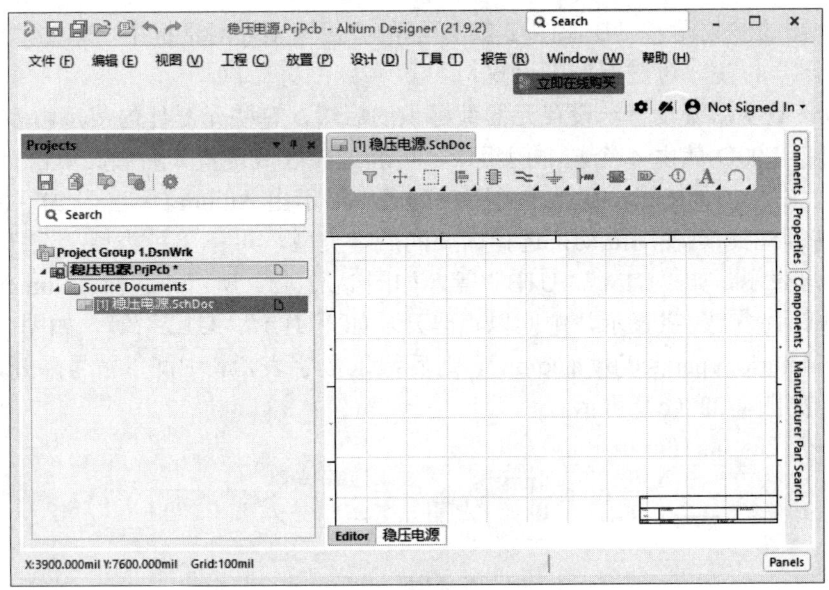

图 2-20　原理图绘制界面

2.1.3　原理图的初始化设置

1. 设置图纸尺寸及版面

可按以下步骤设置图纸尺寸及版面。

1）执行菜单命令“工具”→“原理图优先项”，显现“优选项”对话框，如图 2-21 所示。在“优选项”对话框中可设定原理图中的多种参数。

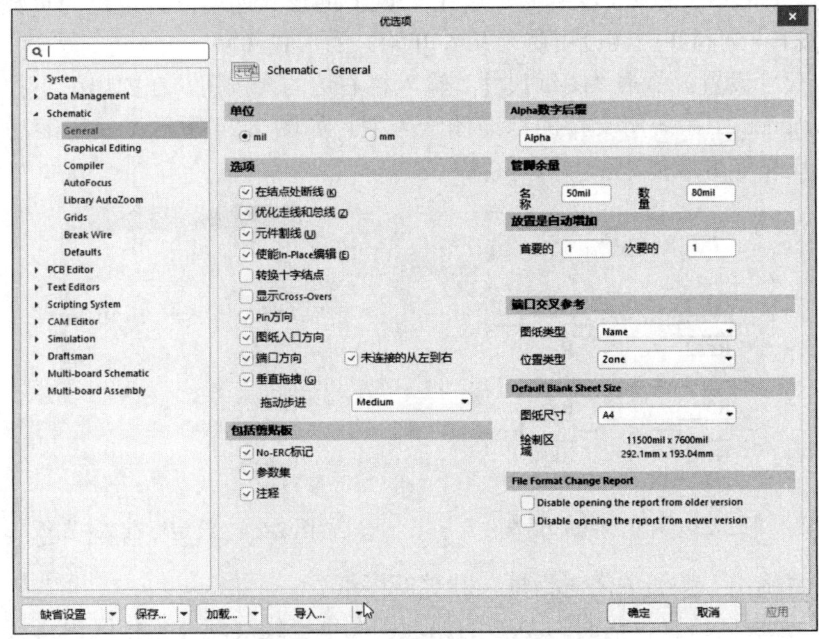

图 2-21　“优选项”对话框

2）原理图的参数设置。在如图 2-21 所示的“优选项”对话框中，单击“Schematic”下的“General”标签，可进行如下设置。

① Alpha 数字后缀设置。设置元器件标识的后缀，有些元器件内部是由多个部分组成的，比如 SN74F00D 就由 4 个与非门组成，可通过该区域设置其后缀。单击“Alpha 数字后缀”输入栏右边的按钮，在弹出的下拉列表中显示出 Altium Designer 21 系统所支持的集成元件后缀类型，可使用滚动条选择需要的后缀类型，共有 3 种类型：选择“Alpha”，则后缀以字母表示，如“U1A”“U1B”等，如图 2-22（a）所示；选择“Numeric,separated by a dot”，则后缀以数字表示，中间以点隔开，如“U1.1”“U1.2”等，如图 2-22（b）所示；选择“Numeric,separated by a colon”，则后缀以数字表示，中间以冒号隔开，如“U1:1”“U1:2”等，如图 2-22（c）所示。

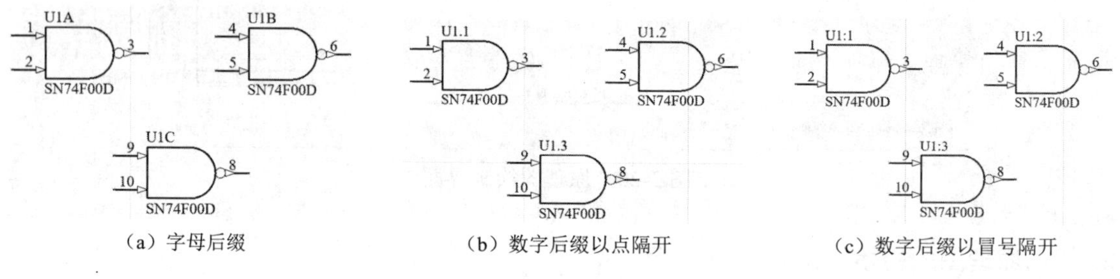

（a）字母后缀　（b）数字后缀以点隔开　（c）数字后缀以冒号隔开

图 2-22　后缀类型

②“放置是自动增加”设置。“首要的”选项用来设置在原理图上连续放置同一种元器件时，元器件标识的自动递增量。当在输入框内输入正数时（假设为 2），如图 2-23 所示，新放置的元器件标识将按 R1→R3→R5→…（设元器件标识用 R 开头）的形式递增。“次要的”选项用来设定创建原理图符号时引脚号的递增量。当设定为正数时（假设为 1），新放置引脚号将按 1→2→3→…（设引脚号从 1 开始）的形式递增；当设定为负数时，新放置的引脚号将按 6→5→4→…（设引脚号从 6 开始）的形式递减。

③ 图纸尺寸设置。单击“图纸尺寸”输入栏右边的按钮，在弹出的下拉列表中显示出 Altium Designer 21 系统所支持的标准图纸类型，如图 2-24 所示。使用滚动条向上滚动到“A4”样式并单击选择。

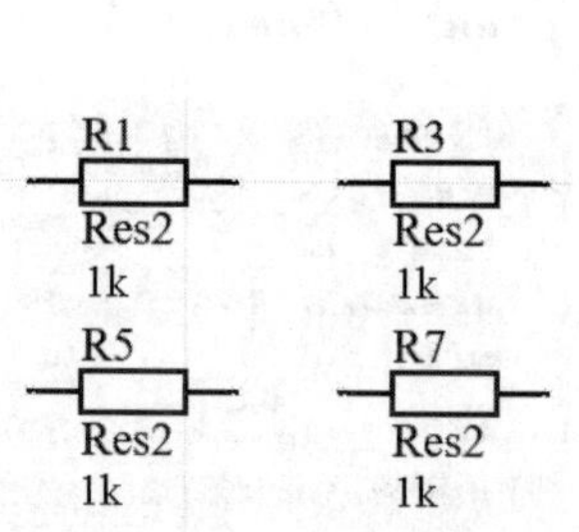

图 2-23　标识符增加情况

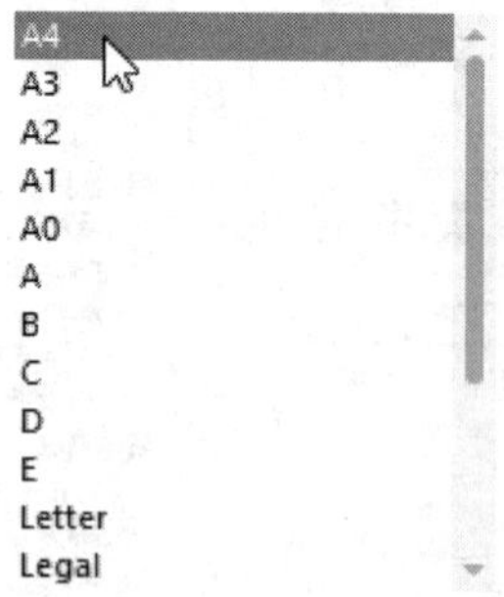

图 2-24　设定标准 A4 图纸

3）单击“确定”按钮关闭对话框，并更新图纸。

至此，一张横向放置、幅面为 A4 的原理图图纸已经展现在工作区内，接下来可进行其他方面的设置。

2. 设置图形编辑工作环境

在如图 2-21 所示的“优选项”对话框，单击“Schematic”下的“Graphical Editing”（图形编辑）标签，则显现如图 2-25 所示的“Graphical Editing”标签设置对话框，在该对话框中可以完成与绘图有关的选项设置。

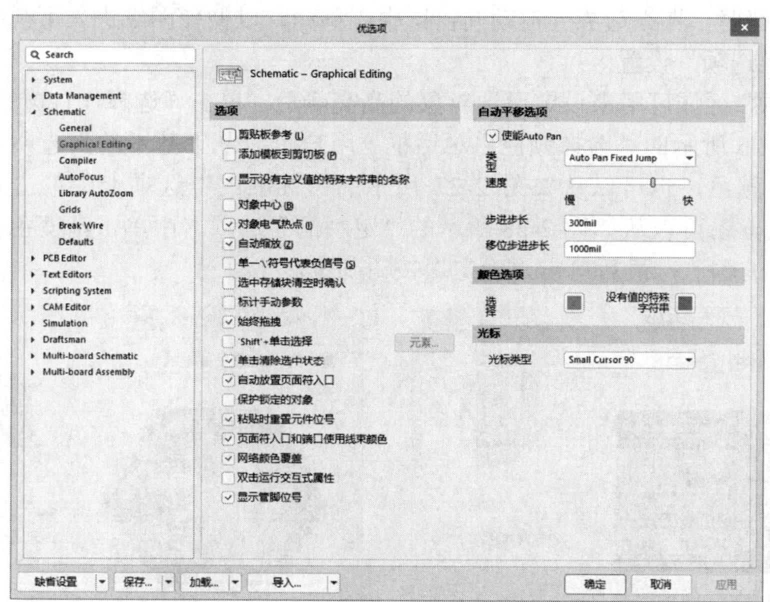

图 2-25　“Graphical Editing”标签设置对话框

（1）“选项”设置

1）“剪贴板参考”复选框。该复选框的功能是设置将选取的图元复制和剪切到剪贴板时，是否要指定参考点。如果选中此复选框，则在进行复制和剪切时，系统会要求指定参考点，光标变成十字形状，单击鼠标左键，所选择的图元才会被复制到剪贴板中；将剪贴板中的图元粘贴到电路图上时，将以参考点为基准。如果没有选中此复选框，进行复制和剪切时，系统不会要求指定参考点。

2）“添加模板到剪切板”复选框。该复选框的功能是设定将图元复制和剪切到剪贴板时，是否将当前文档所使用的模板一起复制到剪贴板。该功能非常有用，当取消选中该复选框时，可以直接将原理图复制到 Word 文档；否则，所复制的原理图将包含整张图纸。

3）“显示没有定义值的特殊字符串的名称”复选框。该复选框的功能是设定是否将特殊字符串转换成相应的内容。若选中此复选框，则将电路图中的特殊字符串转换成它所代表的内容；否则，电路图中的特殊字符串将不进行转换。

4）“对象中心”复选框。该复选框的功能是设定移动元器件时，光标捕捉的是元器件的参考点还是元器件的中心。要想实现该复选框所设定的功能，必须取消选中“对象电气热点”复选框；否则，效果将完全相同。

5）“对象电气热点”复选框。若选中该复选框，当移动或拖动所选对象时，光标将自动滑动到最近的热点（比如元器件的引脚末端）；否则，光标将按“对象中心”复选框的设置变化。

6）“自动缩放”复选框。该复选框用来设定当跳转到某元器件时，是否自动调整视图显示比例，以适合显示该元器件。

（2）“自动平移选项”设置

“自动平移选项”区域主要用来设置系统的自动摇景功能。摇景是摄影学中的一项技术，用于拍摄全景。自动摇景是指当鼠标处于放置（或拖动）图纸组件的状态时，如果将光标移到编辑区边缘时，图纸边界会自动向窗口中心移动，以便使图纸进入可视区域。

（3）“颜色选项”设置

“颜色选项”区域可用来设定已选对象的高亮颜色。单击“选择”右边的颜色属性框，将弹出如图 2-26 所示的“选择颜色”对话框。用户可以从“基本的”选项卡中单击色条选择某种基本颜色，也可以从如图 2-27 所示的“标准的”选项卡中单击六棱色盘选择某种标准颜色，还可以从如图 2-28 所示的“定制的”选项卡中单击渐变色柱上的某个位置来选择相应的颜色，最后单击“确定”按钮确定。

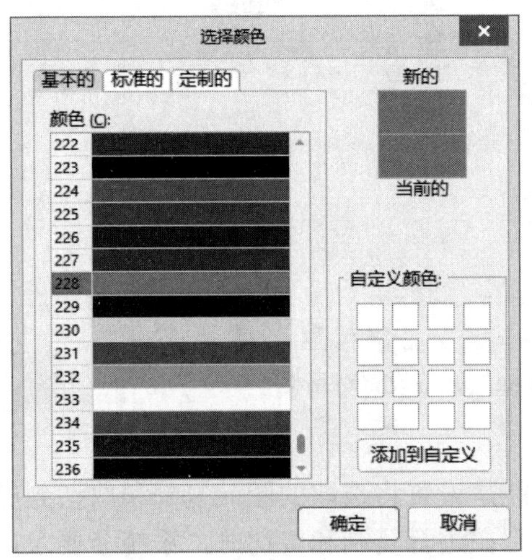

图 2-26 “选择颜色”对话框

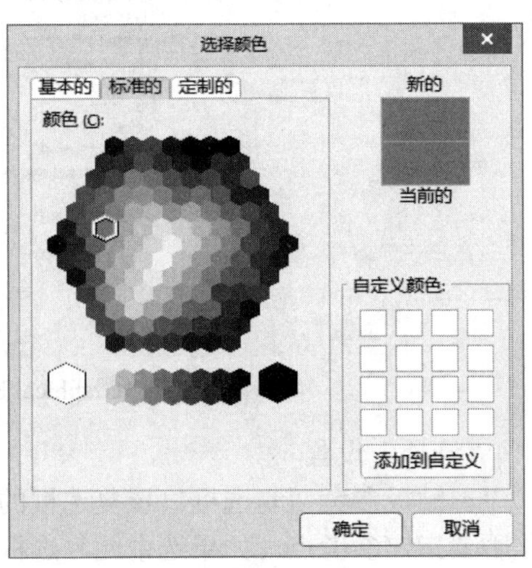

图 2-27 标准六棱色盘

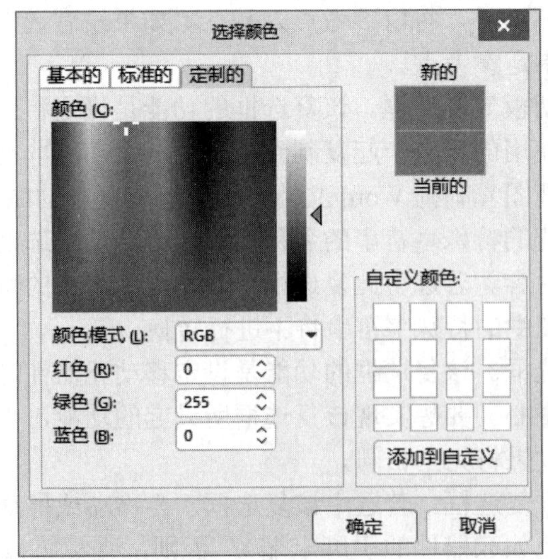

图 2-28 渐变色柱

（4）“光标”设置

光标形状是指在原理图编辑中光标在放置元器件、绘图或连接线路时的形状。单击“光标类型”右边的下拉按钮，弹出如图 2-29 所示的下拉列表，其中有 4 种光标形状选项可供选择。

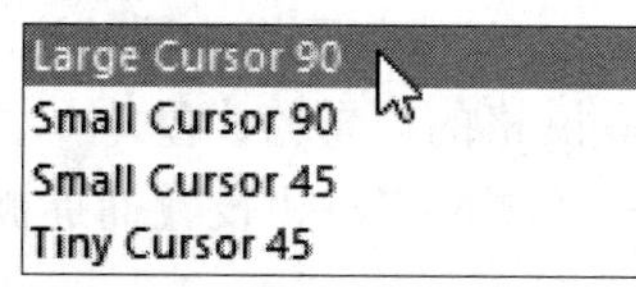

图 2-29　光标形状选项

1）“Large Cursor 90”：90° 交叉大光标。

2）“Small Cursor 90”：90° 交叉小光标。

3）“Small Cursor 45”：45° 交叉小光标。

4）“Tiny Cursor 45”：45° 交叉微小光标。

光标形状可根据个人习惯进行选择，且这 4 种光标形状只有在进行编辑活动（如放置或拖动图纸组件等）时才会呈现，平时为一般光标形状（箭头）。

3. 网格设置

在如图 2-21 所示的“优选项”对话框中单击“Schematic”下的“Grids”标签，则显现如图 2-30 所示的“Grids”（网格）标签设置对话框。在该对话框内可以完成网格类型、网格颜色、网格尺寸等选项设置。

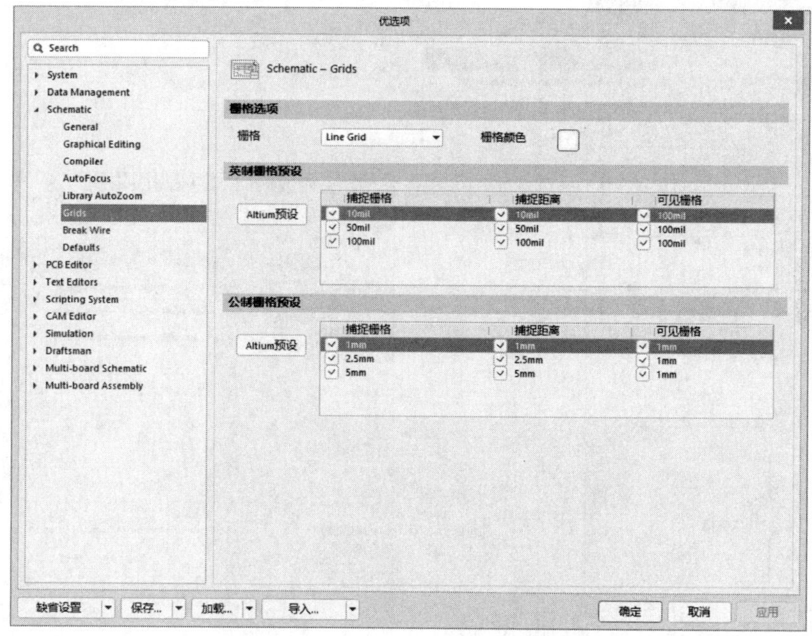

图 2-30　“Grids”标签设置对话框

1）设置网格形状。Altium Designer 21 提供了两种不同形状的网格，分别是线状（Line）网格和点状（Dot）网格。

2）设置网格颜色。在如图 2-30 所示的“Grids”标签设置对话框中单击“栅格颜色”右边的小方框，设置网格颜色。

3）设置网格的可见性。在如图 2-20 所示的原理图绘制界面单击菜单命令“视图”→“栅格”→“切换可视栅格”，如图 2-31 所示，在弹出的对话框中可设置网格可见性。

4）捕获网格设置。这项设置可以改变光标每次移动的最小距离。表示光标移动时以捕获网格的设置值为基本单位移动。在如图 2-20 所示的原理图绘制界面单击菜单命令“视图”→“栅格”→“设置捕捉栅格”，在弹出的对话框中可设置捕获网格大小，如图 2-32 所示。

图 2-31 栅格设置选项

图 2-32 设定捕获网格大小对话框

2.1.4 加载原理图元器件库

如果知道元器件所在的库文件，可以直接将所用库文件加载到库文件管理面板，具体操作步骤如下。

1）单击“Components”面板中的按钮 ≡，选择“File-based Libraries Preferences”（见图 2-33），弹出“可用的基于文件的库”对话框，如图 2-34 所示。

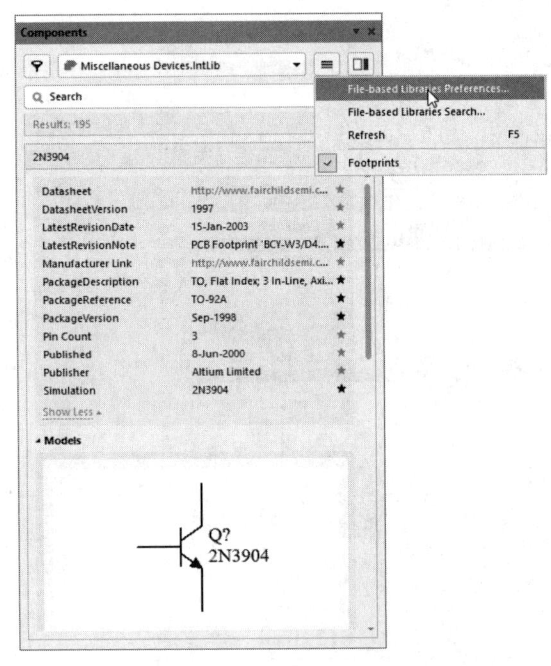

图 2-33 元器件面板

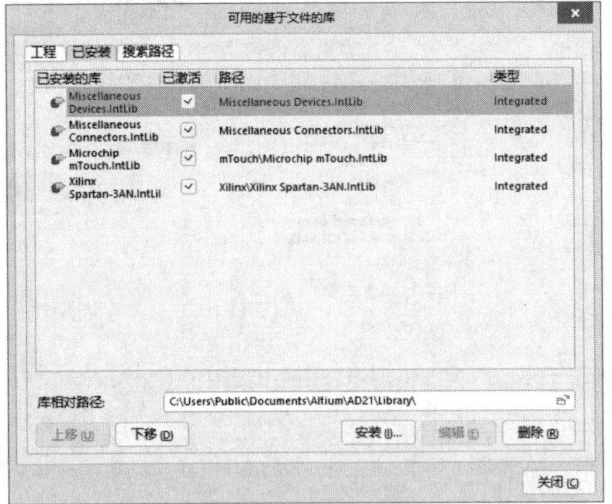

图 2-34 “可用的基于文件的库”对话框

2）单击“安装”按钮，打开“打开”对话框，如图 2-35 所示。

3）在“查找范围”栏内指定库文件的所在文件夹，默认文件夹为“C:\Users\Public\Documents\Altium\AD21”。

4）在文件窗口内查找并选择需要的库文件，选择后文件名将出现在“文件名”栏的文本框内。由于如图 2-1 所示的范例电路中有两个连接器“Header 2H”，该器件所在的库文件为“Miscellaneous Connectors.IntLib”，因此可以在图 2-35 中选择该文件。单击“打开”

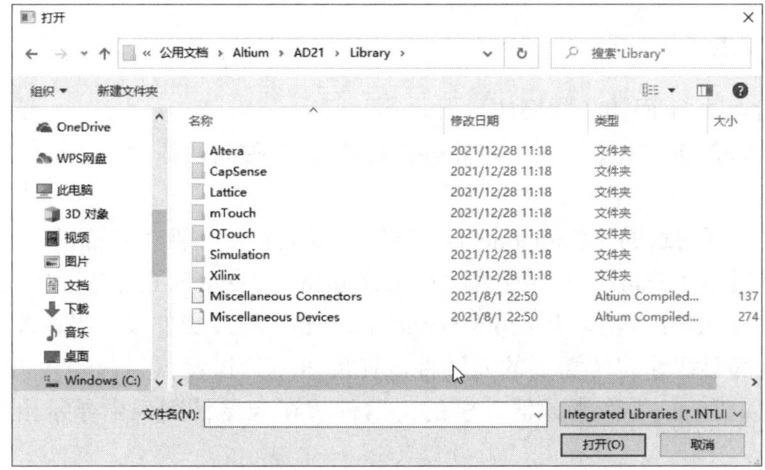

图 2-35　“打开”对话框

按钮加载该库文件，并返回“可用的基于文件的库”对话框。

5）重复步骤 2）～4），可完成多个库文件的加载。最后单击“关闭”按钮，关闭“可用的基于文件的库”对话框，并返回到库文件管理面板。

在库文件管理面板上可加载多个库文件，但是加载过多的库文件将给取用或浏览元器件带来不便。因此，在实际使用时最好只加载需要的库文件。多余的库文件可以在“可用的基于文件的库”对话框中，通过单击“删除”按钮从可用库文件列表中移除。

常用元器件库“Miscellaneous Devices.IntLib”中包括常用的电路分立元件，如 RES*（电阻）、Induct*（电感）、Cap*（电容）等；“Miscellaneous Connectors.IntLib”中还包括常用的连接器等，如 Header*。

2.1.5　放置原理图图形对象

对于初学者，放置元器件之前最好将电路中所要用到的元器件列表整理出来，以方便放置。表 2-1 是图 2-1 范例电路的元器件列表。

表 2-1　范例电路元器件列表

元器件描述	元器件名称	元器件标识	元器件参数	所在库
Trans	变压器	T1		Miscellaneous Devices.IntLib
Bridge	桥式整流器	D1		Miscellaneous Devices.IntLib
Cap	电解电容器	C3	330μF	Miscellaneous Devices.IntLib
Cap	非电解电容器	C4	0.1μF	Miscellaneous Devices.IntLib
Cap	电解电容器	C5	220μF	Miscellaneous Devices.IntLib
7805	三端稳压器	U1		Miscellaneous Devices.IntLib
Header2	连接器	J1		Miscellaneous Connectors.IntLib
Header2	连接器	J2		Miscellaneous Connectors.IntLib

下面开始放置稳压电源电路的各个元器件。

1. 取用变压器

取用变压器可按下面的步骤操作。

1）执行菜单命令“视图”→“适合所有对象”，或使用快捷键〈Ctrl〉+〈PgDn〉，使整个原理图纸显示在窗口中。

2）单击工作区右边的“Components”标签，以显示库文件管理面板。

3）因为变压器“Trans”在库文件“Miscellaneous Devices.IntLib”中，所以在已加载的库文件一栏内，单击“Miscellaneous Devices.IntLib”将库文件设为当前库。

4）使用过滤器快速定位需要的元器件。在库名下的过滤器栏内输入“trans”作为过滤条件，一个以“trans”作为元器件名的元器件将在元器件列表中显示出来，如图 2-36 所示。

5）在元器件列表中双击“Trans Cupl”以放置它。此时，光标将变成十字形状，并且在光标上黏附着一个变压器的轮廓，如图 2-37 所示，说明现在已处于元器件放置状态。如果移动光标，变压器轮廓也会随之移动。

6）在原理图上放置元器件之前，首先要编辑其属性。在元器件放置状态下按〈Tab〉键，则打开“Properties”（属性）对话框，如图 2-38 所示。

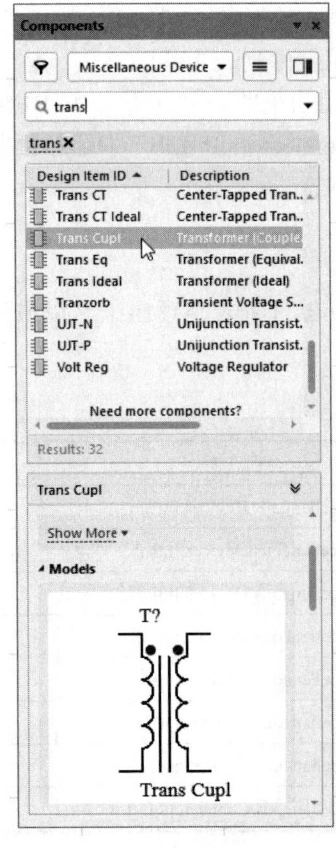

图 2-36 取用变压器

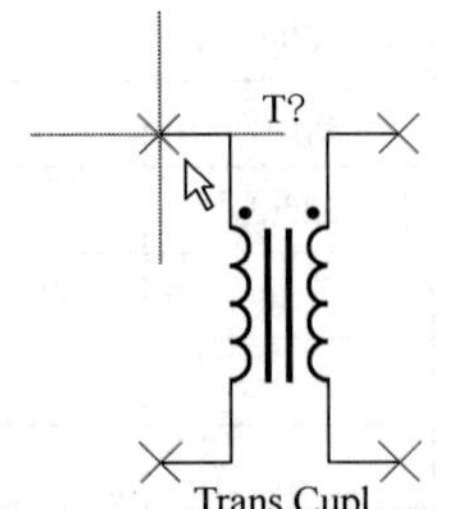

图 2-37 处于放置状态下的变压器

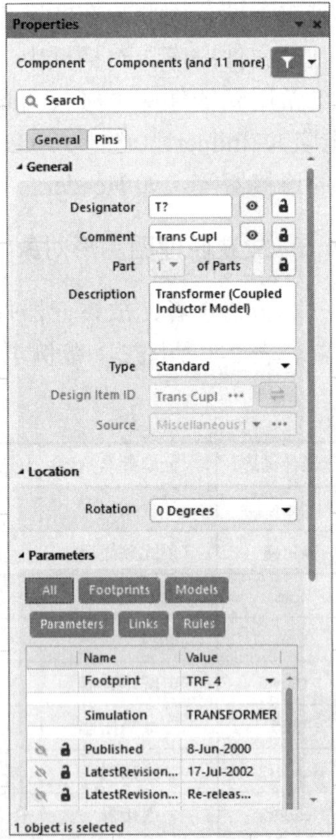

图 2-38 变压器属性对话框

7）在“Designator”（标识符）文本框中输入“T1”，将其值作为第一个元器件的标识，并选中右面的 ◉（可视）选项。

8）检查“Trans Cupl”所使用的封装形式。由于当前所加载的库文件为整合元器件库，这些库已经包括了封装和电路仿真模型。确认在“Parameters”（参数）列表中含有“TRF_4”形式的封装。保留其余栏为默认值。

9）按〈Enter〉键关闭变压器属性对话框，并返回元器件放置状态。按空格键改变元器件方向，每按一次，元器件逆时针方向旋转 90°，合理调整元器件方向并将其放置在原理图绘制界面中。

2. 放置变压器

放置变压器可按下面的步骤操作。

1）移动黏附有变压器的符号到图纸中间某位置，当对变压器的位置满意后，单击（或按〈Enter〉键）将变压器放在原理图上。

移动光标会发现一个变压器已经放在原理图纸上了，而光标上仍然黏附着变压器的轮廓，这说明当前还处在元器件放置状态且元器件标识已自动变为“T2”，如图 2-39 所示。使用 Altium Designer 的这个功能可以连续放置多个相同型号的元器件。

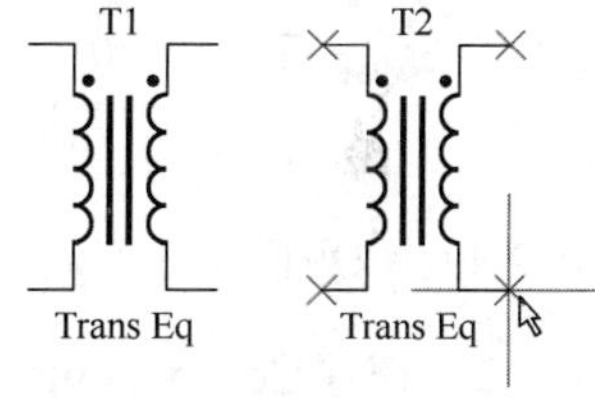

图 2-39　可连续放置多个相同的元器件

2）由于该电路只包含一个变压器 T1，因此应右击（或按〈Esc〉键）退出元器件放置状态。

3. 放置桥式整流器

放置桥式整流器可按下面的步骤操作。

1）在“Components”面板中，确认“Miscellaneous Devices.IntLib”库文件为当前库。

2）在库名下的过滤器栏内输入“Bridge”来设置过滤条件，此时将在元器件列表中列出所有与字符串“Bridge”匹配的元器件。单击选择其中的“Bridge1”，如图 2-40 所示。

3）在元器件列表中双击“Bridge1”以放置它。光标变成十字形状并黏附一个桥式整流器，如图 2-41 所示。

4）按〈Tab〉键显示桥式整流器属性对话框，如图 2-42 所示。在“Designator”文本框中输入“D1”。

5）检查“Bridge1”所使用的封装形式。确认在“Parameters”列表中含有“D-38”形式的封装。

4. 放置电容器

放置电容器可按下面的步骤操作。

1）由表 2-1 可知，电容器元件也在“Miscellaneous Devices.IntLib”库中，因此在库文件管理面板上应确认该库文件已经是当前库。

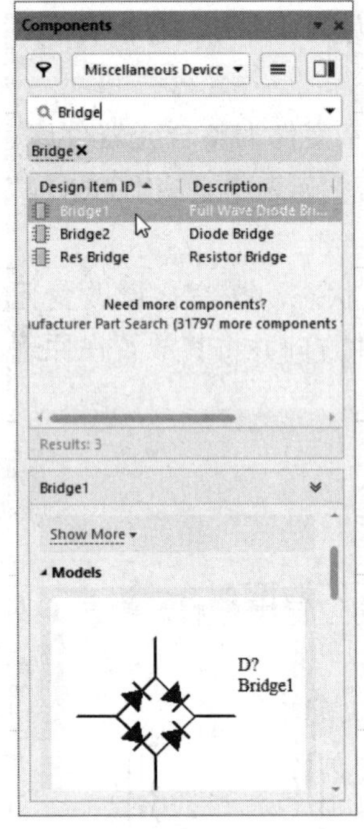

图 2-40　取用桥式整流器

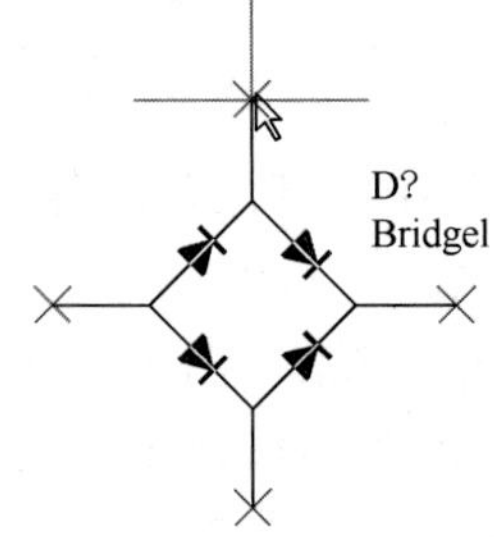

图 2-41　处于放置状态的桥式整流器

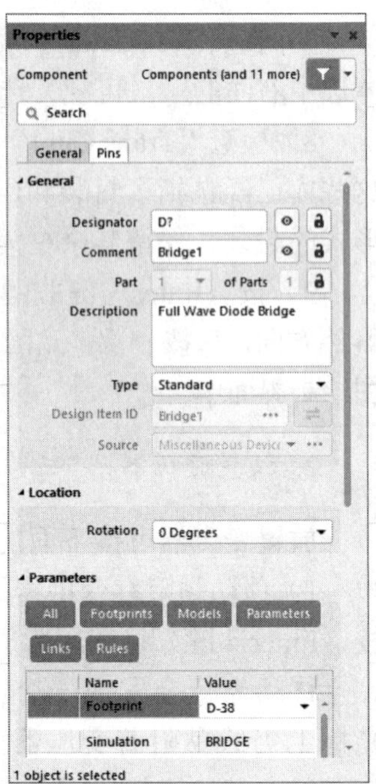

图 2-42　桥式整流器属性对话框

2）在“Components”面板的元器件过滤器栏输入“CAP”，此时将在元器件列表中列出与字符串“CAP”匹配的所有元器件，单击选择其中的“Cap”，如图 2-43 所示。

3）在元器件列表中双击“Cap”以放置它。现在光标上将黏附一个电容器符号，如图 2-44 所示。

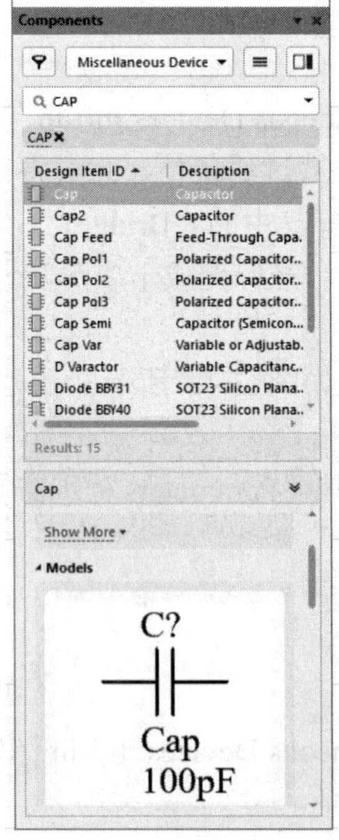

图 2-43　取用电容器

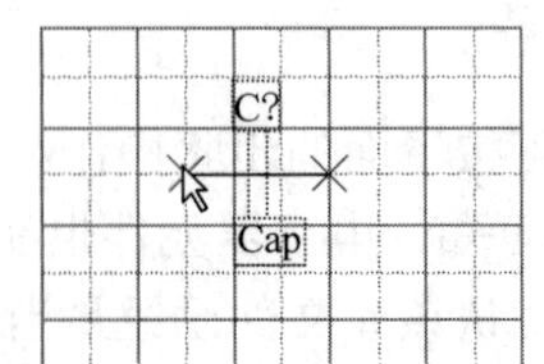

图 2-44　处于放置状态的电容器

4）按〈Tab〉键显示电容器属性对话框，如图 2-45 所示。设置“Designator”为“C4”，确认 PCB 封装模型为“RAD-0.3”且已在“Parameters”列表中。

5）在“Parameters”列表的“Value”（数值）栏的文本框内输入“0.1uF”，如图 2-46 所示。按〈Enter〉键，将 C4 放在原理图上。

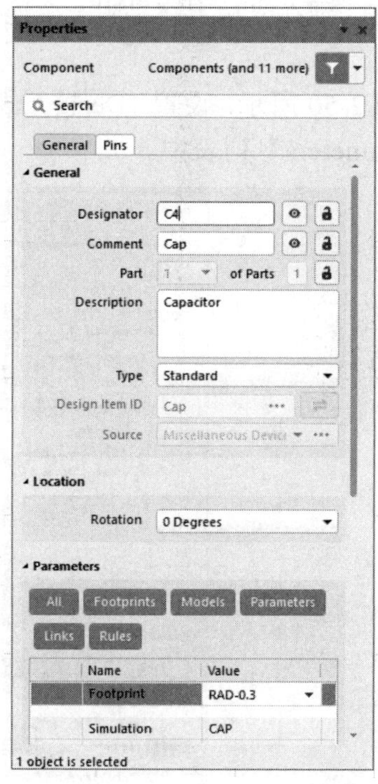

图 2-45　电容器属性对话框

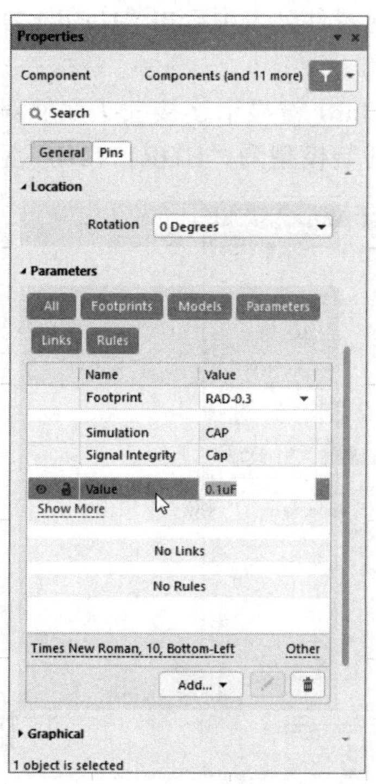

图 2-46　电容器参数设置

6）用同样的方法放置电容器 C3 和 C5。

5. 放置三端稳压器

放置三端稳压器可按下面的步骤操作。

1）由表 2-1 可知，三端稳压器器件也在“Miscellaneous Devices.IntLib”库中，因此在库文件管理面板上应确认该库文件已经是当前库。

2）在“Components”面板的元器件过滤器栏输入“volt”，此时将在元器件列表中列出与字符串“volt”匹配的所有元器件，单击选择其中的“Volt Reg”，如图 2-47 所示。

3）在元器件列表中双击“Volt Reg”以放置该器件并修改标示符为 U1。

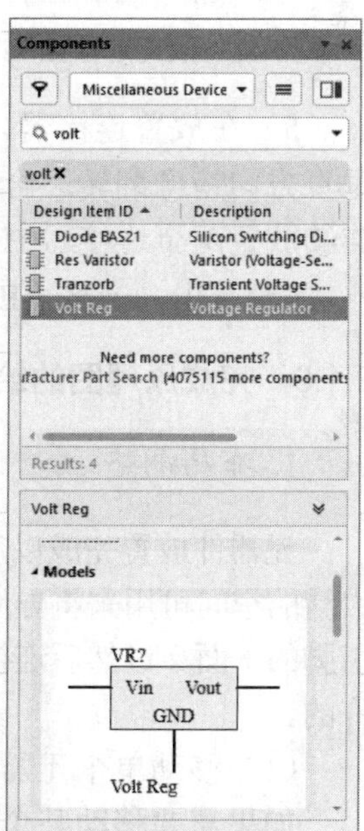

图 2-47　元器件面板

6. 放置连接插头

放置连接插头可按下面的步骤操作。

1）由表 2-1 可知，连接插头在“Miscellaneous Connectors.

IntLib”库中，因此在库文件管理面板上应确认该库文件已经是当前库。

2）在“Components”面板的元器件过滤器栏输入“header”，此时将在元器件列表中列出与字符串“Header”相匹配的所有元器件，单击选择其中的“Header 2H”，如图 2-48 所示。

3）在元器件列表中双击“Header 2H”以放置它。现在光标上将黏附一个连接插头，如图 2-49 所示。

4）按〈Tab〉键显示连接插头属性对话框，如图 2-50 所示。设置“Designator”为“J1”，确认 PCB 封装模型为“HDR1×2H”且已在“Parameters”列表中。

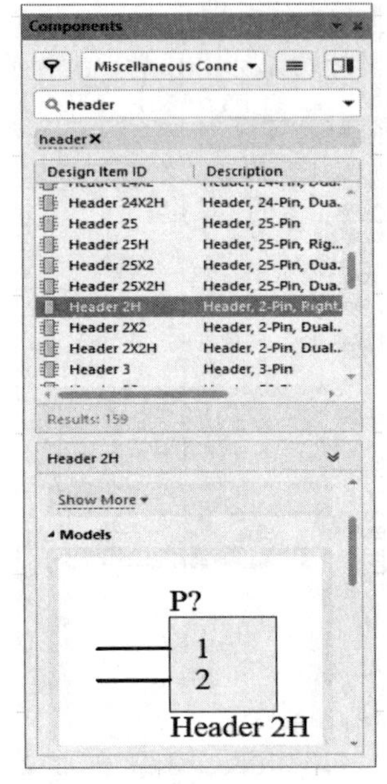

图 2-48　取用连接插头

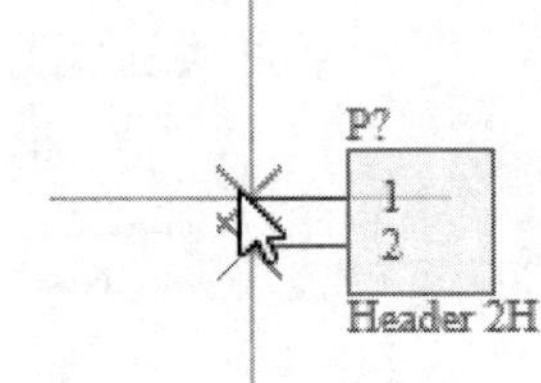

图 2-49　处于放置状态的连接插头

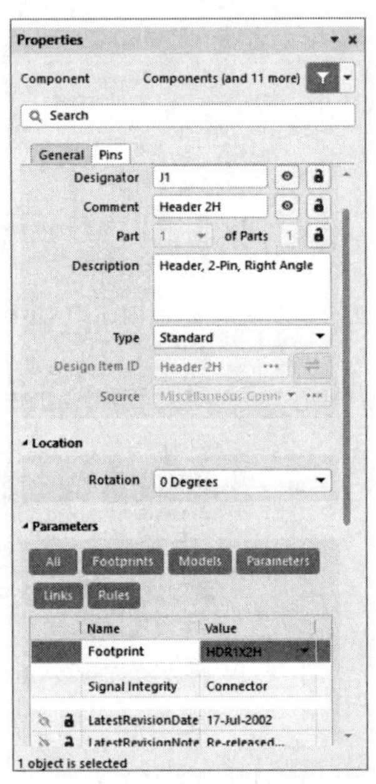

图 2-50　连接插头属性对话框

5）在放置连接器之前，按〈X〉键使元器件水平方向镜像翻转，按〈Y〉键使元器件垂直方向镜像翻转。合理调整元器件方向，移动黏附有连接器的光标到合适位置并单击，连续放置两个连接器 Header 2H。

6）右击（或按〈Esc〉键）退出放置模式。

2.1.6　完成原理图的绘制

1. 布局调整

元器件放置完成以后，应注意调整元器件布局，保证两个元器件之间留有间隔，这样就有大量的空间可用来将导线连接到每个元器件的引脚上。这很重要，因为无法将一根导线从一只引脚的下面穿过然后连接到另一只引脚上，如果这样两只引脚就都连接到导线上了，这是不允许的。

（1）移动单个元器件

如果需要移动某个元器件（以移动电容器 C4 为例），可以采用以下两种方法。

方法一：只需在该元件上单击并拖动（按鼠标左键不放）到新的位置，然后释放左键即可。该方法是最常用、最方便快捷的方法。

方法二：在电容器 C4 上（一定要将光标放在元件的符号上）单击，使元件处于选中状态（高亮显示），如图 2-51 所示。

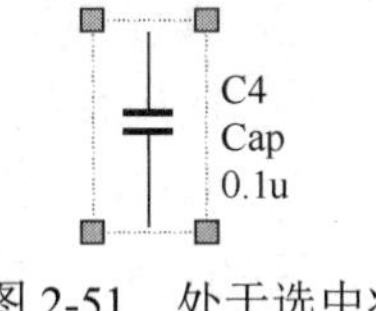

图 2-51　处于选中状态的电容器 C4

单击标准工具栏上的十字图标，此时光标将变成十字形状。移动十字光标到电容器 C4 上并单击，电容器 C4 即黏附在光标上，然后移动黏附有元件的光标到目标位置并单击，完成移动操作。

在原理图图纸的空白处单击，或单击标准工具栏上的取消选择图标，使元件脱离选中状态。

（2）移动多个对象

要同时移动多个对象，可按下面的步骤操作。

1）选中对象。如果要移动的多个对象比较集中，可以单击鼠标左键并拖出一个矩形框，将要移动的对象全部选中；如果要移动的多个对象比较分散，不能用矩形框框住时，可以按〈Shift〉键再一个一个地单击选择多个对象。

2）移动对象。单击标准工具栏上的十字图标，光标将变成十字形状。移动十字光标到选中对象的某个位置并单击，此时所有要移动的对象按原来的排列黏附在光标上。然后移动黏附有元器件的光标到目标位置并单击，即可完成移动操作。

3）单击标准工具栏上的取消选择图标取消选中状态。

（3）对象的剪贴

Altium Designer 去掉了以前 Protel 版本的独立剪贴板，使用 Windows 操作系统的共享剪贴板，可方便用户在不同的应用程序之间复制、剪切和粘贴对象。例如，可以在 Altium Designer 中绘制原理图，然后将原理图复制到 Word 文档，编辑报告或论文。

将对象复制或者剪切到剪贴板前，必须选取所要复制或者剪切的对象，这里主要介绍如何在原理图文档内部执行对象的剪切操作，这些操作同样可以在原理图文档之间进行。

1）复制对象。复制对象就是将选取的对象作为复制件，放入剪贴板中，原理图上还保留被选取对象。在 Altium Designer 中可通过如下几种方法来启动复制命令。

① 直接单击标准工具栏上的复制按钮。

② 执行菜单命令“编辑”→“复制”。

③ 使用快捷键〈Ctrl〉+〈C〉。

启动复制命令，光标变成十字形状，将光标指向已选取的对象，单击即可将对象复制到剪贴板中。

2）剪切对象。剪切对象就是将选取的对象直接移入剪贴板中，同时电路图上的被选取对象被删除。在 Altium Designer 中可通过如下几种方法来启动剪切命令。

① 直接单击标准工具栏上的剪切按钮。

② 执行菜单命令“编辑”→“剪切”。

③ 使用快捷键〈Ctrl〉+〈X〉。

启动剪切命令后，光标变成十字形状，将光标指向已选取的对象，单击即可将对象移到剪贴板中，同时电路图上选取的对象被删除。

3）粘贴对象。粘贴对象就是将剪贴板上的内容作为副本，放入当前文档中。在 Altium Designer 中可通过如下几种方法来启动粘贴命令。

① 直接单击标准工具栏上的粘贴按钮。

② 执行菜单命令“编辑”→“粘贴”。

③ 使用快捷键〈Ctrl〉＋〈V〉。

启动粘贴命令后，光标将变成十字形状，且光标上黏附着剪贴板中的对象，将光标移到合适的位置，单击即可在该处粘贴对象。

在执行粘贴操作时，可以按空格键旋转光标上所黏附的对象，按〈X〉键可使对象左右翻转，按〈Y〉键可使对象上下翻转。

4）智能粘贴。使用 Altium Designer 中的智能粘贴功能，可按一定排列格式将被复制对象一次性重复粘贴多个副本。具体操作如下。

R1
Res2
1k

图 2-52 被选中的对象

① 在原理图上选中需要复制的对象，如图 2-52 所示。

② 单击复制按钮或剪切按钮，光标将变为十字形状。将光标移动到被选对象上选取一个参考点，单击将被选对象放到剪贴板中。

③ 执行菜单命令“编辑”→“智能粘贴”，启动智能粘贴，弹出如图 2-53 所示的“智能粘贴”对话框。在“粘贴阵列”项输入列数、行数以及列间、行间的间距。

④ 设置完毕后，单击“确定”按钮，光标将变为十字形状，移动光标到合适位置，单击完成。

例如，按图 2-52 选中对象，按图 2-53 输入参数，则粘贴结果如图 2-54 所示。

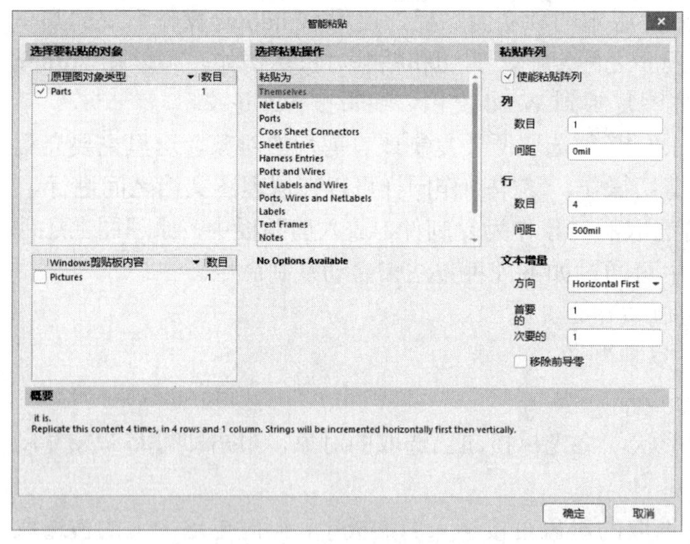

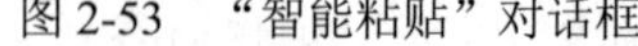
图 2-53 “智能粘贴”对话框

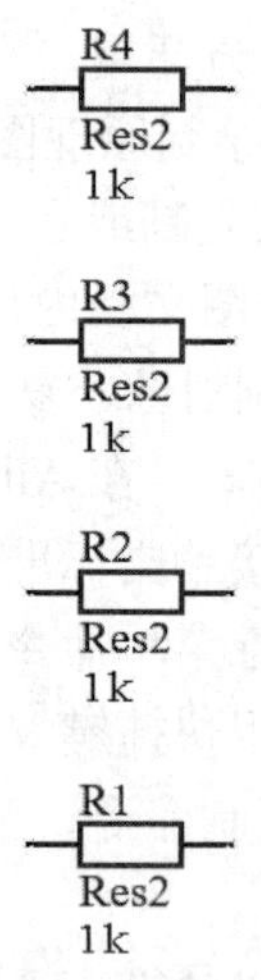

图 2-54 按递增方式粘贴 4 个副本

5）使用橡皮图章。使用橡皮图章复制对象时，不需要将被选对象进行剪切或复制，可以直接复制，启动该命令的方法如下。

① 直接单击标准工具栏上的橡皮图章按钮。

② 执行菜单命令“编辑”→“橡皮图章”。

③ 使用快捷键〈Ctrl〉＋〈R〉。

启动该命令后，光标将变为十字形状，此时被选对象的副本将黏附在光标上，移动光标到合适位置后单击，会立即在光标位置放置一个副本。如果需要，还可以继续在其他位置放置副本，或者直接右击退出当前状态。

一旦使用该命令，系统会自动将副本放到剪贴板上，使用橡皮图章所放置的副本处于非选中状态。

（4）删除对象

执行菜单命令“编辑”→“删除”，可启动“删除”命令。使用该命令可连续删除多个对象，且启动“删除”命令之前，不需要选取对象。启动“删除”命令后，光标将变成十字形状，将光标指向所要删除的对象，单击即可删除该对象，光标仍为十字形状。如果需要，可以继续删除下一个对象，或者直接右击（也可以按〈Esc〉键）退出该命令状态。

2. 连接电路

连接电路就是用导线将元器件引脚按电气规则连接起来，具体操作步骤如下：

（1）调整视图

有以下两种方法可以调整图纸的大小。

方法一：执行菜单命令“视图”→“适合文件”，将图纸以最大比例显示在窗口中，保证原理图图纸有一个合适的视图。

方法二：使用键盘实现图纸的放大与缩小。当系统处于其他绘图命令时，如果设计者无法使用方法一调整视图，此时要放大或缩小图纸，必须采用功能键来实现。

放大：按〈PgUP〉键，可以放大绘图区域。

缩小：按〈PgDn〉键，可以缩小绘图区域。

居中：按〈Home〉键，可以从原来光标下的图纸位置移位到工作区中心位置显示。

（2）连接电路

要在原理图中连线，请参照图 2-1，并按以下步骤操作。

1）执行菜单命令“放置”→“线”，或从“布线”工具栏中单击“放置线”按钮≈进入连线模式，如图 2-55 所示。此时，光标将变成十字形状。

2）将光标移动到导线的起点位置（一般是元器件的引脚），此时一个红色的连接标记（大的星形标记）会出现在光标处。这表示光标在元器件的一个电气连接点上。

3）单击（或按〈Enter〉键）确定导线的第一个端点。移动光标会看见一根导线从所确定的第一个端点处延伸出来。

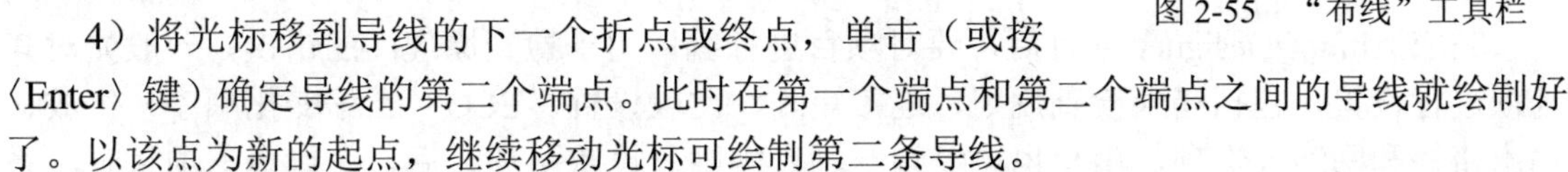

图 2-55　“布线”工具栏

4）将光标移到导线的下一个折点或终点，单击（或按〈Enter〉键）确定导线的第二个端点。此时在第一个端点和第二个端点之间的导线就绘制好了。以该点为新的起点，继续移动光标可绘制第二条导线。

5）如果要绘制的不是连续的导线，可以在完成前一条导线后右击（或按〈Esc〉键），然后将光标移动到另一条导线的起点并单击，再按前面的步骤绘制。

6）完成全部导线的放置后，需连续右击两次（或按两次〈Esc〉键），退出绘制导线状态。

在绘制导线的过程中，按空格键可以切换折线的走向（是上凸还是下凹，是左凸还是右凸）。

（3）放置电源端口

在原理图编辑环境下，使用“电源”工具可以放置各种电源端（如＋5V、－5V、

＋12V、－12V 等）及接地端（如电源地、信号地及大地）。每个电源端子均有一个名称，也就是网络名（或网络标签）。

1）启动放置电源端子命令。启动放置电源端子命令有以下两种方法。

方法一：单击“应用工具”栏中的“电源端子”按钮，如图 2-56 所示。

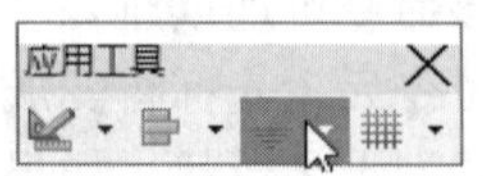

图 2-56 “电源端子”按钮

方法二：执行菜单命令“放置”→“电源”。

2）放置电源端子的步骤。可按以下步骤完成放置电源端子的操作。

① 启动放置电源端子命令后，根据需要按〈Tab〉键修改电源端子属性。

② 将光标移到可放置电源端子处，此时光标处会显现红色的星形标记，单击即可完成一个电源端子的放置。

③ 放置完所有电源端子后，右击（或按〈Esc〉键）即可结束放置电源端子状态，光标由十字形状变成箭头形状。

在放置电源端子的过程中，按空格键可改变电源或接地符号方向；按〈X〉键可左右翻转；按〈Y〉键可上下翻转。

3）电源端子属性。在放置电源端子的状态下，按〈Tab〉键即可打开电源端子属性对话框，如图 2-57 所示。也可以在已放置的电源端子上双击，打开电源端子属性对话框。

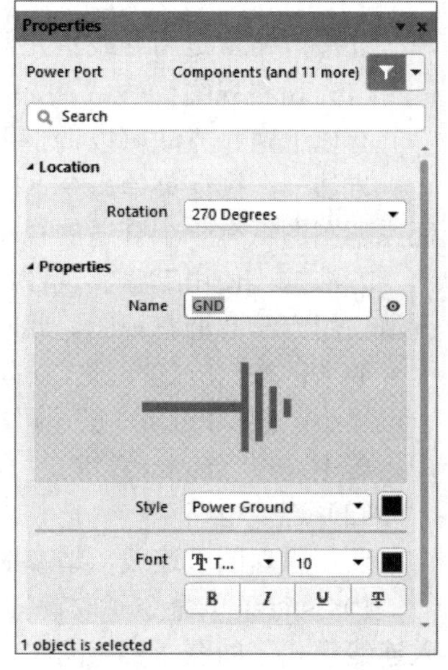

图 2-57 电源端子属性对话框

“Style”选项：该项主要用来指定电源端子的符号类型。单击“Style”右边的▾按钮，显现常用电源端子的下拉列表。

放置完接地端，执行菜单命令“文件”→“保存”可保存电路。连接完整的电路如图 2-1 所示。

2.1.7 设置和编译项目

1. 设置项目

完成 Altium Designer 项目后，要对项目进行编译用于检查原理图的错误。一般先对其选项进行设置，包括错误检查规则、连接矩阵、比较设置、ECO（工程变化顺序）生成、输出路径和网络表选项，用户也可以指定项目规则。设置了项目后，在编译该项目时，系统将使用这些规则或设置。

当项目被编译时，详尽的设计和电气规则将应用于验证设计。当所有错误被解决后，原理图设计的再编译将被生成的 ECO 加载到目标文件，如一个 PCB 文件。项目比较允许设计者找出源文件和目标文件之间的差别，并在相互之间进行同步更新。

所有与项目有关的操作，如错误检查、比较文件和 ECO 生成均在如图 2-58 所示的“Options for PCB Project”（工程选项）对话框中。

在打开或新建项目后，工程选项设置的操作步骤如下。

1）选择菜单命令“工程”→“工程选项”，系统将弹出如图 2-58 所示的对话框。

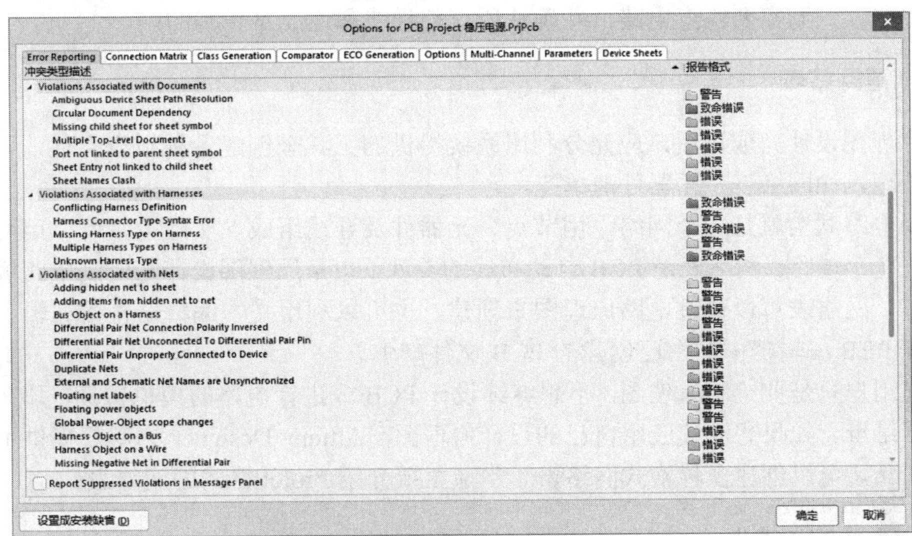

图 2-58　“Options for PCB Project”对话框

2）所有与项目有关的选项均通过这个对话框设置。

2. 编译项目

编译项目就是在一个调试环境中，检查设计的文件草图和电气规则错误。对于电气规则和错误检测等可以在项目选项中设置。编译项目的操作步骤如下。

1）打开需要编译的项目，然后选择菜单命令“工程”→“Validate PCB Project”（验证项目），系统自动启动验证程序，同时会在 Projects 内产生当前原理图的 Components 和 Nets 两个文件，如图 2-59 所示。

2）当项目被编译时，任何已经启动的错误均将显示在如图 2-60 所示的“Messages”（信息）面板中。

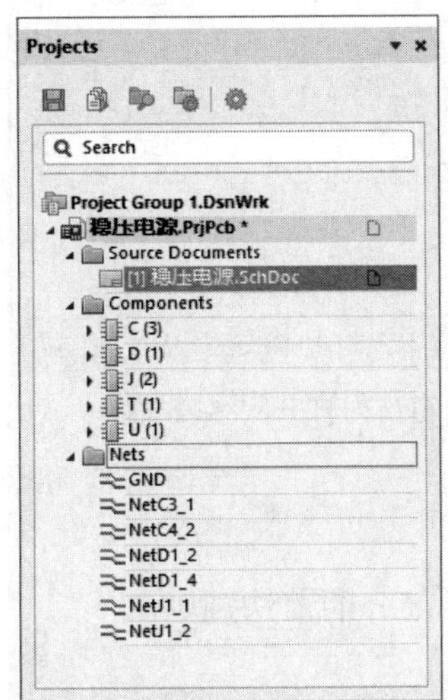

图 2-59　Components 和 Nets 文件

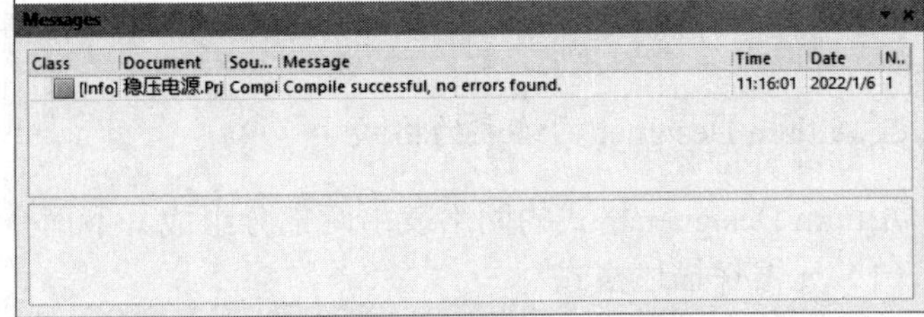

图 2-60　“Messages”面板

如果电路设计正确，“Messages”面板显示“Compile successful, no errors found”。如果报告给出错误，则需要检查电路，并确认所有的导线和连线是正确的。

2.1.8 创建网络表

当原理图设计完成以后，应充分利用系统提供的工具来创建各种报表文件，以方便下一步的处理，如网络表、元器件清单等。

每个电路其实就是一个网络，由节点、元器件及导线组成。实际上，可以用网络表来完整描述一个电路。网络表是 PCB 自动布线的灵魂，也是原理图设计与印制电路板设计之间的接口。网络表可以通过电路原理图来创建，也可以利用文本编辑器直接编辑。当然，也可以在 PCB 编辑器中，由已创建的 PCB 文件产生。

如果用户只是要绘制原理图，不想继续设计 PCB 或进行电路的模拟仿真，那么就不需要创建网络表。如果想继续应用自己的设计原理图，Altium Designer 为用户提供了快速、方便的工具，可以创建多种格式网络表。本节主要介绍 Protel 格式的网络表。

1. 创建网络表方法

创建网络表方法如下。

1）打开要创建网络表的原理图文件。

2）执行菜单命令“设计”→“文件的网络表”→“Protel”，立即产生网络表。网络表（*.net）与源文件同名，单击“Project”面板标签，可以看到所创建的网络表文件图标，如图 2-61 所示。光标指向该文件图标，稍停会显示当前文件的保存路径。

3）双击文件图标，可在网络表编辑器窗口内打开网络表文件，如图 2-62 所示。

图 2-61 网络表文件

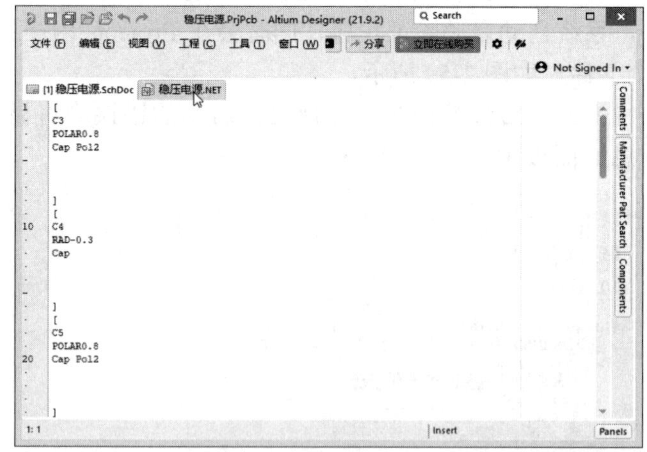

图 2-62 在网络表编辑器窗口内打开网络表文件

2. Altium Designer 网络表的格式

Altium Designer 格式的网络表由两部分组成。下面介绍各部分的语法规则。

（1）元器件描述格式

网络表的第一部分是元器件声明，其语法规则如图 2-63 所示。从图中可以看出：每一

个元器件的声明部分都以“[”开始，以“]”结束。“[”下面第一行为元器件标识的声明，取自元器件的序号栏“Designator”。元器件序号下面一行为元器件封装，在进行PCB布线时所加载的元器件封装就是根据这部分的信息来加载的，而元器件封装取自原理图中元器件的“Footprint”（封装）栏。如果原理图中元器件的“Footprint”栏为空，则这一行为空。元器件封装下面一行为元器件注释，取自原理图中元器件的“Comment”（注释）栏。元器件注释下面的3行为空白行，系统保留。

（2）网络描述格式

网络表的第二部分为网络定义，每个网络对应电路中具有电气连接关系的一个点，其语法规则如图2-64所示。从图中可以看出：每一个网络的定义部分以“(”开始，以“)”结束。“(”下面一行为网络名称或编号的定义，它的定义取自电路图中的某个网络名称或者是某个输入输出点名称；接下来的每一行代表一个网络连接的引脚，如下面的网络NetD1_2，“D1-2”表示元器件标识为D1的第2脚，“T1-4”表示变压器T1的第4脚，这两只引脚是连接在一起的。

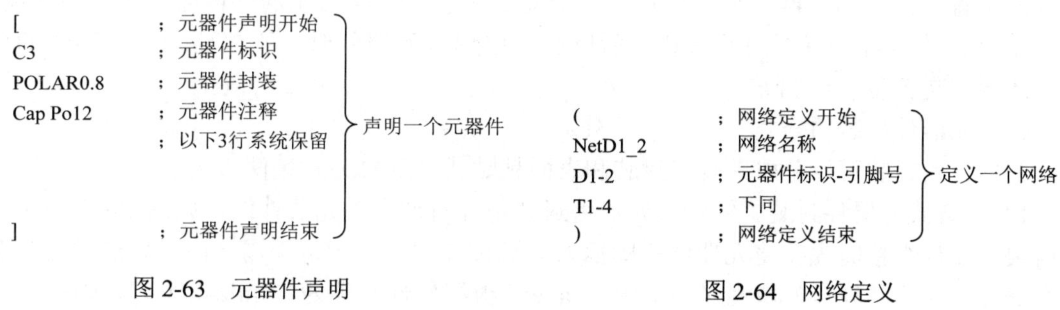

图2-63　元器件声明　　图2-64　网络定义

2.2　稳压电源PCB设计

2.2.1　PCB基本知识

PCB的设计涉及一些基本概念，如元件封装、飞线、导线、焊盘（pad）、网络、过孔（via）、板层等。本节将介绍这些相关概念。

1. PCB的结构

在进行PCB设计前理解一些基本概念和专业术语，对设计PCB将有很大的帮助。

PCB按其结构可以分为单层（single layer）PCB、双层（double layer）PCB和多层（multiple layer）PCB 3种。单层PCB是一种一面敷铜、另一面没有敷铜的PCB，只可在它敷铜的一面布线和焊接元器件。双层PCB是一种包括顶层（top layer）和底层（bottom layer）的PCB，双面都有敷铜，都可以布线；顶层一般为元器件面，底层一般为焊接面。多层PCB就是包含多个工作层面的PCB，除了有顶层和底层外，还有中间层和内电层：顶层和底层与双层PCB一样；中间层就是在板子内部的类似于顶层和底层的信号层；内电层一般是由整片铜膜构成的电源层或接地层。

整个 PCB 包括顶层、底层、内电层和中间层。层与层之间是绝缘层，绝缘层用于隔离电源层和布线层，绝缘层的材料要求绝缘性、可挠性、耐热性等良好。

通常在 PCB 上布上铜膜导线后，还要在上面印上一层防焊层（solder mask）。防焊层留出焊点的位置，而将铜膜导线覆盖住。防焊层不粘焊锡，甚至可以排开焊锡，这样在焊接时，可以防止焊锡溢出造成短路。另外，防焊层有顶层防焊层（top solder mask）和底层防焊层（bottom solder mask）之分。

有时还要在 PCB 的正面或反面印上一些必要的文字，如元器件标号、公司名称等。能印这些文字的一层为丝印层（silkscreen overlay）。该层又分为顶层丝印层（top overlay）和底层丝印层（bottom overlay）。

2. 元器件封装

元器件封装是指实际的电子元器件或集成电路的外型尺寸、引脚的直径及引脚的距离等。它是使元器件引脚和 PCB 上的焊盘一致的保证。元器件封装只是元器件的外观和焊盘的位置，纯粹的元器件封装只是一个空间的概念，不同的元器件可以有相同的封装，同一个元器件也可以有不同的封装。所以在取用焊接元器件时，不仅要知道元器件的名称，还要知道元器件的封装。

（1）元器件封装的分类

元器件的封装可以分成针脚式封装和表面粘贴式（SMT）封装两大类。

1）针脚式元器件封装。针脚式元器件封装是针对针脚类元器件的，如图 2-65 所示。针脚类元器件焊接时先要将元器件管脚插入焊盘过孔中，然后再焊锡。由于焊点过孔贯穿整个 PCB，因此其焊盘的属性对话框中“Layer”板层属性必须为“Multi-Layer”，如图 2-66 所示。

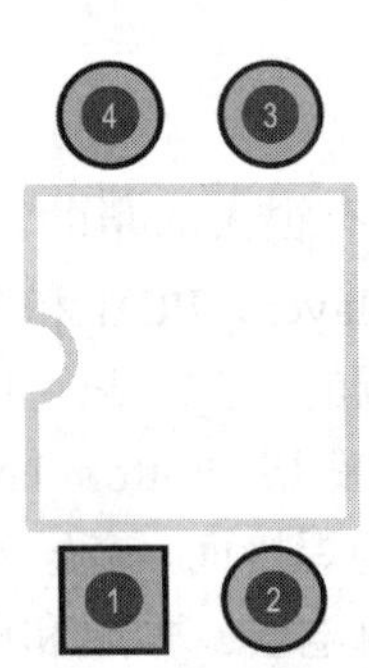

图 2-65　针脚式元器件封装

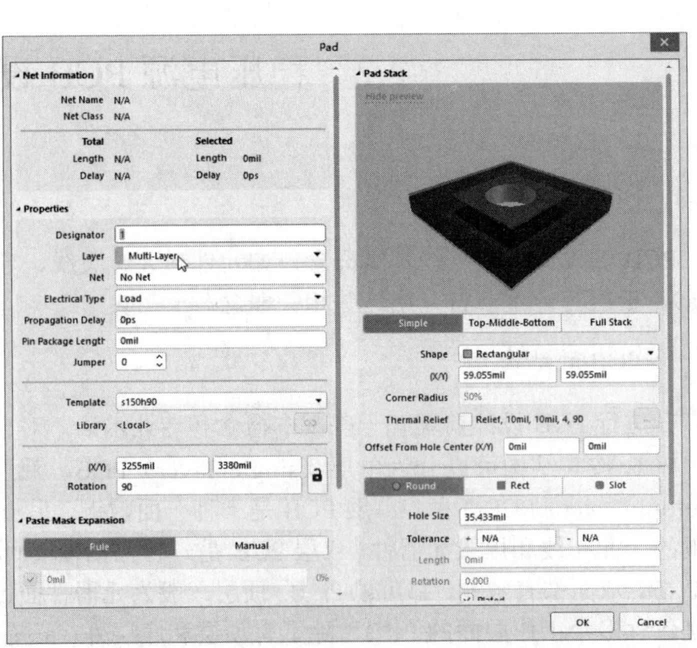

图 2-66　针脚式元器件封装的板层属性设置

2）表面粘贴式（SMT）封装。表面粘贴式封装如图 2-67 所示，此类封装的焊盘只限于表面板层，即顶层（top layer）或底层，在其焊盘的属性对话框中，Layer 板层属性必须为单一表面，如图 2-68 所示。

图 2-67　表面粘贴式封装

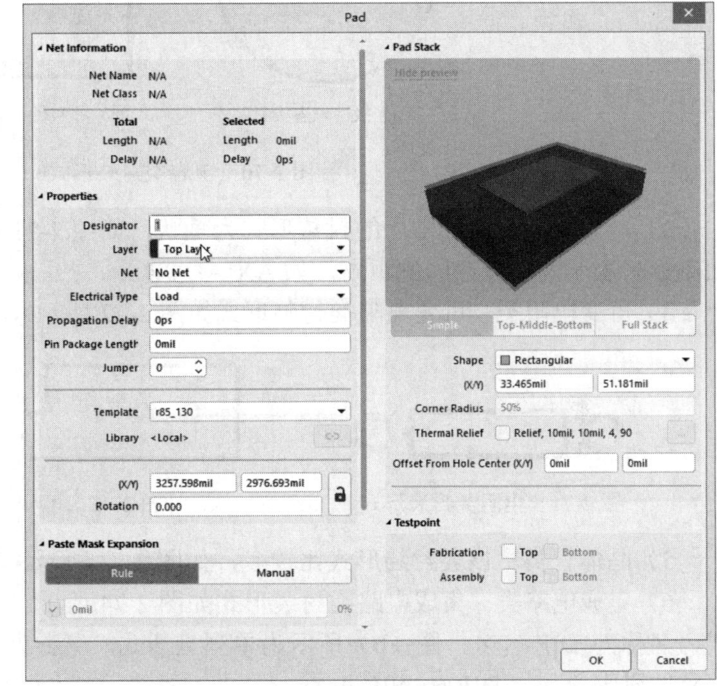

图 2-68　表面粘贴式封装板层属性设置

（2）元器件封装的编号

元器件封装的编号原则为：元器件类型＋焊盘距离（焊盘数）＋元器件外型尺寸。可以根据元器件的编号来判断元器件封装的规格。例如，电阻的封装为 AXIAL-0.4，表示此元件封装为轴状，两焊盘间的距离为 10.16mm；RB7.6-15 表示极性电容类元件封装，引脚间距为 7.6mm，元件直径为 15mm；DIP-24 表示双列直插式元件封装，24 只焊盘引脚。

（3）常用元器件的封装

常用的分立元器件封装有二极管类（DIODE-0.5～DIODE-0.7）、极性电容类（RB5-10.5～RB7.6-15）、非极性电容类（RAD-0.1～RAD-0.4）、电阻类（AXIAL-0.3～AXIAL-1.0）、可变电阻类（VR1～VR5）等，这些封装在 Miscellaneous Devices PCB.PcbLib 元器件库中；常用的集成电路类封装有 DIP-××封装和 SIL-××封装等。

1）二极管类（diode）。二极管常用的封装形式如图 2-69 所示，其名称为 DIODE-××，数字××表示二极管引脚间的距离，如 DIODE-0.7。

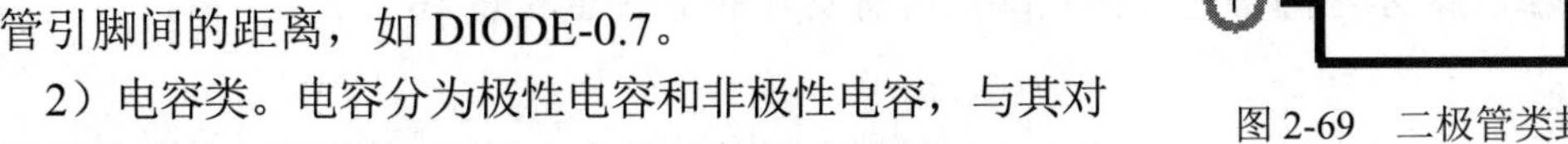

图 2-69　二极管类封装形式

2）电容类。电容分为极性电容和非极性电容，与其对应的封装形式也有两种。极性电容的封装形式如图 2-70（a）所示，其名称为 RB××-××，如 RB5-10.5，5 表示焊盘间距离为 5mm，10.5 表示电容直径为 10.5mm。非极性电容的封装形式如图 2-70（b）所示，其名称为 RAD-××。

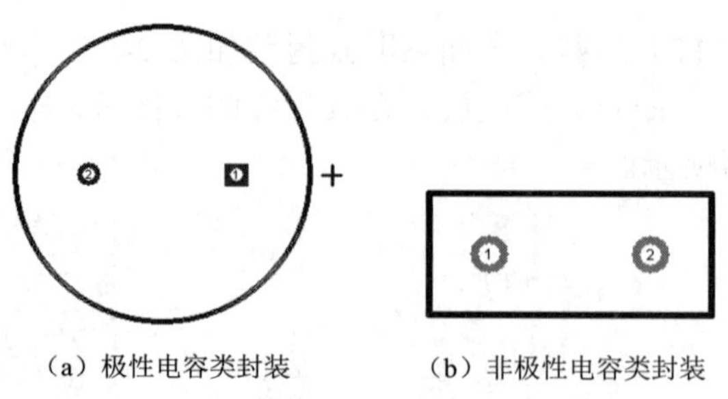

图 2-70　电容类封装形式

3）电阻类。电阻类常用的封装形式为轴状，如图 2-71 所示，其名称为 AXIAL-××，数字××表示两个焊盘间的距离，如 AXIAL-0.4。

4）可变电阻类。可变电阻类封装形式如图 2-72 所示，其名称为 VR××，如 VR5 等。

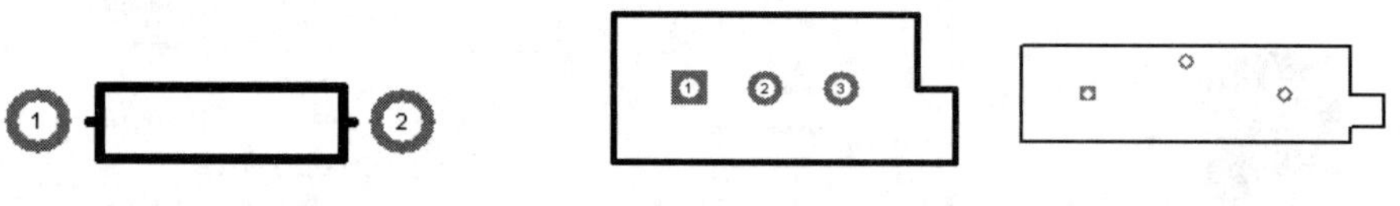

图 2-71　电阻类封装形式　　图 2-72　可变电阻类封装形式

5）晶体管类。该类封装形式比较多，如图 2-73 所示，其名称为 BCY-W3/D4.7。

6）集成电路类。集成电路类封装形式如图 2-74 所示。其中，图（a）所示为双列直插式，名称为 DIP-××；图（b）所示为单列直插式，名称为 SIL-××。数字××表示集成电路的引脚数，如 DIP-6、SIL-4。

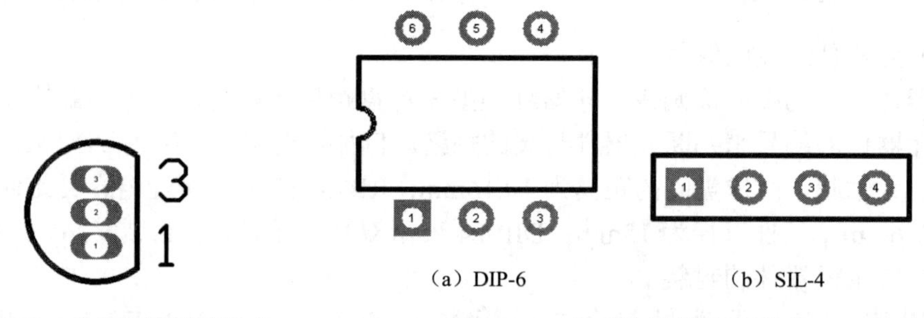

图 2-73　晶体管类封装形式　　图 2-74　集成电路类封装形式

3. 铜膜导线

铜膜导线简称为导线，是敷铜板经过加工后在 PCB 上的铜膜走线，用于连接各个焊点，是 PCB 的重要组成部分。导线与布线过程中出现的预拉线（又称为飞线）有本质的区别，飞线只是形式上表示出网络之间的连接，没有实际的电气连接意义。

4. 焊盘

焊盘的作用是焊锡连接元件引脚和导线，形状可分为圆形（round）、方形（rectangle）、八角形（octagonal）和圆角方形（rounded rectangle）4 种。焊盘主要有两个参数，即孔径尺寸（hole size）和焊盘环的尺寸。

5. 过孔

过孔的作用是连接不同的板层间的导线。过孔有两种，即从顶层到底层的穿透式过孔、从顶层通到内层或从内层通到底层的盲过孔。过孔只有圆形，尺寸有两个，即通孔直径和过孔直径。

6. 网络、中间层和内电层

网络和导线是有所不同的，网络上还包括焊点，因此在提到网络时不仅指导线，而且还包括和导线连接的焊盘。

中间层和内电层是两个容易混淆的概念。中间层是指用于布线的中间板层，该层中布的是导线；内电层是指电源层或地线层，由整片铜膜构成，一般情况下不布线。

7. 安全距离

在 PCB 上，为了避免导线、过孔、焊盘之间相互干扰，必须在它们之间留出一定的间隙，即安全距离（clearance），其距离的大小可以在布线规则中设置。

2.2.2　PCB 设计流程

PCB 设计流程如下。

1）设计的先期工作。主要是利用原理图设计工具绘制原理图，并且生成网络表。该内容前面已经介绍过。

2）设置 PCB 设计环境。主要是规定 PCB 的结构及其尺寸、板层参数、格点的大小和形状、布局参数。大多数参数可以用系统的默认值。

3）引入网络表。

4）修改封装与布局。

5）布线规则设置。布线规则是设置布线时的各项规范，也是自动布线的依据，如安全间距、导线宽度等，布线规则设置也是 PCB 设计的关键之一，需要一定的实践经验。

6）布线。自动布线和手动调整布线。

2.2.3　创建 PCB 文件

在 Altium Designer 中新建一个 PCB 文件的方法：单击菜单命令“文件”→“新的”→“PCB”（PCB 文件），即可启动 PCB 编辑器，同时在 PCB 编辑区出现一个带有栅格的空白图纸，重命名为“稳压电源.PcbDoc”，如图 2-75 所示。PCB 工作界面的下方默认显示 13 个图层，有顶层 ■ [1] Top Layer、底层 ■ [2] Bottom Layer、机械 1 层 ■ Mechanical 1 等。系统默认设置满足单层 PCB 设置，无须再设置板子结构。只需自定义板子的尺寸和电气边界即可。

在 PCB 工作界面的下方单击“Mechanical1”标签，进入“Mechanical1”工作层。选择菜单命令“编辑”→“原点”→“设置”，在 PCB 工作界面设定一个原点，然后单击 ╱（放置线条）工具按钮，绘制一个 4000mil×2320mil 的矩形框作为 PCB 的物理边界。

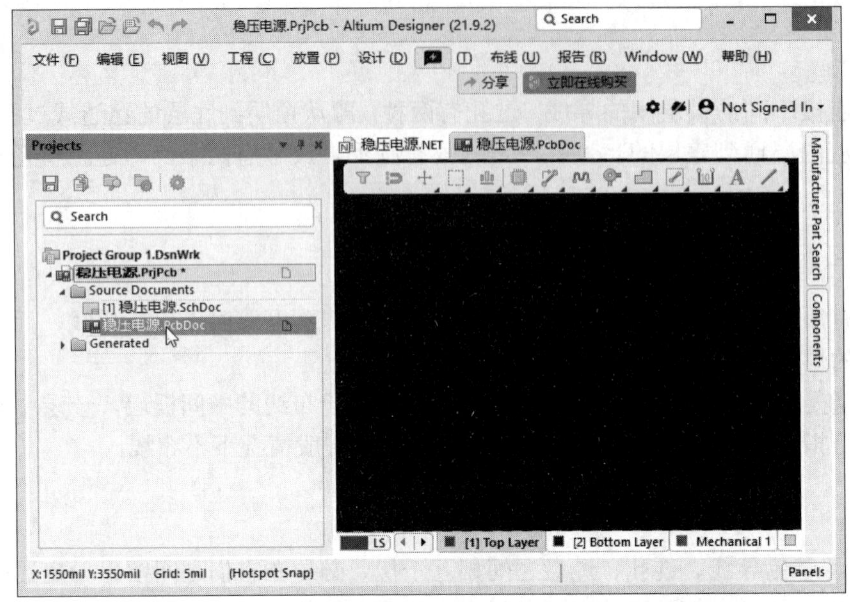

图 2-75 创建 PCB 文件

稳压电源 PCB 设计（视频）

在 PCB 工作界面的下方单击“Keep-Out Layer”标签，进入“Keep-Out Layer”层。单击（放置线条）工具按钮，在 PCB 的物理边界内部绘制一个矩形框作为 PCB 的电气边界，两个边界之间的距离即为安全距离。规划完成的 PCB 如图 2-76 所示。

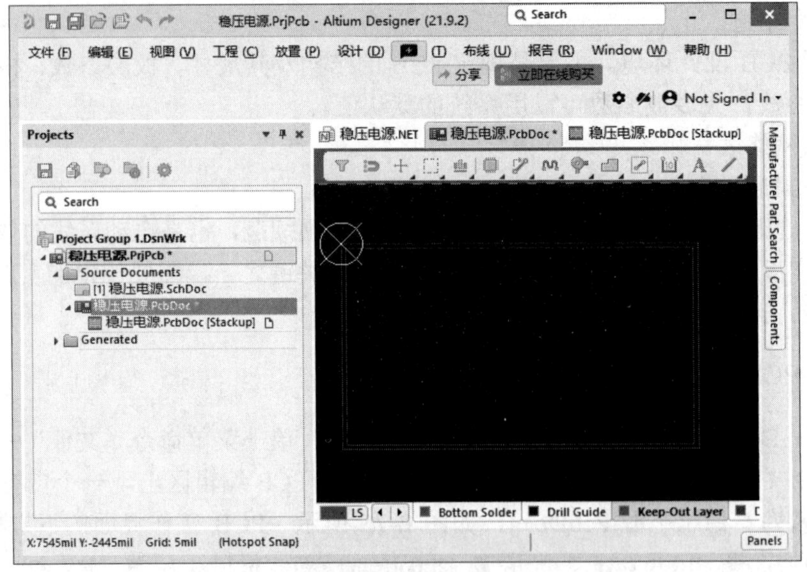

图 2-76 设置 PCB 的物理边界和电气边界

2.2.4 原理图内容更新到 PCB

将原理图中的元器件和网络等信息引入 PCB，以便为布局和布线做准备。但在更新 PCB 之前，必须确认原理图和 PCB 关联的所有元器件封装库均可用。

1）在原理图编辑器中选择菜单命令“设计”→“Update[稳压电源.PCBDOC]”，或在

PCB 编辑器中选择菜单命令“设计”→“Import Changes From [稳压电源 .PrjPcb]”，弹出如图 2-77 所示的“工程变更指令”对话框。对话框中列出了元器件和网络等信息及其状态，这里注意状态一栏中“检测”和“完成”的变化。

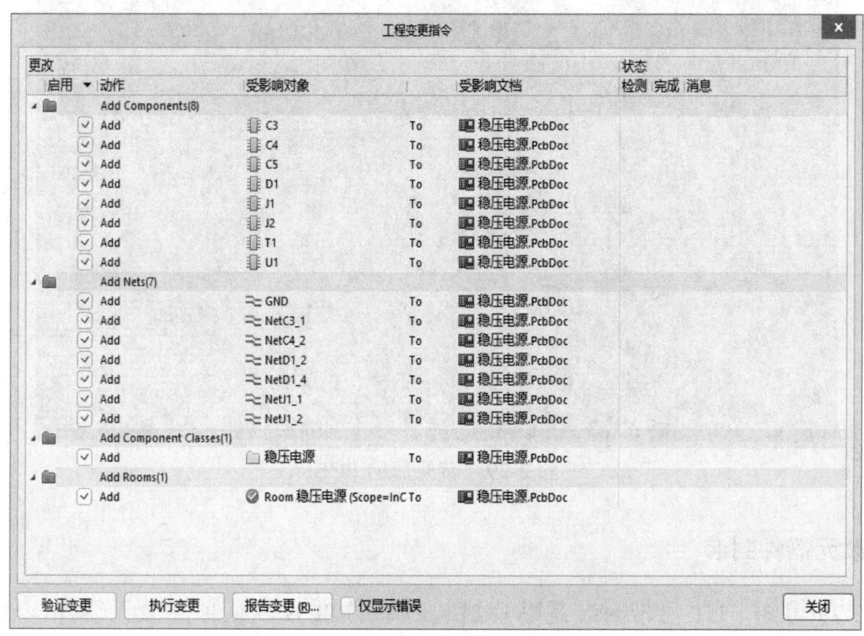

图 2-77　“工程变更指令”对话框（1）

2）单击“验证变更”按钮，如果所有的改变有效，“检测”状态会出现勾选，说明网络表中没有错误；否则，会在“Messages”面板中给出原理图中的错误信息，双击错误信息自动回到原理图中的位置，就可以修改错误。例子中的电路没有电气错误。

3）直到没有错误信息，单击“执行变更”按钮开始执行所有的元件信息和网络信息。完成后，“完成”状态勾选，如图 2-78 所示。

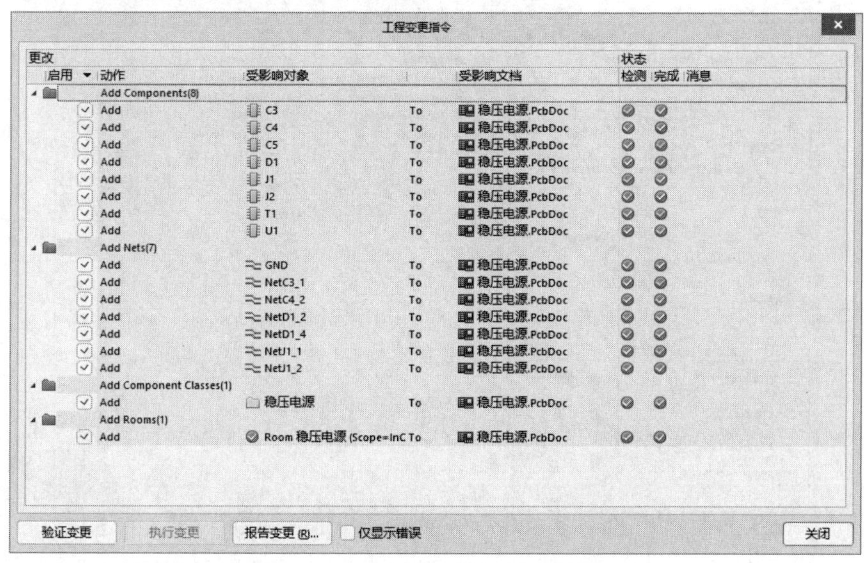

图 2-78　“工程变更指令”对话框（2）

4）关闭对话框。所有的元器件和飞线已经出现在 PCB 文档中的元器件盒内，如图 2-79 所示。

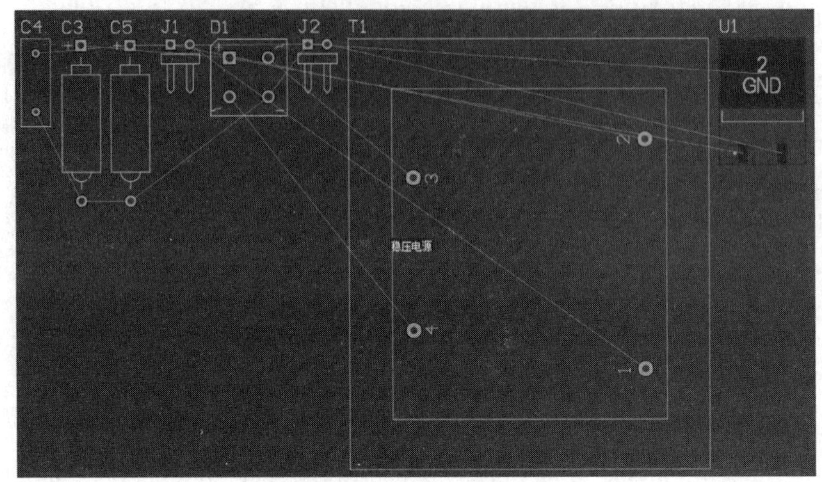

图 2-79 转换后的 PCB

2.2.5 修改元器件封装

由图 2-79 可知，U1 自带封装是贴片封装，单层 PCB 默认顶层放元器件，底层布线。如果使用贴片元器件，那么 U1 就会无法与其他元器件连线，因此要更换一个针脚式元器件封装。在原理图绘制界面双击 U1，打开元器件属性对话框，如图 2-80 所示；单击右下角“Add”（添加）→“Footprint”，打开如图 2-81 所示的对话框；单击“浏览”按钮，通过查找方式，找到 SFM-F3/B1.5 的封装，如图 2-82 所示；单击“确定”按钮完成封装添加。

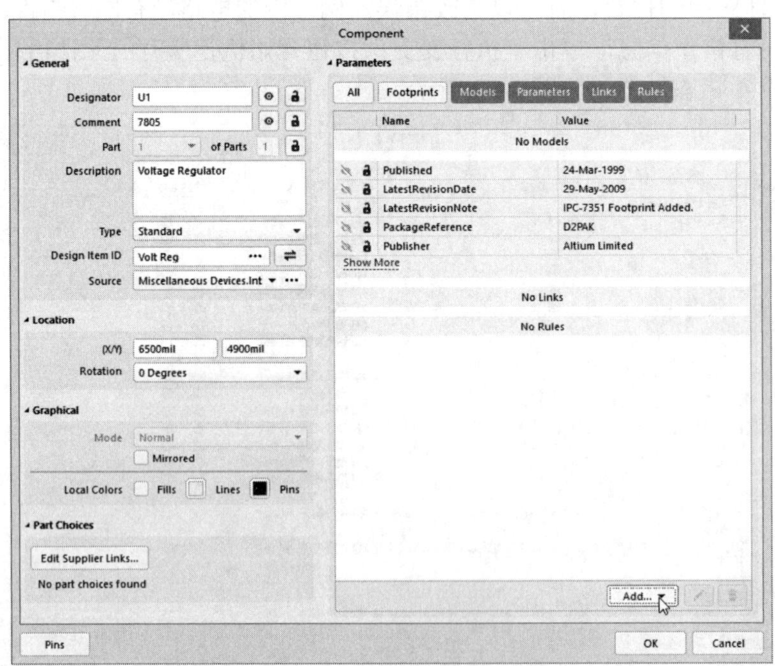

图 2-80 U1 元器件属性对话框

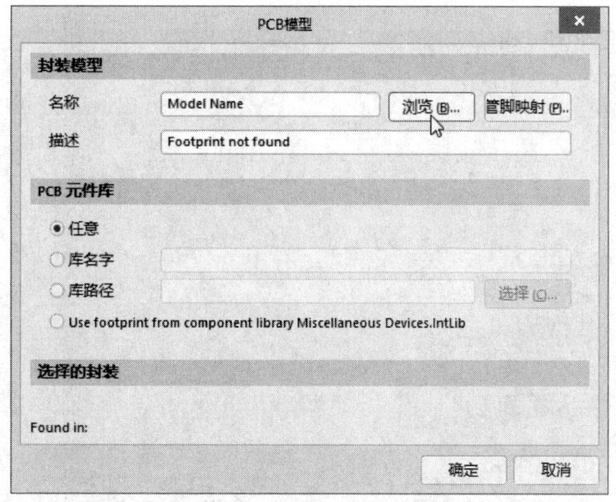

图 2-81　添加 PCB 模型对话框

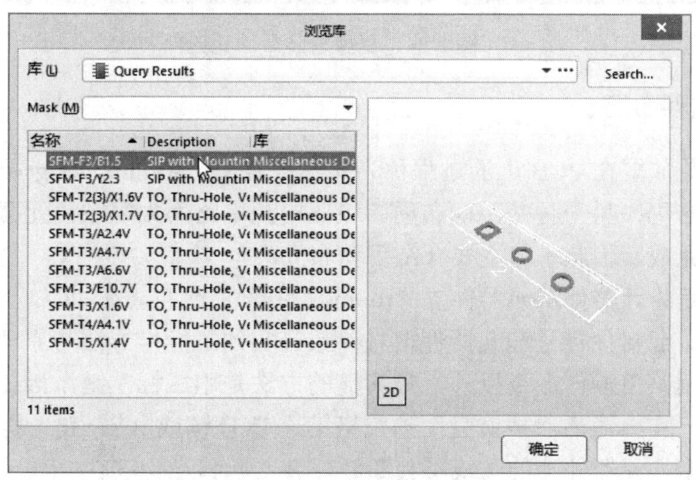

图 2-82　查找 SFM 封装

用同样的方式为 C3 和 C5 添加 RB7.6-15 的元件封装，添加完成后在原理图编辑器中选择菜单命令“设计”→“Update[稳压电源.PcbDoc]”，出现如图 2-83 所示对话框。依次单击“验证变更”按钮和“执行变更”按钮后关闭对话框，即可完成封装更换，如图 2-84 所示。

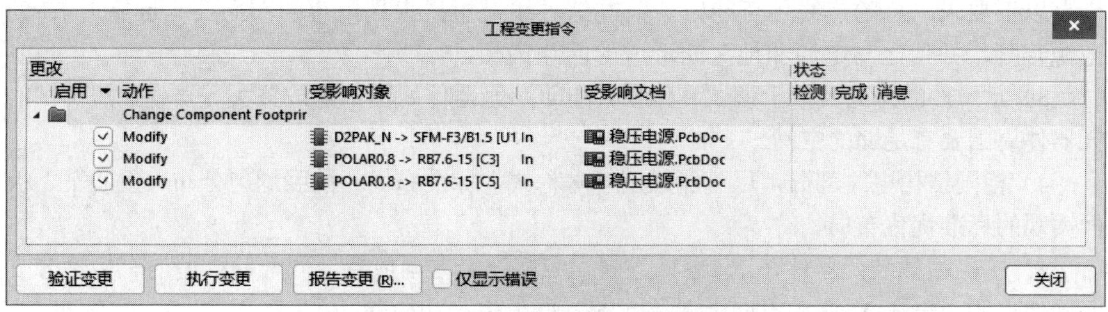

图 2-83　“工程变更指令”对话框

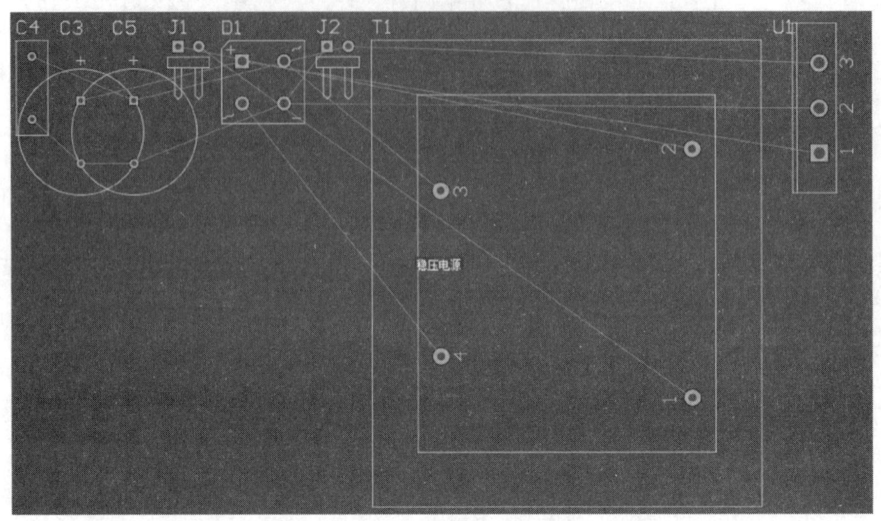

图 2-84 更换封装后的元器件

2.2.6 PCB 元器件布局

把元器件封装放置在 PCB 上的过程称为元器件布局。Altium Designer 中有两种布局方法：一种是自动布局；另一种是手动布局。稳压电源电路不太复杂，元器件布局完全可以人工而不是自动完成，因此本节主要介绍手动布局。

手动布局就是将元器件从元器件盒（rooms）中人工地布局在 PCB 上。主要操作是移动或旋转元器件、元器件标号和元器件型号参数等实体。操作方法与原理图中的方法相类似，除了可以利用菜单操作命令以外，最简捷的方法是用鼠标左键激活要移动的实体，按住左键拖动即可：实体激活后按键盘上的空格键、〈X〉键或〈Y〉键，即可调整实体的方向。在移动过程中，元器件上的飞线不会断开，会一起移动。

1. *布局原则*

1）遵照“先大后小，先难后易”的布置原则，即重要的单元电路、核心元器件应当优先布局。

2）布局中应参考原理框图，根据单板的主信号流向规律安排主要元器件。布局应尽量满足以下要求：总的连线尽可能短，关键信号线最短；去耦电容的布局要尽量靠近 IC 的电源管脚，并使之与电源和地之间形成的回路最短。

3）元器件的排列要便于调试和维修，亦即小元器件周围不能放置大元器件、需调试的元器件周围要有足够的空间。

4）相同结构电路部分，尽可能采用“对称式”标准布局；按照均匀分布、重心平、板面美观的标准优化布局。

5）同类型插装元器件在 X 或 Y 方向上应朝一个方向放置。同一种类型的有极性分立元器件也要力争在 X 或 Y 方向上保持一致，便于生产和检验。

6）发热元器件一般应均匀分布，以利于单板和整机的散热，除温度检测元器件以外的温度敏感元器件应远离发热量大的元器件。除了温度传感器，晶体管也属于对热敏感的元器件。

7）高电压、大电流信号与低电压、小电流信号完全分开；模拟信号与数字信号分开；高频信号与低频信号分开；高频元器件的间隔要充分。元器件布局时，应适当考虑将使用同一种电源的元器件尽量放在一起，以便于将来的电源分隔。

2. 手动布局

在 PCB 编辑界面右击，在弹出的快捷菜单中选择“优先选项”命令，如图 2-85 所示，打开“优选项”对话框，如图 2-86 所示。勾选“System”→“Navigation”→“交叉选择模式”内的交互选择和重新定位选中的 PCB 元器件，单击“确定”按钮完成设置。这样单击原理图中元器件的时候，PCB 界面就会将单击的元器件对应的封装展示在光标下面了。然后根据原理图的走向或者规定的元器件位置进行布局。首先在 PCB 编辑界面将光标放到 PCB 文件名字上，右击“水平分割”，将视窗分为上下两个部分，上部显示原理图，下部显示 PCB 文档，如图 2-87 所示。在原理图绘制界面选中 J1，那么在 PCB 界面就会选中 J1 的封装，如图 2-88 所示。依次按原理图中元器件顺序选中元器件封装进行布局，最终布局结果如图 2-89 所示。

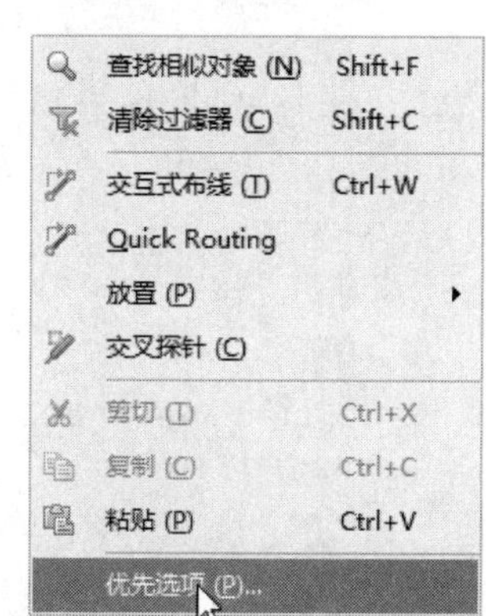

图 2-85　PCB 右键选项

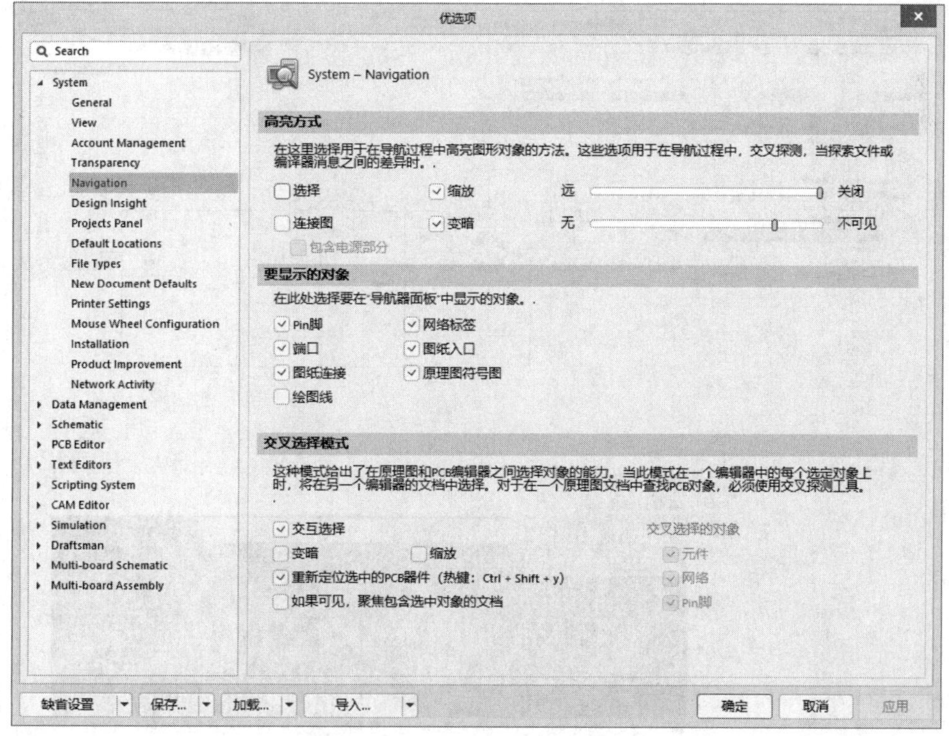

图 2-86　“优选项”对话框

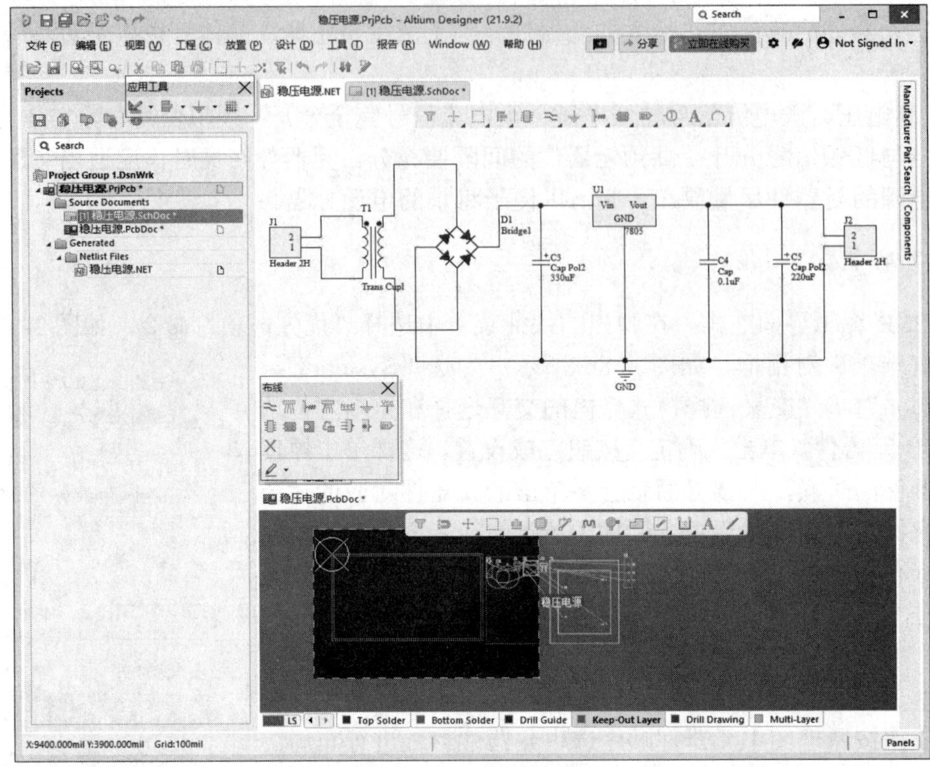

图 2-87 水平分割视窗

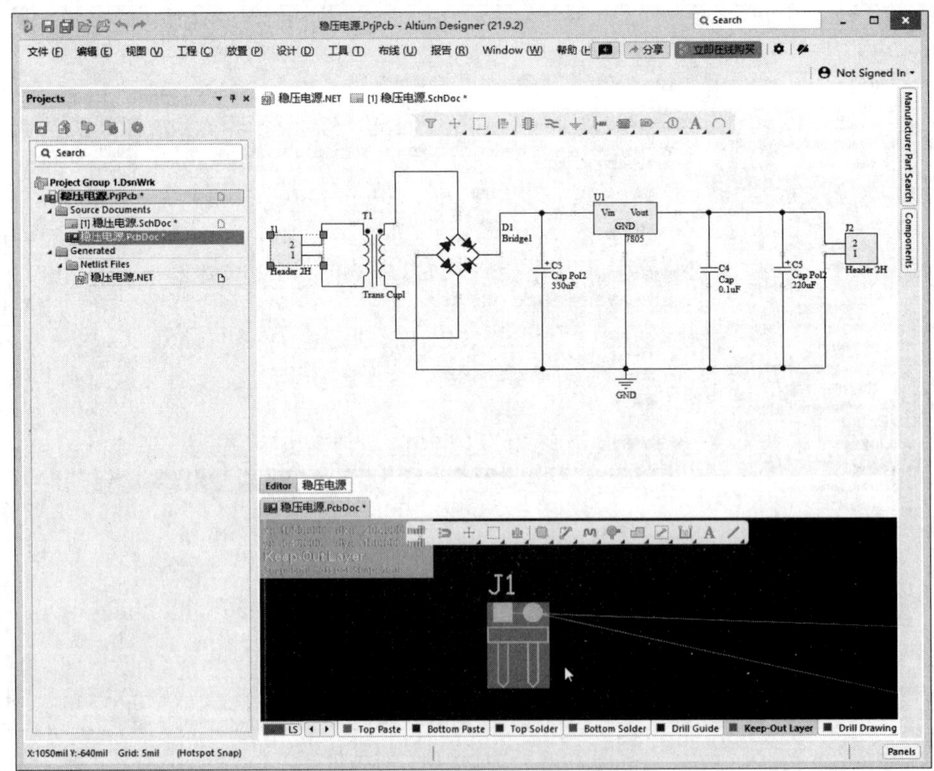

图 2-88 同步选中元器件及封装

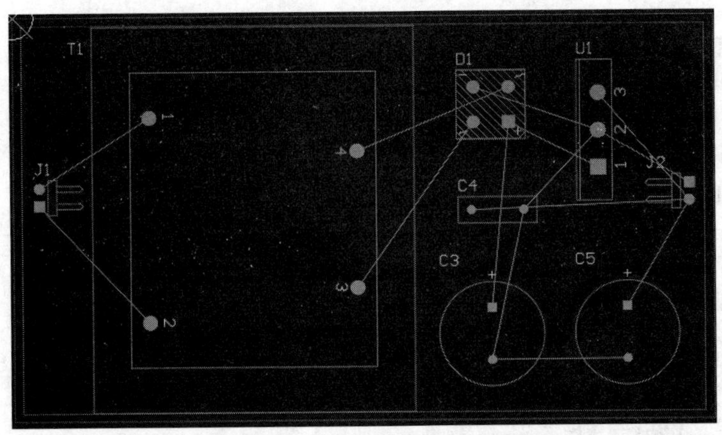

图 2-89　手动布局后的 PCB

2.2.7　PCB 布线规则设置

Altium Designer 的 PCB 编辑器是一个规则驱动环境，在 PCB 的设计过程中执行任何一个操作，如放置导线、移动元件、自动布线或手动布线等，都是在设计规则允许的情况下进行的，设计规则是否合理将直接影响布线的质量和成功率。设计规则的合理性在很大程度上依靠用户的设计经验。

Altium Designer 中的设计规则分为 10 个类别，设计规则覆盖了电气、布线、制造、放置、信号完整性要求等，但其中大部分都可以采用系统默认的设置，而用户真正需要设置的规则并不多。至于需要设置哪些设计规则，必须根据具体的 PCB 的要求而定。如果要求设计一般的双层 PCB，就没有必要自己去设置布线板层规则，因为系统对于布线板层规则的默认设置就是双面布线。

在 PCB 为当前文档时，选择菜单“设计”→“规则”，启动“PCB 规则及约束编辑器”对话框，如图 2-90 所示。所有的设计规则和约束都可在这里进行设置。对话框的左侧显示设计规则的类别，右侧显示对应规则的设置属性。

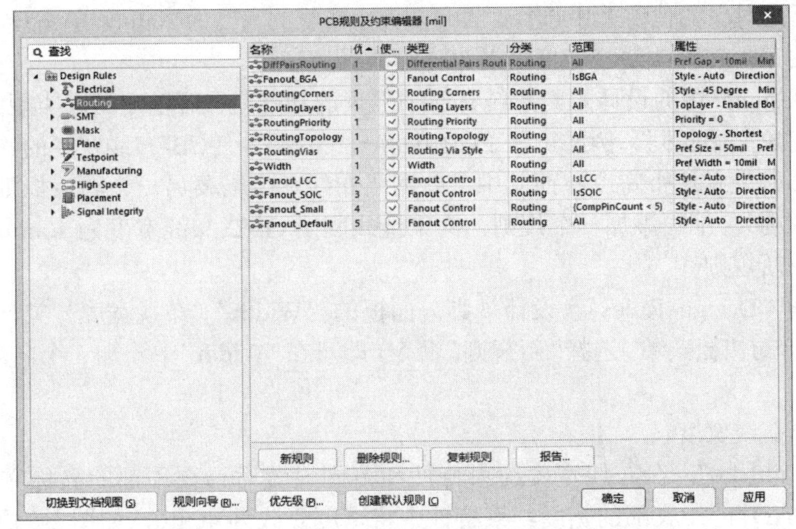

图 2-90　“PCB 规则及约束编辑器”对话框

1. 单层 PCB 布线设置

单击左侧“Design Rules”（设计规则）面板中的“Routing”（布线）类，该类所包含的布线规则以树结构展开，单击“Routing Layers”（布线层）规则，界面如图 2-91 所示。对于单面 PCB，顶层放元器件，底层布线。

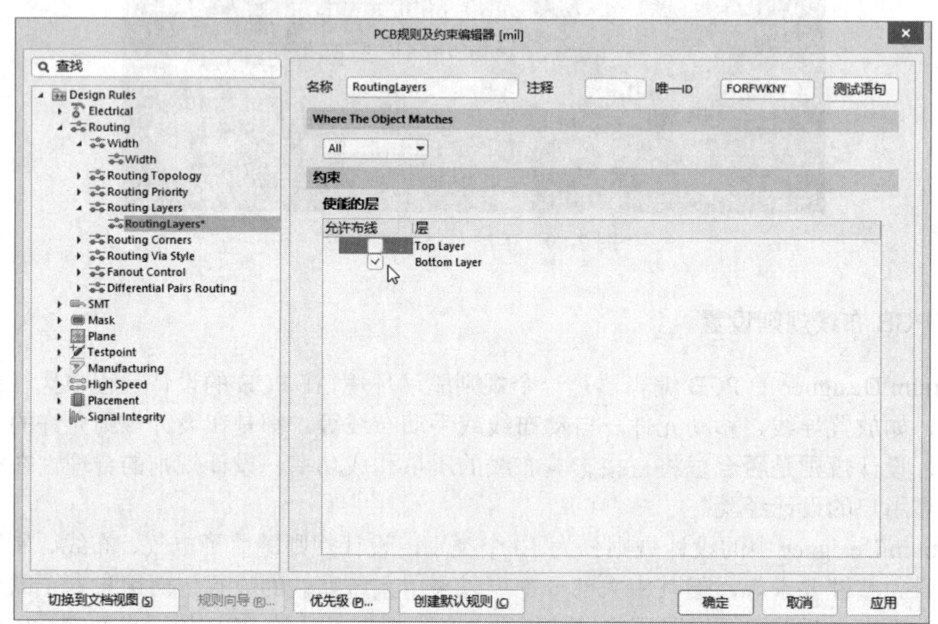

图 2-91 布线层规则设置

2. 导线宽度规则设置

单击左侧“Design Rules”（设计规则）面板中的“Width”（布线宽度）类，显示布线宽度约束特性和范围，如图 2-92 所示。将这个规则应用到整个 PCB，在“Where The Object Matches”（匹配对象的位置）中选择“All”，其中布线的宽度为 20mil，单击该项键入数据，可修改宽度约束，在修改最小宽度之前，先设置最大宽度。

Altium Designer 中的设计规则系统有一个强大的功能是：可以定义同类型的多重规则，而每个目标对象又不相同。例如，在 PCB 中有一个对整个 PCB 布线宽度的约束规则，即所有的导线都必须是这个宽度，而其中某些网络布线宽度需要另一个约束规则（这个规则忽略前一个规则）。下面添加一个规则，约束地线网络 GND 布线宽度为 40mil。

（1）增加新规则

选中左侧“Design Rules”（设计规则）面板的“Width”（布线宽度）类，右击，弹出如图 2-93 所示的快捷菜单。选择“新规则”命令，即可在“Width”中添加一个名为“Width_1”的规则。

（2）设置布线宽度

单击“Width_1”，在布线宽度约束特性和范围设置对话框顶部的名称文本框中输入网络名称“GND”，在底部的宽度约束特性中将宽度修改为 40mil，如图 2-94 所示。

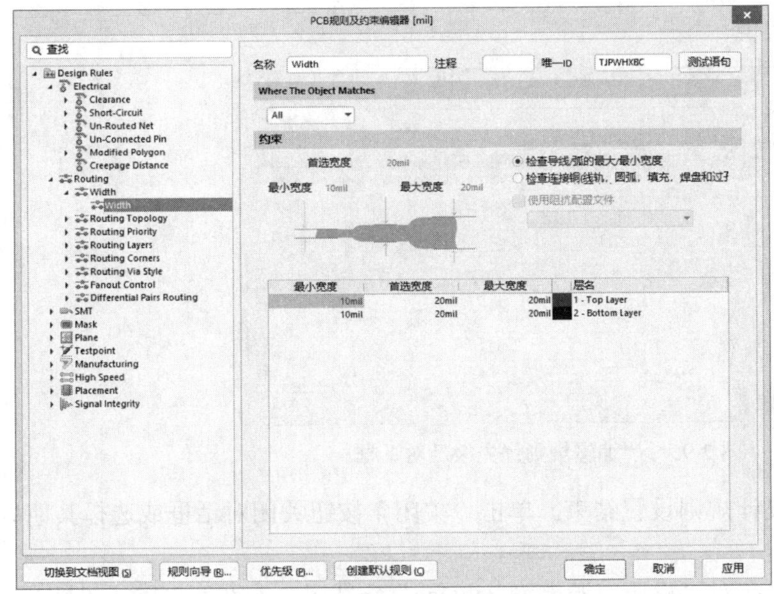

图 2-92　布线宽度约束特性和范围

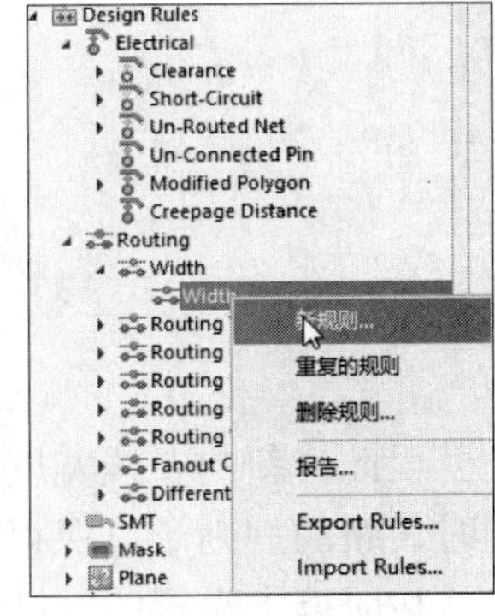

图 2-93　设计规则快捷菜单

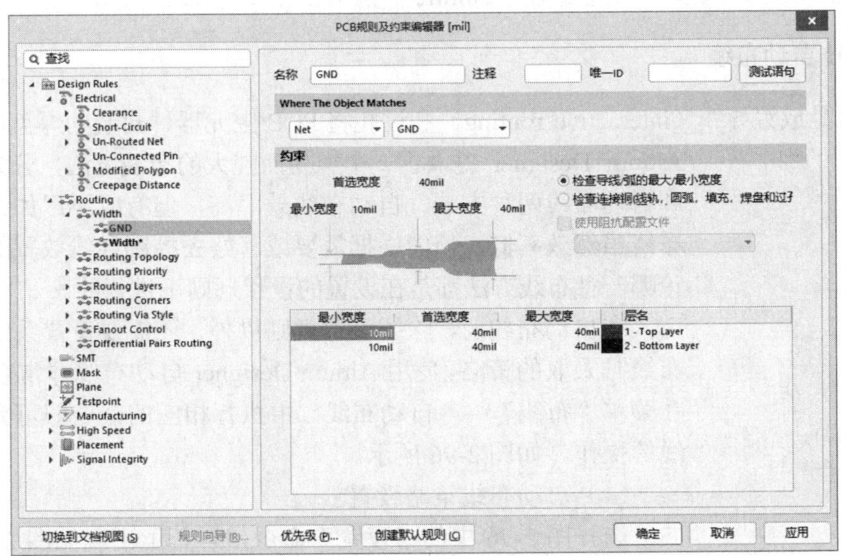

图 2-94　电源网络 GND 布线宽度设置

（3）设置约束范围

在图 2-94 所示的对话框中，单击右侧“Where The Object Matches”（匹配对象的位置）选项组的“Net”（网络），从显示的有效网络列表中选择“GND”，此时表明布线宽度为 40mil 的约束应用到了地线网络 GND。

（4）设置优先权

通过以上的规则设置，在对整个 PCB 进行布线时就有名称分别为“GND”和“Width”的两个约束规则，因此必须设置二者的优先权，决定布线时约束规则使用的顺序。单击图 2-94 中左下角的“优先级”按钮，弹出如图 2-95 所示的“编辑规则优先级”对话框。对话框中显示了规则类型、优先级、范围和属性等，优先级的设置通过“增加优先级”按钮和“降低优先级”按钮实现。

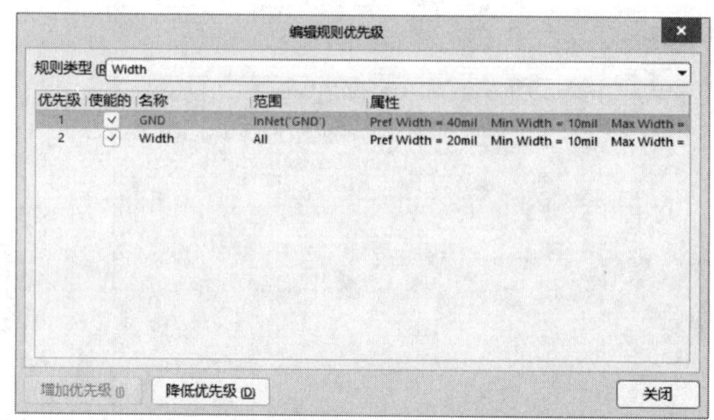

图 2-95 “编辑规则优先级”对话框

至此，新的布线宽度设计规则设置结束。单击“关闭”按钮关闭对话框或选择其他规则时，新的规则予以保存。

按照以上设置的规则，在对“稳压电源电路.PcbDoc”布线时，布线宽度除了 GND 的宽度为 40mil 以外，其余导线宽度均为 20mil。

2.2.8 PCB 自动布线

布线就是放置导线（interactive routing）和过孔将 PCB 上元器件封装的焊盘连接起来。Altium Designer 提供了一个容易而强大的布线方法，分为手动布线和自动布线两种方法。自动布线效率高，但有时不尽如人意；手动布线虽然效率低，但能根据需要或喜好去控制导线放置的状态。无论哪一种布线方法都是在设置的设计规则下进行的。

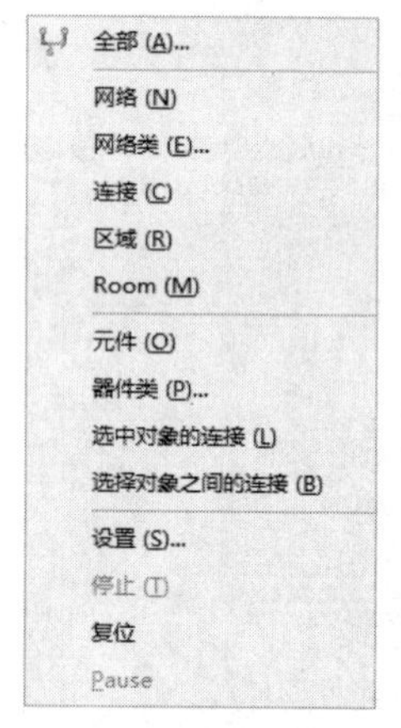

图 2-96 自动布线菜单

在自动布线前，除了设置规则以外，还需要设置系统进行自动布线时采取的策略。使用 Altium Designer 自动布线非常容易、快捷。在菜单“布线”→“自动布线”中执行相应的命令即可完成自动布线的操作，如图 2-96 所示。

（1）自动布线策略设置

选择图 2-96 中的“设置”命令，屏幕上出现如图 2-97 所示的对话框。这个对话框包括以下 3 个设置。

“布线策略”设置：在对话框中设置布线策略，主要设置自动布线的走线模式或方法。单击“添加”按钮，启动如图 2-98 所示的对话框修改布线策略。一般情况下使用默认设置。

“布线规则”设置：在图 2-97 的中间有一个“编辑规则”按钮，单击该按钮，启动如图 2-90 所示的对话框。这里的布线规则设置与前面的布线规则设置相同，也可以在此对其进行修改或编辑。

“走线方式”设置：在图 2-97 的中间左侧有一个“编辑层走线方向”按钮，单击该按钮，启动如图 2-99 所示的“层方向”对话框。在此可以设置顶层和底层是垂直布线还是水平布线。

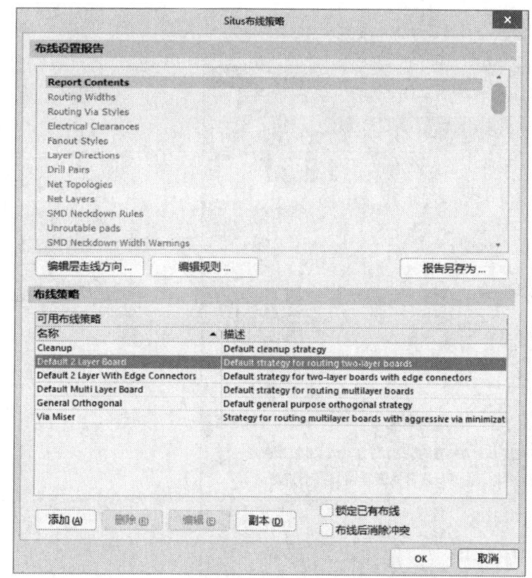

图 2-97 自动布线策略设置对话框

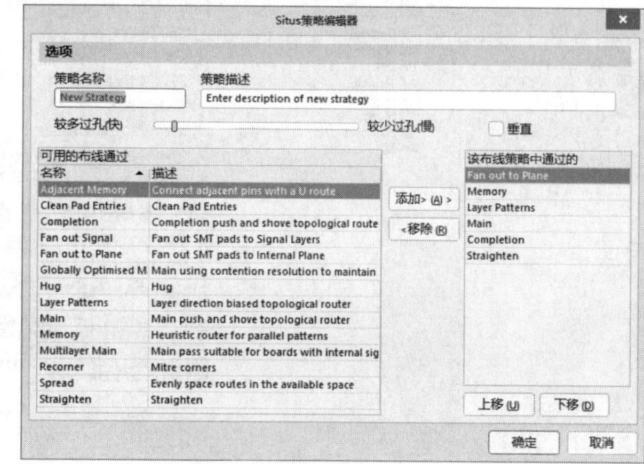

图 2-98 布线策略编辑器对话框

（2）自动布线的实现

在前面所讲的各种设置都已完成的基础上，对图 2-89 所示的 PCB 进行自动布线，启动菜单命令“布线”→“自动布线”→“All”（全部对象），看到 PCB 上开始了自动布线，同时给出信息显示框，自动布线完成后，按〈End〉键重回 PCB 界面，结果如图 2-100 所示。

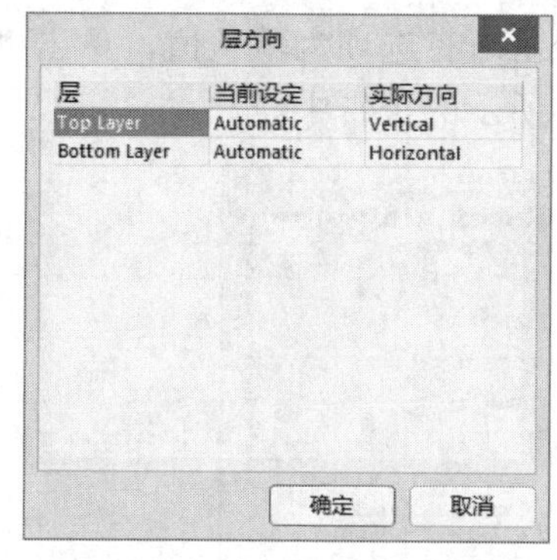

图 2-99 “层方向”对话框

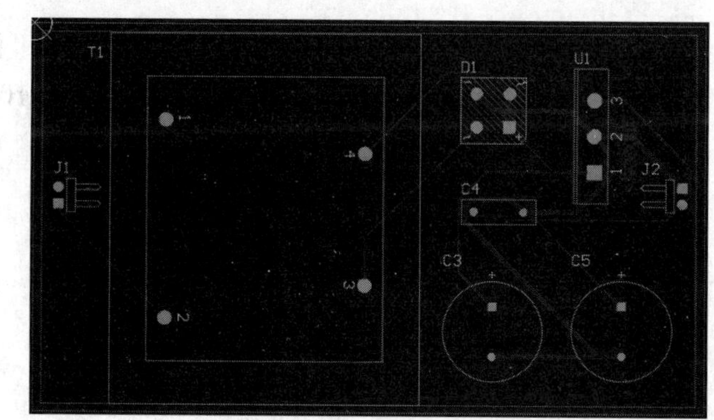

图 2-100 布线完成的 PCB

（3）布线调整

自动布线速度快、效率高，特别是对比较复杂的 PCB 更能体现出 Altium Designer 的优越性能；但有时也有一些不合理的地方，因此自动布线完成后，常常需要手动对 PCB 进行布线调整。

2.2.9 PCB 设计规则检查

Altium Designer 提供了一个规则驱动环境用来设计 PCB，并允许设计者定义各种设计规则来保证 PCB 的完整性。设计进程的最后，有必要通过设计规则检查来验证设计者完成的 PCB 设计。

选择主菜单命令“工具”→“设计规则检查”（或者使用快捷键〈T〉→〈D〉），打开

“设计规则检查器”对话框，如图 2-101 所示。

设计规则检查器 [mil]

Report Options
Rules To Check
Electrical
Routing
SMT
Testpoint
Manufacturing
High Speed
Placement
Signal Integrity

DRC报告选项
创建报告文件 (F)
创建冲突 (I)
子网络细节 (N)
验证短路铜皮
报告带钻孔的贴片焊盘 (D)
报告0孔径尺寸的多层焊盘 (M)
停止检测 (E 500 冲突找到时

Split Plane DRC Report Options
报告分割的平面层
报告死铜，大于 100 sq. mils
报告不完全热焊盘，小于 50% 可用的铜皮

注意：要生成报告文件，您必须先保存PCB文档。
要加速规则检查的过程，仅启用完成任务所必需检查的规则。注意：选项仅在相应的规则都已定义好之后才能启用。
在线DRC在您工作的同时检测设计规则冲突。在“设计规则”对话框中包含设计规则，以便能够测试特定规则类型。

运行DRC (R)... 确定 取消

图 2-101 “设计规则检查器”对话框

此对话框中的具体内容将在后面详细介绍，在这里保留所有选项为默认值，单击“运行”按钮，系统开始运行 DRC，其结果显示在如图 2-102 所示的报告中。

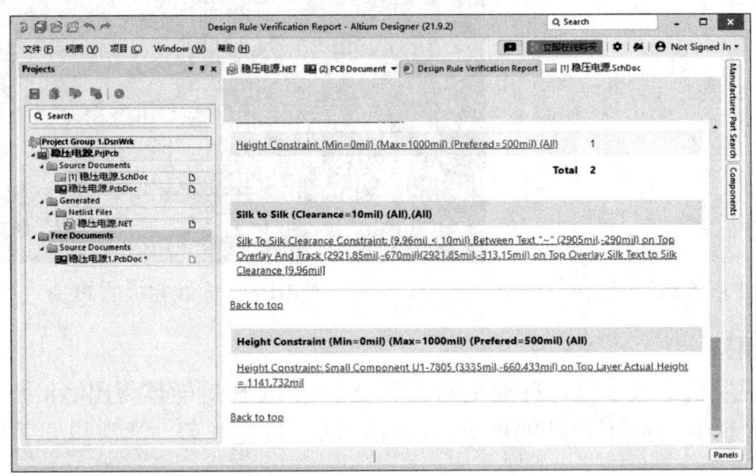

图 2-102 稳压电源 .DRC 报告

在报告中显示了违反设计规则的类别、位置等信息，同时在设计的 PCB 中以绿色标记标出违反规则的位置。同时在“Messages”面板中也会列出所有错误，双击“Messages”面板中的错误信息，系统会自动跳转到 PCB 中违反规则的位置，分析查看当前的设计规则并对其进行合理的修改，直到不违反设计规则为止，才能结束 PCB 的设计任务。

项 目 小 结

通过本项目的学习，了解绘制电路原理图和设计 PCB 的一般流程，能绘制简单电路原理图和设计单层 PCB。

拓展阅读

PCB 设计规范

我们在设计 PCB 时要严格按照规范进行，这样设计的图形和 PCB 才具有通用性。诺贝尔文学奖获得者、波兰作家莱蒙特说过："世界上的一切都必须按照一定的规矩秩序各就各位"。PCB 设计规范简介如下：

1）相关标准：GB/T6988《电气制图国家标准》、GB7356《电气系统说明书用简图的编制》、GB5489《印制板制图》、GB/T4728《电气简图用图形符号》。

2）封装、焊盘设计统一采用公制单位，对于特殊器件，资料上没有采用公制标注的，为了避免英公制的转换误差，可以按照英制单位。精确度要求为：采用 mil 为单位时，精确度为 2；采用 mm 为单位时，精确度为 4。

3）布局规范。按照"先大后小，先难后易"的布置原则，重要的单元电路、核心元器件应当优先布局。元器件的排列要便于调试和维修，小元器件周围尽量不放置大元器件，需调试的元器件周围要有足够的空间。发热元器件应均匀分布（如果有散热片，还需考虑其所占的位置），且置于下风位置以利于单板和整机的散热，电解电容离发热元器件最少 400mil，除温度检测元器件以外的温度敏感器件应远离发热量大的元器件。连线尽可能短，关键信号线最短，高电压、大电流信号与小电流、低电压的弱信号完全分开，模拟信号与数字信号分开，高频信号与低频信号分开，高频元器件的间隔要充分。

4）布线规范。电源、模拟小信号、高速信号、时钟信号和同步信号等按照关键信号优先布线；连接关系复杂的器件和连线密集的区域按照密度优先布线。双层板线宽线距最小 7mil，多层板可最小至 4mil，BGA 器件下方根据情况可最小到 3.5mil。不论板的大小及层数，在条件允许的情况下，应保证线距不小于 5mil，线与过孔间距不小于 6mil，达到提高良品率的目的。

国家标准或企业标准是电子工程师必须遵守的规范，必须养成良好的工程设计意识和严谨的科学态度，才能设计出精密、可靠和稳定的 PCB。

注：以上是部分 PCB 设计规则，详细内容可获取本书的配套资源《华为 PCB 布线规则》进行学习。

拓 展 项 目

2-1　设计如图 2-103 所示电路的 PCB，设计要求如下：

1）用自动的方法设计该 PCB。

2）使用单层 PCB，尺寸合适为宜。

3）电源线的铜膜线的宽度为 40mil。

4）一般布线的宽度为 30mil。

2-2 设计如图 2-104 所示电路的 PCB，设计要求如下：

1）用自动的方法设计该 PCB。

2）使用单层 PCB，尺寸合适为宜。

3）电源线的铜膜线的宽度为 30mil。

4）一般布线的宽度为 20mil。

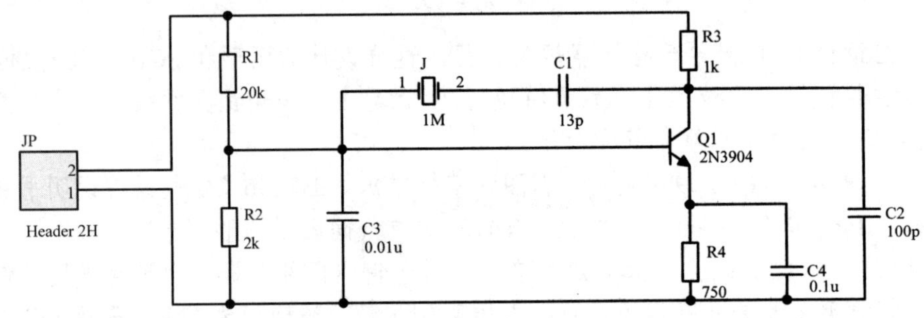

图 2-103 拓展项目 2-1 电路

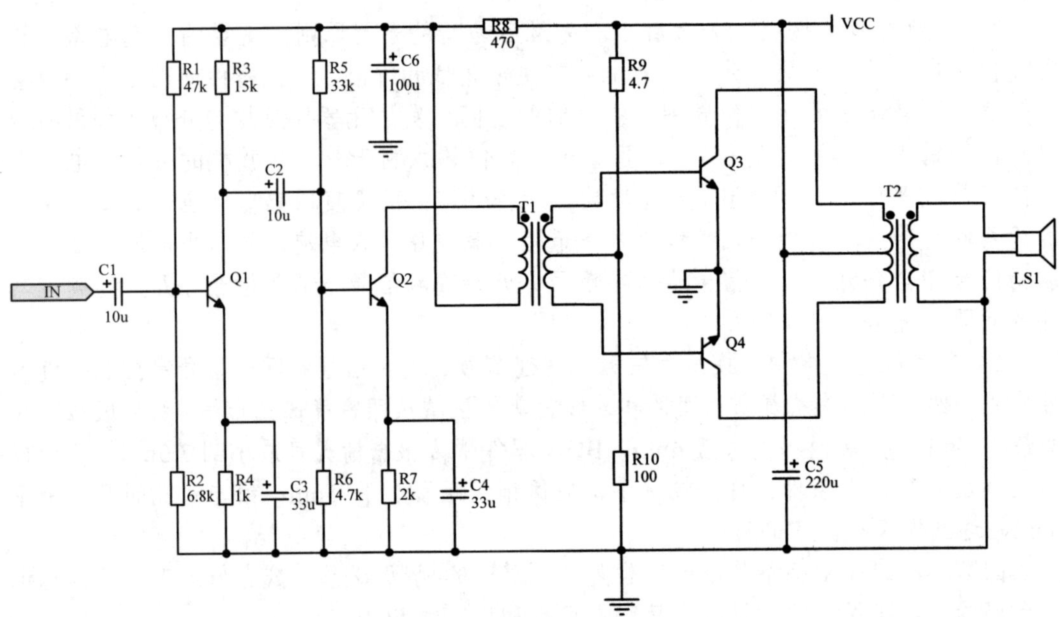

图 2-104 拓展项目 2-2 电路

2-3 设计如图 2-105 所示电路的 PCB，设计要求如下：

1）用自动的方法设计该 PCB。

2）使用单层 PCB，PCB 的尺寸为 4000mil×3000mil。

3）布线的宽度为 25mil。

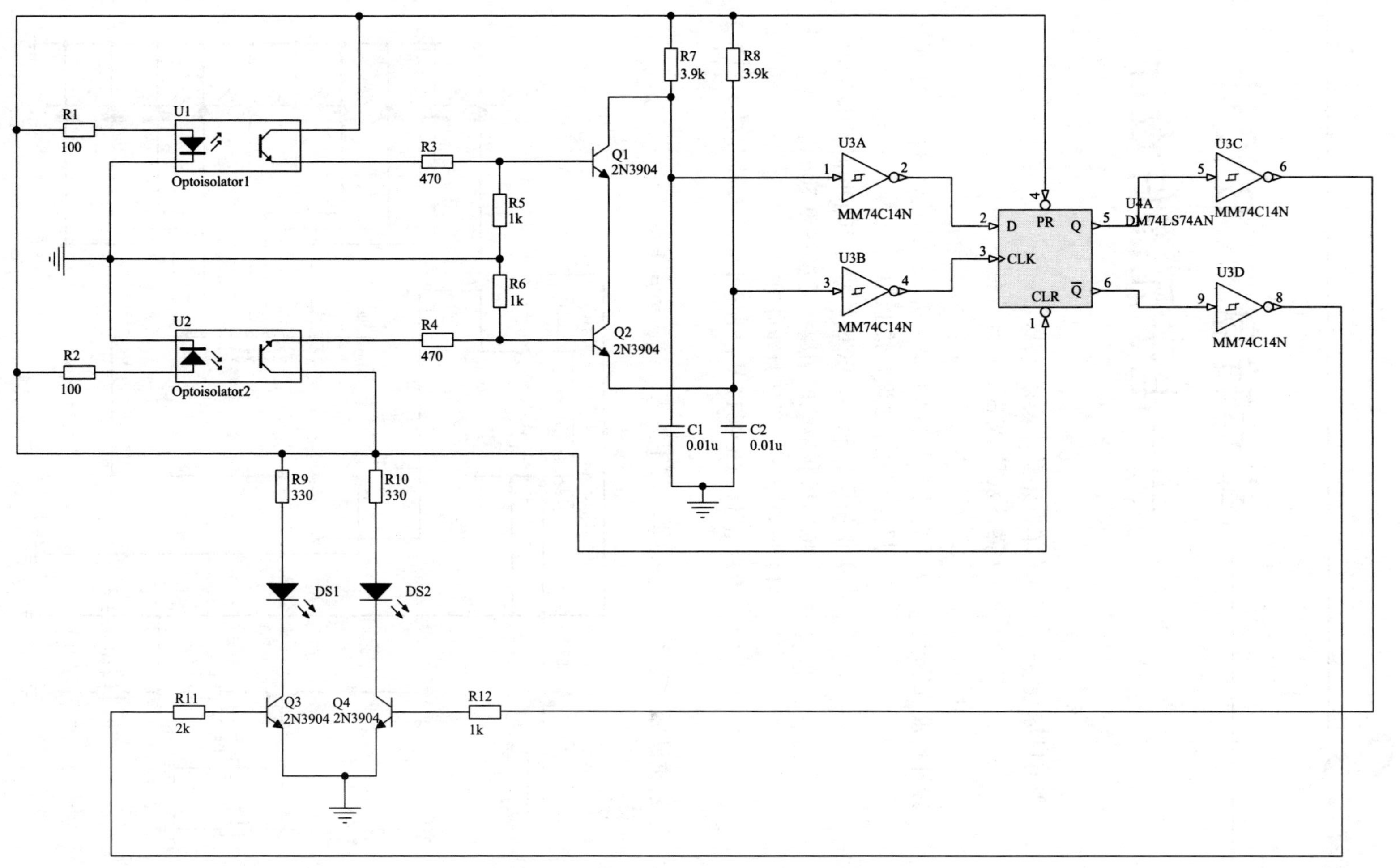

图 2-105　拓展项目 2-3 电路

项目 3

幸运转盘PCB设计——电子元器件设计

学习目标 ☞

1）掌握元器件设计方法；

2）熟悉双层 PCB 的设计流程。

设计要求 ☞

幸运转盘原理图如图 3-1 所示，试设计该电路的 PCB。

1）用自动的方法设计该 PCB;

2）使用双层 PCB，PCB 尺寸为 3000mil×3000mil;

3）电源线和地线的铜膜线宽度均为 50mil;

4）一般布线的宽度为 40mil;

5）元器件 CD4017 要求自己设计，管脚属性如图 3-2 所示。

素质目标 ☞

培养正确的审美观，提高综合素质。

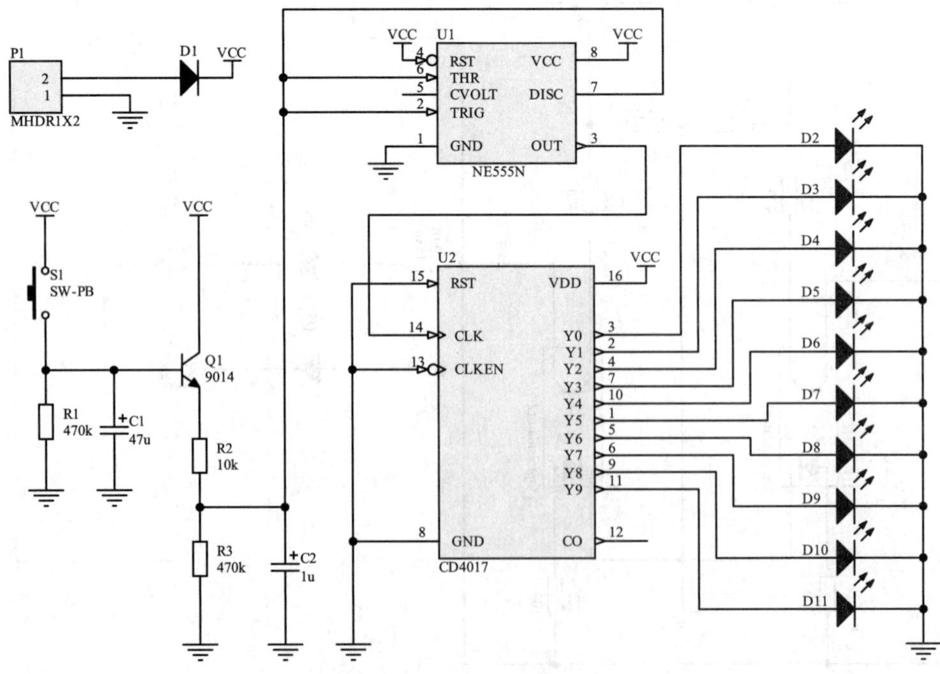

图 3-1　幸运转盘原理图

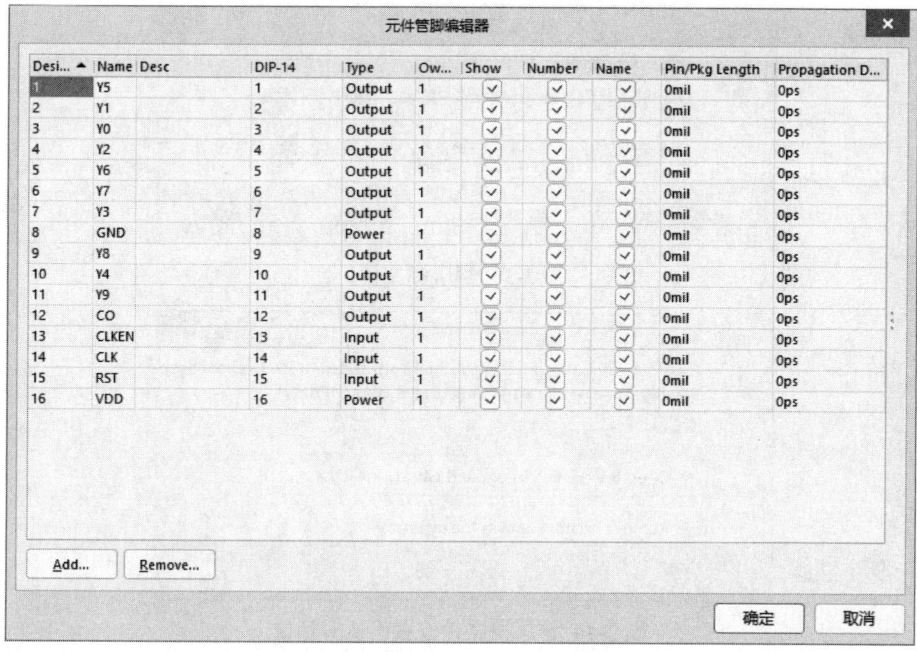
元件管脚编辑器

Desi...	Name	Desc	DIP-14	Type	Ow...	Show	Number	Name	Pin/Pkg Length	Propagation D...
1	Y5		1	Output	1	✓	✓	✓	0mil	0ps
2	Y1		2	Output	1	✓	✓	✓	0mil	0ps
3	Y0		3	Output	1	✓	✓	✓	0mil	0ps
4	Y2		4	Output	1	✓	✓	✓	0mil	0ps
5	Y6		5	Output	1	✓	✓	✓	0mil	0ps
6	Y7		6	Output	1	✓	✓	✓	0mil	0ps
7	Y3		7	Output	1	✓	✓	✓	0mil	0ps
8	GND		8	Power	1	✓	✓	✓	0mil	0ps
9	Y8		9	Output	1	✓	✓	✓	0mil	0ps
10	Y4		10	Output	1	✓	✓	✓	0mil	0ps
11	Y9		11	Output	1	✓	✓	✓	0mil	0ps
12	CO		12	Output	1	✓	✓	✓	0mil	0ps
13	CLKEN		13	Input	1	✓	✓	✓	0mil	0ps
14	CLK		14	Input	1	✓	✓	✓	0mil	0ps
15	RST		15	Input	1	✓	✓	✓	0mil	0ps
16	VDD		16	Power	1	✓	✓	✓	0mil	0ps

Add...　Remove...

确定　取消

图 3-2　元器件 CD4017 管脚属性

幸运转盘 PCB 演示（视频）

幸运转盘电路由 555 定时器、CD4017 计数器及 LED 组成。10 只 LED 模拟幸运物，按启动键，LED 高速循环点亮，几秒钟后循环速度越来越慢并最终随机停止于某只灯上，可以将每只灯旁贴上幸运物品作为摇奖器。电容器 C1 的容值决定延迟时间，电容器 C2 的容值决定循环速度。

3.1　绘制幸运转盘电路原理图

3.1.1　设计 CD4017 元器件

1. 元器件库的管理

电子元器件的种类和数量非常多，Altium Designer 是如何有效地管理、查找和应用这些元器件的呢？首先介绍元器件库编辑管理器的组成和使用方法，同时还将介绍其他的一些相关的命令。

（1）元器件库编辑管理器

本节以安装盘符:\Program Files\Altium\AD21\Library\Miscellaneous Devices.IntLib 集成库为例介绍元器件库编辑管理器。

打开安装盘符:\Program Files\Altium\AD21\Library\Miscellaneous Devices.IntLib 集成库，在如图 3-3 所示对话框中单击“解压源文件”按钮，然后在如图 3-4 所示的确认对话框中选择“Remove existing data in the directory”，在“Projects”面板上分解为 SCH 元器件库文件和 PCB 库文件，可双击进行编辑。

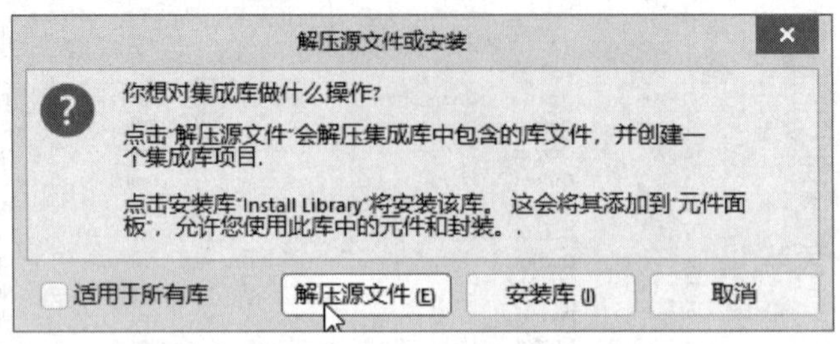

图 3-3 解压源文件

图 3-4 解压源文件位置确认对话框

双击原理图库文档图标“Miscellaneous Devices.SchLib”，如图 3-5 所示，打开该文档。在面板右下角单击面板标签“Panels”，勾选“SCH Library”，如图 3-6 所示，启动元器件库管理器。

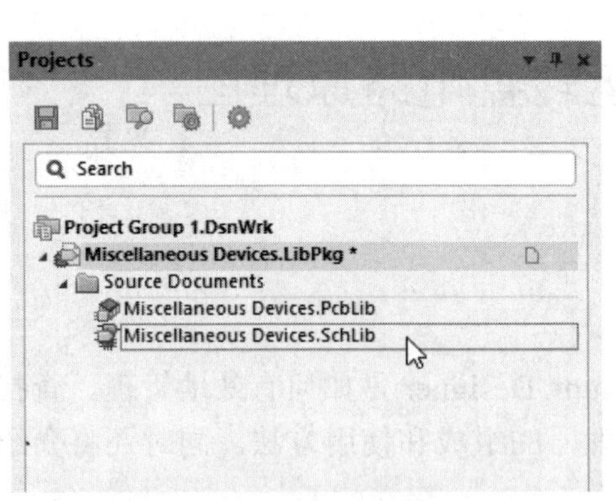

图 3-5 分解后的整合元器件库

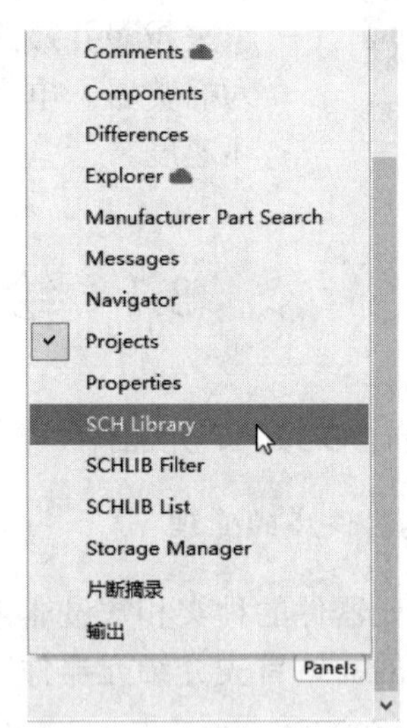

图 3-6 启动元器件库管理器

图 3-7 所示为“SCH Library”的元器件库编辑管理器面板。

第一行编辑框：用于筛选或快速查找元器件。当在该框输入元器件名的开始字符时，在元器件列表中将会快速显示以这些字符开头的元器件。如输入“RES”，则显示如图 3-8 所示元器件。

“放置”按钮：该按钮的功能是将元器件列表中所选择的元器件放置到原理图中。单击该按钮后，系统会自动切换到原理图设计界面，同时原理图元器件库编辑器退到后台运行。

图 3-7　元器件库编辑管理器面板

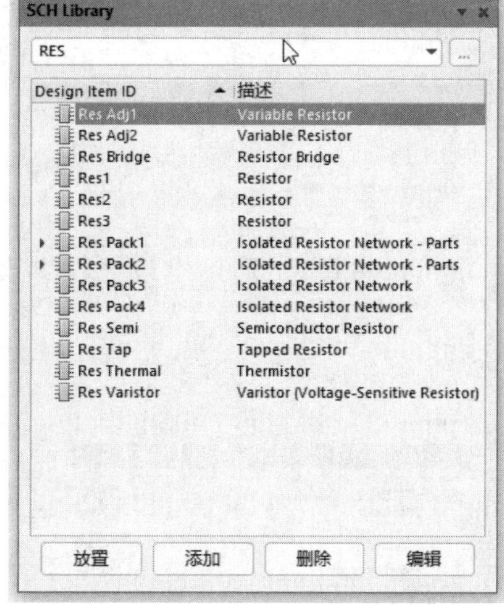

图 3-8　筛选元器件

“添加”按钮：该按钮的功能是添加新元器件。单击该按钮后，会出现如图 3-9 所示的“New Component”（新元器件）对话框。输入新的元器件名称后，单击“确定”按钮即可将新的元器件添加到元器件库中，同时系统自动启动元器件库编辑器，可对元器件进行编辑。

“删除”按钮：该按钮的功能是从元器件库中删除所选取的元器件。在元器件区域中选择要删除的元器件后，单击该按钮，弹出删除元器件确认对话框，如图 3-10 所示。单击“Yes”按钮即可从元器件库中删除所选元器件。

图 3-9　新元器件对话框

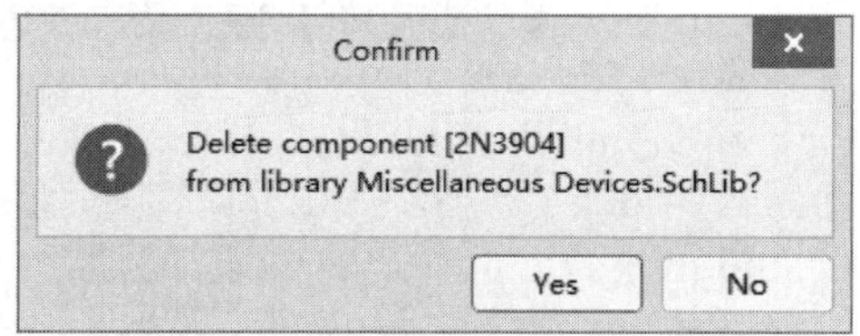

图 3-10　删除元器件确认对话框

“编辑”按钮：该按钮的功能是对所选元器件进行编辑。单击该按钮后系统将启动“Component Properties”（库元器件属性）对话框，如图 3-11 所示，在此对话框中可以设置元器件的相关属性。

（2）“工具”菜单下的元器件管理命令

SchLib 环境下的“工具”菜单为用户提供了管理元器件的各种命令。“工具”菜单如图 3-12 所示。下面简单介绍“工具”菜单中的常用菜单项的功能。

“新器件”命令：用来创建一个新的元器件。

“Symbol Wizard”命令：可利用该命令创建元器件，特别是有多个管脚的集成 IC 类元器件。

“移除器件”命令：用来从当前元器件库中删除所选中的元器件。

“复制器件”命令：用来将当前选中的元器件复制到指定的元器件库中。

“移动器件”命令：用来将当前选中的元器件移动到指定的元器件库中。

“新部件”命令：用来为元器件新建新的部件。

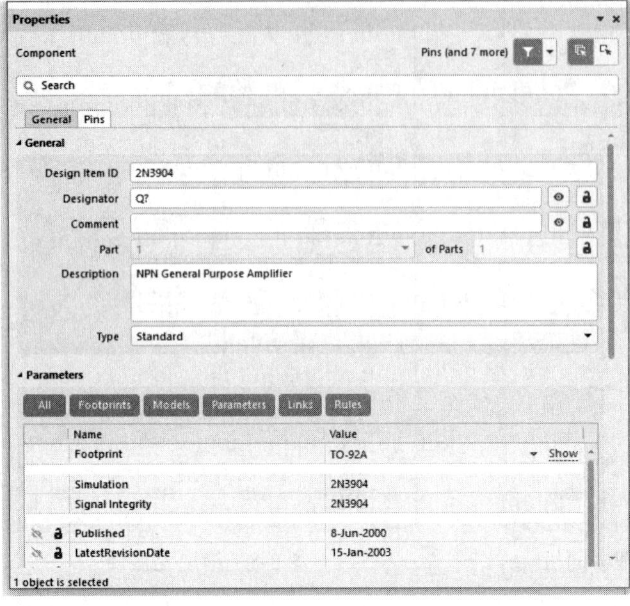

图 3-11 库元器件属性对话框

新器件 (C)
Symbol Wizard...
移除器件 (R)
复制器件 (Y)...
移动器件 (M)...
新部件 (W)
移除部件 (T)
模式
查找器件 (O)...
参数管理器 (N)...
符号管理器 (A)...
XSpice模型向导 (X)...
更新到原理图 (U)
从数据库更新参数 (D)...
生成SimModel文件...
清除服务器链接
库分离向导 (S)...
SVN数据库的库生成器...
配置管脚交换 (F)...
文档选项 (D)...
原理图优先项 (P)...

图 3-12 “工具”菜单

“移除部件”命令：可删除多部件器件中的部件。

“模式”子菜单：同模式显示工具栏“模式”。

“查找器件”命令：该命令的功能是启动元器件库对话框，如图 3-13 所示。该功能与库文件管理面板上“Components”标签的功能相同。

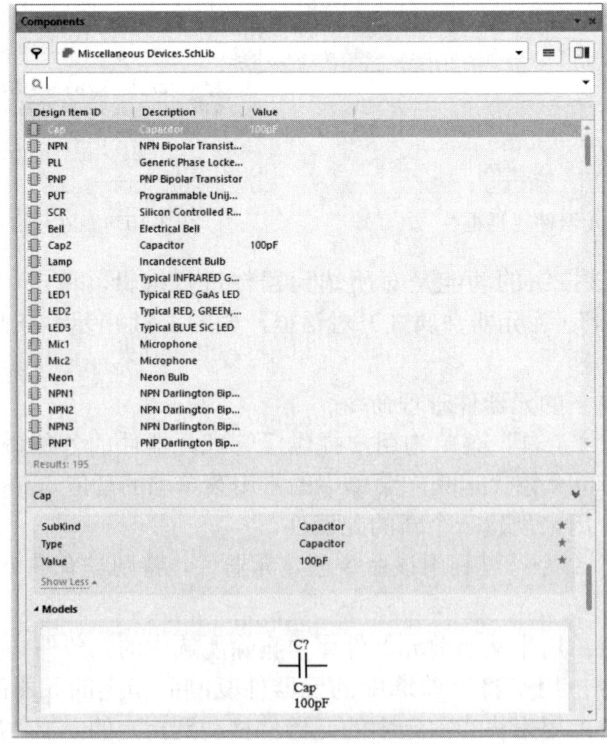

图 3-13 元器件库对话框

“参数管理器”命令：使用该命令可以启动“参数编辑选项”对话框，如图 3-14 所示。

“符号管理器”命令：使用该命令可以启动“模型管理器”对话框，如图 3-15 所示。

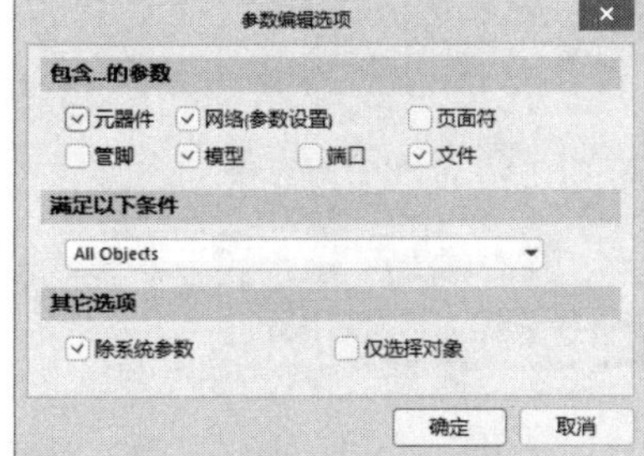

图 3-14　“参数编辑选项”对话框

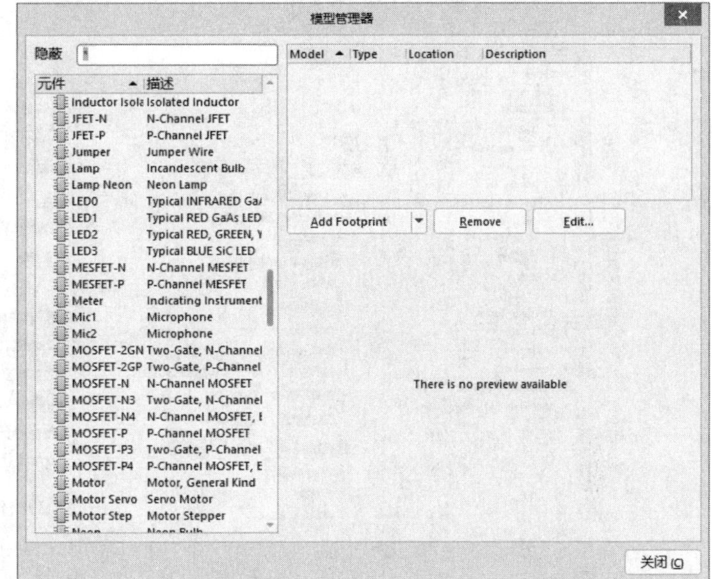

图 3-15　“模型管理器”对话框

“XSpice 模型向导”命令：使用该命令可以启动“SPICE”对话框，利用向导将创建 SPICE 模型并将其添加到原理图库元器件中。

“更新到原理图”命令：用来将元器件库编辑器所做的修改更新到打开的原理图中。

“文档选项”命令：该命令用来打开“Library Options”（库编辑器工作区）设置对话框，如图 3-16 所示。其功能类似原理图编辑器中的文档选项命令“Document Options”。

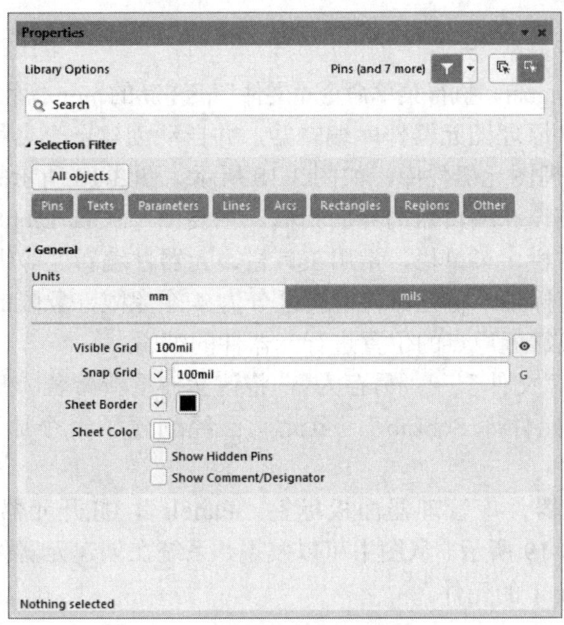

图 3-16　库编辑器工作区设置对话框

“原理图优先项”命令：该命令用来打开“优选项”对话框，如图 3-17 所示，功能同原理图编辑器的系统参数设置命令“原理图优选项”。

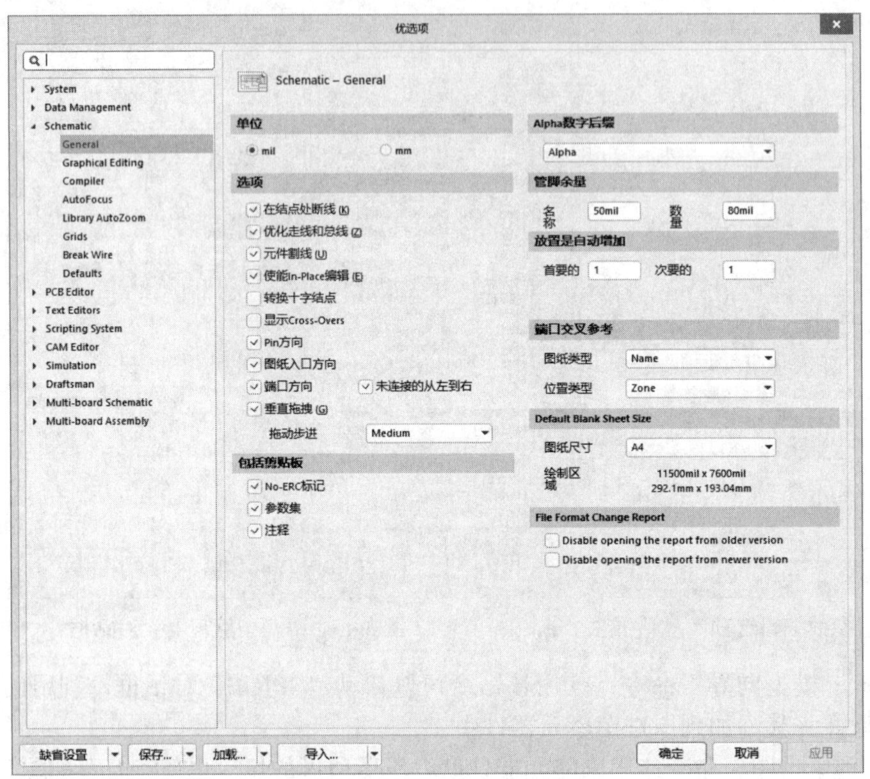

图 3-17 “优选项”对话框

2. 设计 CD4017 元器件

设计 CD4017 元器件（视频）

具体操作步骤如下。

1）启动 Altium Designer，执行菜单命令“文件”→“新的”→“库”→“原理图库”，立即启动原理图元器件库编辑器，并自动创建一个名称为“Schlib1.SchLib”的原理图元器件库，如图 3-18 所示。图 3-18 所示的元器件库编辑器与原理图设计编辑器的界面相似，主要由“SCH Library”（元器件库编辑管理器）面板、标准工具栏、菜单栏、常用工具栏、元器件编辑区等组成，不同点是在元器件编辑区有一个十字坐标轴，将元器件编辑区分为 4 个象限，象限的定义和数学上的定义相同。一般在第 4 象限靠近原点的位置进行元器件的编辑。

2）执行菜单命令“文件”→“另存为”，将该文件重新命名，并保存在适当目录下。例如，文件命名为“元件库.SchLib”。至此，已经创建了一个原理图元器件库“元件库.SchLib”。

3）单击原理图元器件库管理器面板标签“Panels”，打开元器件库编辑管理器面板“SCH Library”，如图 3-19 所示。从图中可以发现，系统在创建元器件库的同时自动创建了一个名称为 Component_1 的元件。

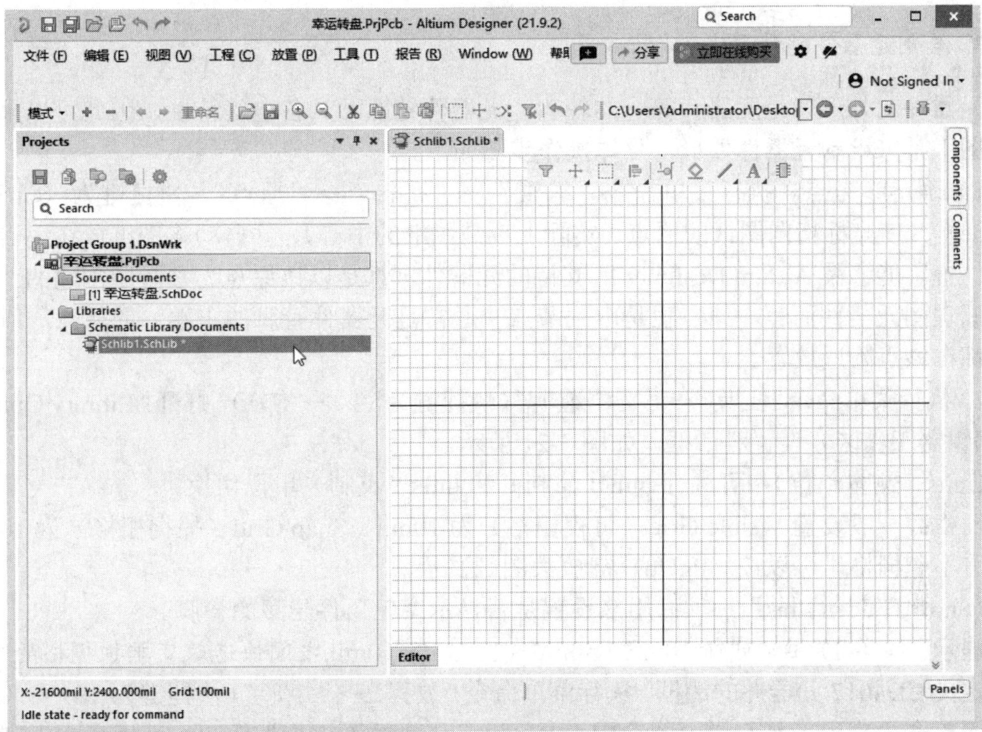

图 3-18　元器件库编辑器

4）先在“SCH Library”面板的元器件列表内选择“Component_1”，然后单击下面的“编辑”按钮，打开库元器件属性对话框如图 3-20 所示，在“Design Item ID”文本框中输入“CD4017”，准备创建一个计数器元件。

图 3-19　元器件库编辑管理器

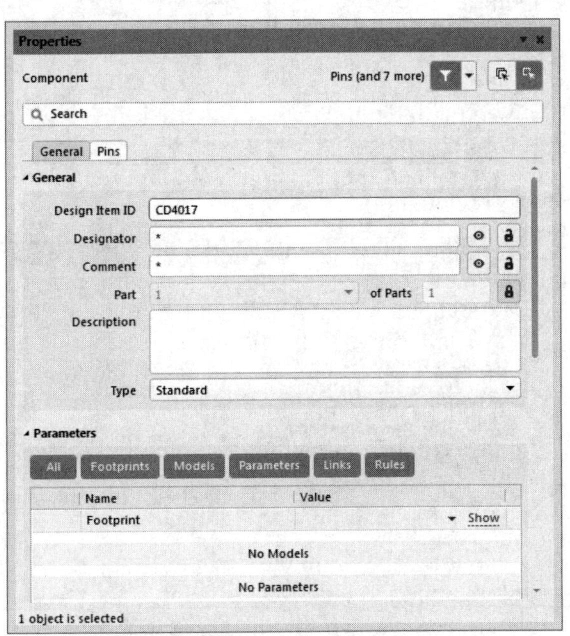

图 3-20　库元器件属性对话框

3. 绘制元器件的外形

元器件的外形就是元器件符号的轮廓。元器件轮廓不具备电气特性，因此可以采用一般绘图工具来绘制元器件外形，具体操作步骤如下。

1）确定参考点。执行菜单命令“编辑”→“跳转”→“原点”（快捷键为〈Ctrl〉+〈Home〉），使光标指向图纸的原点（实际上也是图纸的中心），并自动将图纸放在编辑器的中心位置。能够被 Altium Designer 所支持的元器件，都是以该原点为参考所创建的。对于一个原理图元器件而言，该点也是电气节点（通常是元器件管脚的末端）的原点，所有的管脚都在该点附近放置。

2）执行菜单命令“工具”→“文档选项”（快捷键为〈T〉→〈D〉），打开“Library Options”（库编辑器工作区）设置对话框，如图 3-21 所示。

Units（测量单位）：可进行 mm（公制）和 mils（英制）单位切换。

栅格：一般设置 Visible Grid（可视栅格）为 10mil、Snap Grid（捕捉栅格）为 10mil。如果看不到栅格，可以按〈PgUp〉键放大图纸显示。

“Show Hidden Pins”选项：用来设置是否显示库元器件隐藏的管脚。

提示： 按〈G〉键，可在 10mil→50mil→100mil→10mil 之间快速改变捕捉栅格的尺寸。

定义 CD4017 元器件的边框。执行菜单命令“放置”→“矩形”（快捷键为〈P〉→〈R〉），或直接单击“应用工具”栏中的绘图工具，选择放置矩形按钮，光标变为十字形状并黏附一个虚线矩形，用鼠标确定对角点的方法绘制一个矩形，双击矩形，打开“Rectangle”（矩形）属性对话框，如图 3-22 所示。

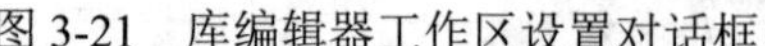

图 3-21　库编辑器工作区设置对话框

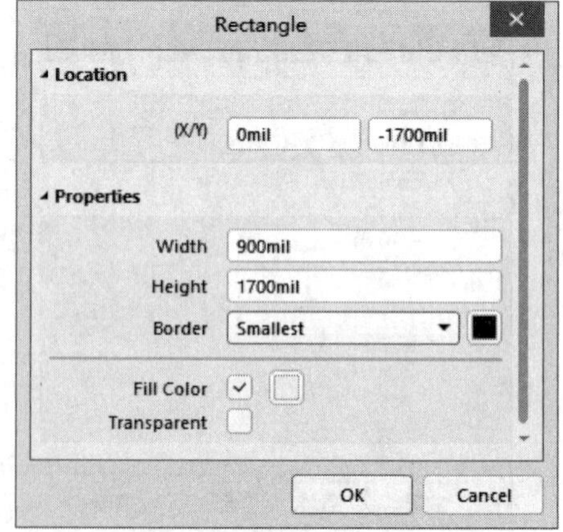

图 3-22　矩形属性对话框

“Transparent”选项：若勾选该复选框，则矩形内无填充颜色，为透明。

4. 添加元器件管脚

元器件管脚给出了一个元器件的电气属性，同时又定义了该元器件上的电气连接点。每个管脚又具有图形属性，如管脚的长度、颜色、宽度等。下面介绍如何放置元器件的管脚。

1）执行菜单命令“放置”→“管脚”（快捷键为〈P〉→〈P〉），或直接单击绘图工具，选择放置管脚工具，光标变成十字形状并黏附一个管脚。该管脚远离光标的一端为非电气端（对应管脚名），该端应放置在元器件的边框上。

2）放置之前，按〈Tab〉键显示“Pin Properties”（管脚属性）对话框，如图 3-23 所示。在该对话框内可以编辑管脚的属性。

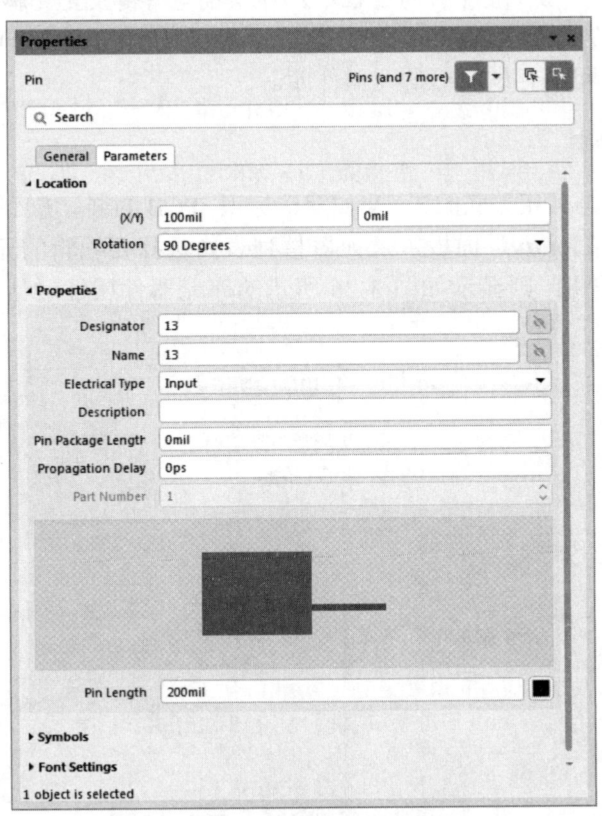

图 3-23　管脚属性对话框

“Designator”选项：用来设置元器件管脚的标号，标号应该与封装焊盘管脚相对应。右侧用于切换标号的可见性。

“Name”选项：用来设置管脚名称。如果定义了管脚号（Pin Designator）及末尾为数字的管脚名（Pin Name），在连续放置时，管脚号及管脚名会自动递增。

“Electrical Type”选项：用来设置管脚的电气属性，此属性在进行电气规则检查时将起作用。例如，Output 类型的管脚不能直接接电源端，如果发现，则提示错误。

3）按图 3-2 设置各管脚属性，按图 3-1 在元器件的边框上放置管脚。其中，13 号管脚下降沿符号设置方式如图 3-24 所示。14 号管脚上升沿符号设置，在“Inside Edge”项中选择 Clock 即可。

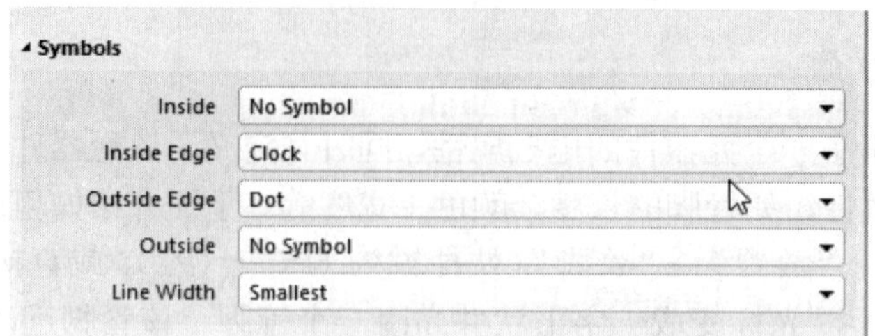

图 3-24 管脚下降沿符号设置示意图

提示：使用反斜杠“\”可以给管脚名添加取反号，如输入“P3.2/I\N\T\0\”，则管脚上将显示“P3.2/$\overline{\text{INT0}}$”。在放置管脚的过程中，可以按空格键改变管脚的放置方向。

4）执行菜单命令“文件”→“保存”（快捷键为〈Ctrl〉→〈S〉），或直接单击标准工具栏上的保存按钮，可保存编辑后的元器件库。

5. 设置元器件属性

每个元器件都有与其相关联的属性，如默认标识、PCB 封装、仿真模块以及各种变量等。

1）打开“SCH Library”面板，从元器件列表内选择要编辑的元器件，如图 3-25 所示。单击“编辑”按钮，则显示如图 3-26 所示的库元器件属性对话框，用于元器件的属性编辑。

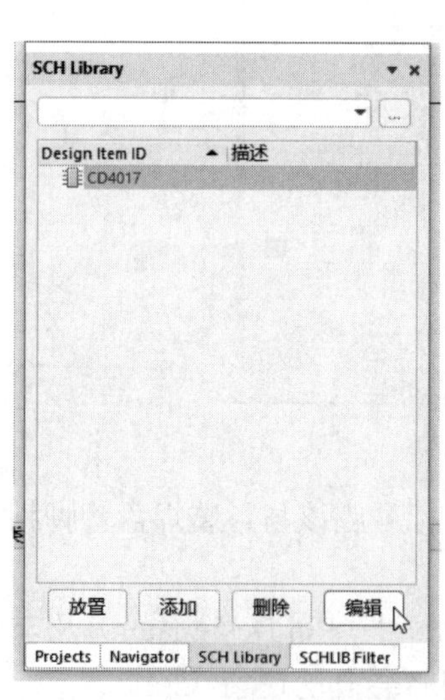

图 3-25 选择元器件

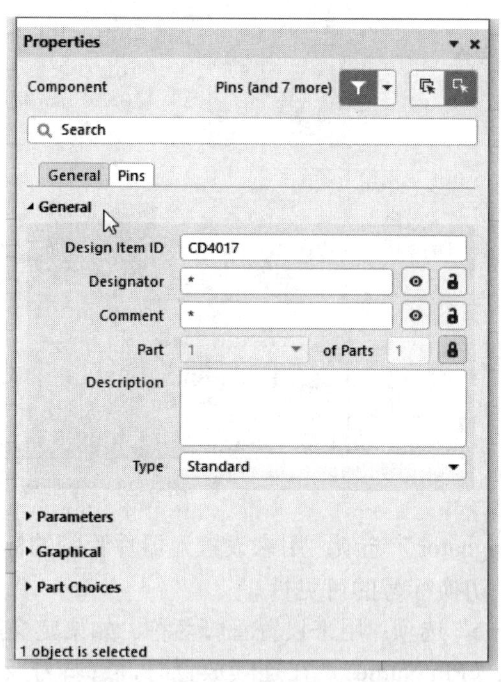

图 3-26 库元器件属性对话框

2）在基本属性栏“Designator”文本框中输入默认的元器件标识，如“U?”；在“Comment”文本框中输入默认的元器件标注，如“CD4017”。

一旦进行了上述设置，在原理图上放置该元器件时，元器件标识号就会自动递增，如 U1、U2 等，并在元器件符号附近显示标注，如“CD4017”。

3）在参数栏“Add”按钮下拉列表中选择“Footprint”，如图 3-27 所示，此时将显示如图 3-28 所示的“PCB 模型”对话框。

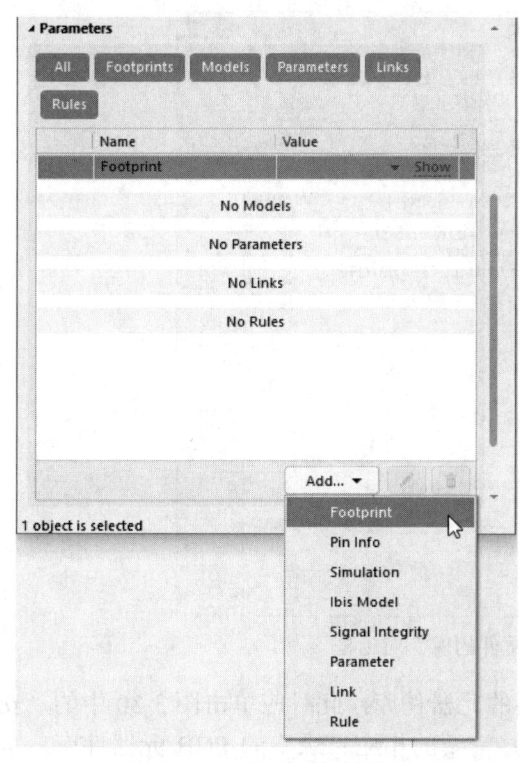

图 3-27　添加模块对话框

图 3-28　“PCB 模型”对话框

4）加载封装元器件库。单击“浏览”按钮，显示如图 3-29 所示的“浏览库”对话框。单击“库”右边的▾按钮，可以从下拉列表中选择相应的封装元器件库。

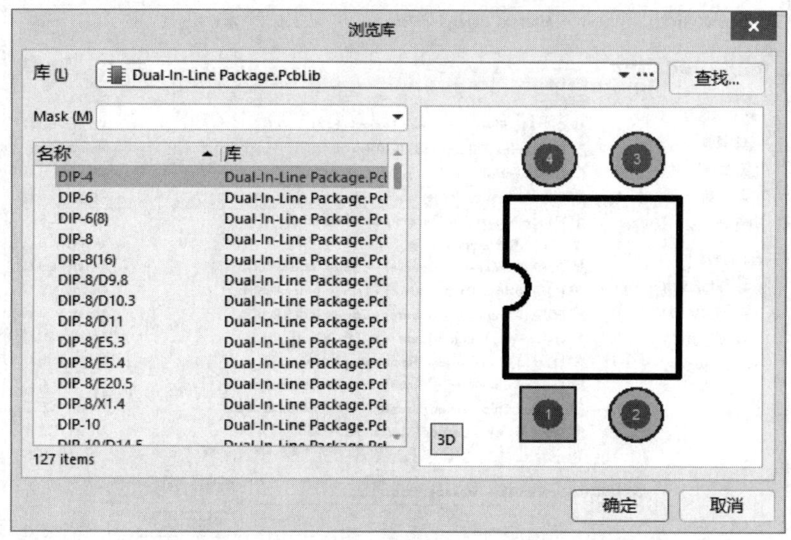

图 3-29　“浏览库”对话框

如果在下拉列表中找不到需要的封装元器件库，则需要单击右边的⋯按钮，此时将显示图 3-30 所示的“可用的基于文件的库”对话框，在该对话框的“已安装的库”列表框中，显示当前已经加载的元器件库（包括集成库、原理图符号库、PCB 库以及仿真模块库等）。

图 3-30 “可用的基于文件的库”对话框

如果在“已安装的库”列表框中找不到需要的元器件库，此时应单击图 3-30 中的“安装”按钮，然后从如图 3-31 所示的对话框中选择需要的相应目录下的 PCB 元器件库。本例应选择“C:\Program Files\Altium\AD21\Library\Pcb”目录下的“Dual-In-Line Package.PcbLib”元器件库。

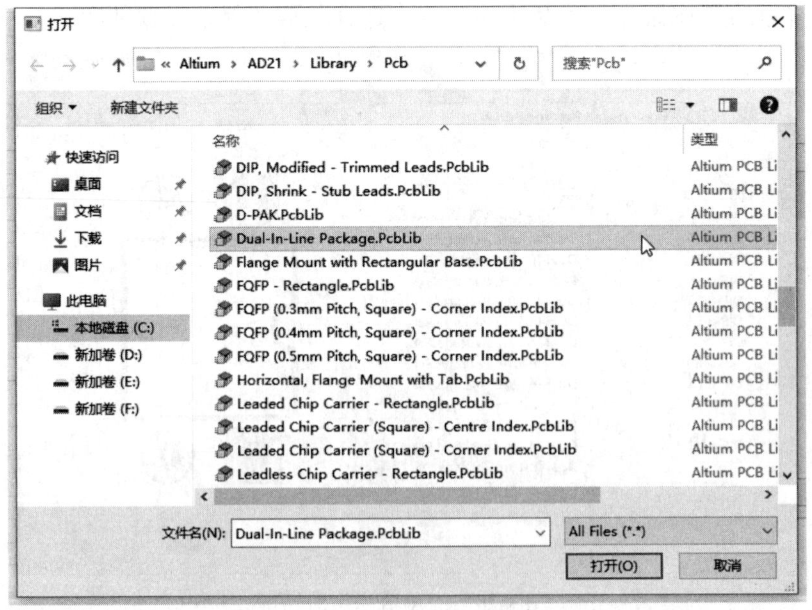

图 3-31 打开需要的 PCB 元器件库

单击“打开”按钮打开该文件，如图 3-32 显示“Dual-In-Line Package.PcbLib”元器件库已安装成功。然后单击“关闭”按钮返回图 3-29 所示的对话框中。此时，可以单击“库”右边的按钮，从下拉列表中选择刚刚加载的“Dual-In-Line Package.PcbLib”元器件库，并更新图 3-29 所示的对话框中的模块列表。

图 3-32　安装需要的 PCB 元器件库

5）从模块列表内选择“DIP-16”模块，单击“确定”按钮确认，如图 3-33 所示。添加完毕，单击“确定”按钮返回到元器件属性编辑对话框。

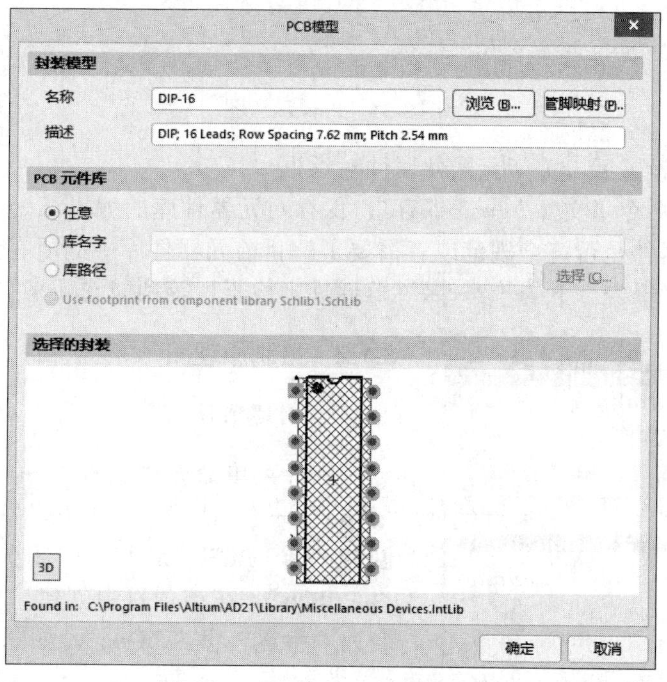

图 3-33　已添加 PCB 封装示意图

如果有 3 个封装模块需要添加，可以重复该过程。如果需要，还可以继续添加其他模块，如仿真模块（*.ckt 或*.mdl）等。

6）如果需要查看元器件管脚属性，可以在图 3-26 中选择“Pins”标签，显示如图 3-34 所示。在窗口的管脚列表中单击“Add”按钮添加一个管脚，单击按钮删除一个管脚，单击按钮将显示如图 3-2 所示的元器件管脚编辑器，在该对话框的管脚列表内可以查看当前元器件的管脚属性，也可以直接修改管脚属性。

General Pins

Pins

Pins	Name
- Pin 1	Y5
- Pin 2	Y1
- Pin 3	Y0
- Pin 4	Y2
- Pin 5	Y6
- Pin 6	Y7
- Pin 7	Y3
- Pin 8	GND
- Pin 9	Y8
- Pin 10	Y4
- Pin 11	Y9
- Pin 12	CO
- Pin 13	CLKEN
- Pin 14	CLK
- Pin 15	RST
- Pin 16	VDD

Add

图 3-34 Pins 示意图

7）完成上述设置后，关闭元器件属性对话框。

8）执行菜单命令“文件”→“保存”，保存对元器件库的编辑。

所创建的元器件是否符合规范或者需要了解目前元器件库中的所有元器件的信息，可以通过菜单命令“报告”下的“器件”“器件规则检查”等功能选项来实现。

3.1.2 绘制原理图

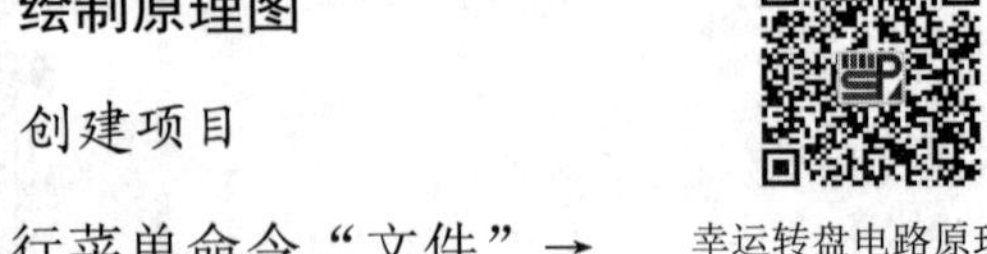

幸运转盘电路原理图绘制（视频）

1. 创建项目

执行菜单命令“文件”→“新的”→“项目”→“PCB”，创建一个 PCB 项目，并且重命名为“幸运转盘.PrjPcb”。在该项目中创建一个原理图文件，命名为“幸运转盘.SchDoc”，如图 3-35 所示。

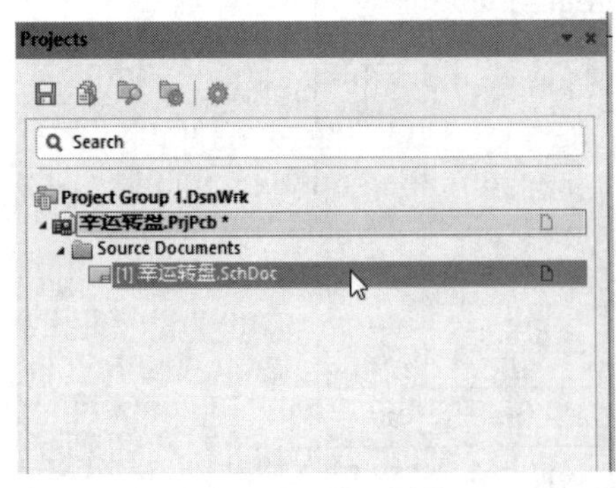

图 3-35 创建文件

2. 放置元器件

幸运大转盘项目的电路元器件列表如表 3-1 所示。

表 3-1　幸运转盘项目的电路元器件列表

元器件描述	元器件名	元器件标识	元器件参数	所在库
NE555N	定时器	U1		ST Analog Timer Circuit.IntLib
CD4017	计数器	U2		元器件库.SchLib
Res	电阻器	R1、R3	470kΩ	Miscellaneous Devices.IntLib
Res	电阻器	R2	10kΩ	Miscellaneous Devices.IntLib
LED	发光二极管	D2~D11		Miscellaneous Devices.IntLib
CAP	电解电容器	C1	47μF	Miscellaneous Devices.IntLib
CAP	电解电容器	C2	1μF	Miscellaneous Devices.IntLib
SW-PB	按键	S1		Miscellaneous Devices.IntLib
9014	晶体管	Q1		Miscellaneous Devices.IntLib
Diode	二极管	D1		Miscellaneous Devices.IntLib
MHDR1*2	连接插头	P1		Miscellaneous Connectors.IntLib

（1）放置定时器 U1

方法一：利用元器件库的搜索功能搜索元器件，打开“Components”面板，单击≡按钮，如图 3-36 所示，选择第二项“File-based Libraries Search”，在如图 3-37 所示对话框中搜索 555 即可。搜索结果如图 3-38 所示，从中选择所需要的元件并放置到原理图绘图界面中。

方法二：安装 U1 所在的元器件库进行元器件放置。在如图 3-36 所示界面选择第一项“File-based Libraries Preferences”，弹出“可用的基于文件的库”列表对话框，如图 3-30 所示。选择安装盘符:\Program Files\Altium\AD21\Library\ST Microelectronics\ST Analog Timer Circuit.IntLib，安装所需元器件库，如图 3-39 所示。

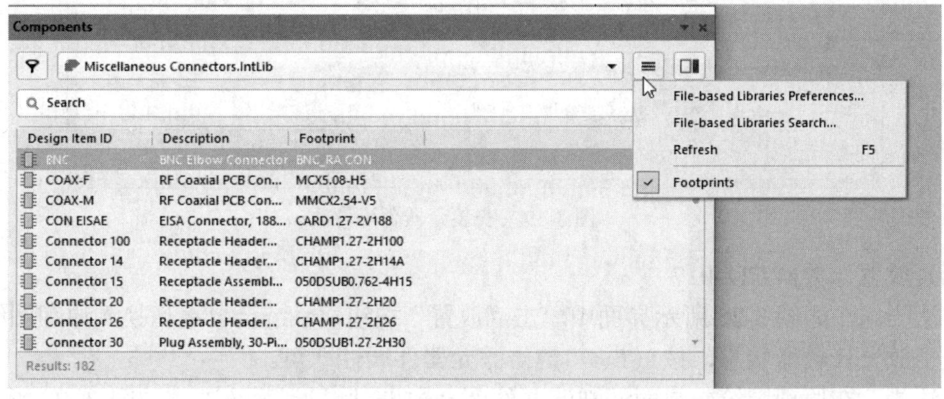

图 3-36　“Components”面板

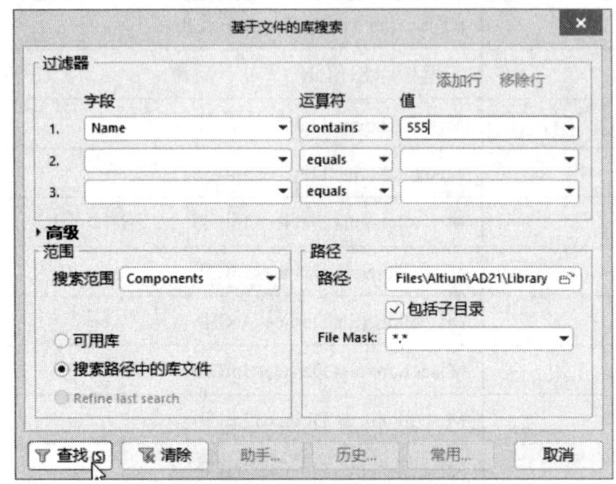

图 3-37 搜索元件 555

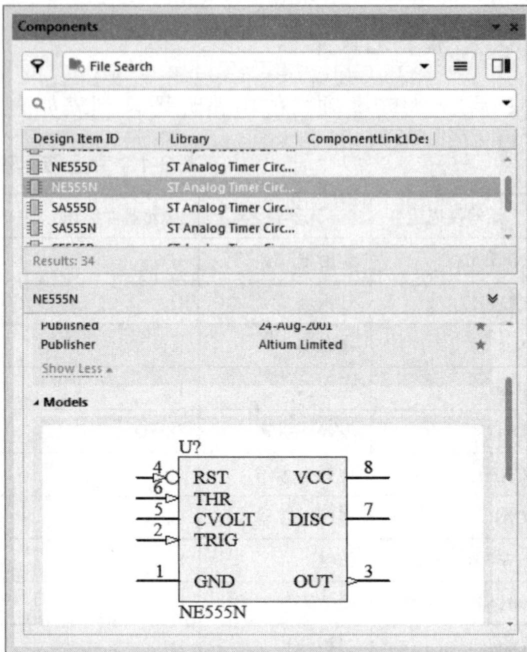

图 3-38 放置元器件界面

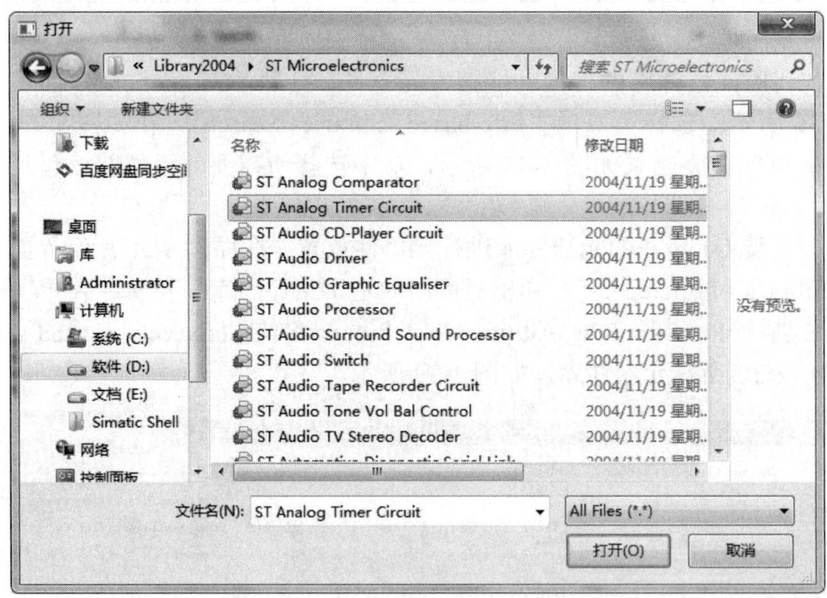

图 3-39 安装元器件库

（2）放置计数器 CD4017

方法一：在如图 3-25 所示界面中单击“放置”按钮，系统会自动切换到原理图绘制界面并处于放置计数器状态，按〈Tab〉键修改元器件属性即可。

方法二：在原理图绘制界面，把元器件库.SchLib 加载到系统中，如图 3-40 所示，再放置到绘图界面。

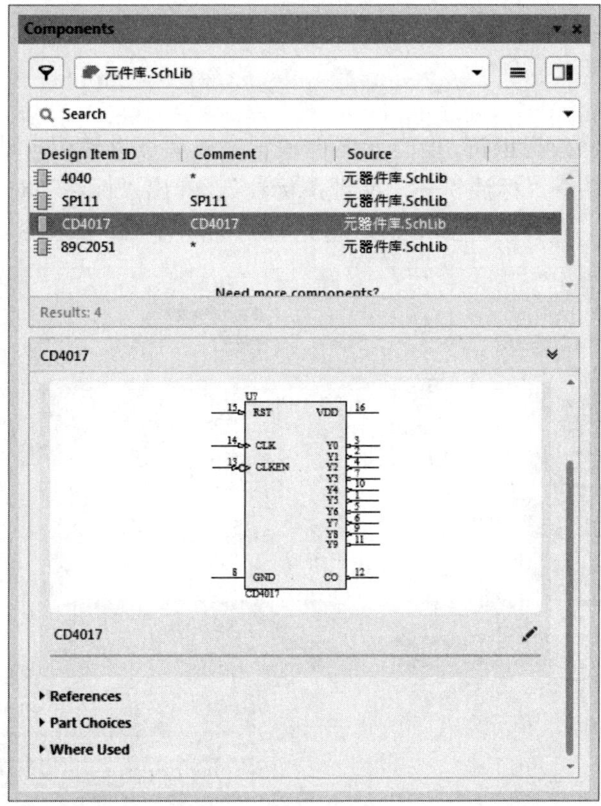

图 3-40　放置 CD4017

（3）放置其他分立元器件

依次从常用元器件库中找到其他分立元器件并放置在绘图界面。放置完成的电路图如图 3-41 所示。

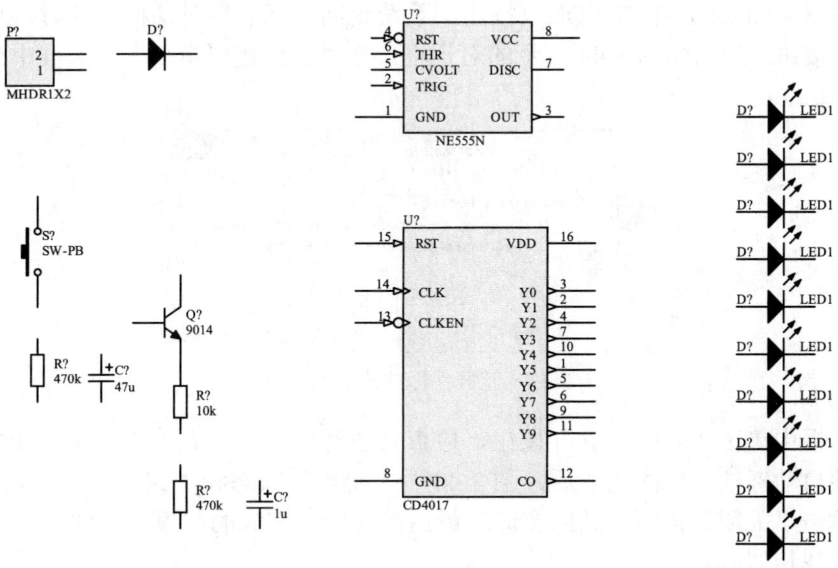

图 3-41　放置完成的原理图

3. 电路编辑

（1）自动标注

如果放置时没有修改标识符，所有元器件放置完成后可以使用自动标注功能统一标注。单击菜单命令“工具”→“标注”→“原理图标注”，弹出“标注”对话框，在此可以进行元器件标注属性设置。选择从上到下、从左到右的标注方式，如图 3-42 所示。

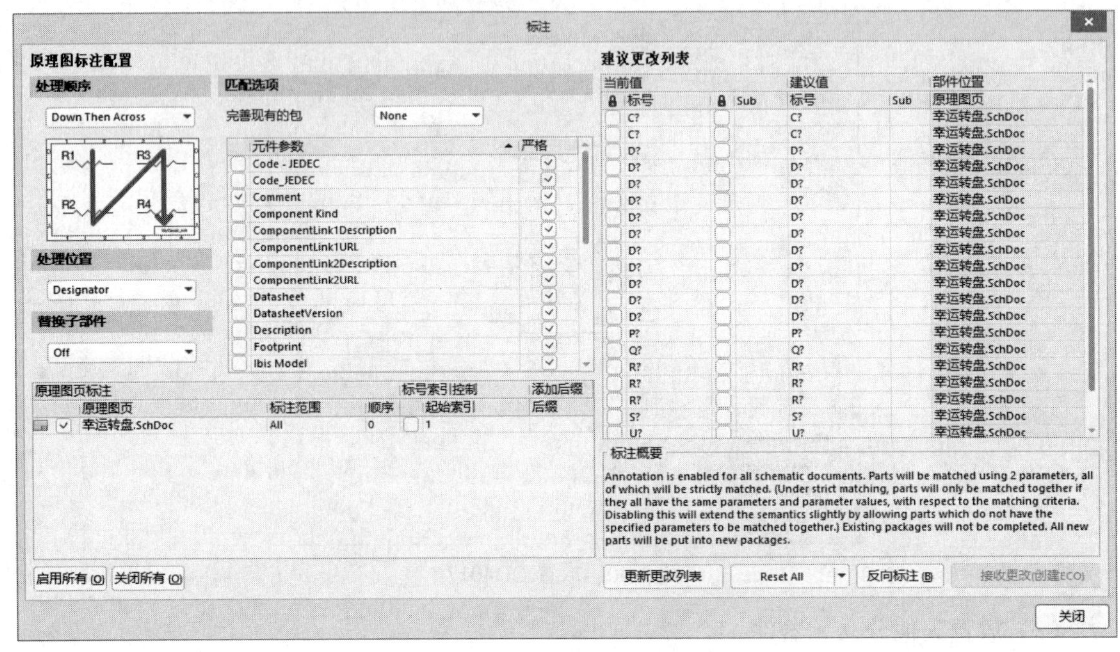

图 3-42 “标注”对话框

单击“更新更改列表”按钮，弹出“Information”对话框，给出元器件标注改变信息提示，如图 3-43 所示，单击“OK”按钮，系统返回“标注”对话框。这时，单击“接收更改创建”按钮，弹出如图 3-44 所示的对话框。在“工程变更指令”对话框中列出了元器件标注变化信息。

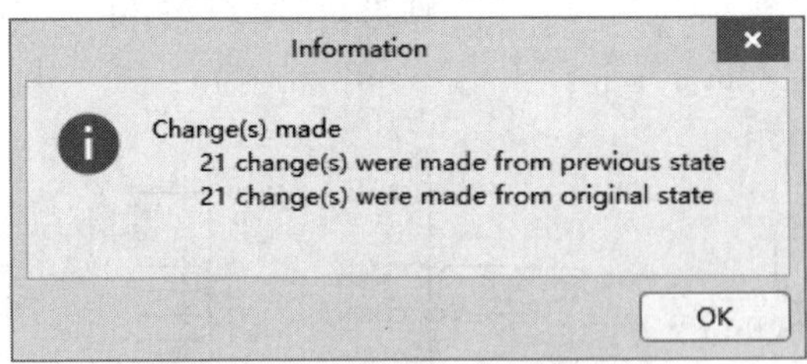

图 3-43 元器件标注改变信息提示

在对话框中单击“验证变更”按钮，检查元器件标注。然后单击“执行变更”按钮，执行元器件自动标注。标注完成后，图 3-44 中“检测”状态和“完成”状态均显示对号。

依次单击“关闭”按钮，关闭窗口。最后保存标注完成的原理图文件。

（2）查找相似对象

Altium Designer 有一个新的数据编辑变化表，它有一个强大的系统来支持编辑中的定

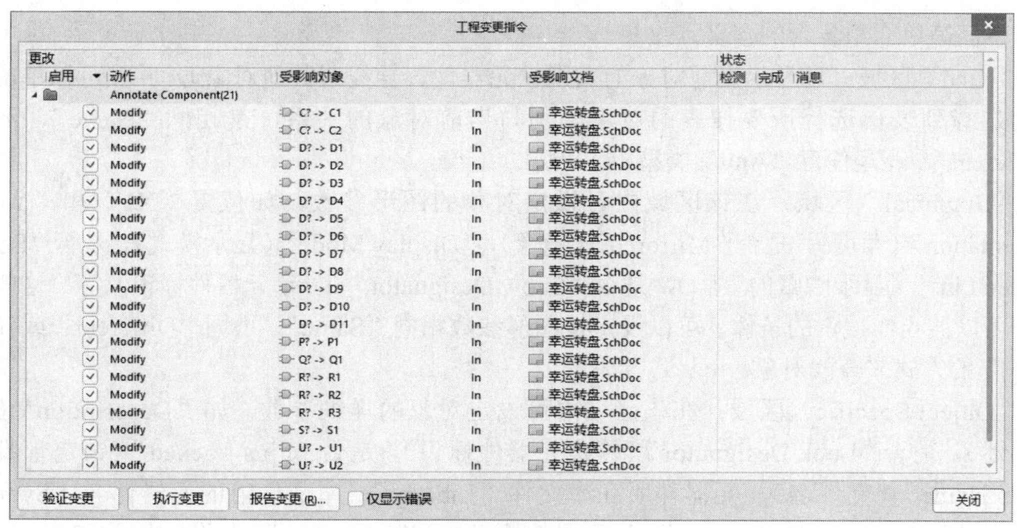

图 3-44　元器件标注列表框

义、高亮以及显示设计数据，不仅支持单个对象属性编辑，而且可以对当前文档或所有打开的原理图文档中的多个对象同时实施属性编辑。

使用“查找相似对象”对话框可设置查找相似对象的条件，一旦确定，所有符合条件的对象将以放大的选中模式显现在原理图编辑窗口内。然后可以对所查到的多个对象执行整体编辑。要打开“查找相似对象”对话框，可按以下步骤操作。

1）选中对象。右击图 3-41 中的任意一个发光二极管，弹出如图 3-45 所示的快捷菜单。从快捷菜单中选择“查找相似对象”命令，即可打开“查找相似对象”对话框，如图 3-46 所示。

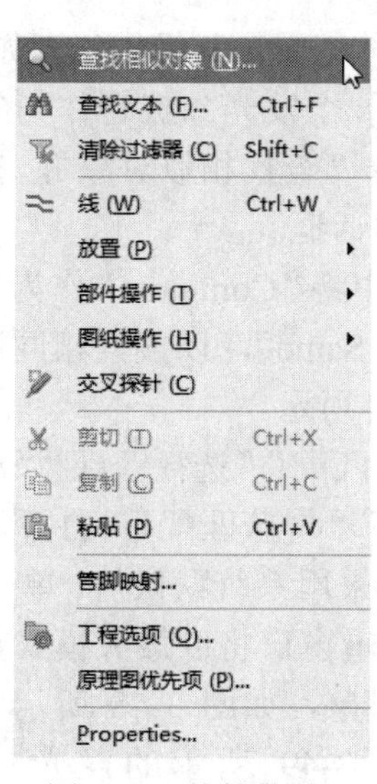

图 3-45　快捷菜单

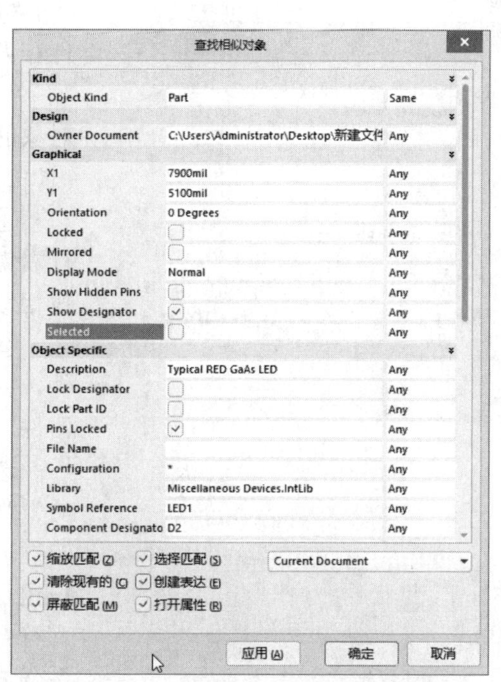

图 3-46　“查找相似对象”对话框

下面简单介绍各项的含义。

“Kind”区域：可显示当前对象的类别（元器件、导线或其他对象），并且可以单击右边的选择列表，选择所要搜索的对象类别与当前对象的关系，是相同“Same”、不同“Different”，还是任意“Any”类型。

“Graphical”区域：在该区域内可设定对象的图形参数，如位置“X1”和“Y1”，“Orientation”（角度），是否“Mirrored”（镜像），“Display Mode”（显示模式），是否“Show Hidden Pins”（显示隐藏的管脚），是否“Show Designator”（显示元器件标识）等。这些选项都可以被当作搜索的条件，可以设定按图形参数相同“Same”、不同“Different”或任意“Any”的方式来查找对象。

“Object Specific”区域：在该区域内可设定对象的详细参数，如“Description”（对象描述），是否“Lock Designator”（锁定元器件标识），是否“Pins Locked”（锁定管脚），“File Name”（文件名），元器件所在库文件“Library”，库文件内的元器件名“Symbol Reference”，“Component Designator”（元器件标识），“Current Part”（当前组件），“Comment”（注释），“Current Footprint”（当前封装形式）及“Component Type”（元器件类型）等。这些参数也可以被当作搜索的条件，可以设定是查找详细参数相同“Same”、不同“Different”，还是任意“Any”的对象。

“缩放匹配”复选框：设定是否将条件相匹配的对象以最大显示模式居中显示在原理图编辑窗口内。

“选择匹配”复选框：设定是否将符合匹配条件的对象选中。

“清除现有的”复选框：设定是否清除已存在的过滤条件。系统默认为自动清除。

“创建表达”复选框：设定是否自动创建一个表达式，以便以后再用。系统默认为不创建。

图 3-47 选择查找条件

“屏蔽匹配”复选框：设定是否在显示条件相匹配的对象的同时屏蔽掉其他对象。

“打开属性”复选框：设定是否自动打开对象的“Properties”对话框。

2）执行整体编辑。其操作步骤如下。

① 以任意一个发光二极管作为参考，执行右键菜单命令“查找相似对象”，打开“查找相似对象”对话框。

② 在本例中将“Comment”作为搜索的条件，并设定为“Same”，以搜索相同注释的元器件，如图 3-47 所示。

选中“缩放匹配”“选择匹配”“清除现有的”“创建表达”“屏蔽匹配”“打开属性”复选框，其他选项采用系统默认值。单击“确定”按钮，原理图编辑窗口将以最大模式显示出所有符合条件的对象，如图 3-48 所示。同时，系统打开如图 3-49 所示的发光二极管的“Properties”面板。

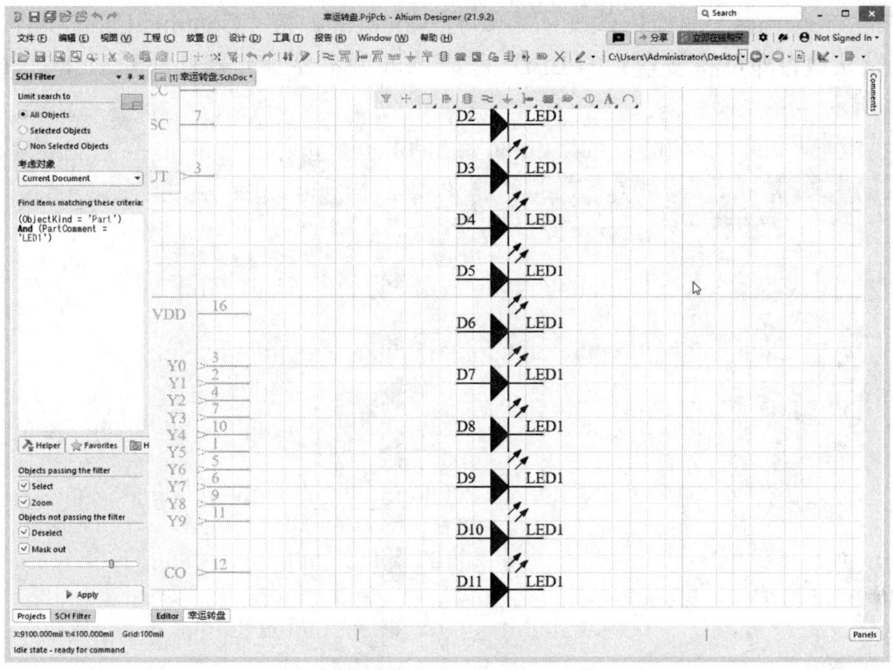

图 3-48　显示搜索结果

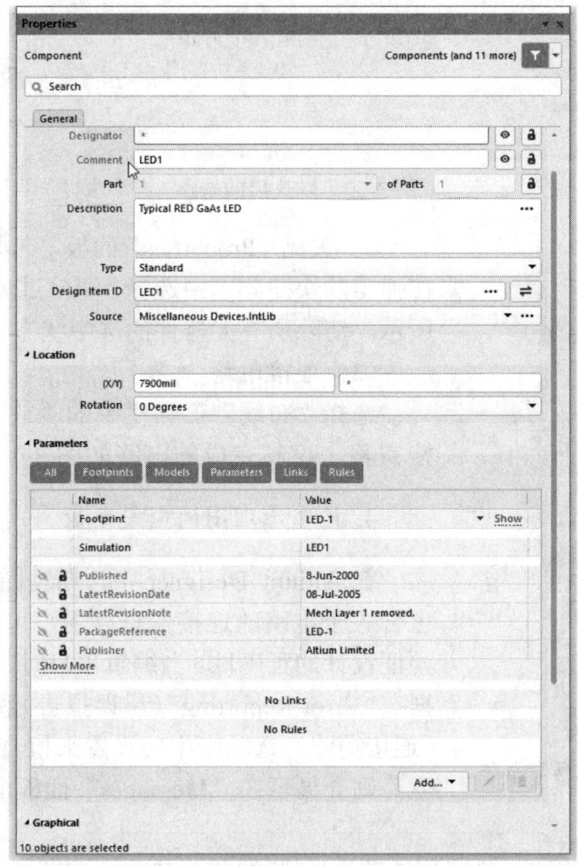

图 3-49　发光二极管“Properties”面板

③ 在“Properties”面板内改变所需要的 Value 值。将“Comment”选项清空，其他参数保持默认值，即可将搜索到的 LED1 统一修改为不显示元器件注释 LED1，最终结果如图 3-50 所示。

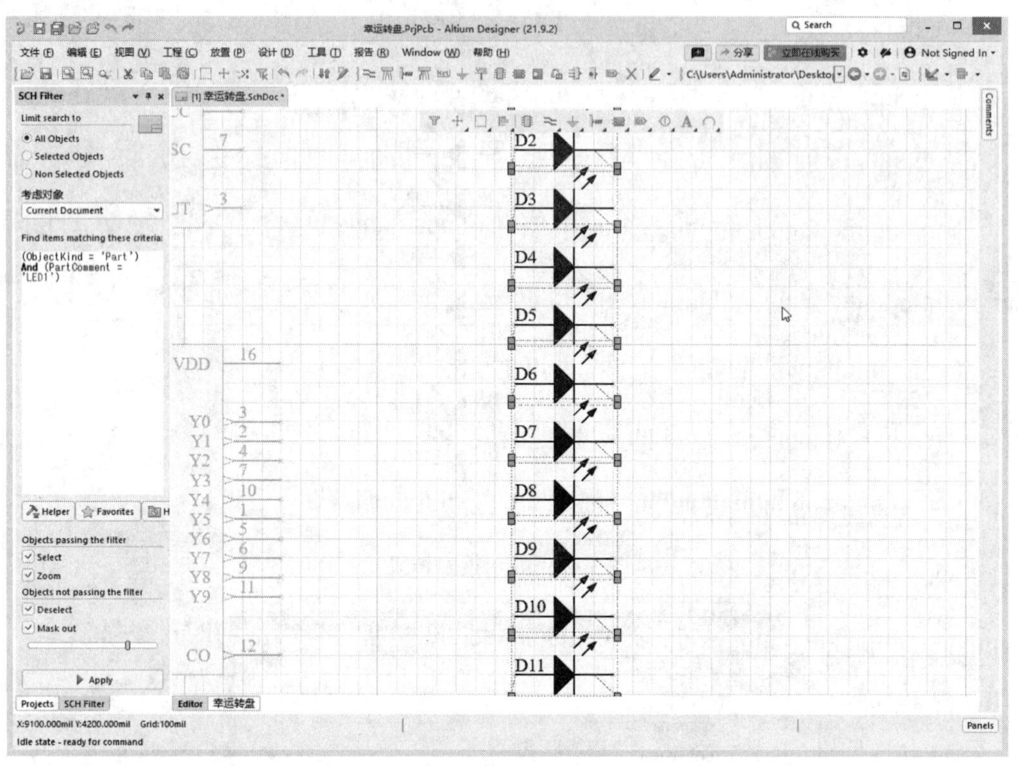

图 3-50 修改后的电路

④ 关闭“Properties”面板，在原理图绘制界面右击，在弹出的快捷菜单中选择“清除过滤器”命令，如图 3-51 所示。清除所有元器件的选中状态。

查找相似对象 (N)...
查找文本 (F)... Ctrl+F
清除过滤器 (C) Shift+C
放置 (P)
部件操作 (T)
图纸操作 (H)
对齐 (A)
联合 (U)
交叉探针 (C)
剪切 (T) Ctrl+X
复制 (C) Ctrl+C
粘贴 (P) Ctrl+V
管脚映射...
工程选项 (O)...
原理图优先项 (P)...

图 3-51 选择“清除过滤器”命令

（3）连接电路

选择“布线”工具栏中的“放置线”工具将电路连接完整，绘制完成的电路如图 3-1 所示。

4. 检查原理图的电气参数

在 Altium Designer 中，原理图不仅是绘图，而且还包含关于电路的连接信息。用户可以使用连接检查器来验证设计的正确性。当编辑项目时，Altium Designer 将根据在“Error Reporting”（错误报告）和“Connection Matrix”（连接矩阵）选项卡中的设置来检查错误，如果有错误发生，则会显示在“Messages”面板上。

（1）设置错误报告

选择菜单命令“工程”→“工程选项”，打开如图 3-52 所示的“Options for PCB Project”

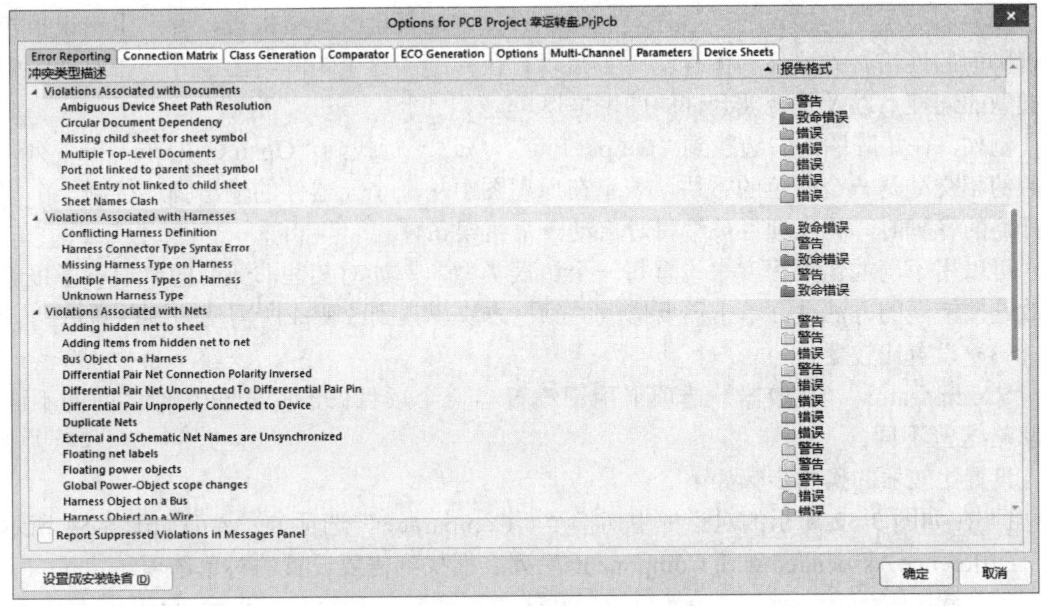

图 3-52　工程选项设置对话框

（工程选项设置）对话框。“Error Reporting”选项卡用于设置设计草图检查。其中，“报告格式”列表明违反规则的严格程度。

需要注意的是，不要随意修改系统默认的检查项的“报告格式”，否则会造成原理图编译有错误也检查不出来。如果确定要修改“报告格式”，单击需要修改的与违反规则对应的“报告格式”即可，并从下拉列表中选择严格程度。

（2）设置连接矩阵

在如图 3-52 所示的对话框中，切换至“Connection Matrix”选项卡，界面如图 3-53 所示。

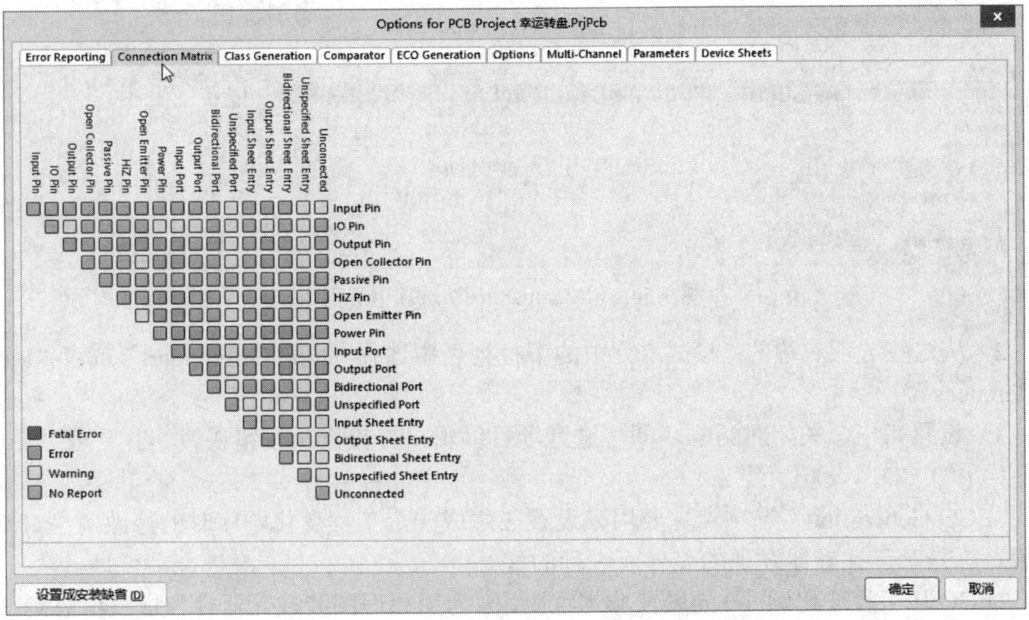

图 3-53　“Connection Matrix”选项卡界面

该界面显示的是错误的严格性，这将在设计中运行电气连接检查，并产生错误报告，如管脚间的连接、元器件和图样输入等是否存在问题。这个矩阵给出了一个在原理图中不同类型的连接点以及是否被允许的图表描述。

例如，在矩阵图的右边找到“Output Pin”，从这一行找到“Open Collector Pin”列，在它们的相交处是一个橙色的方块，表示在原理图中从一个元器件的输出脚连接到一个集电极开路的管脚时，将在项目被编辑时启动一个错误条件。

可以用不同的错误程度来设置每一个错误类型，例如对某些非致命的错误不予报告。修改连接错误的方法是：单击需要修改的颜色方块，直到改变成所需要的颜色即可。

（3）设置比较器

“Comparator”（比较器）选项卡用于设置当一个项目修改时给出文件之间的不同或者忽略这些不同。

设置比较器的操作步骤如下。

1）在如图 3-52 所示的对话框中切换至“Comparator”选项卡，界面如图 3-54 所示。在“Difference Associated with Components”列表框找到需要设置的对象选项。

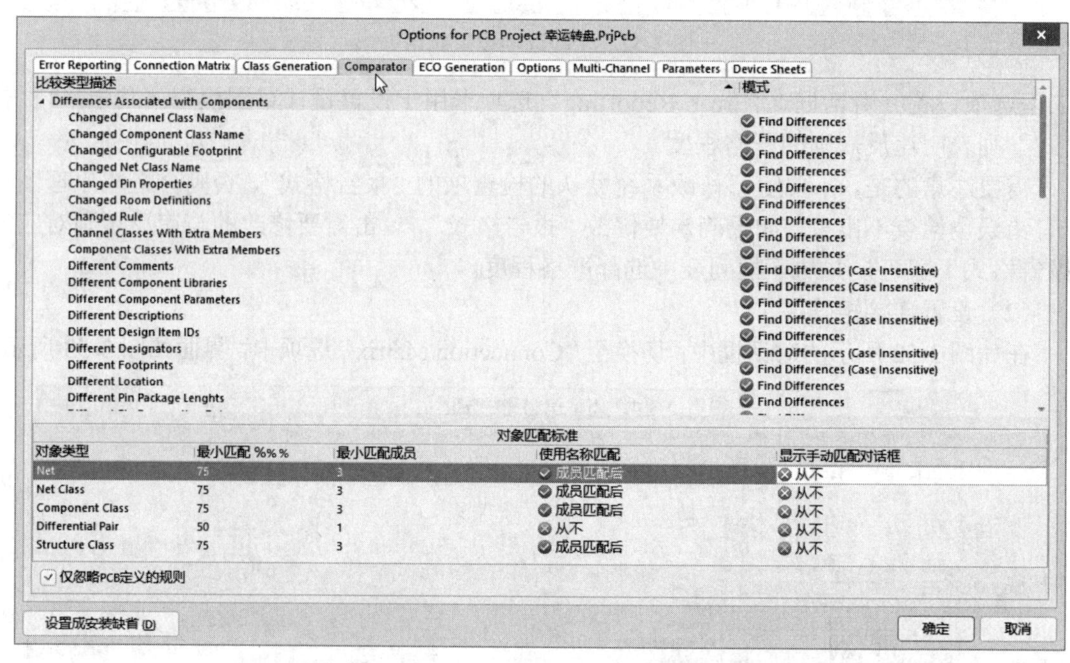

图 3-54 “Comparator”选项卡界面

2）从这些选项右边的“模式”列中的下拉列表中选择“Find Differences”或者“Ignore Differences”。

3）设置完毕，关闭对话框，即可进行项目编辑，并检查所有错误。

（4）“ECO”设置

“ECO Generation”选项卡主要用来设置在生成一个工程变化顺序时的修改类型。这个生成过程是基于比较器发现的差异而进行的。

“ECO”（工程变化顺序）的设置非常重要，因为用原理图装载元器件和电气信息到 PCB 编辑器时，主要是依据这个顺序来进行的。

设置“ECO”的操作步骤如下。

1）在如图 3-52 所示的对话框中切换至“ECO Generation”选项卡，界面如图 3-55 所示。在“Modifications Associated with Components”和“Nets and Parameters”等列表框中选择需要设置的对象。

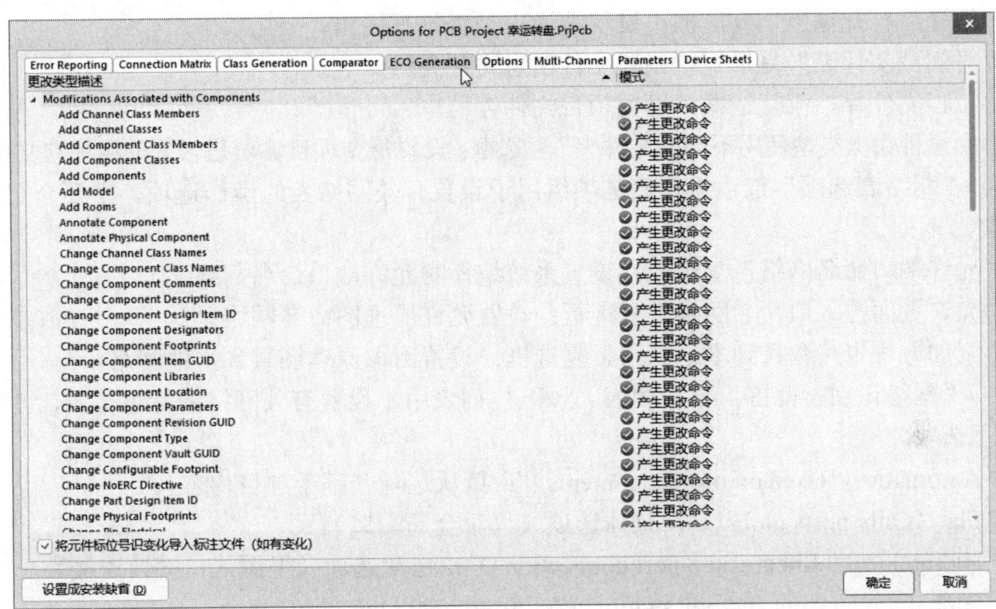

图 3-55　“ECO Generation”选项卡界面

2）从这些选项右边的“模式”列中的下拉列表中选择“产生更改命令”或者“忽略不同”。

（5）输出路径和网络表设置

“Options”选项卡用来设置项目的输出路径和网络表选项等。在如图 3-52 所示的对话框中切换至“Options”选项卡，界面如图 3-56 所示。

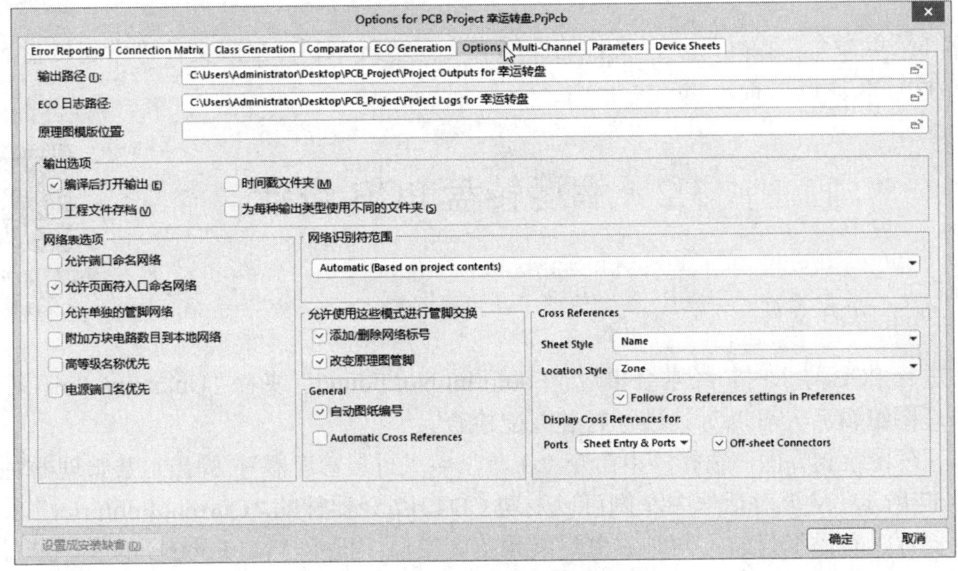

图 3-56　“Options”选项卡界面

1）“输出路径”编辑框。该编辑框用于设置项目输出的路径，也可以单击右边的按钮选择项目输出的路径。

2）“ECO 日志路径”编辑框。该编辑框用于设置“ECO”日志输出的路径。

3）“输出选项”选项组。该选项组用于设置项目输出的操作选项，包括以下 4 个复选框。

“编译后打开输出”复选框：设置编译后是否打开输出。

“时间戳文件夹”复选框：设置文件信息文件夹。

“工程文件存档”复选框：设置项目文件存档。

“为每种输出类型使用不同的文件夹”复选框：设置每个项目输出是否均使用独立文件夹。

4）“网络表选项”选项组。该选项组用于设置有关网络表的操作选项，主要介绍以下 3 个复选框。

“允许端口命名网络”复选框：设置系统编译时允许端口命名网络。

“允许页面符入口命名网络”复选框：设置允许原理图命名网络。

“附加方块电路数目到本地网络”复选框：设置附加原理图号到本地网络。

5）“网络识别符范围”下拉列表。该下拉列表用于设置有关网络的标识范围，主要包括以下选项。

“Automatic（Based on project contents）”：默认选项（基于项目内容）。

“Flat（Only ports global）”：具体选项（只对全局端口）。

“Hierarchical（Sheet entry-port connections）”：层次选项（子图入口端口连接）。

“Global（Netlabels and ports global）”：全局选项（网络标签和全局端口）。

5. 编译项目

选择菜单命令“工程”→“Validate PCB Project 幸运转盘”（编译项目），系统自动启动编译程序。

6. 生成网络表

选择菜单命令“设计”→“文件的网络表”→“Protel”，生成文件“幸运转盘.NET”，为后面制作 PCB 做准备。

3.2 幸运转盘 PCB 设计

幸运转盘 PCB 设计（视频）

3.2.1 创建 PCB 文件

在进行 PCB 导入时，经常会出现“Footprint Not Found”或者“Unknown Pin”等错误，完成原理图编辑后，可以对其进行封装匹配检查。

在原理图绘制界面，选择菜单命令“工具”→“封装管理器”，弹出封装管理器对话框，如图 3-57 所示。从该对话框中左侧可以发现 CD4017 元器件的“Current Footprint”项空白，说明元器件没有添加封装；同时右侧封装预览区空白，提示“No Footprints for U2”。单击“添加”按钮，添加 DIP-16 封装，再进行 PCB 的导入。

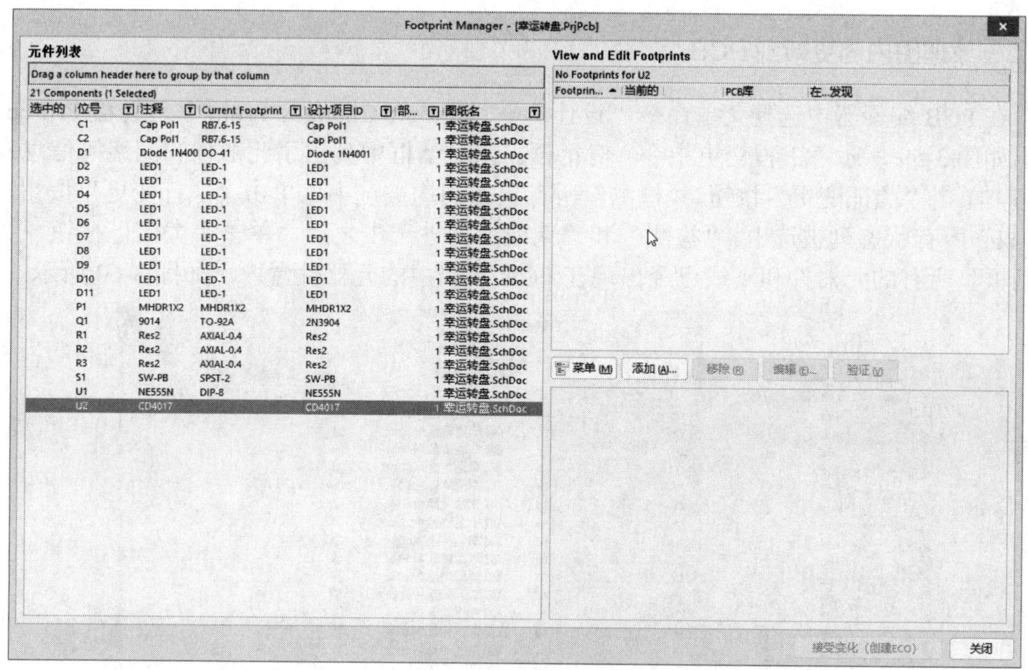

选中的	位号	注释	Current Footprint	设计项目ID	部...	图纸名
	C1	Cap Pol1	RB7.6-15	Cap Pol1	1	幸运转盘.SchDoc
	C2	Cap Pol1	RB7.6-15	Cap Pol1	1	幸运转盘.SchDoc
	D1	Diode 1N400	DO-41	Diode 1N4001	1	幸运转盘.SchDoc
	D2	LED1	LED-1	LED1	1	幸运转盘.SchDoc
	D3	LED1	LED-1	LED1	1	幸运转盘.SchDoc
	D4	LED1	LED-1	LED1	1	幸运转盘.SchDoc
	D5	LED1	LED-1	LED1	1	幸运转盘.SchDoc
	D6	LED1	LED-1	LED1	1	幸运转盘.SchDoc
	D7	LED1	LED-1	LED1	1	幸运转盘.SchDoc
	D8	LED1	LED-1	LED1	1	幸运转盘.SchDoc
	D9	LED1	LED-1	LED1	1	幸运转盘.SchDoc
	D10	LED1	LED-1	LED1	1	幸运转盘.SchDoc
	D11	LED1	LED-1	LED1	1	幸运转盘.SchDoc
	P1	MHDR1X2	MHDR1X2	MHDR1X2	1	幸运转盘.SchDoc
	Q1	9014	TO-92A	2N3904	1	幸运转盘.SchDoc
	R1	Res2	AXIAL-0.4	Res2	1	幸运转盘.SchDoc
	R2	Res2	AXIAL-0.4	Res2	1	幸运转盘.SchDoc
	R3	Res2	AXIAL-0.4	Res2	1	幸运转盘.SchDoc
	S1	SW-PB	SPST-2	SW-PB	1	幸运转盘.SchDoc
	U1	NE555N	DIP-8	NE555N	1	幸运转盘.SchDoc
	U2	CD4017		CD4017	1	幸运转盘.SchDoc

图 3-57　封装管理器对话框

选择菜单命令“文件”→“新的”→“PCB”，创建一个 PCB 文档，创建过程同项目 2。如图 3-58 所示，创建一个大小为 3000mil×3000mil 的 PCB 文件，命名为幸运转盘.PcbDoc。

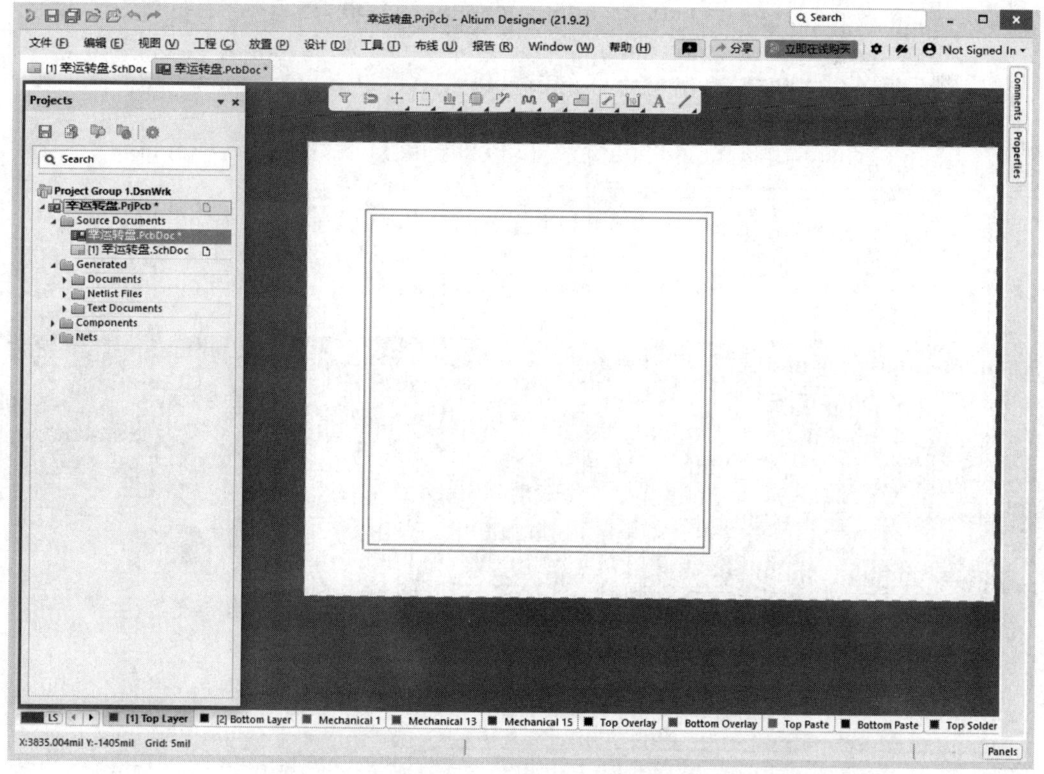

图 3-58　创建 PCB 文件

3.2.2 原理图内容更新到 PCB

在 PCB 编辑器中选择菜单命令“设计”→“Import Changes From 幸运转盘.PrjPcb”，弹出如图 3-59 所示“工程变更指令”对话框。该对话框中列出了元器件和网络等信息及其状态，单击“验证变更”按钮，“检测”所有状态列均被选中。单击“执行变更”按钮，使“完成”所有状态列被选中。“检测”和“完成”列被选中之后，单击“关闭”按钮，关闭对话框。所有的元器件和飞线已经出现在 PCB 文档中的元器件盒内，如图 3-60 所示。

工程变更指令

启用	动作	受影响对象		受影响文档	检测	完成	消息
	Add Components(21)						
✓	Add	C1	To	幸运转盘.PcbDoc	✓		
✓	Add	C2	To	幸运转盘.PcbDoc	✓		
✓	Add	D1	To	幸运转盘.PcbDoc	✓		
✓	Add	D2	To	幸运转盘.PcbDoc	✓		
✓	Add	D3	To	幸运转盘.PcbDoc	✓		
✓	Add	D4	To	幸运转盘.PcbDoc	✓		
✓	Add	D5	To	幸运转盘.PcbDoc	✓		
✓	Add	D6	To	幸运转盘.PcbDoc	✓		
✓	Add	D7	To	幸运转盘.PcbDoc	✓		
✓	Add	D8	To	幸运转盘.PcbDoc	✓		
✓	Add	D9	To	幸运转盘.PcbDoc	✓		
✓	Add	D10	To	幸运转盘.PcbDoc	✓		
✓	Add	D11	To	幸运转盘.PcbDoc	✓		
✓	Add	P1	To	幸运转盘.PcbDoc	✓		
✓	Add	Q1	To	幸运转盘.PcbDoc	✓		
✓	Add	R1	To	幸运转盘.PcbDoc	✓		
✓	Add	R2	To	幸运转盘.PcbDoc	✓		
✓	Add	R3	To	幸运转盘.PcbDoc	✓		
✓	Add	S1	To	幸运转盘.PcbDoc	✓		
✓	Add	U1	To	幸运转盘.PcbDoc	✓		
✓	Add	U2	To	幸运转盘.PcbDoc	✓		
	Add Nets(17)						
✓	Add	GND	To	幸运转盘.PcbDoc	✓		
✓	Add	NetC1_1	To	幸运转盘.PcbDoc	✓		
✓	Add	NetC2_1	To	幸运转盘.PcbDoc	✓		
✓	Add	NetD1_1	To	幸运转盘.PcbDoc	✓		

验证变更 执行变更 报告变更(R)... 仅显示错误 关闭

图 3-59 “工程变更指令”对话框

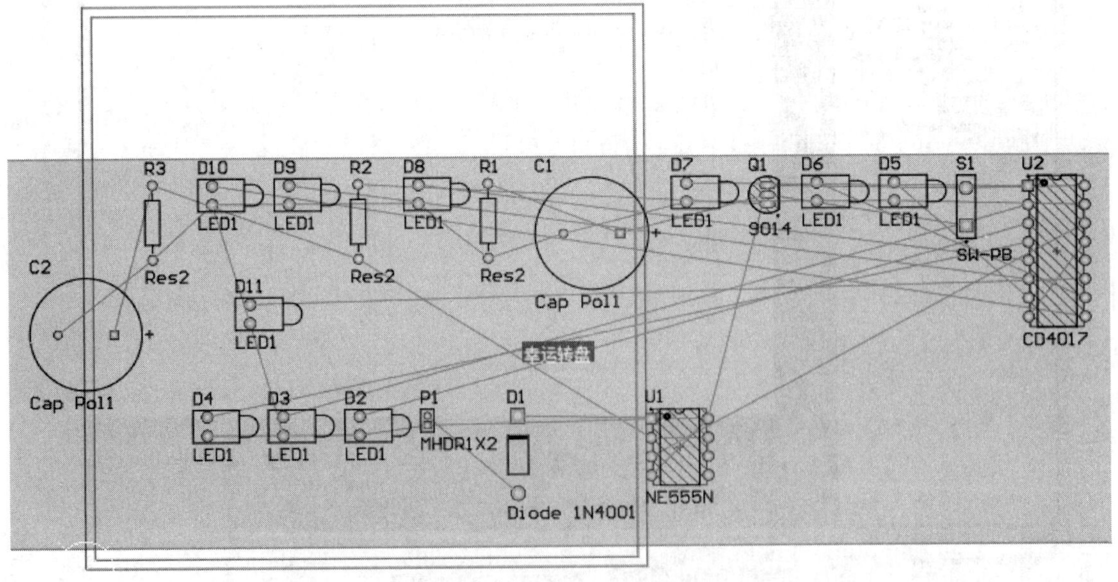

图 3-60 转换后的 PCB

3.2.3 PCB 元器件布局

按照布局原则和该项目的具体要求完成元器件布局，如图 3-61 所示。

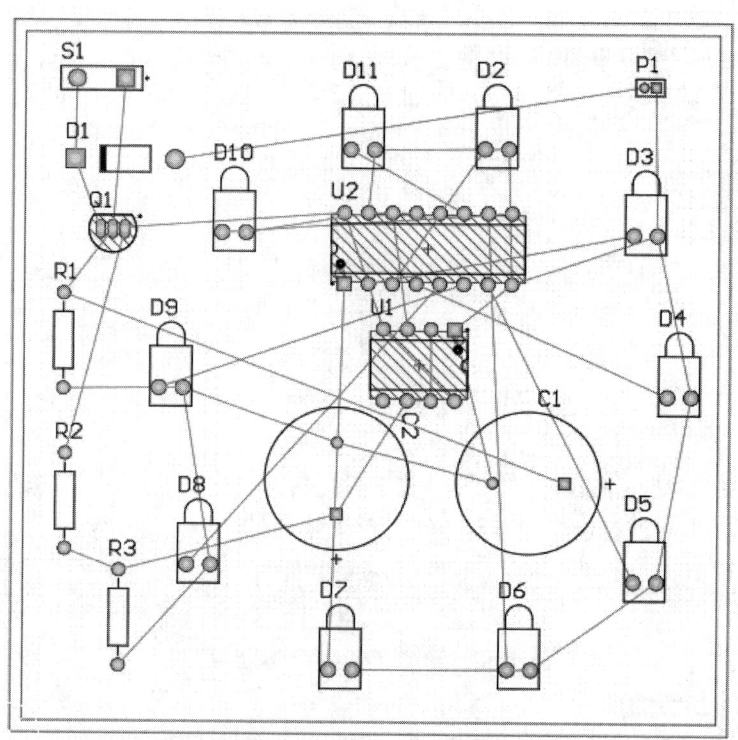

图 3-61 手动调整布局后的 PCB

3.2.4 PCB 布线规则设置

通过选择菜单命令“设计”→“规则”完成。

1. 双层 PCB 布线设置

单击“PCB 规则及约束编辑器”对话框左侧“Design Rules”（设计规则）中的“Routing”（布线）类，该类所包含的布线规则以树结构展开。单击“RoutingLayers”（布线层）规则，界面如图 3-62 所示。对于双层 PCB，顶层和底层都可以布线，因此两层都选中。

2. 导线宽度规则设置

先设置一般导线宽度为 40mil 这个规则，设置结果如图 3-63 所示。这个规则是对整个 PCB 布线宽度的约束，即所有的导线都必须是这个宽度，而其中某些网络布线宽度需要另一个约束规则（这个规则忽略前一个规则）。下面添加一个规则，约束网络 VCC 和 GND 布线宽度为 50mil。

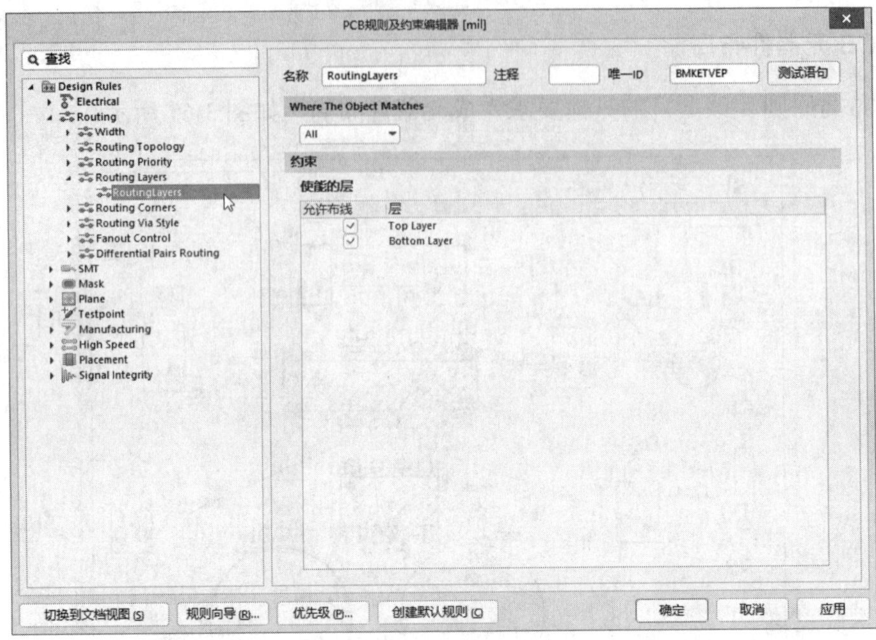

图 3-62 布线层规则设置

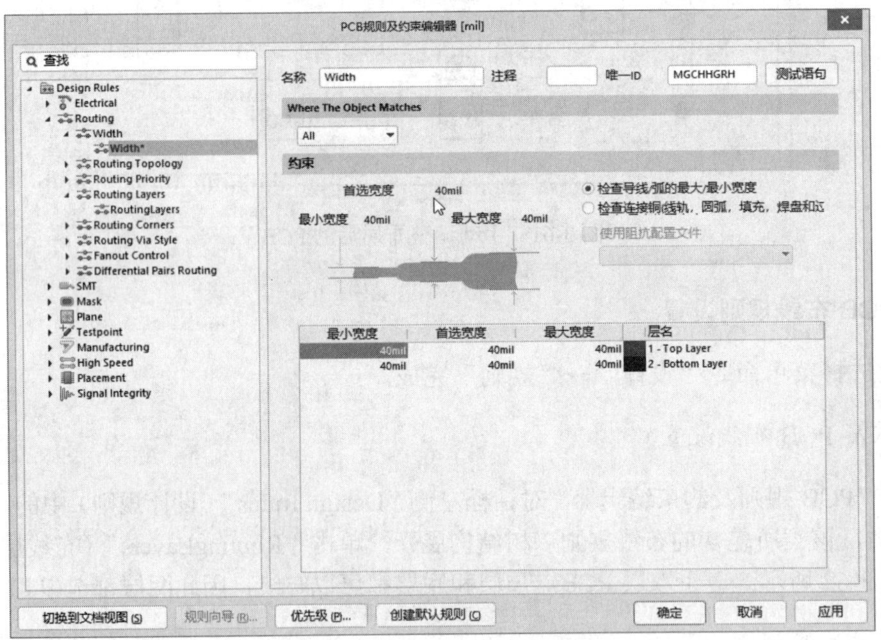

图 3-63 布线宽度约束特性和范围设置

（1）增加新规则

选中左侧“Design Rules”（设计规则）面板的布线“Width”（宽度）类，右击，出现如图 3-64 所示的快捷菜单，选择“新规则”命令，在“Width”中添加一个名为“Width_1”的规则。

（2）设置布线宽度

单击“Width_1”，在 PCB 规则及约束编辑器对话框顶部的“名称”文本框中输入网络

名称“Power”，在底部的宽度约束特性中将宽度修改为50mil，如图 3-65 所示。

（3）设置约束范围

在 PCB 规则及约束编辑器对话框的“Where The Object Matches”项左侧下拉列表中选择“Net”，在右侧下拉列表显示的有效网络列表中选择 VCC，将布线宽度为 50mil 的约束应用到电源网络 VCC，如图 3-65 所示。

可以继续新建新规则，将约束应用到 GND 网络；也可以利用“Query Helper”命令将约束范围扩大到 GND 网络。方法如下。

继续在 PCB 规则及约束编辑器对话框的“Where The Object Matches”项左侧下拉列表中选择“Custom Query”，如图 3-66 所示，右侧文本框显示“InNet（'VCC'）”，然后单击“查询助手”按钮，显示如图 3-67 所示的约束范围设置对话框。

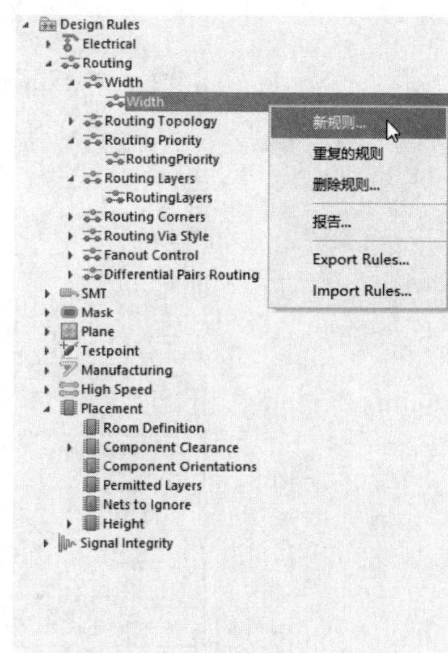

图 3-64　设计规则快捷菜单

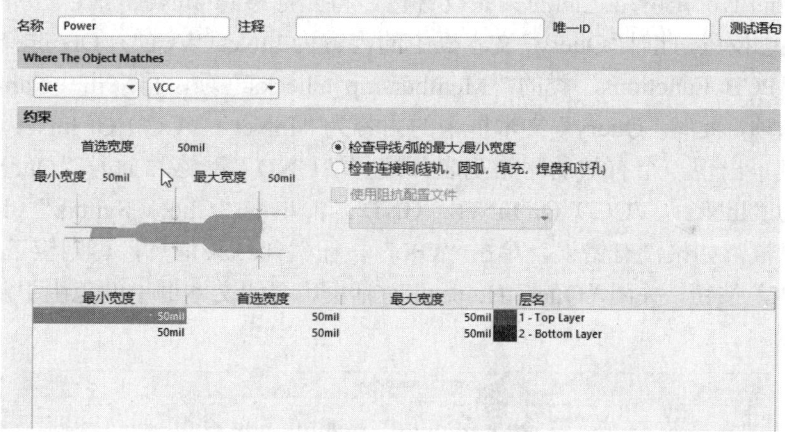

图 3-65　电源网络 VCC 布线规则设置

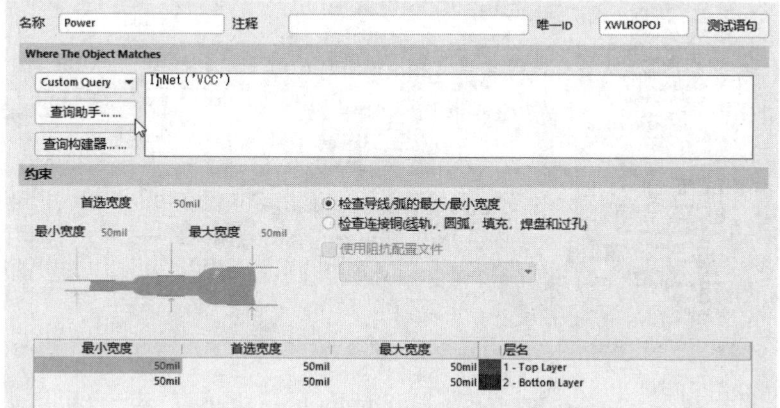

图 3-66　扩展约束范围设置示意图

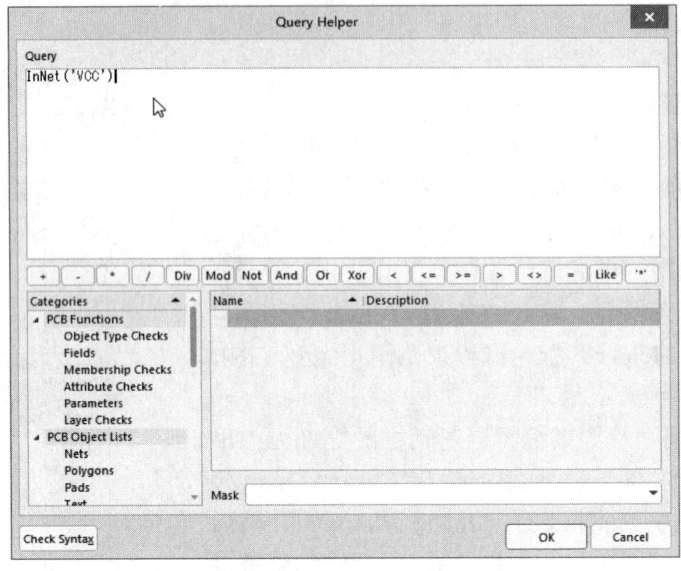

图 3-67　约束范围设置对话框

在对话框的上部是网络之间的关系设置栏，将光标移到 InNet（'VCC'）的右边，然后单击下面的 Or 按钮，此时“Query”文本框中的内容为 InNet（'VCC'） Or；选择“Categories”列表框中的“PCB Functions”类的“Membership Checks”项，再双击“Name”列表框中的“InNet”选项，此时“Query”文本框中的内容为“InNet（'VCC'）Or InNet（）”；在“（）”内单击空格键，出现一个有效的网络列表，选择“GND”网络，此时“Query”文本框中的内容更新为“InNet（'VCC'）Or InNet（'GND'）”；单击“Check Syntax”（语法检查）按钮，出现信息框，如果没有错误，单击“OK”按钮关闭结果信息，否则应予以修改。

单击“OK”按钮，关闭“Query Helper”对话框，右侧文本框中的范围更新为如图 3-68 所示的新内容。

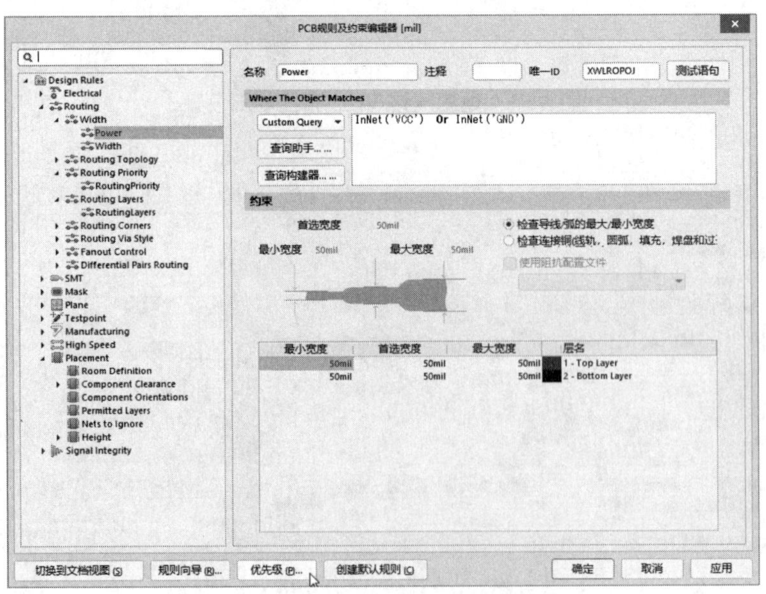

图 3-68　VCC 和 GND 的布线宽度设置

3. 设置优先权

通过以上的规则设置，在对整个 PCB 进行布线时就有名称分别为“Power”和“Width”的两个约束规则，因此必须设置二者的优先权，以决定布线时约束规则使用的顺序。在这里设置“Power”的优先级高于“Width”的优先级。

3.2.5　PCB 自动布线

通过执行菜单命令“布线”→“自动布线”→“全部”来完成 PCB 自动布线。布线之后的效果如图 3-69 所示。

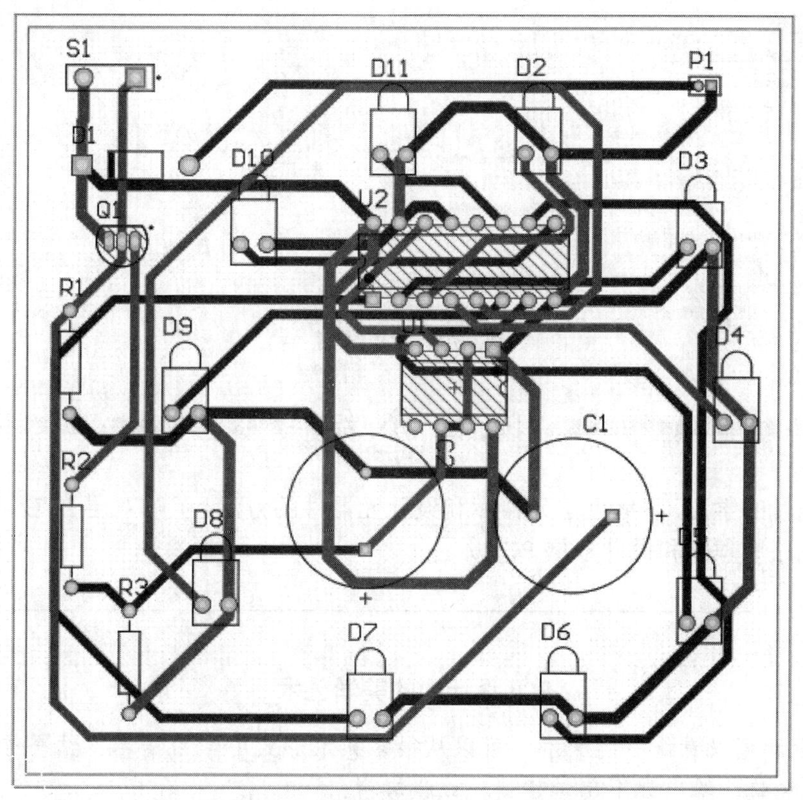

图 3-69　布线完成的 PCB

3.2.6　PCB 设计规则检查

通过执行菜单命令“工具”→“设计规则检查”来完成 PCB 设计规则检查。检查结果如图 3-70 所示。

从检查结果可以看出本项目的设计中不存在违反规则项。至此，本项目的设计任务全部完成。

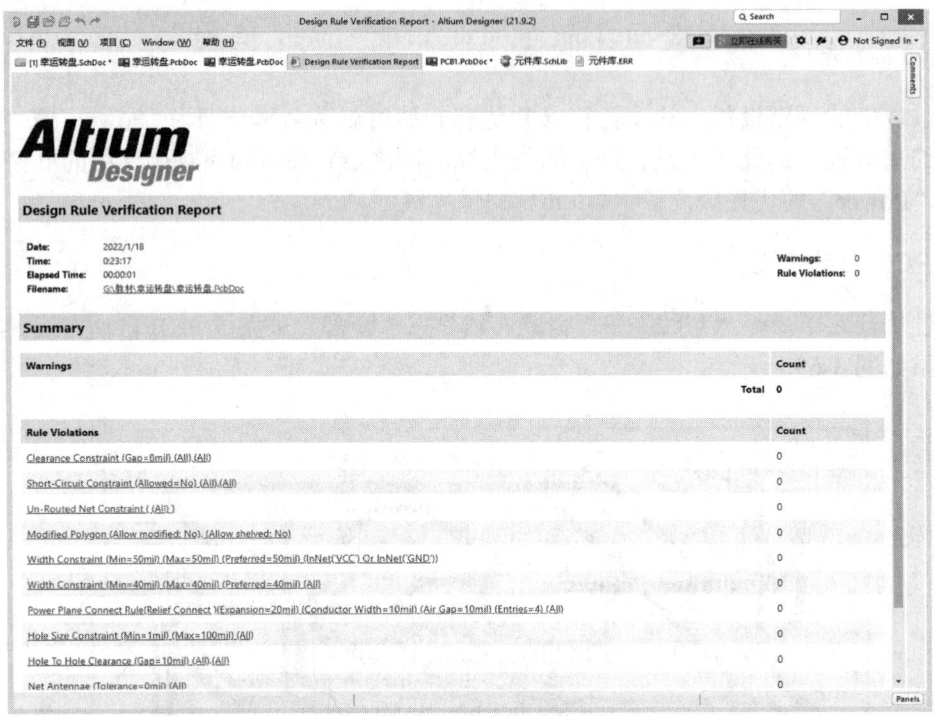

图 3-70 检查结果

项 目 小 结

通过本项目的学习，掌握创建元器库和设计元器件的方法，了解双层 PCB 的设计流程，能绘制简单电路原理图和设计双层 PCB。

拓展阅读

PCB 设计中的美学艺术

PCB 设计可以看作一门艺术，可以从很多艺术形式中学习借鉴。结合传统美学与若干工程师经验，给出如下美学建议，以供参考：

1）元器件合理分布，避免给人头重脚轻的感觉；板面紧凑，疏密均匀分布。

2）充分想象元器件立体形象，使得高低错落有致，层次分明。

3）体积外形尺寸比例反差很大的元器件尽量不要放置太近。

4）有极性的分立元器件如电解电容、二极管、晶体管、发光二极管等，极性标识方向最好全板一致，放在同一区域的必须一致，且同种元器件按中心对齐排列。

5）元器件封装的外形要充分考虑元器件实际安装时是否方便，并留有余地，避免拥挤。

6）标注字符的大小与单板的面积大小比例协调；元器件标号字符大小与元器件的封装大小比例协调。

7）大芯片居中对齐。相同元器件或类似封装的一组芯片，按几何中心为基准对齐即可。

8）贴片式元器件采用片状小元器件对齐；插装元器件采用两端元器件焊盘对齐。

9）走线的线形美观，做到比例匀称，特别是走圆弧形，弧度走得比例恰当可以营造出曲线美。

10）PCB 的外形长宽比适当，比如按“黄金分割”比例，可以给人带来舒适的整体视觉效果。

树叶与 PCB 结合

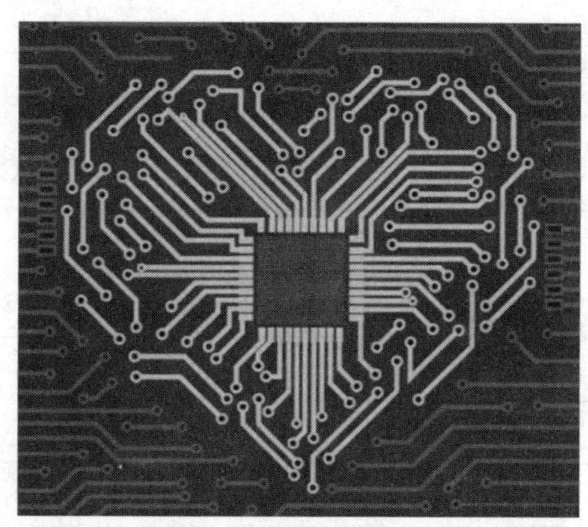

心脏与 PCB 撞击

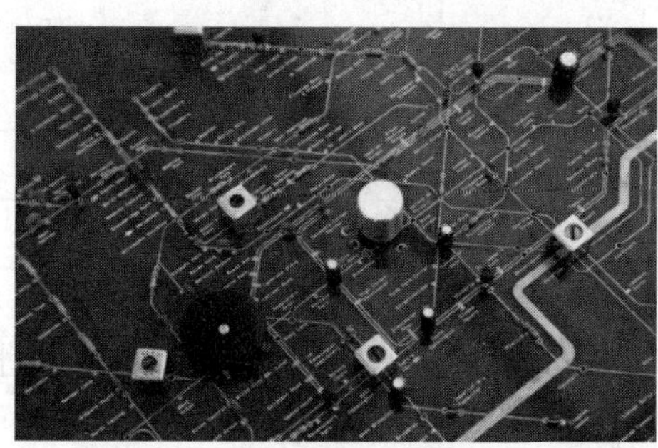

铁线路遇上了 PCB

带有 PCB 接口的胸坠装饰 PCB

在设计 PCB 过程中可以有意识地强化“美学”概念，在满足电气性能要求的同时，尽可能地让“作品”看起来更加漂亮，提升自己感受美、鉴赏美、表现美、创造美的能力，树立正确的审美观。

拓 展 项 目

3-1　试建元器件库并画出如图 3-71 所示的元器件。AT89C2051 单片机的管脚属性如表 3-2 所示。

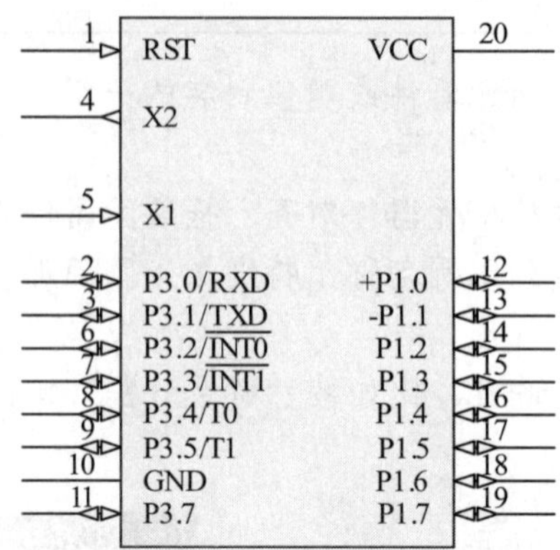

图 3-71　AT89C2051 单片机芯片

表 3-2　AT89C2051 单片机的管脚属性

管脚号		管脚名		电气类型
Designator	Visible	Display Name	Visible	Electrical Type
1	√	RST	√	Input
2	√	P3.0/RXD	√	IO
3	√	P3.1/TXD	√	IO
4	√	X2	√	Output
5	√	X1	√	Input
6	√	P3.2/ $\overline{\text{INT0}}$	√	IO
7	√	P3.3/ $\overline{\text{INT1}}$	√	IO
8	√	P3.4/T0	√	IO
9	√	P3.5/T1	√	IO
10	×	GND	×	Power
11	√	P3.7	√	IO
12	√	+P1.0	√	IO
13	√	−P1.1	√	IO
14	√	P1.2	√	IO
15	√	P1.3	√	IO
16	√	P1.4	√	IO
17	√	P1.5	√	IO
18	√	P1.6	√	IO
19	√	P1.7	√	IO
20	×	VCC	×	Power

3-2　试设计如图 3-72 所示时钟电路原理图的 PCB，其中元器件 4040（U12）的管脚

属性如图 3-73 所示。要求如下：

1）自行设计元器件 U12。

2）使用双层 PCB，尺寸为 4000mil×3000mil。

3）采用针脚式元器件封装。

4）底层整面敷铜，并接地线网络。

5）布线宽度为 30mil。

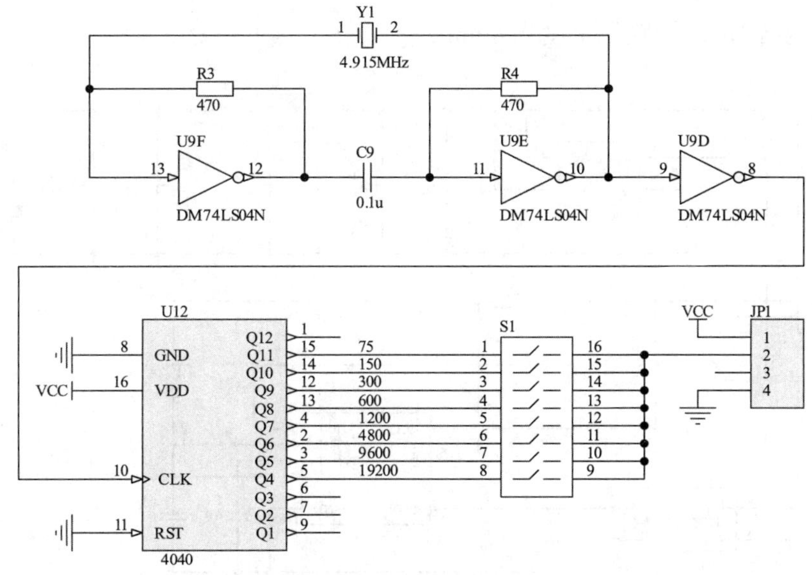

图 3-72　时钟电路原理图

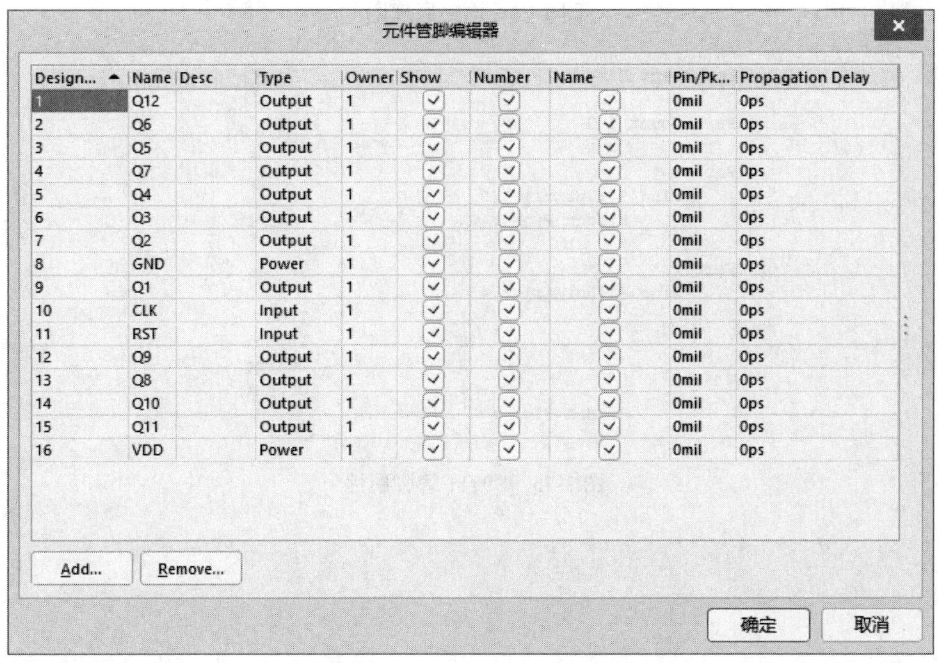

元件管脚编辑器

Design...	Name	Desc	Type	Owner	Show	Number	Name	Pin/Pk...	Propagation Delay
1	Q12		Output	1	✓	✓	✓	0mil	0ps
2	Q6		Output	1	✓	✓	✓	0mil	0ps
3	Q5		Output	1	✓	✓	✓	0mil	0ps
4	Q7		Output	1	✓	✓	✓	0mil	0ps
5	Q4		Output	1	✓	✓	✓	0mil	0ps
6	Q3		Output	1	✓	✓	✓	0mil	0ps
7	Q2		Output	1	✓	✓	✓	0mil	0ps
8	GND		Power	1	✓	✓	✓	0mil	0ps
9	Q1		Output	1	✓	✓	✓	0mil	0ps
10	CLK		Input	1	✓	✓	✓	0mil	0ps
11	RST		Input	1	✓	✓	✓	0mil	0ps
12	Q9		Output	1	✓	✓	✓	0mil	0ps
13	Q8		Output	1	✓	✓	✓	0mil	0ps
14	Q10		Output	1	✓	✓	✓	0mil	0ps
15	Q11		Output	1	✓	✓	✓	0mil	0ps
16	VDD		Power	1	✓	✓	✓	0mil	0ps

Add...　Remove...

确定　取消

图 3-73　元器件 U12 的管脚属性

6）地线网络 GND 铜膜线宽度为 40mil。

3-3 设计如图 3-74 所示电路原理图的 PCB，要求如下：

1）自行设计元器件 J2，SP111 的管脚属性如图 3-75 所示。

2）使用双层 PCB，PCB 尺寸为 5000mil×4000mil。

3）采用针脚式元器件封装。

4）底层整面敷铜，并接地线网络。

5）布线宽度为 30mil。

6）地线网络 GND 铜膜线宽度为 40mil。

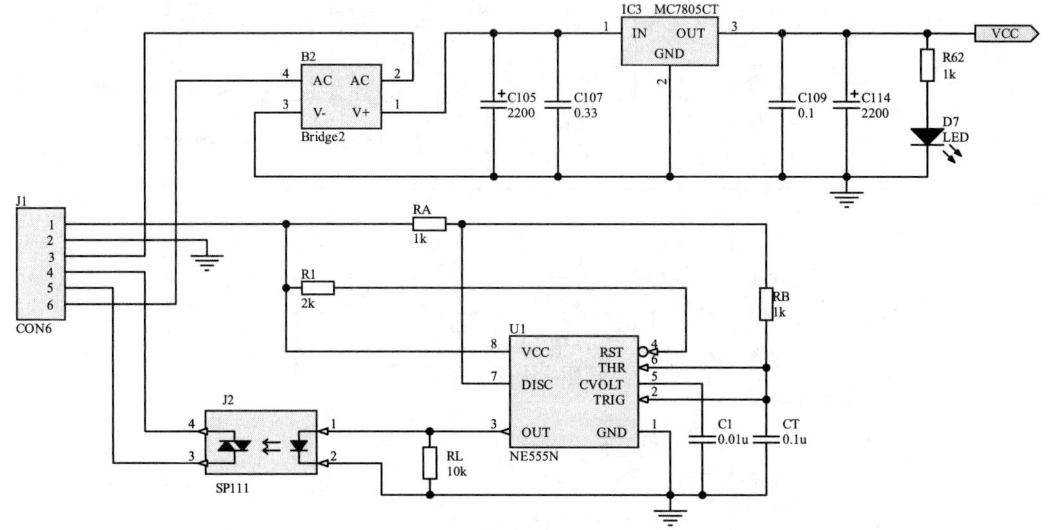

图 3-74 电路原理图

```
Component Name : SP111

Part Count : 2

Part : *
     Pins - (Normal) : 0
          Hidden Pins :

Part : *
     Pins - (Normal) : 4
                        1              Input
                        2              Input
                        3              Output
                        4              Output
          Hidden Pins :
```

图 3-75 SP111 管脚属性

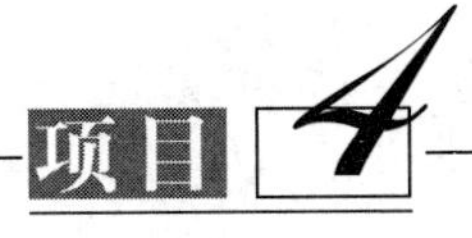

简易单片机系统 PCB 设计——层次电路设计

学习目标 ☞

1）熟悉层次电路的设计流程；

2）熟悉各种报表的生成方法。

设计要求 ☞

电路原理图如图 4-1 所示，用层次电路设计方法绘制原理图，并设计该电路的 PCB。

1）使用 A4 图纸绘制原理图；

2）使用双层 PCB，PCB 尺寸为 4000mil×3000mil；

3）采用插针式元器件封装；

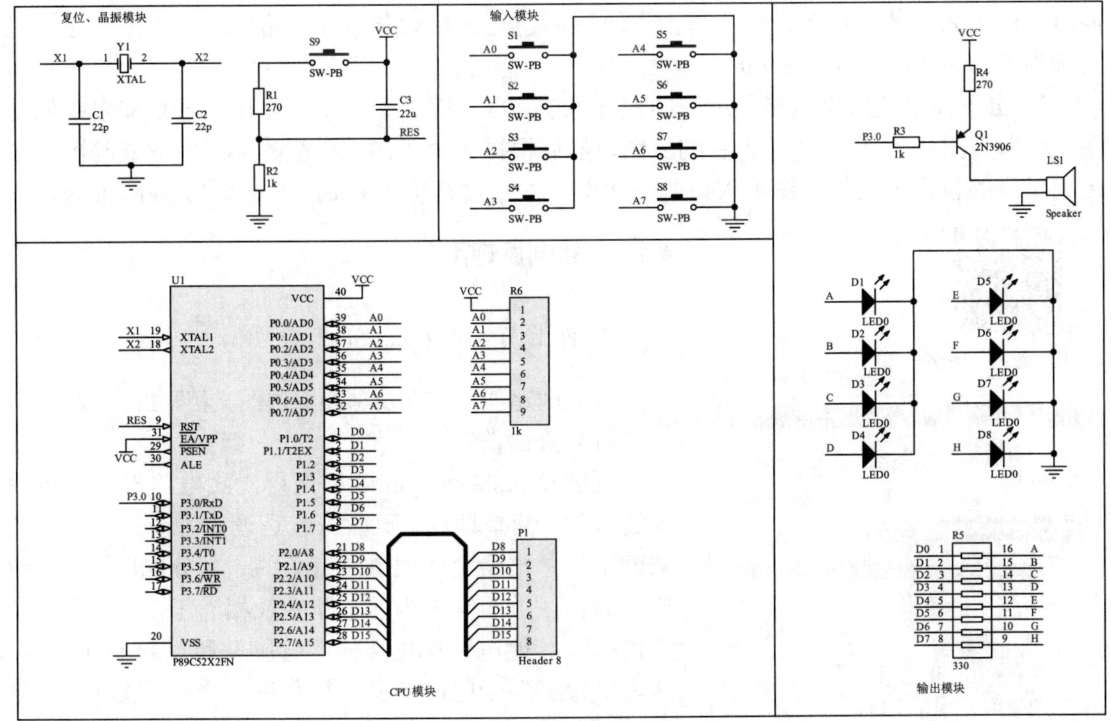

图 4-1　简易单片机系统电路原理图

4）布线宽度为 30mil;
5）地线网络 GND 铜膜线宽度为 50mil。

素质目标 ☞ 提升劳动技能和综合素质，培育大国工匠精神。

简易单片机系统由复位、晶振模块，CPU 模块，输入模块和输出模块组成。晶振电路给单片机提供时钟信号；复位电路的作用是使单片机的程序计数器清零；CPU 模块是单片机的核心控制模块；输出模块可以实现显示报警，还可以扩展其他功能。

4.1 绘制单片机系统原理图

4.1.1 层次电路设计

（1）设计思想

当一个电路比较复杂时，工程上的一般处理方式如下。

1）对整个电路进行功能划分。

2）设计一个系统总图。总图主要由方框图组成，以展示各个功能单元之间的连接关系。

3）分别绘制各个电路原理图。

（2）设计方法

1）自上而下的层次电路原理图的设计方法。自上而下设计就是先在父图中设计包含页面符、图纸入口的方块图，然后再由方块图创建与之相对应的各电路原理图子图，这个过程称为 Create Sheet From Symbol。

2）自下而上的层次电路原理图的设计方法。自下而上设计就是先设计各功能电路原理图（称为子图），然后创建一个空的父图，最后根据各个子图，在空的父图中放置与各个子图相对应的包含页面符、图纸入口的方块图，这个过程称为 Create Symbol From Sheet。

自上而下绘图（视频）

4.1.2 绘制原理图

1. 自上而下的方法设计原理图

首先创建项目文件及总图原理图文档，如图 4-2 所示。

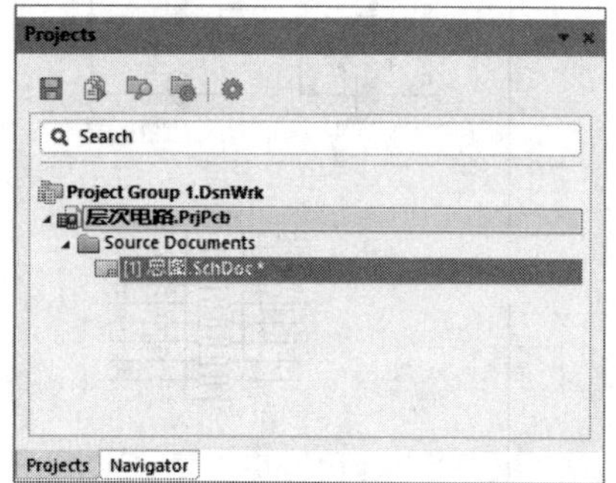

图 4-2 创建项目文件及总图原理图

（1）页面符

页面符（sheet symbol）是层次式电路设计不可缺少的组件。简单地说，页面符就是设计者用一个方框图来表示与总电路上其他电路有关的一部分电路。对于设计者而言，页面符在当前电路中就相当于一个元器件，它也有与其他电路相连接的“管脚”和“元器件名”。这里“管脚”专门被定义一个名称，这就是图纸入口；而这里所说的“元器件名”，则被定义为页面符名。

与一般元器件的区别是，每个页面符除了页面符名以外，还必须包含一个子图文件名。这里所说的子图就是该页面符所表示的对象——用另外一张图纸单独绘制的部分电路。

1）启动放置页面符命令。Altium Designer 提供了 3 种方法来启动放置页面符命令。

方法一：执行菜单命令“放置”→“页面符”。

方法二：单击布线工具栏中的页面符工具图标，如图 4-3 所示。

方法三：使用快捷键〈P〉→〈S〉。

2）放置页面符。启动放置页面符命令后，光标变成十字形状并黏附一个页面符。移动光标到适当位置单击，以确定页面符的左上角这个顶点，然后将光标向右下方移动确定一个矩形区域后再单击，即可完成该页面符的放置。右击时，则可退出放置页面符状态。绘制完成的页面符如图 4-4 所示。

另外，在原理图上单击页面符，使页面符处于选中状态，此时将显示 8 个可控点，如图 4-5 所示。用鼠标指向其中的一个点，当光标变成双箭头形状时拖动鼠标，可调整页面符的尺寸。

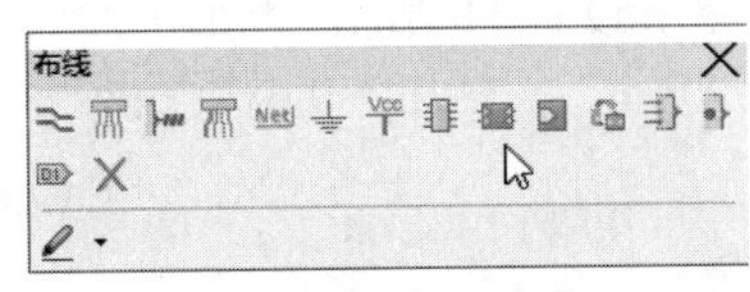

图 4-3　页面符工具图标

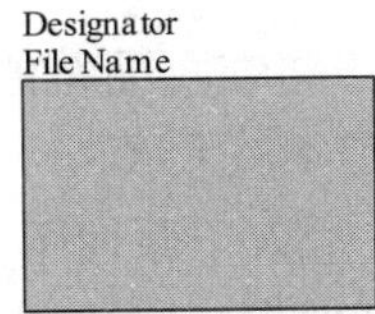

图 4-4　页面符

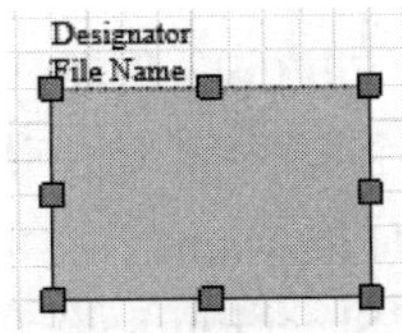

图 4-5　调整页面符的尺寸

3）页面符属性。在放置页面符状态下，按〈Tab〉键即可打开如图 4-6 所示的“Sheet Symbol”属性对话框，也可以双击已放置的页面符来打开该对话框。

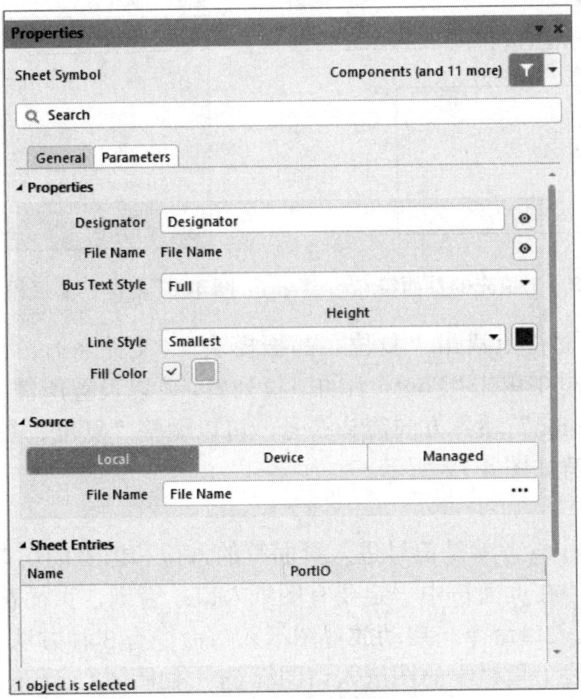

图 4-6　页面符编辑对话框

该对话框包含两个选项卡：在“General”选项卡中可编辑页面符的属性；在“Parameters”选项卡中可为页面符设置变量。这里只介绍“General”选项卡常用功能。“Parameters”选项卡的设置方法与元器件属性对话框中的“Parameters”项的设置方法相同。

“Designator”文本框：用来输入页面符名，但如果该页面符被链接到多通道电路，则应在该文本框内输入重复的次数。

“Line Style”项：用来设置页面符边框线条的宽度和颜色。单击下拉按钮▼，在下拉列表中可选择“Smallest”（最细）、“Small”（细）、“Medium”（中）和“Large”（粗）4种线宽中的一种作为当前边框线的宽度，如图4-7所示。

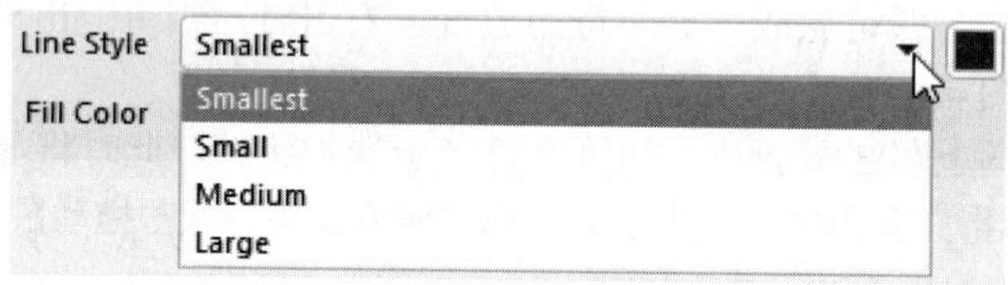

图4-7　选择边框线的宽度

“Fill Color”项：勾选该项，将在页面符的方框内填充所设置的颜色，否则页面符只显示一个矩形框，而不填充，如图4-8所示。

“File Name”文本框：用来输入子原理图文件名。

“Sheet Entries”项：可用来增加、删除图纸入口。

若在如图4-6所示界面的“Designator”文本框中输入“U1”，在“File Name”文本框中输入“复位、晶振模块”，则输入之后的页面符如图4-9所示。

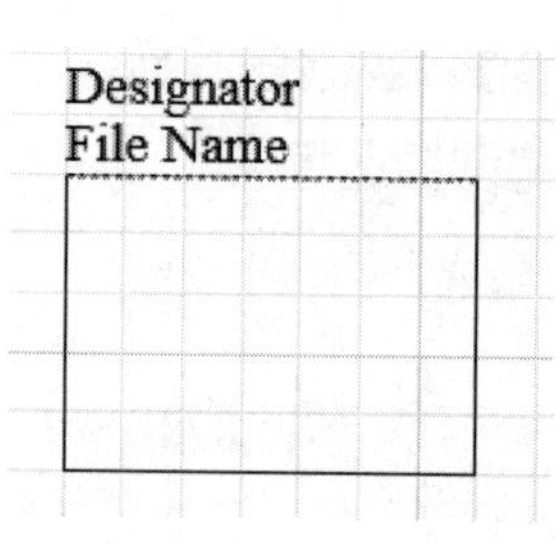

图4-8　未填充的页面符

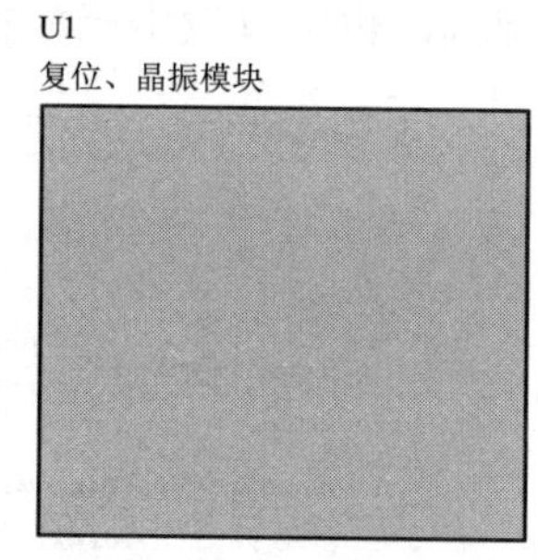

图4-9　复位、晶振模块页面符

在已放置好的页面符上双击“复位、晶振模块”（文件名），可打开文本对话框，如图4-10所示。在对话框中单击“Font”后的下拉列表，可以设置所需字体及大小，如图4-11所示；选中“Justification”项各方向箭头符号，可以调整“复位、晶振模块”文本位置。

放置完成的页面符如图4-12所示。

（2）图纸入口

图纸入口（sheet entry）就是信号进入页面符的入口和信号的出口。其功能相当于标准元器件的管脚。因此，在页面符中一定要有图纸入口；否则，页面符就没有任何意义。

1）启动放置图纸入口命令。启动放置图纸入口命令有3种方法。

方法一：单击布线工具栏中的图纸入口图标，如图4-13所示。

方法二：执行菜单命令“放置”→“添加图纸入口”。

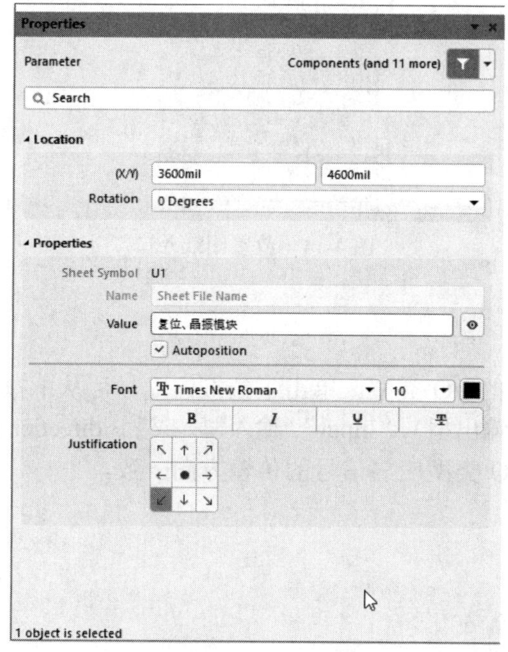

图 4-10　设置文本的显示属性

图 4-11　字体设置

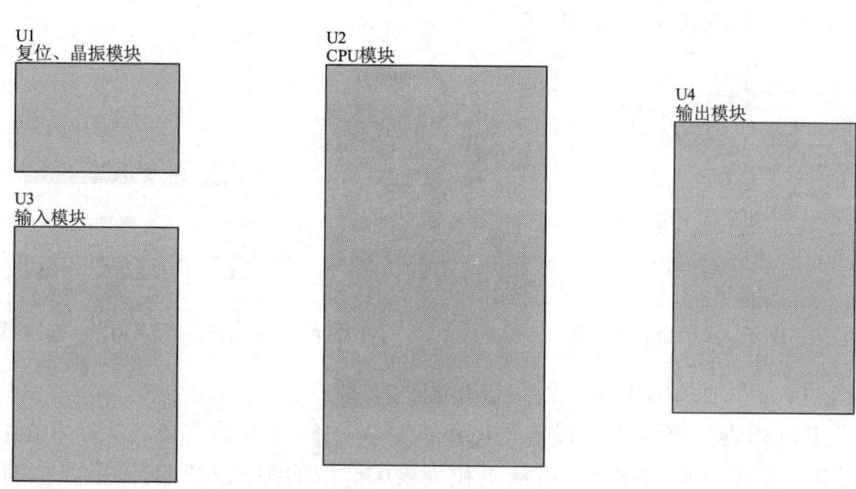

图 4-12　页面符

方法三：使用快捷键〈P〉→〈A〉。

2）放置图纸入口。启动放置图纸入口命令后，光标变成十字形状，此时应将光标移动到页面符的边框线以内单击，光标上黏附一个端口符号（图纸入口），此时按〈Tab〉键可以修改图纸入口的属性。移动光标观察图纸入口将被限制在页面符的 4 个方向的边框线上，如图 4-14 所示。确定合适的位置后单击，即可在该处放置一个图纸入口。

Altium Designer 允许连续放置多个属性相同的图纸入口，放置完毕右击（或按〈Esc〉键）可退出放置图纸入口状态。

3）图纸入口属性。在放置图纸入口状态下，按〈Tab〉键，即可出现如图 4-15 所示的图纸入口编辑对话框，也可以双击已放置的图纸入口，打开此对话框。在该对话框中可编

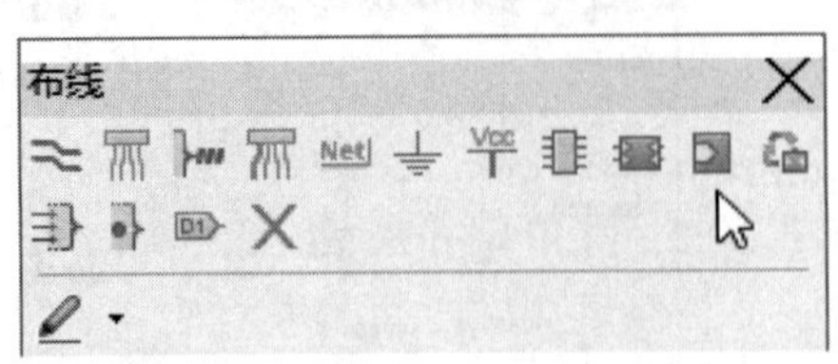

图 4-13 图纸入口工具图标

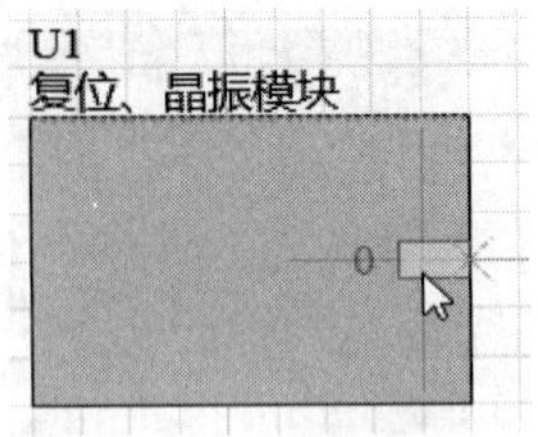

图 4-14 放置图纸入口

辑图纸入口的类型、颜色、方向等参数。

“Name”项：该项的功能是设置图纸入口的名称。

“I/O Type”下拉列表：用来选择图纸入口的 I/O 类型。单击下拉按钮 ，可从下拉列表中选取“Unspecified”（无方向型）、“Output”（输出型）、“Input”（输入型）或“Bidirectional”（双向型），如图 4-16 所示。该选项所设定的 I/O 类型应与信号的传输方向一致。

图 4-15 图纸入口编辑对话框

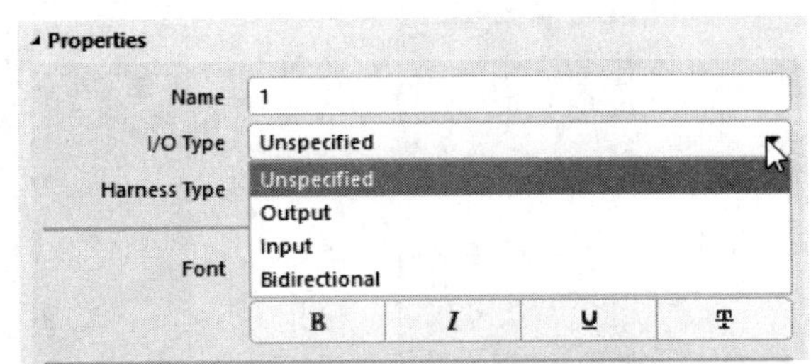

图 4-16 选择图纸入口的 I/O 类型

“Harness Type”项：用来输入线束连接器的类型。

“Font”下拉列表：可以用来设定与图纸入口有关的文本的字体、大小和颜色。

“Kind”项：单击下拉按钮 ，可从下拉列表中选取的图纸入口的图示类型有“Block & Triangle”（块三角）、“Triangle”（三角）、“Arrow”（箭头）、“Arrow Tail”（弯尾箭头），如图 4-17 所示。

“Border Color”项：用来设定图纸入口边框线的颜色。

“Fill Color”项：用来设定图纸入口的填充颜色。

复位、晶振模块的 X1 端口设置如图 4-18 所示，但是对于 CPU 模块来说，X1 端口属

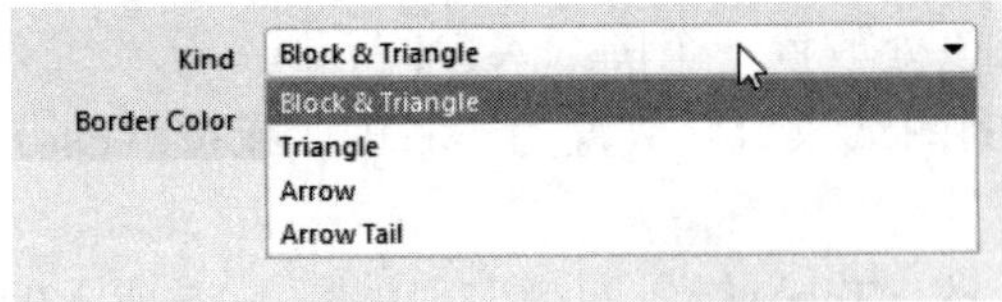

图 4-17 选择图纸入口的图示类型

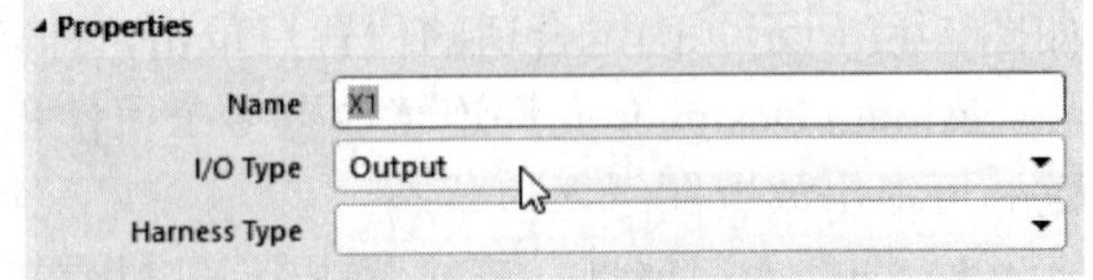

图 4-18 X1 端口设置

性应设置成输入。放置完图纸入口的总图电路如图 4-19 所示。

最后用放置导线工具将相同名称的端口相连接。绘制完成的总图电路如图 4-20 所示。

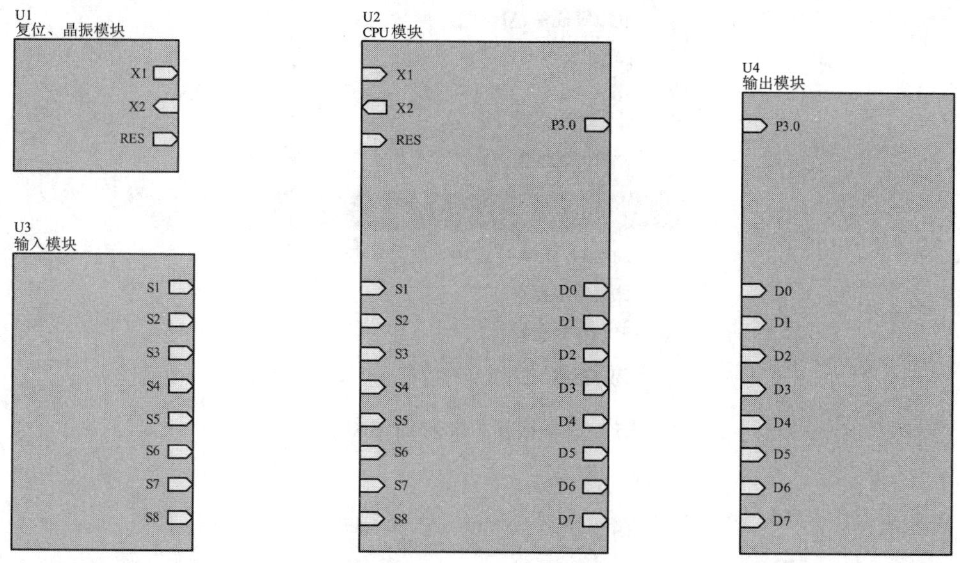

图 4-19　放置完图纸入口的总图电路

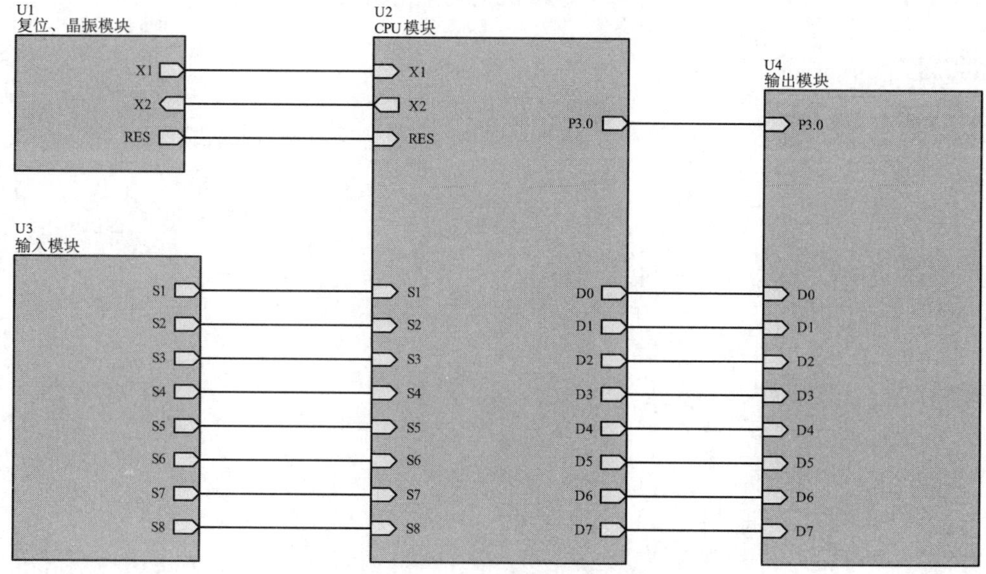

图 4-20　绘制完成的总图电路

（3）生成图纸文档

执行菜单命令“设计”→“从页面符创建图纸”，如图 4-21 所示。这时光标变为十字形状，将光标移到复位、晶振模块上（注意：不要放到图纸入口上）单击，系统将自动在“层次电路.PrjPcb”下产生原理图，文件名为“复位、晶振模块.SchDoc”，如图 4-22 所示。在该原理图中，系统自动放置了与对应页面符相同数量（3 个）的输入/输出端口，并且这 3 个输入/输出端口的名称和图纸入口的名称是相对应的。

设计 (D) 工具 (T) 报告 (R) Window (W)
生成原理图库 (M)
生成集成库 (A)
模板 (T)
工程的网络表 (N)
文件的网络表 (E)
从页面符创建图纸 (R)
Create Sheet Symbol From Sheet
图纸生成器件
子图重新命名 (C)...
同步图纸入口和端口 (P)

图 4-21 根据页面符创建图纸

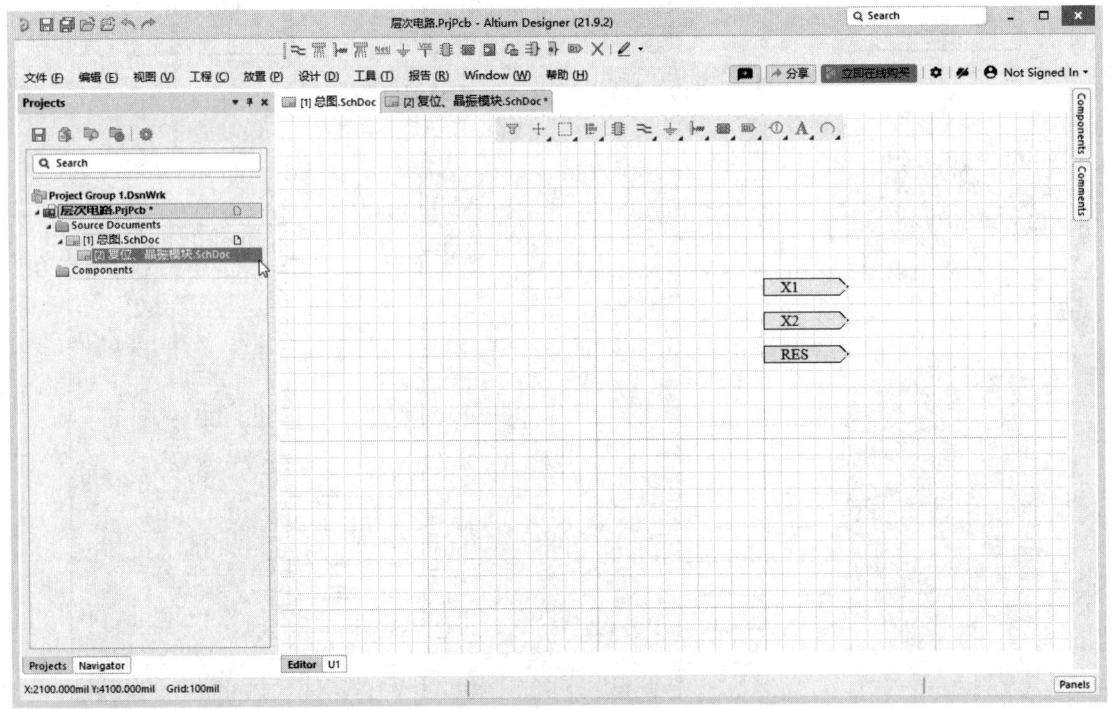

图 4-22 产生的“复位、晶振模块.SchDoc”原理图

此后就可以在这 3 个输入/输出端口之间具体完成“复位、晶振模块.SchDoc”原理图的绘制。完成后的电路图如图 4-23 所示。用同样的方法将输入模块、输出模块的具体电路绘制出来，分别如图 4-24 和图 4-25 所示。

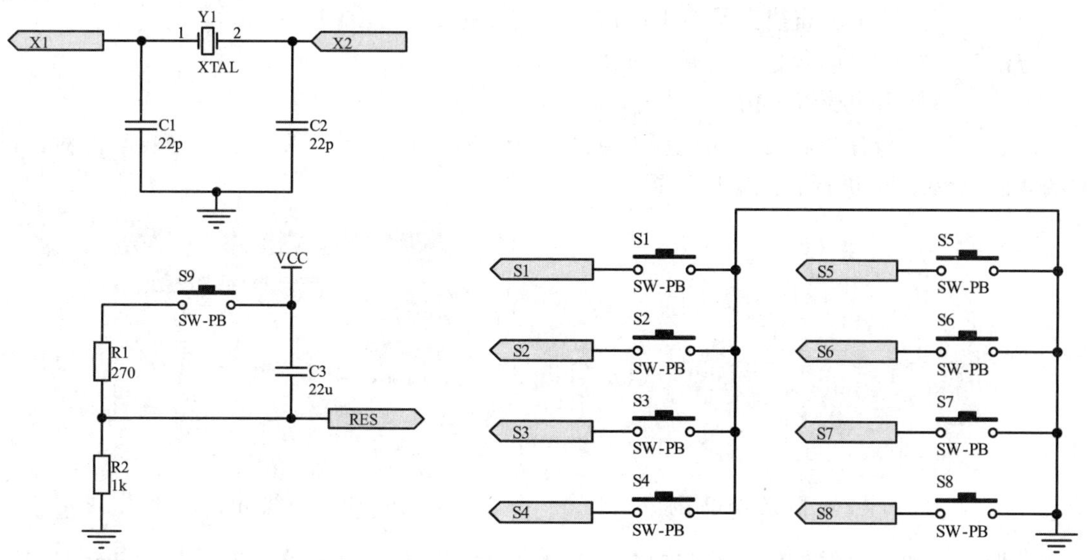

图 4-23　复位、晶振模块电路　　　　图 4-24　输入模块电路

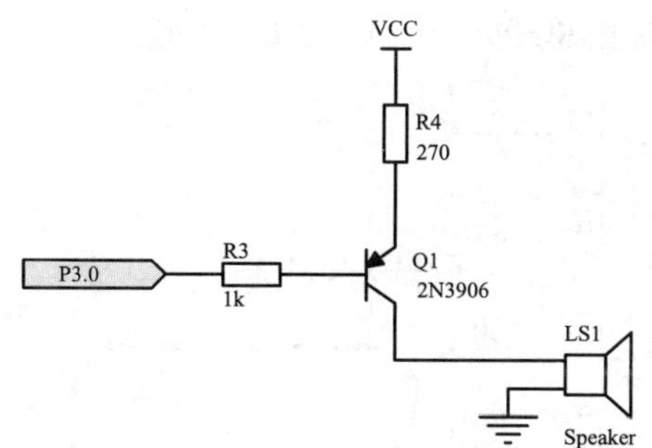

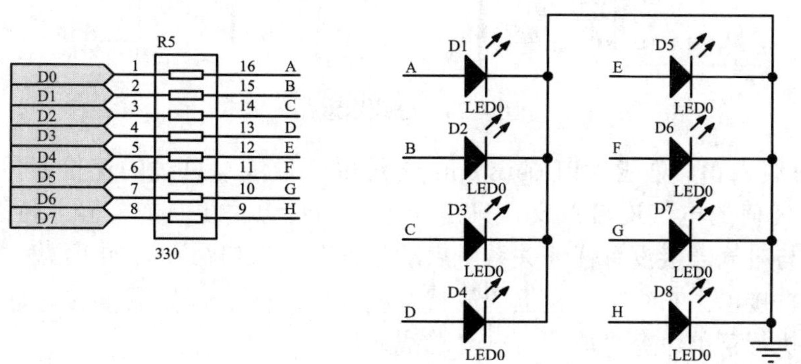

图 4-25　输出模块电路

（4）绘制 CPU 模块

在绘制 CPU 模块时，需要用到总线、总线入口、网络标签 3 个工具，现在分别介绍其用法。

1）放置总线。启动放置总线命令的方法有 3 种。

方法一：直接单击布线工具栏上的放置总线图标，如图 4-26 所示。

方法二：执行菜单命令“放置”→“总线”。

方法三：使用快捷键〈P〉→〈B〉。

画总线步骤和总线对话框的设置与导线完全一样，可参照有关内容。总线属性对话框如图 4-27 所示，可进行总线宽度设置。

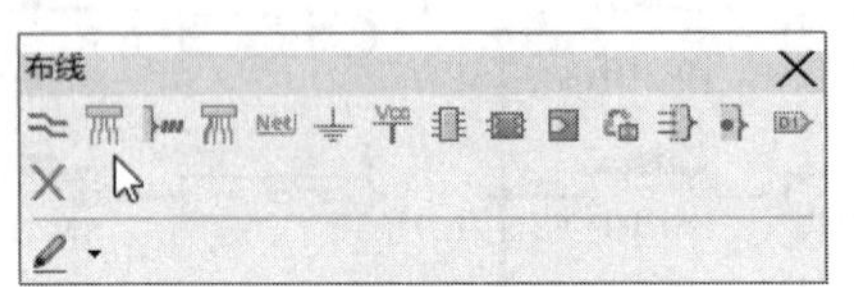

图 4-26　放置总线图标

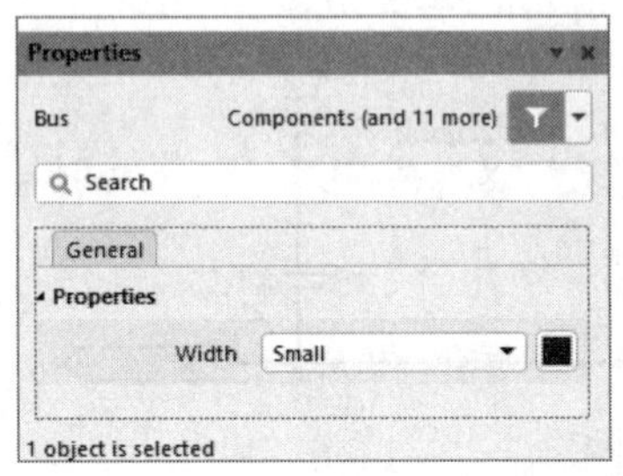

图 4-27　总线属性对话框

从形式上说，总线的宽度一定要与导线的宽度相匹配，即要么同时采用“Small”，要么同时采用“Smallest”（或“Medium”或“Large”）宽度。画总线时常采用 45° 模式绘制，并且总线的末端最好不要超出总线入口，如图 4-28 所示。

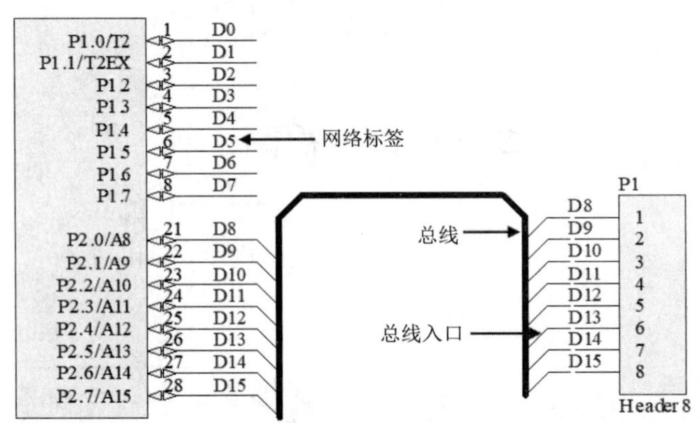

图 4-28　总线示意图

2）放置总线入口。总线入口（bus entry）是单一导线与总线的连接线，参见图 4-28。总线入口没有任何的电气连接意义，只是让电路图看上去更具有专业水准。因此，有没有总线入口，与电气连接没有任何关系。启动放置总线入口命令有如下 3 种方法。

方法一：直接单击布线工具栏上的放置总线入口图标，如图 4-29 所示。

方法二：执行菜单命令“放置”→“总线入口”。

方法三：使用快捷键〈P〉→〈U〉。

启动放置总线入口命令，光标变成十字形状，并且光标上黏附一段灰色的 45° 或 135° 线，表示系统处于放置总线入口状态，如图 4-30 所示。

放置总线入口的步骤如下。

① 将光标移到要放置总线入口的位置，光标上出现一个红色的星形标记，如图 4-31 所示，表示该点适合放置总线入口，单击即可完成一个总线入口的放置。

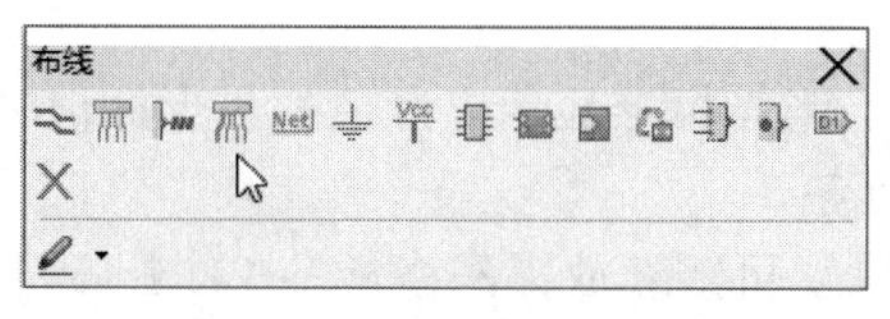

图 4-29　画总线入口工具

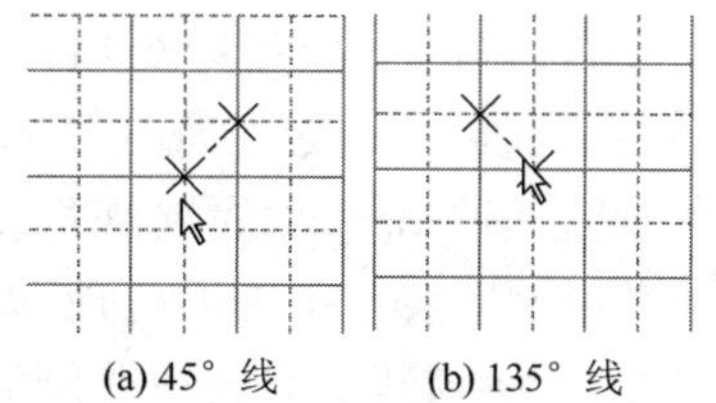

图 4-30　处于放置总线入口状态下的光标

② 放置完一个总线入口以后，光标仍处于放置总线入口状态，表示可以继续放置下一个总线入口。当所有的总线入口全部放置完毕，右击（或按〈Esc〉键）退出放置总线入口状态，此时光标由十字形状变成箭头形状。在放置总线入口的过程中，按空格键可使总线入口按逆时针方向，以 90° 的步距角旋转；按〈X〉键可使总线入口左右翻转；按〈Y〉键可使总线入口上下翻转。

③ 在放置总线入口状态下，按〈Tab〉键，即可进入总线入口属性对话框，如图 4-32 所示，也可以在已放置的总线入口上双击打开总线入口属性对话框。

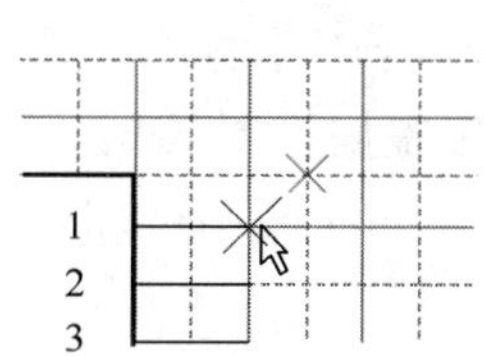

图 4-31　星形标记

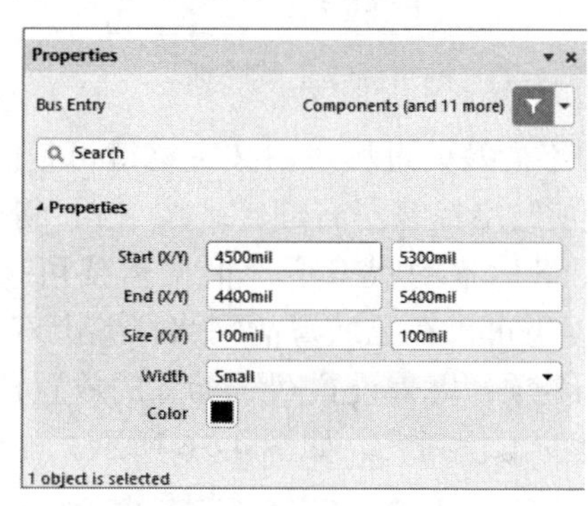

图 4-32　总线入口对话框

“Start(X/Y)”选项：用于设置总线入口的起点坐标，即当前光标位置。

“End(X/Y)”选项：用于设置总线入口的终点坐标，即总线入口远离光标的一端所处位置。

“Size(X/Y)”选项：用于设置总线入口的起点和终点坐标距离。

“Width”选项：用于设置总线入口的线宽，设置方法同导线的线宽设置，其宽度与导线或元件管脚的宽度一致。

“Color”项：用于设置总线入口的颜色，设置方法同导线的颜色属性设置。

3）放置网络标签。网络标签（net label）用来为电气对象分配网络名称。在没有实际连线的情况下，也可以用来将多个信号线连接起来。Altium Designer 系统规定：采用相同的网络标签标识的多个电气意义上的点被视为同一条导线上的点（或称为一个网络点）。因此，在绘制复杂电路时，采用网络标签可以简化设计。启动放置网络标签命令可采用以下 3 种方法。

方法一：直接单击布线工具栏上的放置网络标签图标 Net，如图 4-33 所示。

方法二：执行菜单命令“放置”→“网络标签”。

方法三：使用快捷键〈P〉→〈N〉。

放置网络标签的步骤如下。

① 启动放置网络标签命令后，光标将变成十字形状，并且带有一个初始标签“Net Label”，根据需要可以按〈Tab〉键修改标签名。

② 将光标移到需要放置网络标签的导线上，当光标上显示出红色的星形标记时，表示光标已捕捉到该导线，单击即可放置一个网络标签。

③ 将光标移到其他需要放置网络标签的位置，可继续放置网络标签，右击（或按〈Esc〉键）即可结束放置网络标签状态。

在放置过程中，如果网络标签的最后一个字符为数字，则该数字会按照在“优选项”对话框中对“放置时自动增加”项的设置，自动按指定的正数或负数递增。

网络标签的正确放置位置应在导线的上方或右边，并且网络标签的第一个字符必须落在导线上，如图 4-34 所示。

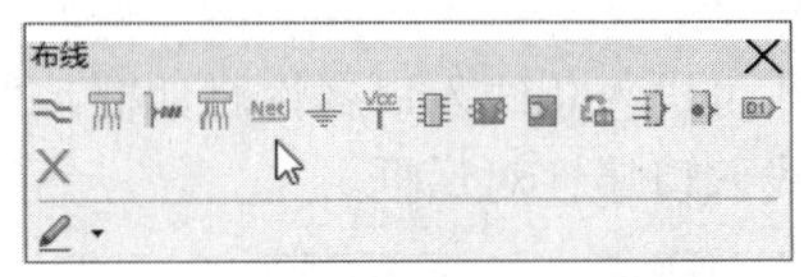

图 4-33　网络标签工具图标

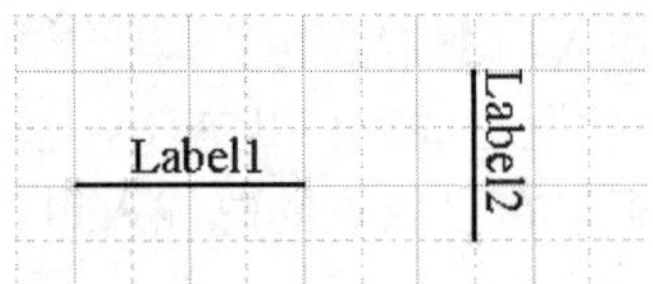

图 4-34　正确的放置方式

在放置网络标签的过程中，按空格键可使网络标签按逆时针方向，以 90° 的角旋转；按〈X〉键可使网络标签左右翻转；按〈Y〉键使网络标签上下翻转。

在放置网络标签的状态下，根据需要可按〈Tab〉键打开网络标签属性对话框，如图 4-35 所示，也可以在已放置的网络标签上双击打开网络标签属性对话框。

“Rotation”项：用来设置网络标签的放置角度。单击“Rotation”右边的▾按钮，则打开可设置角度的下拉列表，如图 4-36 所示。

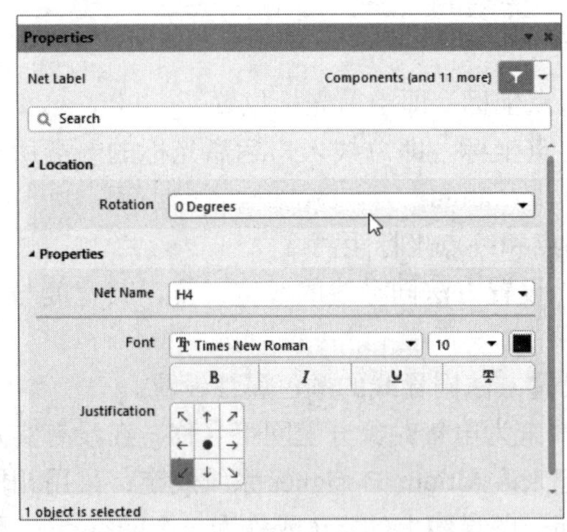

图 4-35　网络标签属性对话框

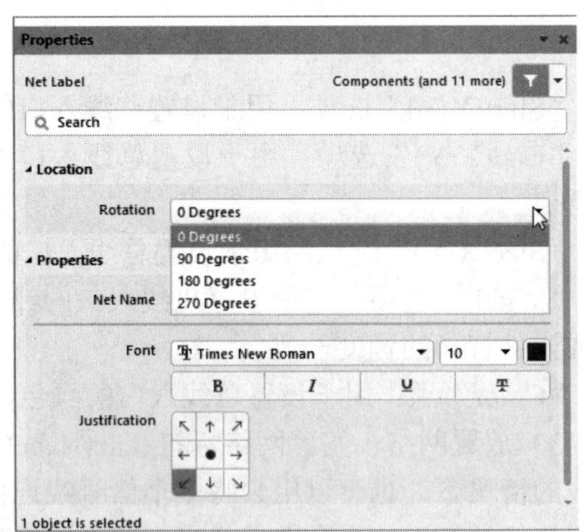

图 4-36　改变网络标签的角度

Altium Designer 支持 4 种角度，即 0 Degrees、90 Degrees、180 Degrees 和 270 Degrees，分别表示网络标签的放置方向为 0°、90°、180° 和 270°。一般不在对话框内设置网络标签的方向，而是在放置网络标签状态下，按空格键来设置网络标签合适的放置方向。

“Properties”区域：在该区域内可指定网络标签名及所使用的字体。

在“Net Name”文本框内可直接输入想要放置的网络标签名，也可以单击▾按钮，在

弹出的下拉列表中选用以前曾经使用过的网络标签名；单击“Font”右边的按钮，可以指定当前网络标签所用字体类型与字号；单击最右侧按钮，可以用来设置网络标签的颜色属性。有关设置方法请参阅导线属性的相关内容。

连接完整的 CPU 模块如图 4-37 所示。

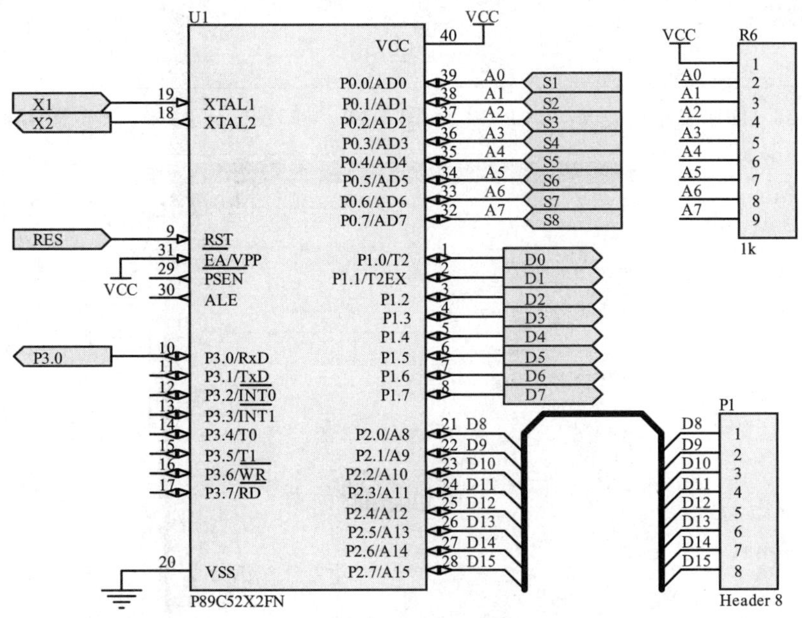

图 4-37　CPU 模块电路

2. 自下而上的方法设计原理图

自下而上绘图
（视频）

首先创建项目及 5 个原理图文档，如图 4-38 所示。然后绘制各单元原理图，再在总图的界面由子图原理图产生对应的方块图。具体操作步骤如下。

（1）绘制各子图电路图

按图 4-23～图 4-25 及图 4-37 完成各子图电路图的绘制。在绘制的过程中需要用到放置端口工具，具体放置步骤如下。

1）启动端口命令。可以采用 3 种方法启动端口命令。

方法一：单击布线工具栏上的放置端口图标，如图 4-39 所示。

方法二：执行菜单命令“放置”→“端口”。

方法三：使用快捷键〈P〉→〈R〉。

2）放置端口。在启动放置端口命令后，光标变成十字形状，并黏附一个端口图，如图 4-40 所示。移动光标到需要放置端口的元件管脚末端或导线上，此时光标上会出现红色的星形标记，即表示此处有电气连接点，单击即可定位端口的一端，移动鼠标使端口的大小合适再单击，即可完成一个端口的放置；右击则结束放置端口状态。

3）端口属性。在放置端口状态下，按〈Tab〉键，即可打开如图 4-41 所示端口属性对话框。也可以双击已放置的端口打开该对话框。其中，“Alignment”选项的功能是设置端口名称在端口中的对齐方式，有左对齐、居中对齐和右对齐 3 种对齐方式。

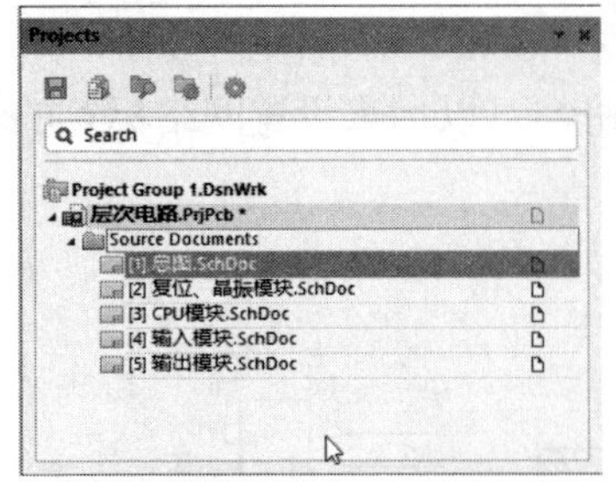

图 4-38 创建文件

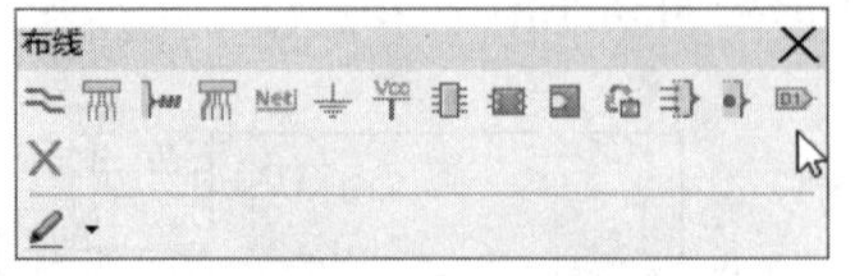

图 4-39 端口图标

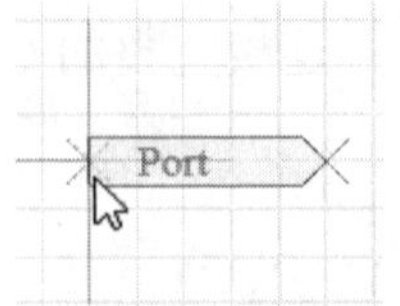

图 4-40 放置端口

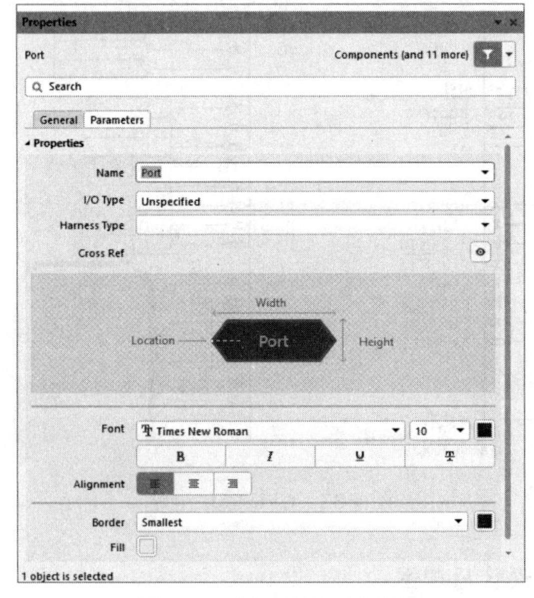

图 4-41 端口属性对话框

其他选项的意义及设置方法同图纸入口。

（2）激活要放置方块图的原理图

在本例中是激活总图.SchDoc，使其运行于前台。

（3）选择子图电路图

再次以如图 4-23 所示的“复位、晶振模块.SchDoc”电路为例，说明如何产生对应的“复位、晶振模块”方块图。

执行菜单命令“设计”→“Create Sheet Symbol From Sheet”（根据图纸建立页面符），屏幕上出现如图 4-42 所示的对话框，系统将列出当前打开的所有原理图。选择“复位、晶

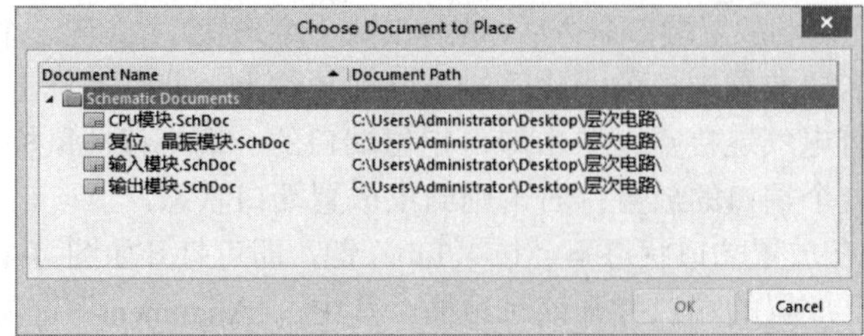

图 4-42 选择原理图对话框

振模块.SchDoc”，单击“OK”按钮。

（4）生成电路方块图

选择原理图后，在“总图.SchDoc”电路图中，光标变成十字形状，且带有一个包含页面符和图纸入口的方块图，系统进入放置方块图状态，移动鼠标，在合适的位置单击即可完成此方块图的放置，如图 4-43 所示。系统自动产生了与原理图中输入/输出端口对应的图纸入口，将方块图自动命名为“复位、晶振模块”。在默认情况下，系统将方块图对应的原理图名作为此方块图的名称。当然，可以在放置方块图状态下，通过按〈Tab〉键打开方块图属性对话框，修改方块图的相关属性。

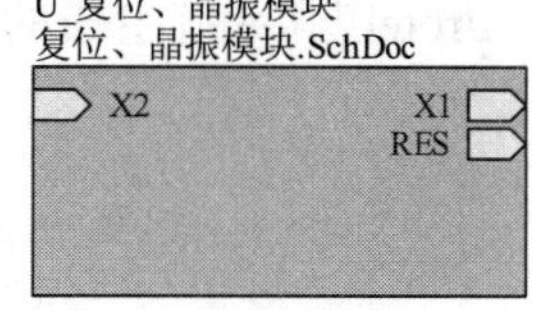

图 4-43　系统自动生成电路方块图

（5）生成所有模块的电路方块图

重复上述步骤，直到所有模块的电路方块图都出现在“总图.SchDoc”电路图中。

（6）绘制完成总图电路

在各方块图图纸入口之间连线，最后可得到如图 4-20 所示的总图电路图。

在设计层次电路图时，是采用自上而下的方法还是采用自下而上的方法，可根据具体情况确定。

3. 编译项目

层次电路设计必须编译设计项目。执行菜单命令“工程”→“Validate PCB Project 层次电路”（编译项目），系统自动启动编译程序。编译结果如图 4-44 所示，无错误。

Messages

Class	Document	Source	Message	Time	Date	No.
[Warning]	CPU模块.SchDoc	Compiler	A0 contains IO Pin and Input Port objects (Pin U1-39, Port S1).	21:32:39	2022/1/16	1
[Warning]	CPU模块.SchDoc	Compiler	A1 contains IO Pin and Input Port objects (Pin U1-38, Port S2).	21:32:39	2022/1/16	2
[Warning]	CPU模块.SchDoc	Compiler	A2 contains IO Pin and Input Port objects (Pin U1-37, Port S3).	21:32:39	2022/1/16	3
[Warning]	CPU模块.SchDoc	Compiler	A3 contains IO Pin and Input Port objects (Pin U1-36, Port S4).	21:32:39	2022/1/16	4
[Warning]	CPU模块.SchDoc	Compiler	A4 contains IO Pin and Input Port objects (Pin U1-35, Port S5).	21:32:39	2022/1/16	5
[Warning]	CPU模块.SchDoc	Compiler	A5 contains IO Pin and Input Port objects (Pin U1-34, Port S6).	21:32:39	2022/1/16	6
[Warning]	CPU模块.SchDoc	Compiler	A6 contains IO Pin and Input Port objects (Pin U1-33, Port S7).	21:32:39	2022/1/16	7
[Warning]	CPU模块.SchDoc	Compiler	A7 contains IO Pin and Input Port objects (Pin U1-32, Port S8).	21:32:39	2022/1/16	8
[Warning]	总图.SchDoc	Compiler	Net NetC1_2 has no driving source (Pin C1-2, Pin U1-19, Pin Y1-1)	21:32:39	2022/1/16	9
[Warning]	总图.SchDoc	Compiler	Net NetC3_1 has no driving source (Pin C3-1, Pin R1-1, Pin R2-2, Pin U1-9)	21:32:39	2022/1/16	10
[Warning]	总图.SchDoc	Compiler	Nets Wire A0 has multiple names (Net Label A0 (2), Sheet Entry U2-S1(Input), Sheet Entry	21:32:39	2022/1/16	11
[Warning]	总图.SchDoc	Compiler	Nets Wire A1 has multiple names (Net Label A1 (2), Sheet Entry U2-S2(Input), Sheet Entry	21:32:39	2022/1/16	12
[Warning]	总图.SchDoc	Compiler	Nets Wire A2 has multiple names (Net Label A2 (2), Sheet Entry U2-S3(Input), Sheet Entry	21:32:39	2022/1/16	13
[Warning]	总图.SchDoc	Compiler	Nets Wire A3 has multiple names (Net Label A3 (2), Sheet Entry U2-S4(Input), Sheet Entry	21:32:39	2022/1/16	14
[Warning]	总图.SchDoc	Compiler	Nets Wire A4 has multiple names (Net Label A4 (2), Sheet Entry U2-S5(Input), Sheet Entry	21:32:39	2022/1/16	15
[Warning]	总图.SchDoc	Compiler	Nets Wire A5 has multiple names (Net Label A5 (2), Sheet Entry U2-S6(Input), Sheet Entry	21:32:39	2022/1/16	16
[Warning]	总图.SchDoc	Compiler	Nets Wire A6 has multiple names (Net Label A6 (2), Sheet Entry U2-S7(Input), Sheet Entry	21:32:39	2022/1/16	17
[Warning]	总图.SchDoc	Compiler	Nets Wire A7 has multiple names (Net Label A7 (2), Sheet Entry U2-S8(Input), Sheet Entry	21:32:39	2022/1/16	18
[Warning]	CPU模块.SchDoc	Compiler	NetU1_1 contains IO Pin and Output Port objects (Pin U1-1, Port D0).	21:32:39	2022/1/16	19
[Warning]	CPU模块.SchDoc	Compiler	NetU1_2 contains IO Pin and Output Port objects (Pin U1-2, Port D1).	21:32:39	2022/1/16	20
[Warning]	CPU模块.SchDoc	Compiler	NetU1_3 contains IO Pin and Output Port objects (Pin U1-3, Port D2).	21:32:39	2022/1/16	21
[Warning]	CPU模块.SchDoc	Compiler	NetU1_4 contains IO Pin and Output Port objects (Pin U1-4, Port D3).	21:32:39	2022/1/16	22
[Warning]	CPU模块.SchDoc	Compiler	NetU1_5 contains IO Pin and Output Port objects (Pin U1-5, Port D4).	21:32:39	2022/1/16	23
[Warning]	CPU模块.SchDoc	Compiler	NetU1_6 contains IO Pin and Output Port objects (Pin U1-6, Port D5).	21:32:39	2022/1/16	24
[Warning]	CPU模块.SchDoc	Compiler	NetU1_7 contains IO Pin and Output Port objects (Pin U1-7, Port D6).	21:32:39	2022/1/16	25
[Warning]	CPU模块.SchDoc	Compiler	NetU1_8 contains IO Pin and Output Port objects (Pin U1-8, Port D7).	21:32:39	2022/1/16	26
[Warning]	CPU模块.SchDoc	Compiler	NetU1_10 contains IO Pin and Output Port objects (Pin U1-10, Port P3.0).	21:32:39	2022/1/16	27
[Warning]	CPU模块.SchDoc	Compiler	Unconnected line (5200mil,3300mil) To (5900mil,4100mil)	21:32:39	2022/1/16	28
[Info]	层次电路.PrjPcb	Compiler	Compile successful, no errors found.	21:32:39	2022/1/16	29

图 4-44　编译结果

4. 生成网络表

层次电路必须生成设计项目的网络表。执行菜单命令“设计”→“工程的网络表”→“Protel”，系统生成的网络表文件位置如图 4-45 所示。

图 4-45　生成的网络表文件

层次电路 PCB 设计（视频）

4.2　简易单片机系统 PCB 设计

4.2.1　创建 PCB 文件

创建 PCB 文件，设定原点后，在“Mechanical1”层绘制一个 4000mil×3000mil 的矩形框作为 PCB 的物理边界，在“Keep-Out Layer”层绘制一个 3900mil×2900mil 的矩形框作为 PCB 的电气边界，选中所绘制的闭合矩形框（一定是闭合的，否则定义不成功），执行菜单命令“设计”→“板子形状”→“按照选择对象定义”，即可完成板框的定义。利用该功能可以自定义简单的矩形或者规则的多边形板框。创建完成后的 PCB 项目结构文档如图 4-46 所示。

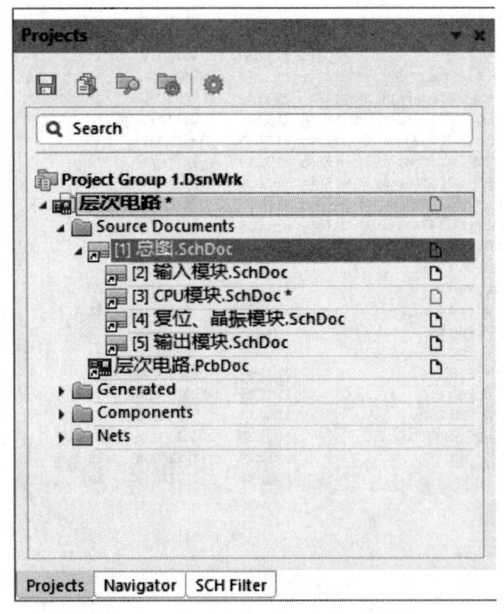

图 4-46　层次电路 PCB 项目文档

4.2.2　原理图内容更新到 PCB

（1）调用工程变更指令对话框

在 PCB 编辑器中执行菜单命令“设计”→

“Import Changes From 层次电路”，弹出如图 4-47 所示的“工程变更指令”对话框。

工程变更指令

启用	动作	受影响对象		受影响文档	检测	完成	消息
✓	Add	C2	To	层次电路.PcbDoc			
✓	Add	C3	To	层次电路.PcbDoc			
✓	Add	D1	To	层次电路.PcbDoc			
✓	Add	D2	To	层次电路.PcbDoc			
✓	Add	D3	To	层次电路.PcbDoc			
✓	Add	D4	To	层次电路.PcbDoc			
✓	Add	D5	To	层次电路.PcbDoc			
✓	Add	D6	To	层次电路.PcbDoc			
✓	Add	D7	To	层次电路.PcbDoc			
✓	Add	D8	To	层次电路.PcbDoc			
✓	Add	LS1	To	层次电路.PcbDoc			
✓	Add	P1	To	层次电路.PcbDoc			
✓	Add	Q1	To	层次电路.PcbDoc			
✓	Add	R1	To	层次电路.PcbDoc			
✓	Add	R2	To	层次电路.PcbDoc			
✓	Add	R3	To	层次电路.PcbDoc			
✓	Add	R4	To	层次电路.PcbDoc			
✓	Add	R5	To	层次电路.PcbDoc			
✓	Add	R6	To	层次电路.PcbDoc			
✓	Add	S1	To	层次电路.PcbDoc			
✓	Add	S2	To	层次电路.PcbDoc			
✓	Add	S3	To	层次电路.PcbDoc			
✓	Add	S4	To	层次电路.PcbDoc			
✓	Add	S5	To	层次电路.PcbDoc			
✓	Add	S6	To	层次电路.PcbDoc			
✓	Add	S7	To	层次电路.PcbDoc			

验证变更　执行变更　报告变更(R)...　仅显示错误　关闭

图 4-47　“工程变更指令”对话框

（2）找出状态列出现的错误

分别单击“验证变更”按钮和“执行变更”按钮，使“检测”状态列和“完成”状态列被选中。在单击“验证变更”按钮时，“检测”状态列出现一个错号，提示元器件 U1 封装没找到，如图 4-48 所示，这时要回到 CPU 模块原理图绘制界面给元器件 U1 添加正确的封装 DIP-40。添加步骤如下。

工程变更指令

启用	动作	受影响对象		受影响文档	检测	完成	消息
✓	Add	R1	To	层次电路.PcbDoc	✓		
✓	Add	R2	To	层次电路.PcbDoc	✓		
✓	Add	R3	To	层次电路.PcbDoc	✓		
✓	Add	R4	To	层次电路.PcbDoc	✓		
✓	Add	R5	To	层次电路.PcbDoc	✓		
✓	Add	R6	To	层次电路.PcbDoc	✓		
✓	Add	S1	To	层次电路.PcbDoc	✓		
✓	Add	S2	To	层次电路.PcbDoc	✓		
✓	Add	S3	To	层次电路.PcbDoc	✓		
✓	Add	S4	To	层次电路.PcbDoc	✓		
✓	Add	S5	To	层次电路.PcbDoc	✓		
✓	Add	S6	To	层次电路.PcbDoc	✓		
✓	Add	S7	To	层次电路.PcbDoc	✓		
✓	Add	S8	To	层次电路.PcbDoc	✓		
✓	Add	S9	To	层次电路.PcbDoc	✓		
✓	Add	U1	To	层次电路.PcbDoc	✗		Footprint Not Found SOT129-1
✓	Add	Y1	To	层次电路.PcbDoc	✓		
	Add Nets(42)						
✓	Add	A0	To	层次电路.PcbDoc	✓		
✓	Add	A1	To	层次电路.PcbDoc	✓		
✓	Add	A2	To	层次电路.PcbDoc	✓		
✓	Add	A3	To	层次电路.PcbDoc	✓		
✓	Add	A4	To	层次电路.PcbDoc	✓		
✓	Add	A5	To	层次电路.PcbDoc	✓		
✓	Add	A6	To	层次电路.PcbDoc	✓		
✓	Add	A7	To	层次电路.PcbDoc	✓		
✓	Add	A	To	层次电路.PcbDoc	✓		

验证变更　执行变更　报告变更(R)...　仅显示错误　关闭

图 4-48　验证变更后指令对话框

1）在原理图绘制界面双击元器件 U1，打开元器件属性对话框，如图 4-49 所示。在“Parameters”区域为该元器件添加 PCB 封装。先单击 🗑 按钮，确认删除原有封装 SOT129-1，单击“Add”按钮，在如图 4-50 所示的下拉列表中选择“Footprint”，打开如图 4-51 所示的“PCB 模型”对话框。

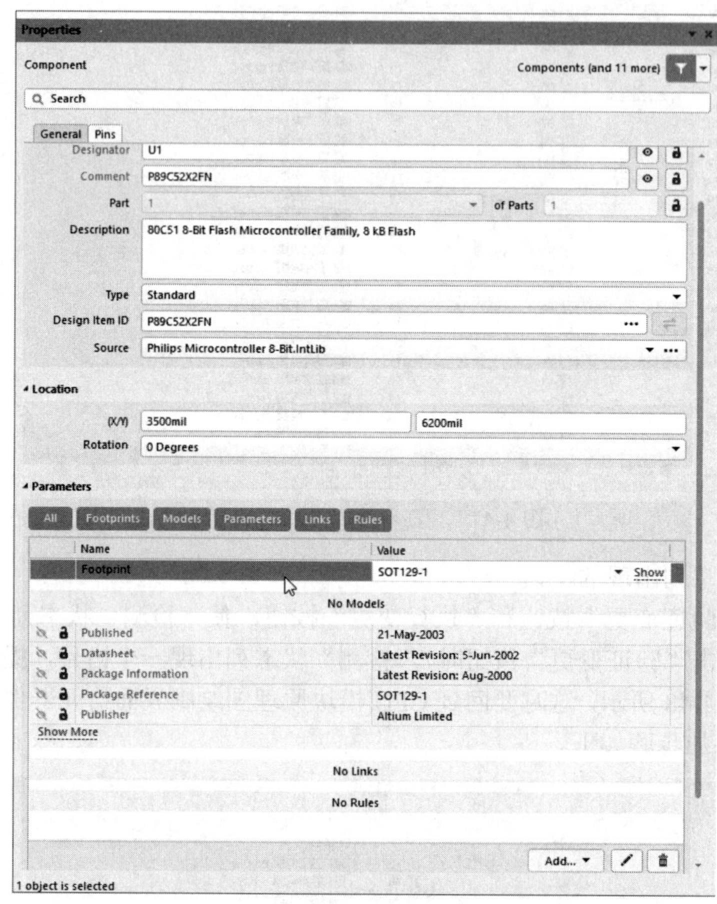

图 4-49 U1 元器件属性对话框

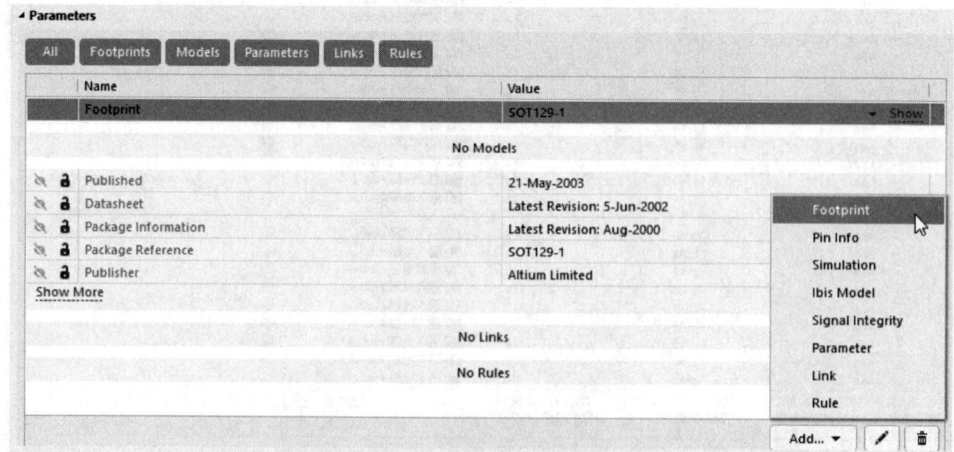

图 4-50 选择要添加的模块类型

2）加载封装元器件库。单击“浏览”按钮，打开如图 4-52 所示的“浏览库”对话框。单击“库”栏右边的下拉按钮，可以从下拉列表中选择相应的封装元器件库。

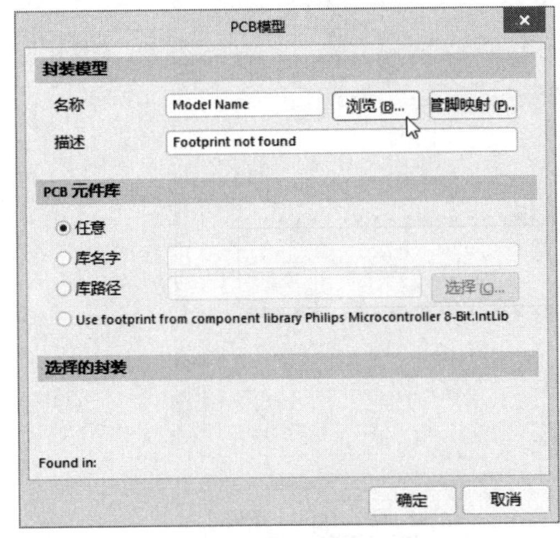

图 4-51　“PCB 模型”对话框

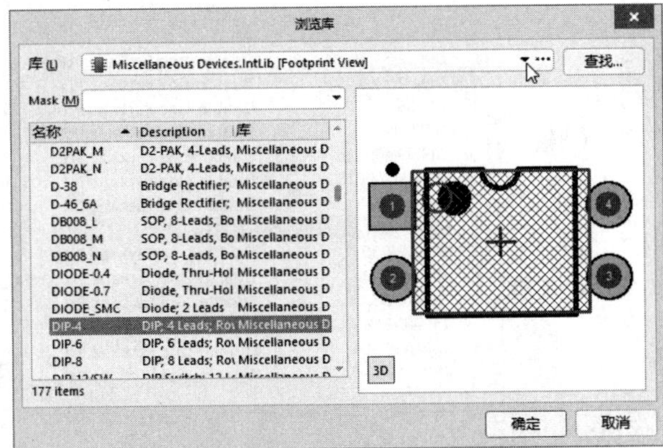

图 4-52　“浏览库”对话框

如果在下拉列表中找不到需要的封装元器件库，则需要单击右边的⋯按钮，此时将显示如图 4-53 所示的“可用的基于文件的库”对话框。“库相对路径”应选择 Library 文件夹所在具体路径，然后单击“安装”按钮。再从如图 4-54 所示的对话框中选择需要的相应目录下的 PCB 元器件库。本例应选择“安装盘符:\Program Files\Altium\AD21\Library\ Pcb”目录下的“Dual-In-Line Package.PcbLib”元器件库。

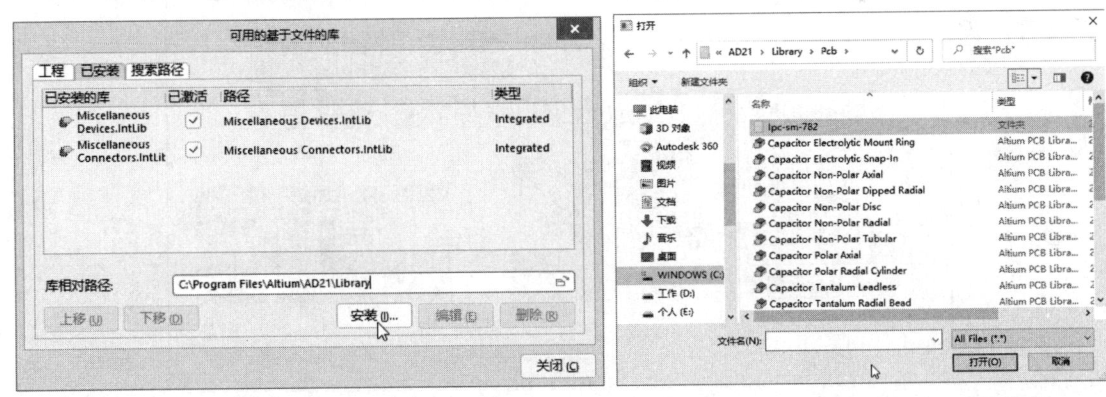

图 4-53　“可用的基于文件的库”对话框

图 4-54　打开需要的 PCB 元器件库

3）在图 4-55 中的模块列表内选择“DIP-40”模块，单击“确定”按钮确认，并返回图 4-51 所示对话框。

4）完成上述设置后，单击“确定”按钮关闭元器件属性对话框。

5）执行菜单命令“文件”→“保存”，保存对元器件的编辑。

按照同样的步骤将元件 R5 的封装修改为 DIP-16，元件 R6 的封装修改为 HDR1×9。

修改封装之后，再次单击图 4-47 中的“验证变更”按钮和“执行变更”按钮，转换后的

PCB 如图 4-56 所示，生成对应 4 个子图的 4 个 Room。

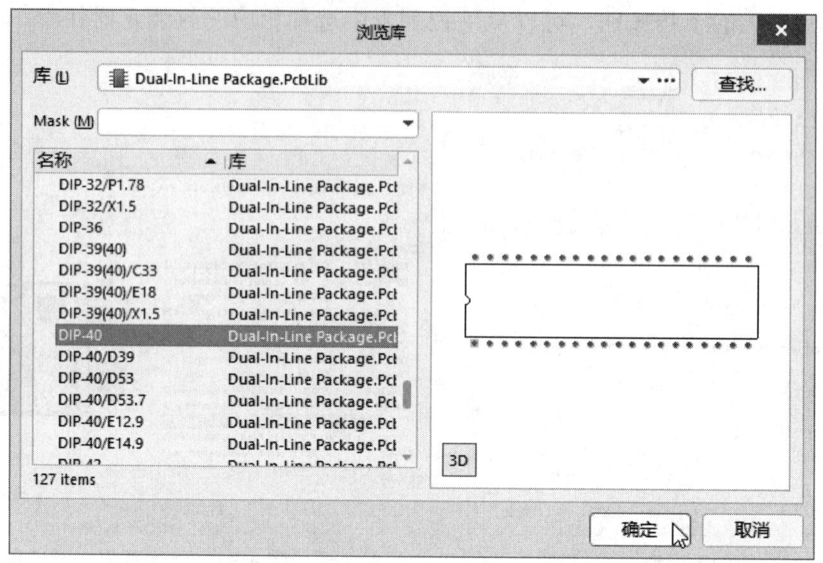

图 4-55　更新后的浏览库对话框

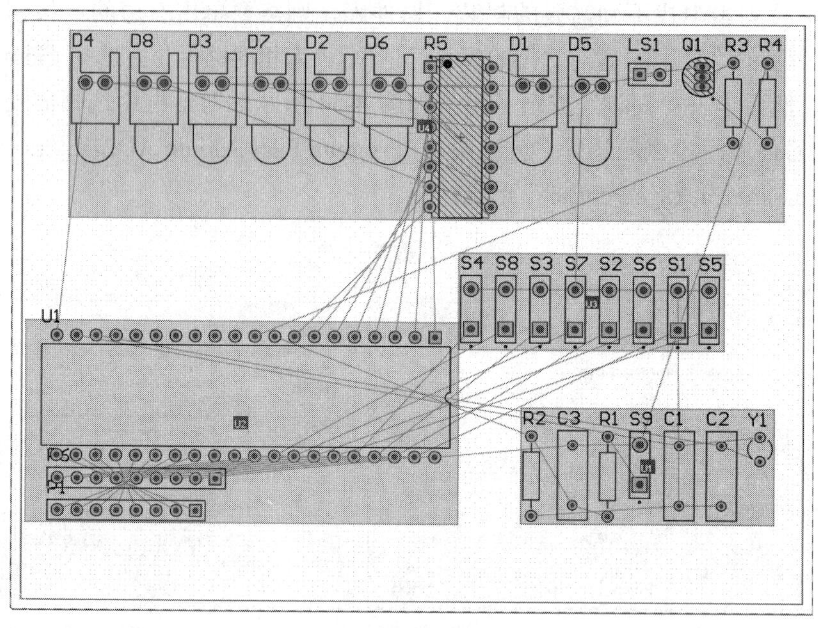

图 4-56　转换后的 PCB

4.2.3　PCB 元器件布局

布局之前需要将元器件盒删除，可以直接选中删除，也可执行菜单命令“设计”→“规则”→“Placement”→“Room Definition”，右键删除 U1、U2、U3 和 U4 共 4 个元器件盒，如图 4-57 所示。经过手动调节后的布局图如图 4-58 所示。

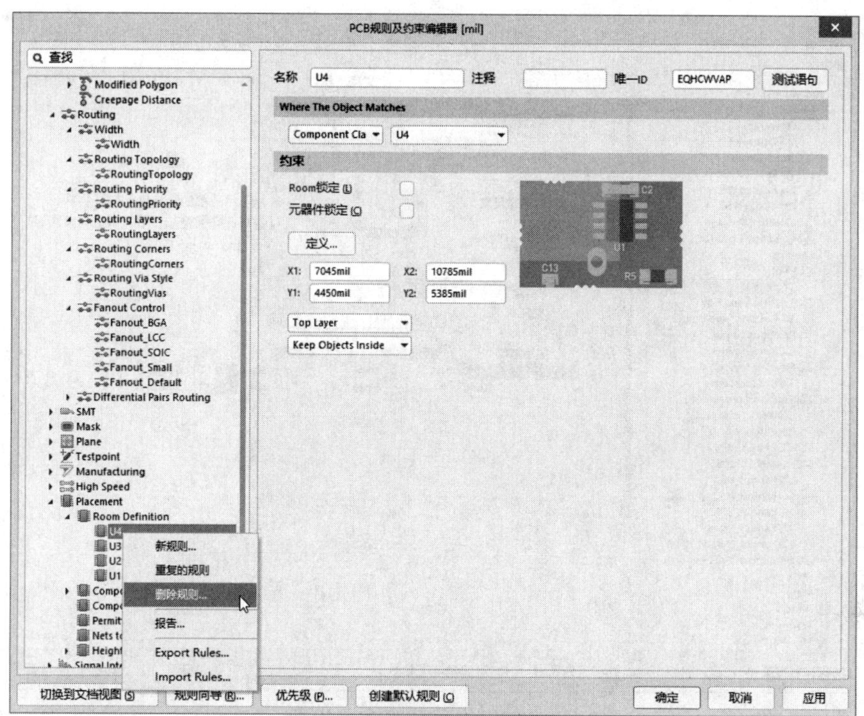

图4-57　删除元器件盒

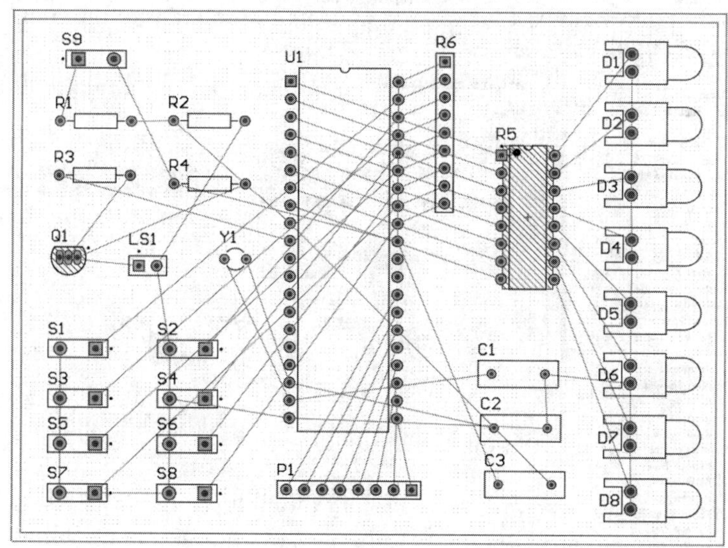

图4-58　手动调整布局后的PCB

4.2.4　PCB布线规则设置及布线

执行菜单命令“设计”→“规则”→“Design Rules”→“Routing”（布线），普通布线宽度为30mil，设置如图4-59所示，地线网络GND铜膜线宽度为50mil，设置如图4-60所示。注意，GND布线的优先级别要高于普通布线规则。双面板布线层设置同项目3。

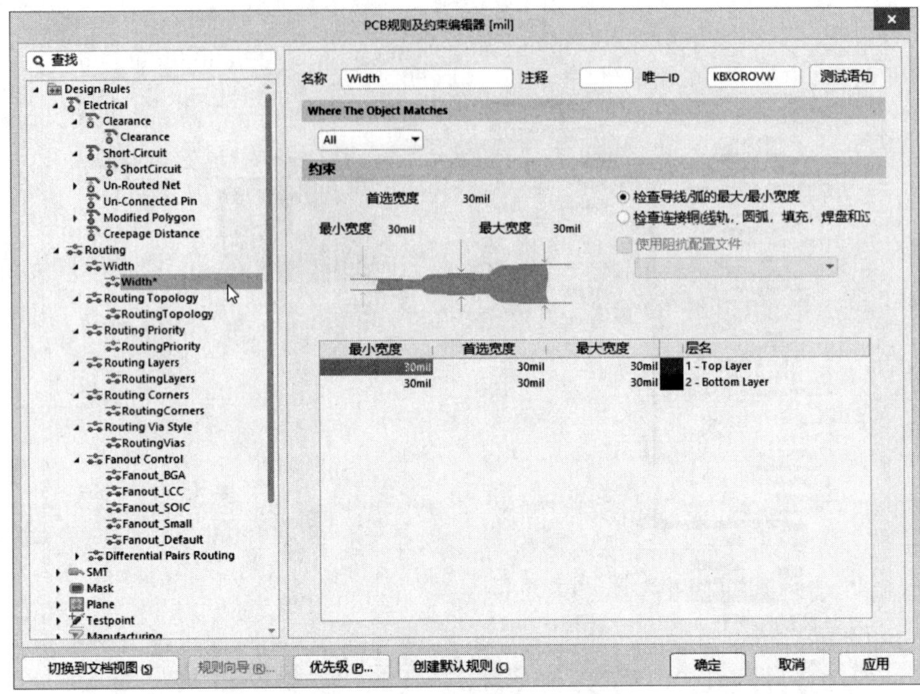

图 4-59 普通布线宽度设置

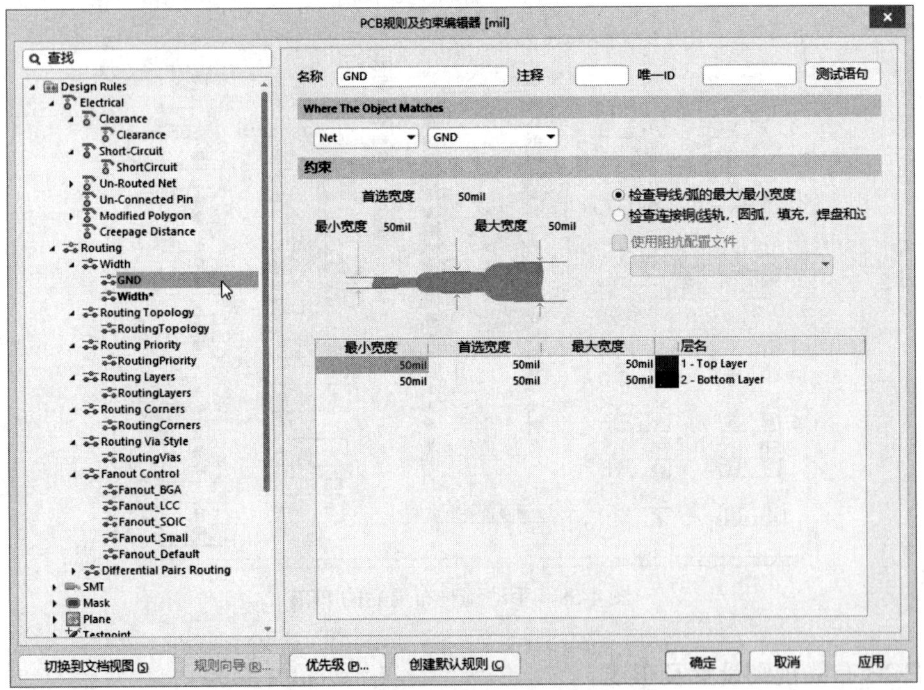

图 4-60 地线网络 GND 铜膜线宽度

自动布线完成的 PCB 如图 4-61 所示。自动布线后部分布线不理想，需要进行手动调节，手动调节之后的布线图如图 4-62 所示。

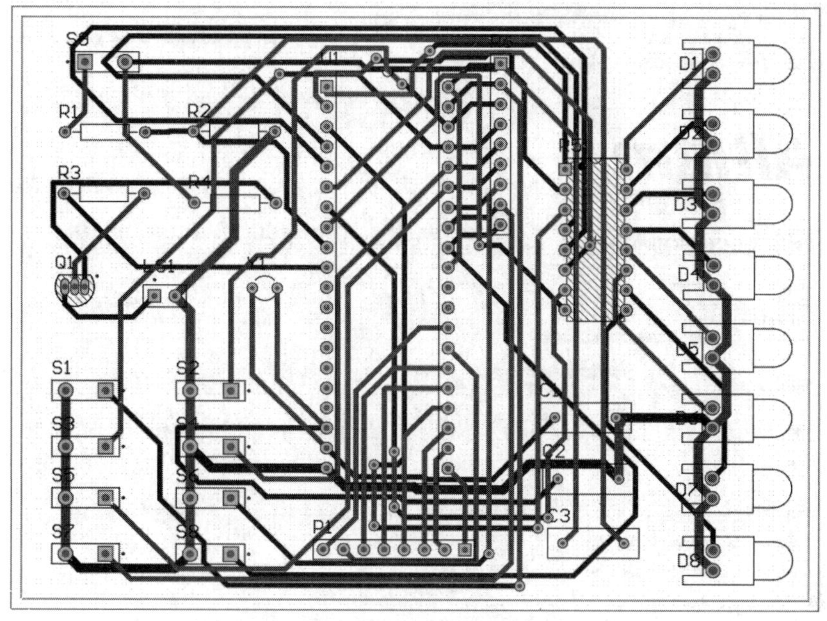

图 4-61 自动布线完成的 PCB

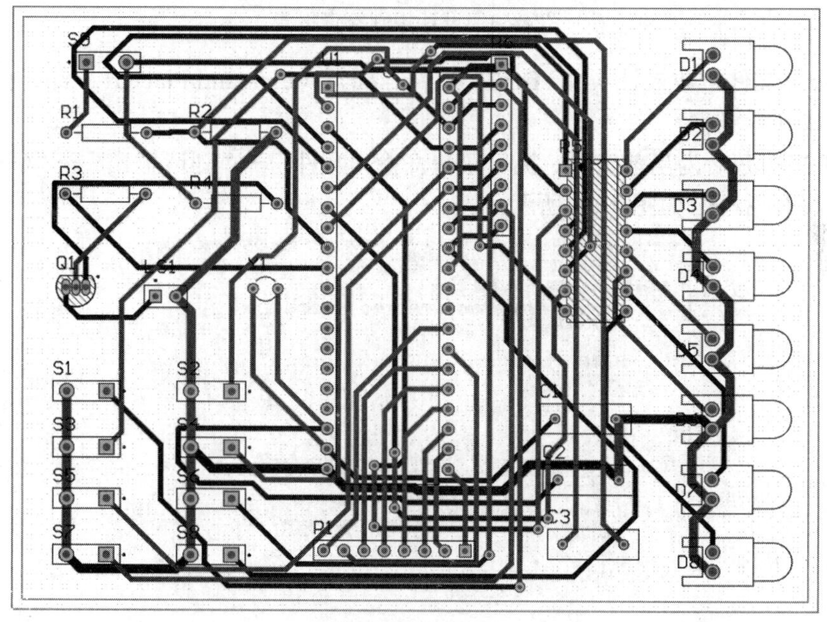

图 4-62 手动调整布线后的 PCB

完成布线后，需要通过执行菜单命令“工具”→“设计规则检查”来进行 PCB 设计规则检查，直到项目设计中不存在违反规则项，如图 4-63 所示。

4.2.5 输出与报表

Altium Designer 对设计的项目或文档提供了生成各种报表和文件的功能，为设计者提供了有关设计过程及设计内容的详细资料。这些资料包括用于制造和生产 PCB 的文件组合

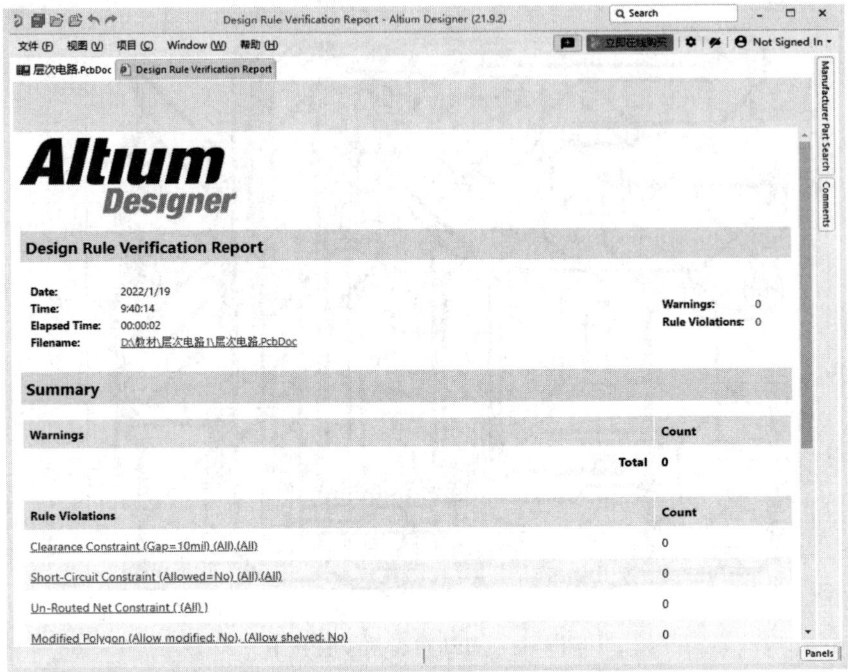

图 4-63 设计规则检查报告

底片（Gerber）文件、数控钻（NC Drill）文件、插置（Pick and Place）文件、材料报表等。

（1）生成底片文件

将 PCB 文档激活为当前文档，执行菜单命令“文件”→“制造输出”→“Gerber Files”，启动底片设置对话框，如图 4-64 所示。

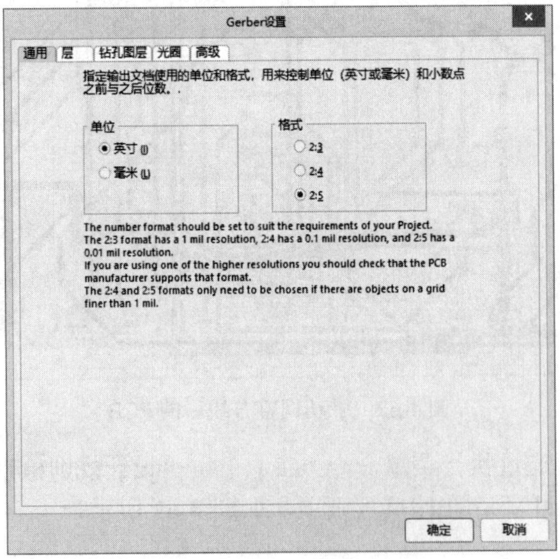

Gerber设置
通用 层 钻孔图层 光圈 高级
指定输出文档使用的单位和格式，用来控制单位（英寸或毫米）和小数点之前与之后位数。
单位：英寸(I) 毫米(M)
格式：2:3 2:4 2:5
The number format should be set to suit the requirements of your Project.
The 2:3 format has a 1 mil resolution, 2:4 has a 0.1 mil resolution, and 2:5 has a 0.01 mil resolution.
If you are using one of the higher resolutions you should check that the PCB manufacturer supports that format.
The 2:4 and 2:5 formats only need to be chosen if there are objects on a grid finer than 1 mil.
确定 取消

图 4-64 底片设置对话框

该对话框中有 5 个选项卡，用于设置底片的精度、输出板层、镜头参数等。设置结束后，单击“确定”按钮，系统生成底片文件，并自动保存在该项目自动生成的文件夹

“Generated”→“Text Documents”里面的层次电路.REP、层次电路.RUL 和层次电路.EXTREP 这 3 个文本文件中；同时启动 CAMtastic1.Cam，以图形方法显示底片图形文件。

（2）生成数控钻文件

数控钻文件用于提供制作 PCB 时所需要的钻孔资料，该资料直接用于数控钻孔机。执行菜单命令“文件”→“制造输出”→“NC Drill Files”，启动数控钻设置对话框，如图 4-65 所示。

在对话框中设置 NC Drill 输出文件的精度和度量单位。设置完毕，单击“确定”按钮，出现“导入钻孔数据”对话框，如图 4-66 所示。

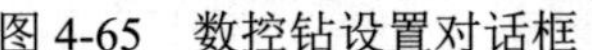

图 4-65　数控钻设置对话框

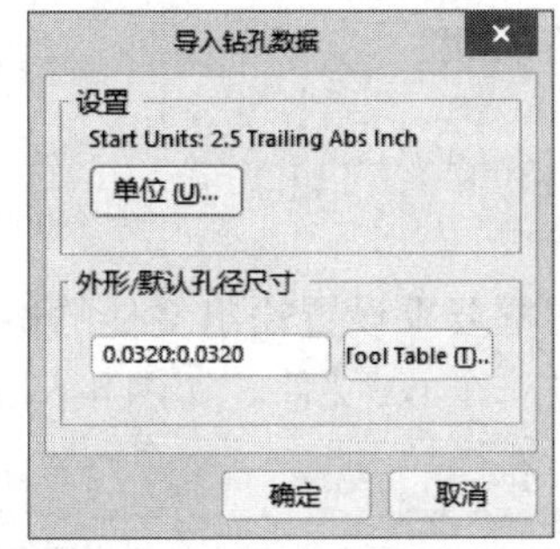

图 4-66　“导入钻孔数据”对话框

单击“确定”按钮，即可生成扩展名为.DRR 的钻孔文本文件和图形文件 CAMtastic2.Cam，并自动保存。如图 4-67 所示是生成的 PCB 的钻孔文件。

```
------------------------------------------------------------------------------------------
NCDrill File Report For: 层次电路.PcbDoc    2022/1/17  11:59:46
------------------------------------------------------------------------------------------

Layer Pair : Top Layer to Bottom Layer
ASCII RoundHoles File : 层次电路.TXT

Tool      Hole Size          Hole Tolerance          Hole Type    Hole Count   Plated    Tool Travel
------------------------------------------------------------------------------------------
T1     28mil (0.7mm)                                 Round        8            PTH       3.44inch (87.39mm)
T2     28mil (0.711mm)                               Round        14           PTH       7.70inch (195.47mm)
T3     33mil (0.85mm)                                Round        8            PTH       2.55inch (64.66mm)
T4     35mil (0.9mm)                                 Round        78           PTH       13.78inch (350.09mm)
T5     43mil (1.1mm)                                 Round        18           PTH       5.75inch (146.12mm)
T6     50mil (1.27mm)                                Round        16           PTH       4.89inch (124.21mm)
------------------------------------------------------------------------------------------
Totals                                                            142

Total Processing Time (hh:mm:ss) : 00:00:00
```

图 4-67　生成的钻孔文件

（3）生成元器件拾放文件

元器件拾放文件是自动插件机将元器件自动插入 PCB 所必需的信息文件。

执行菜单命令“文件”→“装配输出”→“Generates pick and place files”，系统弹出“拾放文件设置”对话框，如图 4-68 所示。

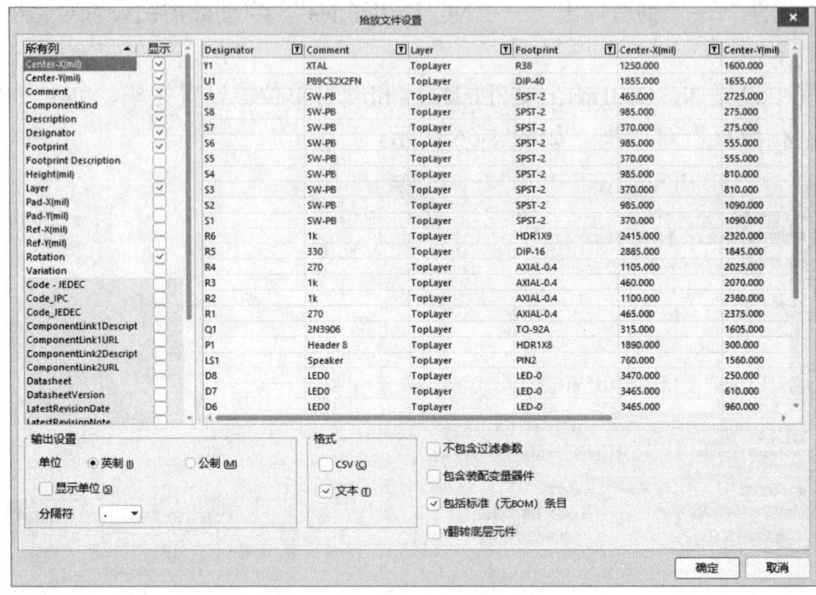

图 4-68 “拾放文件设置”对话框

该对话框要求设置输出文件的格式及其度量单位。设置完毕，单击“确定”按钮，系统自动生成一个.txt 文件。如图 4-69 所示是生成的“Pick Place for 层次电路.txt”文件。

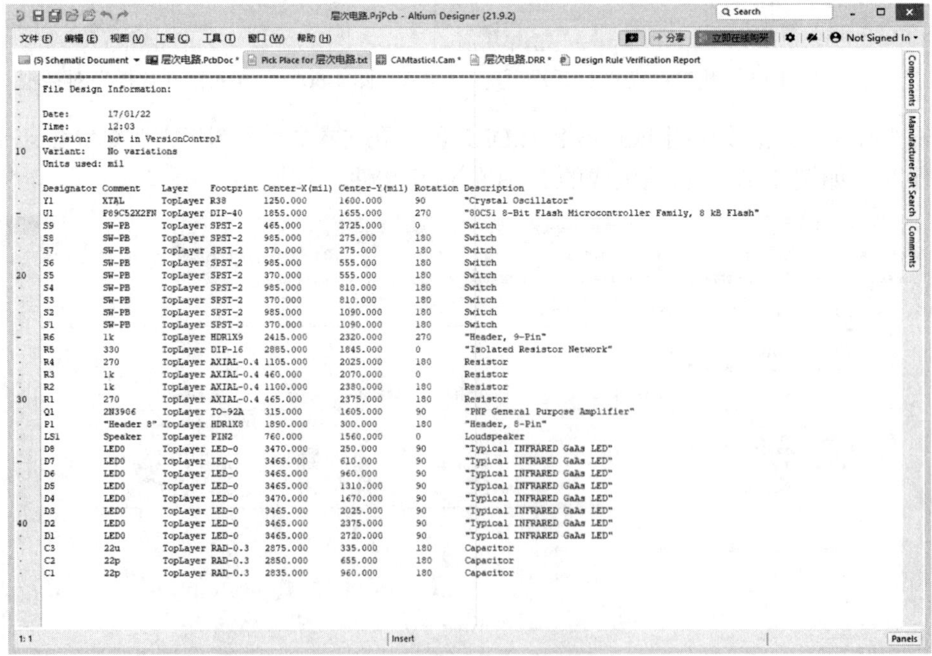

图 4-69 生成元器件拾放文件

（4）生成测试点报表

执行菜单命令“文件”→“制造输出”→“Test Point Report”，系统弹出如图 4-70 所示的对话框。

在该对话框中可以设置报告格式、测试点层和单位等。设置完毕，单击“确定”按钮，系统生成测试点报表文件。

（5）生成 PCB 信息报表

PCB 信息报表提供用户 PCB 的完整信息，包括 PCB 尺寸、PCB 上的焊盘、导孔的数量以及元器件标号等。

执行菜单命令“报告”→“板信息”，系统弹出如图 4-71 所示的“板级报告”对话框，可根据需要设置报表文件中包含的内容或信息。本例选择“Board Specifications”、“Layer Information”、“Routing Information”和“Net Track Width”4 项内容。设置完成后，单击“报告”按钮，系统自动生成 Board Information Report 文件，如图 4-72 所示。

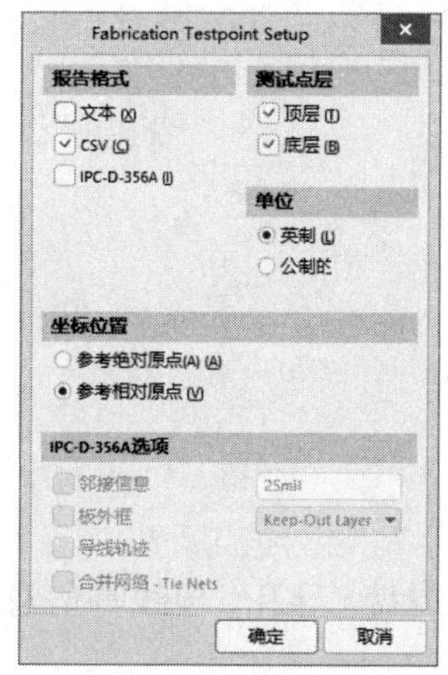

图 4-70　测试点报表设置对话框

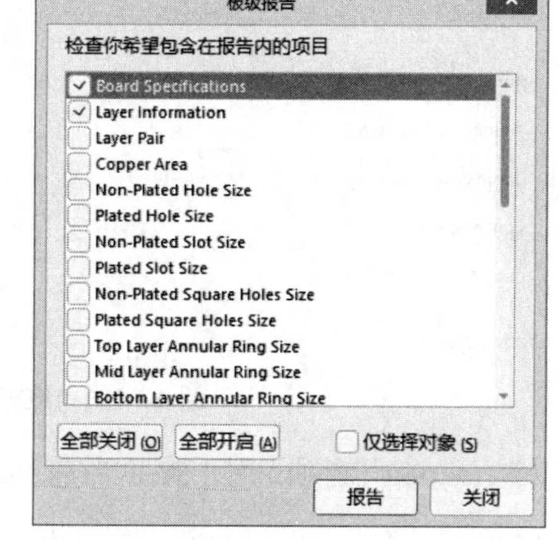

图 4-71　“板级报告”对话框

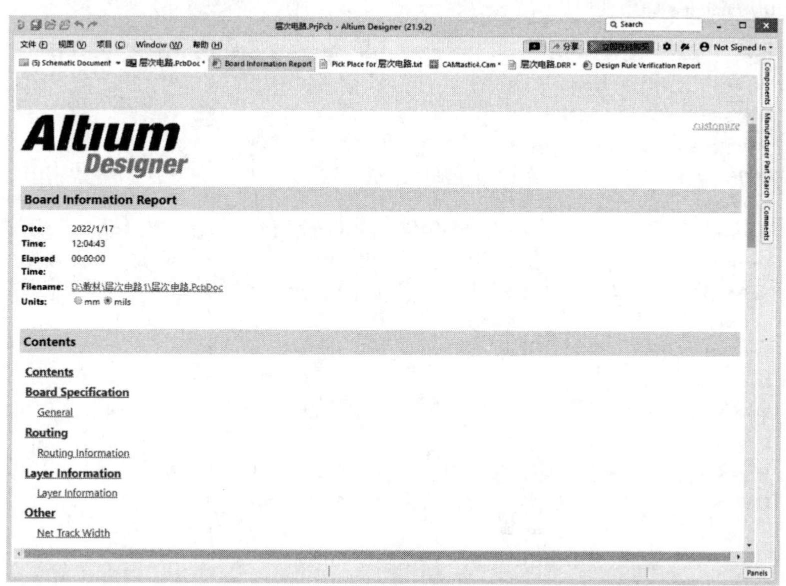

图 4-72　PCB 信息报表

如图 4-72 所示的文件中包括 4 部分内容，分别介绍如下。

“General”选项：用于显示 PCB 的一般信息，包括 PCB 的大小、元器件数量，如图 4-73 所示。

Board Specification

General	
Board Size	4000mil x 3000mil
Components on board	31

Back to top

图 4-73 板信息报表项

“Routing Information”选项：用于显示当前 PCB 布线完成情况的板层信息，如图 4-74 所示。

Routing

Routing Information	
Routing completion	100.00%
Connections	77
Connections routed	77
Connections remaining	0

Back to top

图 4-74 布线信息报表项

“Layer Information”选项：用于显示当前 PCB 各层焊盘、导孔、导线等信息，如图 4-75 所示。

Layer Information

Layer	Arcs	Pads	Vias	Tracks	Texts	Fills	Regions	ComponentBodies
Top Layer	0	0	0	173	0	0	0	0
Bottom Layer	0	0	0	156	0	0	0	0
Mechanical 1	0	0	0	4	0	0	0	0
Mechanical 13	2	0	0	5	0	0	0	2
Mechanical 15	0	0	0	4	0	0	0	0
Multi-Layer	0	128	14	0	0	0	1	0
Top Paste	0	0	0	0	0	0	0	0
Top Overlay	26	0	0	175	62	0	0	0
Top Solder	0	0	0	0	0	0	0	0
Bottom Solder	0	0	0	0	0	0	0	0
Bottom Overlay	0	0	0	0	0	0	0	0
Bottom Paste	0	0	0	0	0	0	0	0
Drill Guide	0	0	0	0	0	0	0	0
Keep-Out Layer	0	0	0	4	0	0	0	0
Drill Drawing	0	0	0	0	0	0	0	0
Total	28	128	14	521	62	0	1	2

Back to top

图 4-75 板层信息报表项

“Net Track Width”选项：用于显示当前 PCB 布线规则信息，如图 4-76 所示。

Other

Net Track Width	Count
30mil	41
50mil	1
Total	42

Back to top

图 4-76　网络线宽信息报表项

（6）生成元器件清单

元器件清单可以用来整理一个电路或项目中的元器件，生成一个元器件列表，给设计者提供材料信息。Altium Designer 提供两种生成元器件清单的方法。

1）由项目管理生成元器件清单。执行菜单命令“文件”→“新的”→“Output Job 文件”（输出作业文件），系统生成一个 Job1.OutJob 文件，并在当前窗口中显示，如图 4-77 所示。

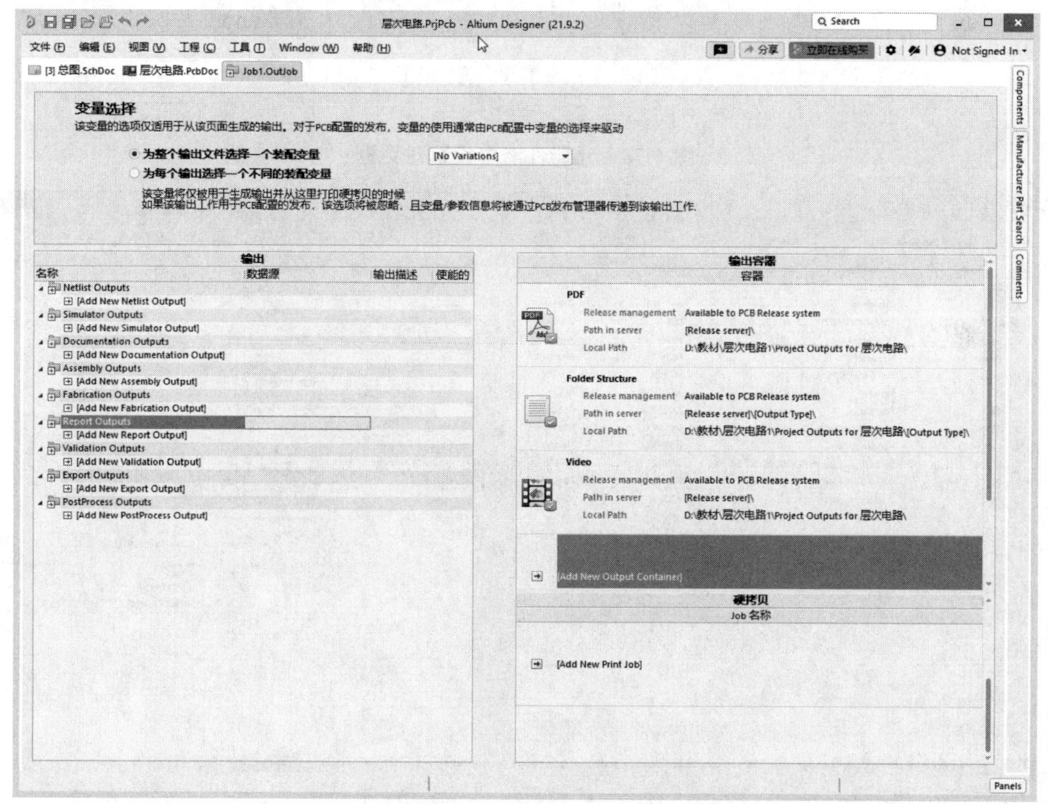

图 4-77　项目输出作业文件

在图 4-77 中将输出内容按类别分为 9 个单元，项目的所有输出都可以在这里设置并输出。单击“Report Outputs”单元下的“Add New Report Output”→“Bill of Materials”→“[Project]”，如图 4-78 所示，系统生成如图 4-79 所示元器件清单对话框。

在如图 4-79 所示对话框的左边区域显示元器件的封装、数量、数值等信息，右边区域

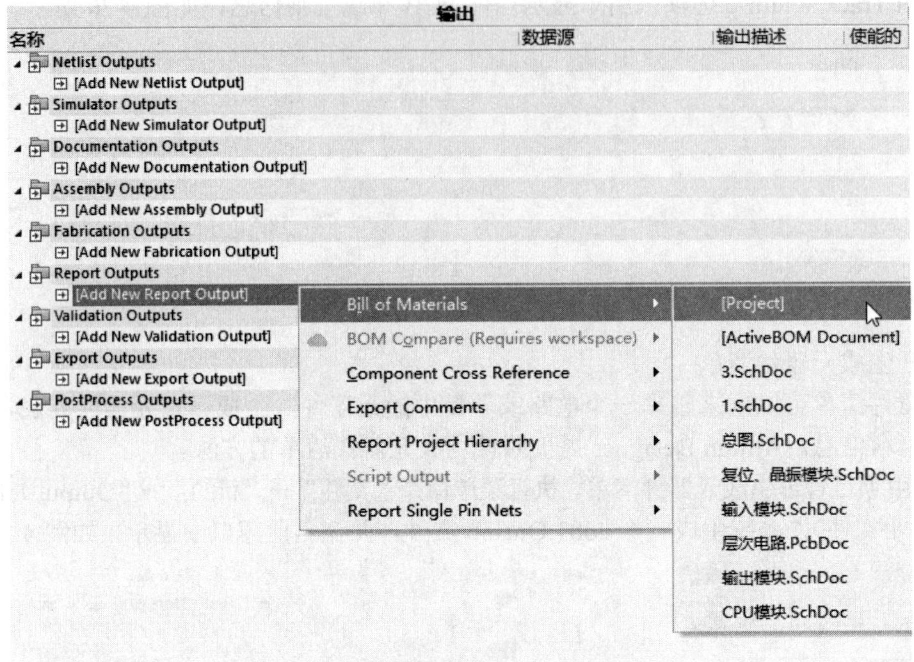

图 4-78　元器件清单设置对话框

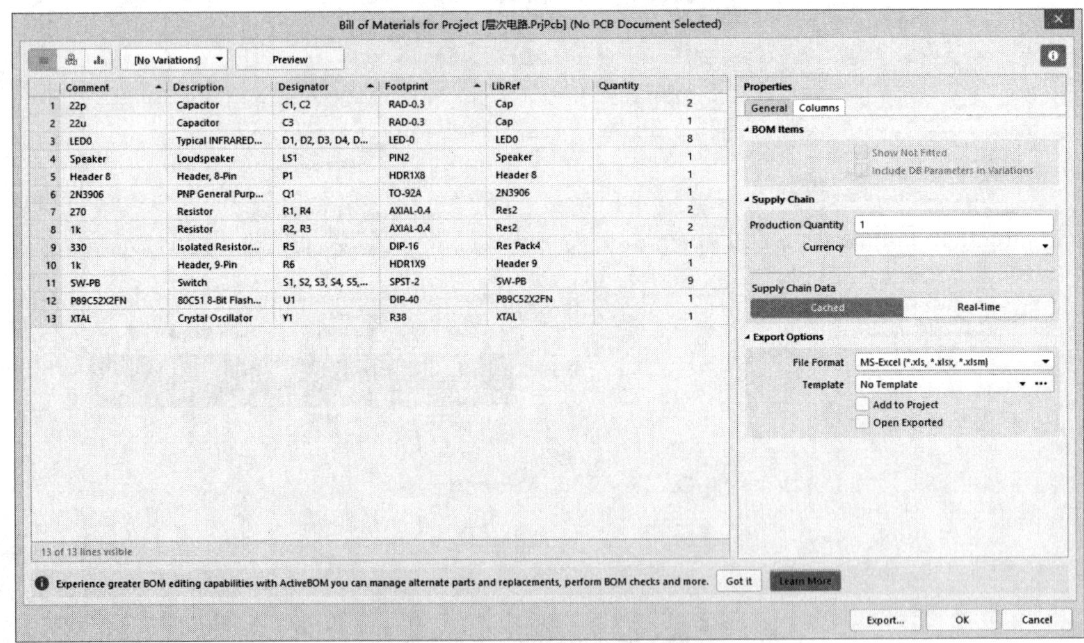

图 4-79　元器件清单对话框

用于设置在左边区域要显示的项目、元器件归类条件、BOM 表导出格式或模板等。

设置完成后，单击“Report”按钮，系统生成的 BOM 文件打开后如图 4-80 所示。

2）由报告菜单生成元器件清单。执行菜单命令“报告”→“Bill of Materials”，系统直接弹出如图 4-79 所示的对话框。清单项目设置和打印等与上述方法相同，这里不再重复。

	A	B	C	D	E	F
1	Comment	Description	Designator	Footprint	LibRef	Quantity
2	22p	Capacitor	C1, C2	RAD-0.3	Cap	2
3	22u	Capacitor	C3	RAD-0.3	Cap	1
4	LED0	Typical INFRARED	D1, D2, D3, D4, D	LED-0	LED0	8
5	Speaker	Loudspeaker	LS1	PIN2	Speaker	1
6	Header 8	Header, 8-Pin	P1	HDR1X8	Header 8	1
7	2N3906	PNP General Purpo	Q1	TO-92A	2N3906	1
8	270	Resistor	R1, R4	AXIAL-0.4	Res2	2
9	1k	Resistor	R2, R3	AXIAL-0.4	Res2	2
10	330	Isolated Resistor	R5	DIP-16	Res Pack4	1
11	1k	Header, 9-Pin	R6	HDR1X9	Header 9	1
12	SW-PB	Switch	S1, S2, S3, S4, S	SPST-2	SW-PB	9
13	P89C52X2FN	80C51 8-Bit Flash	U1	DIP-40	P89C52X2FN	1
14	XTAL	Crystal Oscillato	Y1	R38	XTAL	1

图 4-80　BOM 文件

（7）生成元器件交叉参考表

元器件交叉参考表主要列出项目中各个元器件的编号、名称及所在的电路图等。

执行菜单命令“文件”→“新的”→ “Output Job 文件”（输出作业文件），系统生成一个 Job1.OutJob 文件，并在当前窗口中显示，如图 4-77 所示。单击“Report Outputs”单元下的“Add New Report Output”→“Component Cross Reference”→“[Project]”，系统弹出元器件交叉参考表对话框，如图 4-81 所示。

也可以执行菜单命令“报告”→“项目报告”→“Component Cross Reference”，启动如图 4-81 所示的对话框。

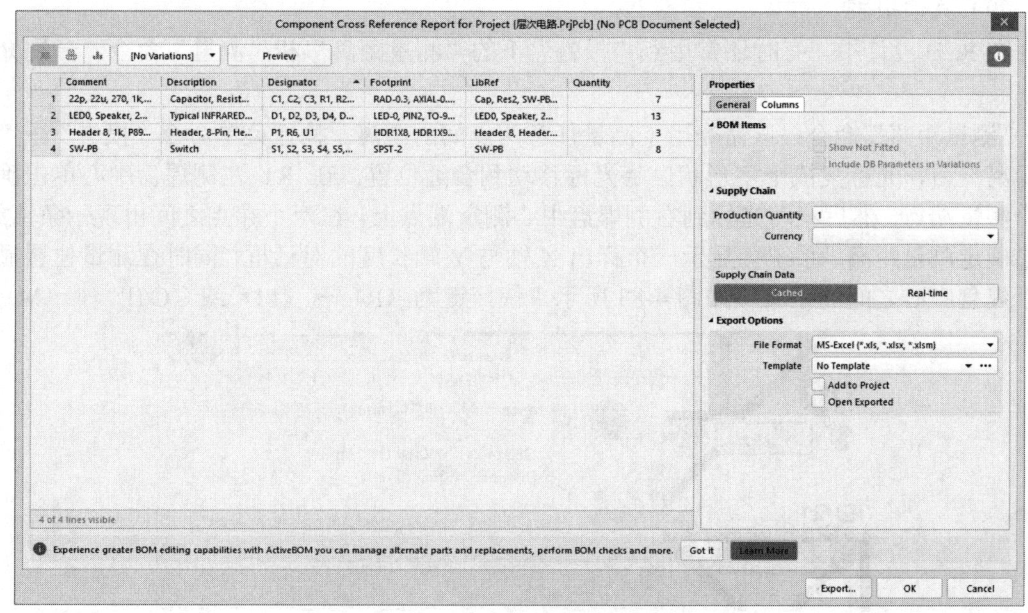

图 4-81　元器件交叉参考表对话框

以下的操作请参考“生成元器件清单”的操作方法，这里不再重复。

（8）生成网络状态表

网络状态表列出 PCB 中每一条网络的长度。执行菜单命令“报告”→“网络表状态”，生成网络状态表如图 4-82 所示。

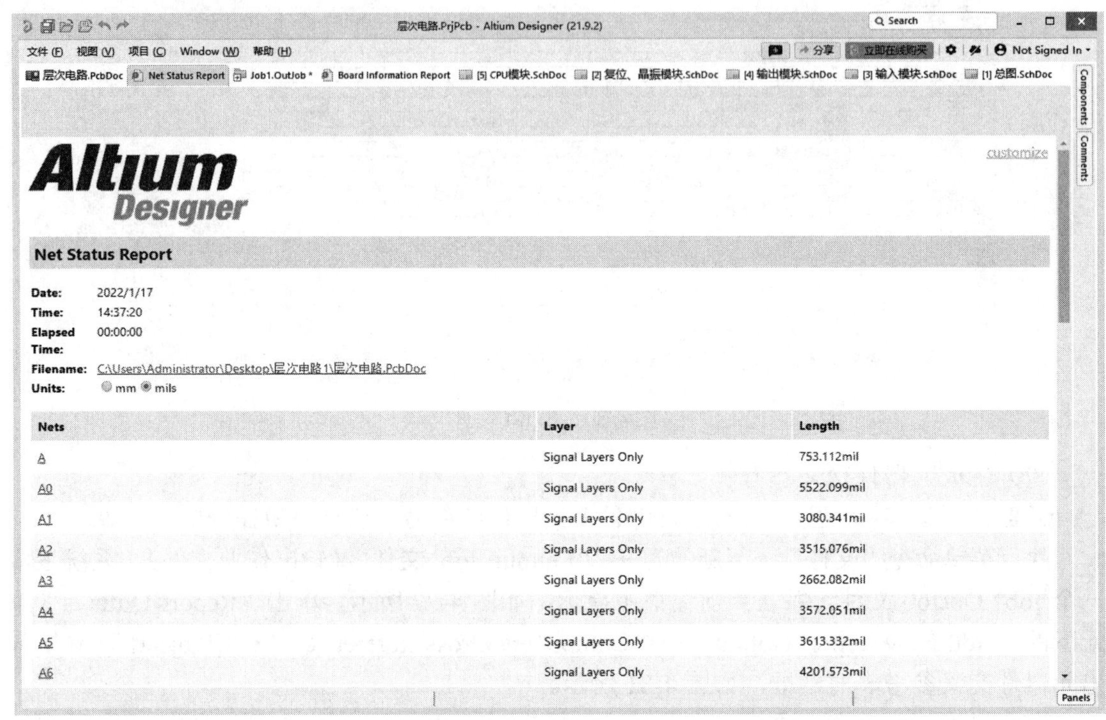

图 4-82 生成网络状态表

（9）其他报表

在 PCB 设计中，有时还常用到“报告”下的“测量距离”和“测量”命令，分别介绍如下。

“测量距离”命令：该命令用于测量任意两点间的距离。执行菜单命令“报告”→“测量距离”后，光标变成十字形状，将光标移动到合适位置，在 R1 左侧焊盘中心单击确定一个测量端点，然后移动光标到右侧焊盘中心测量端点上，在两个端点之间出现一条直线。单击确定测量距离，系统会显示一个标出 X 轴与 Y 轴长度的对话框，同时在测量位置显示两个焊盘中心之间的距离，如图 4-83 所示。快捷键为〈R〉→〈M〉或〈Ctrl〉+〈M〉。

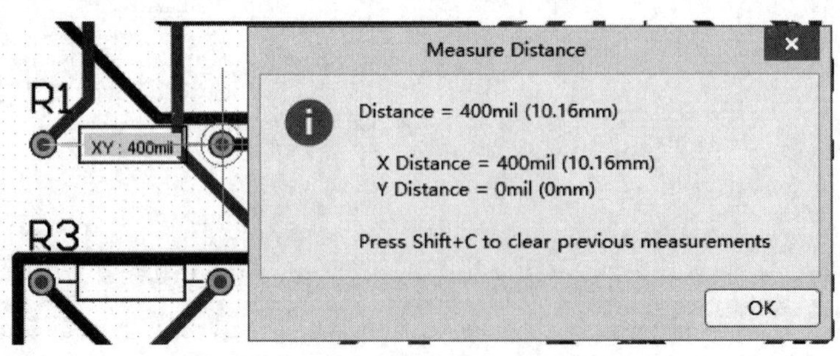

图 4-83 显示测量结果

“测量”命令：这种测量是两个对象边缘和边缘之间的间距测量，无论选中对象的哪个部位测量，只会测量对象与对象之间最近边缘的直线距离。以测量焊盘间的距离为例来说明其用法。执行菜单命令“报告”→“测量”后，光标变成十字形状，将光标移动到 R1 左侧焊盘中心位置，将出现一个八角形，如图 4-84 所示，单击确定。在 R1 的右侧焊盘中心上单击，如图 4-85 所示。单击后，注意系统显示所选两个焊盘边缘之间的距离，如图 4-86 所示。快捷键为〈R〉→〈P〉。

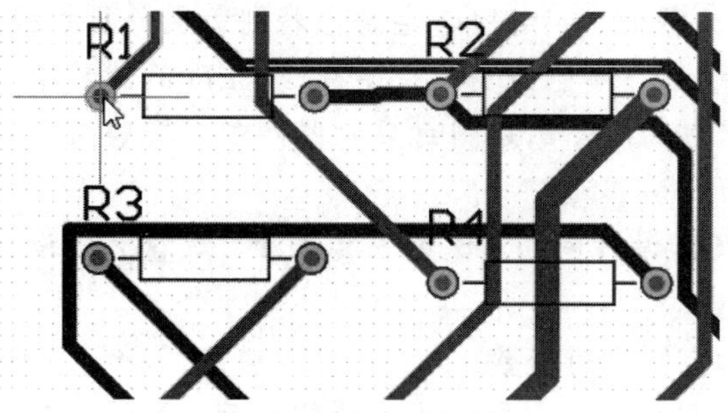

图 4-84　确定第 1 个焊盘

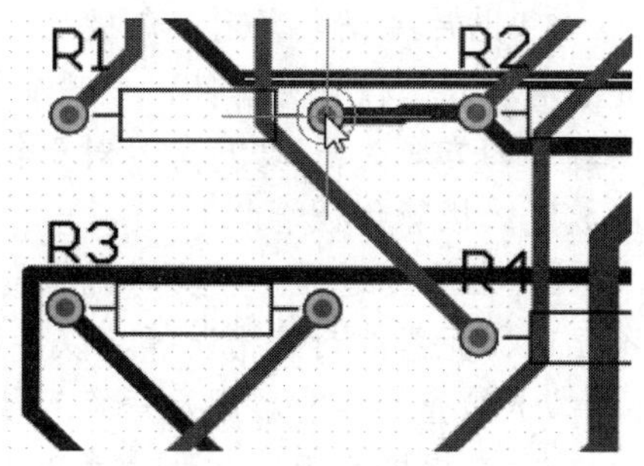

图 4-85　确定第 2 个焊盘

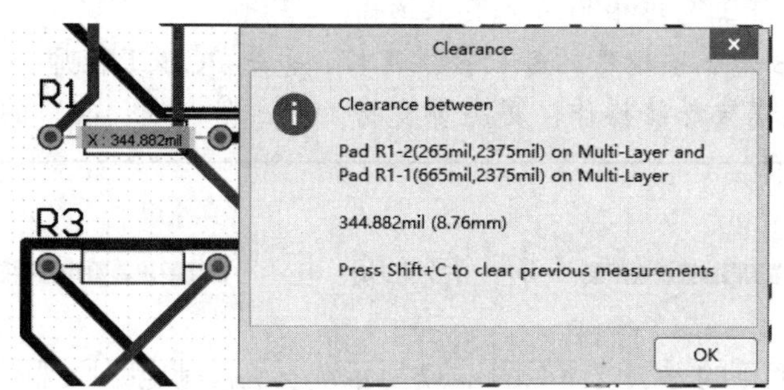

图 4-86　焊盘距离测量结果

项 目 小 结

通过本项目的学习，了解层次电路绘制的一般流程，能独立设计层次电路的 PCB。

拓展阅读

手工焊接 PCB 的流程

PCB 焊接的一般操作步骤如下:

1）对 PCB 裸板进行外观检查，看是否存在短路、断路等问题，将原理图与 PCB 丝印层进行对照，避免原理图与 PCB 不符。

2）按 BOM 选取相应器件，并仔细核对器件的型号、数量，同时检查器件表面、引脚等是否有损伤或锈痕等影响器件性能的因素。待器件及 PCB 的型号及数量确认后，根据 BOM 上器件对应标号与电路板上的位置，将器件插接到电路板上。焊接之前，应采取戴静电环等防静电措施，避免静电对元器件造成伤害。焊接所需设备准备齐全后，应保证烙铁头的干净整洁。

3）挑选元器件进行焊接时，应按照元器件由低到高、由小到大的顺序进行焊接，以免焊接好较大元器件后，给较小元器件的焊接带来不便。优先焊接集成电路芯片。

4）进行集成电路芯片的焊接之前，需保证芯片放置方向的正确无误。对于芯片丝印层，一般长方形焊盘表示开始的引脚。焊接时应先固定芯片一个引脚，对元器件的位置进行微调后固定芯片对角引脚，使元器件被准确连接在位置上后再进行焊接。

5）贴片陶瓷电容无正负极之分，发光二极管、钽电容与电解电容则需区分正负极。对于电容及二极管元器件，一般有显著标识的一端应为负。在贴片式 LED 的封装中，沿着灯的方向为正-负方向。对于丝印标识为二极管电路图封装元器件中，有竖线一端应放置二极管负极端。

6）在焊接过程中应及时记录发现的 PCB 设计问题，比如安装干涉、焊盘大小设计不正确、元器件封装错误等，以备后续改进。

7）检查是否有虚焊及短路等情况，如有则进行修整。

8）在焊接完毕后，及时对 PCB 进行彻底清洗，以便除去残留的焊剂、油污和灰尘等污物，具体的清洗工艺可根据工艺要求选择。

手工焊接 PCB 是一项精密的专项技术工作，也是 PCB 工程师必备的技能。要想胜任这项工作，不仅需要熟练操作，更需要发扬“专、精、细、实”的工匠精神。

拓 展 项 目

4-1 试用自上而下的方法设计如图 4-87 所示洗衣机控制电路原理图的 PCB，要求如下：

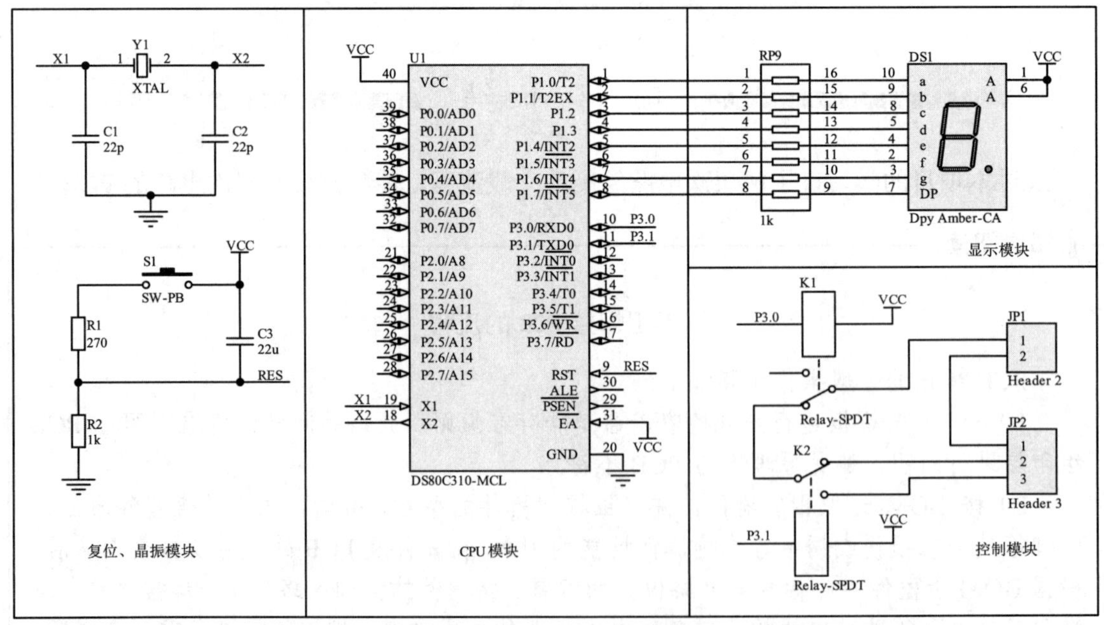

图 4-87 洗衣机控制电路原理图

1）使用双层 PCB，PCB 尺寸为 4000mil×3000mil。

2）采用插针式元器件封装。

3）底层整面敷铜，并接地线网络。

4）布线宽度为 30mil。

5）网络 GND 铜膜线宽度为 100mil。

4-2　试用自下而上的方法设计如图 4-88 所示报警电路原理图的 PCB，要求如下：

1）使用双层 PCB，尺寸为 5000mil×4000mil。

2）采用插针式元器件封装。

3）底层整面敷铜，并接地线网络。

4）布线宽度为 30mil。

5）地线网络 GND 铜膜线宽度为 80mil。

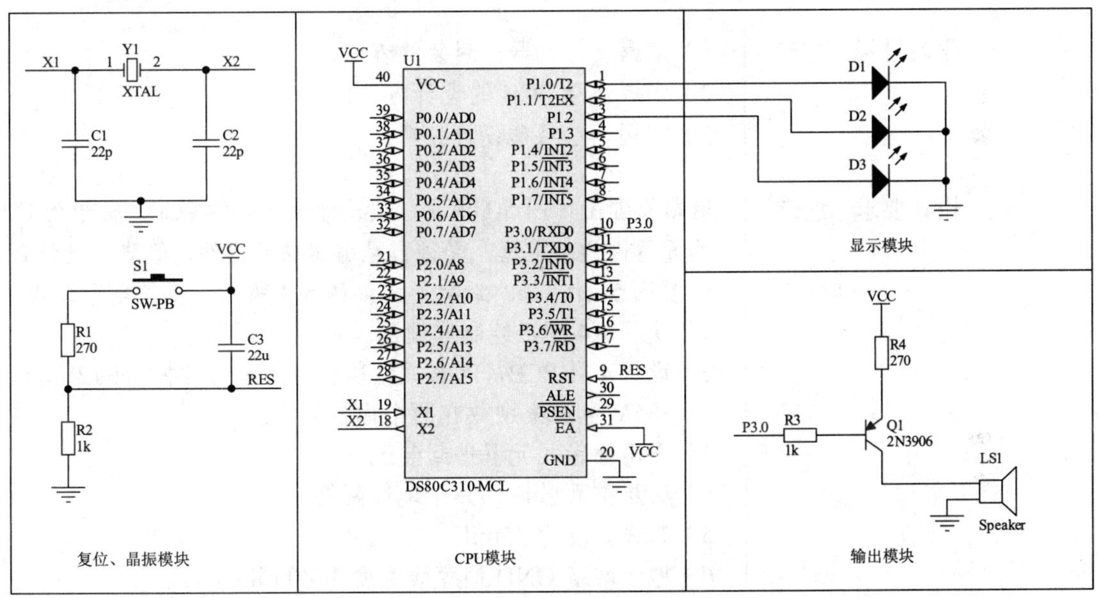

图 4-88　报警器电路原理图

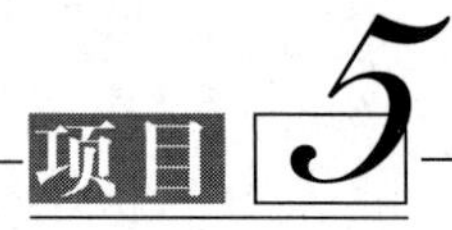

定时控制器 PCB 设计
——元器件封装设计

学习目标

1）掌握设计元器件封装的方法；
2）掌握 4 层 PCB 的设计方法；
3）掌握一些特殊设计技巧。

设计要求

电路原理图如图 5-1 所示，试设计该电路的 PCB。标号为 U2 的元器件为继电器，必须自己编辑该元器件，管脚属性设置参照图 5-2。U2 的封装形式如图 5-3 所示，必须自己编辑。

1）使用 A4 图纸绘制原理图。
2）设计 4 层 PCB，PCB 尺寸以合适为宜；其中，＋12V 和＋5V 电源分别放在两个内电层中。
3）采用插针式元器件封装。
4）底层整面敷铜，并接地线网络。
5）布线宽度为 35mil。
6）地线网络 GND 铜膜线宽度为 40mil。

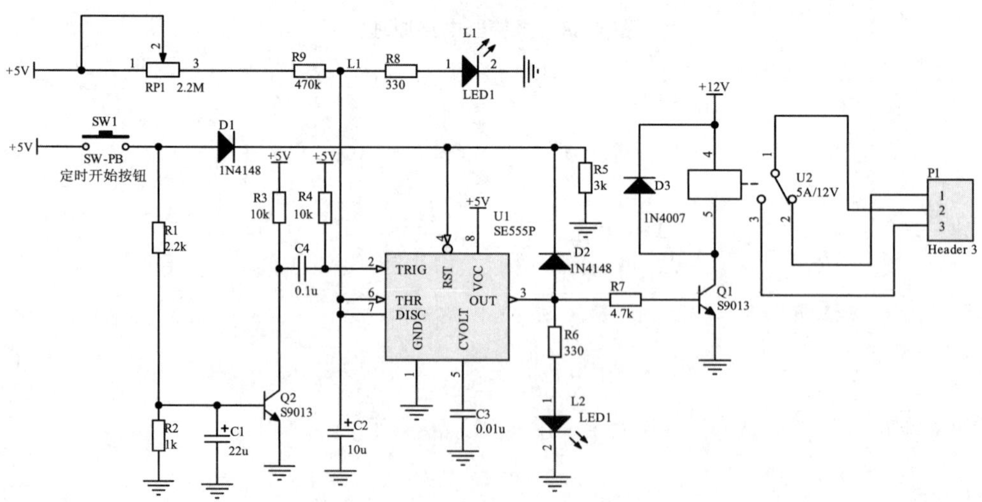

图 5-1　原理图

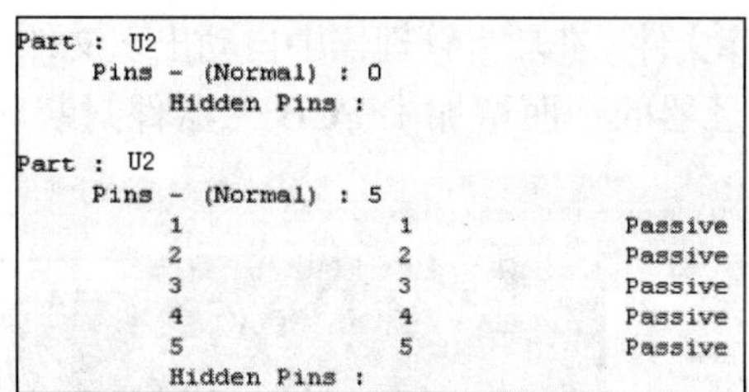

```
Part : U2
     Pins - (Normal) : 0
          Hidden Pins :

Part : U2
     Pins - (Normal) : 5
          1              1              Passive
          2              2              Passive
          3              3              Passive
          4              4              Passive
          5              5              Passive
          Hidden Pins :
```

图 5-2　继电器管脚特性

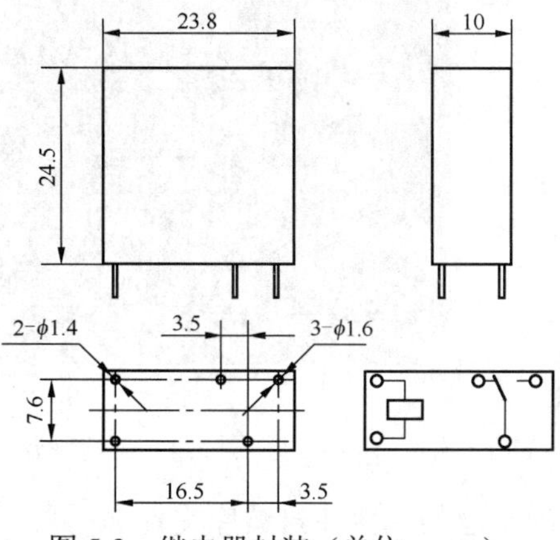

图 5-3　继电器封装（单位：mm）

7）安全距离为 10mil。

8）4 个角各安装 1 个 ϕ2mm 的定位孔。

素质目标 ☞　培养追求卓越、敢于创新的精神，增强中华民族自豪感和自信心。

本项目是以 555 定时芯片为核心的定时器控制 PCB 设计。通过调节电位器 RP1，可改变该电路的定时时间（5～30s），定时开关按钮 SW1 控制定时器的启动。按 SW1 后，定时电路开始工作，U2 的常开开关闭合，当到达定时时间后，继电器 U2 的常开开关断开。

5.1　绘制定时控制器电路原理图

5.1.1　制作继电器封装

利用元器件封装编辑器 PcbLib 创建元器件封装有两种方法，即手动方法和利用向导的方法。本项目中继电器封装主要采用手动方法来创建。

继电器封装设计（视频）

1. 创建元器件封装编辑器

（1）创建元器件封装库文件

执行菜单命令“文件”→“新的”→“库”→“PCB 库”，新建一个元器件封装库文件，在项目管理器中自动出现文件名为“PcbLib1.PcbLib”的元器件库文件。同时，项目管理器的下面增加了 PCB 元器件封装库管理器标签，如图 5-4 所示。

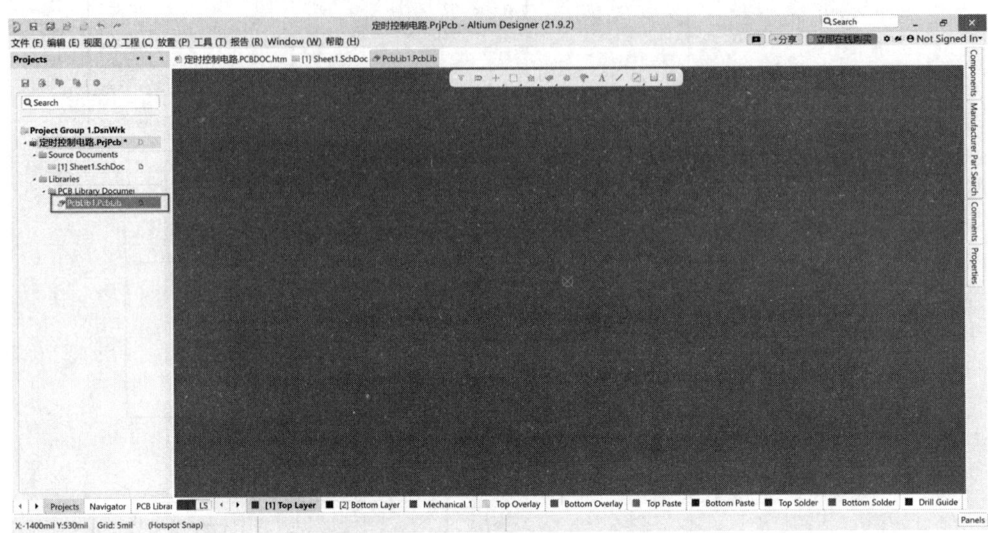

图 5-4 创建元器件封装库文件

（2）修改新建的元器件封装库文件名

与新建 PCB 文件一样，右击文件“PcbLib1.PcbLib”，在弹出的对话框中选择“另存为”，输入存放的位置（此处存放于桌面），修改文件名为“Mypcblib”后关闭对话框，如图 5-5 所示。

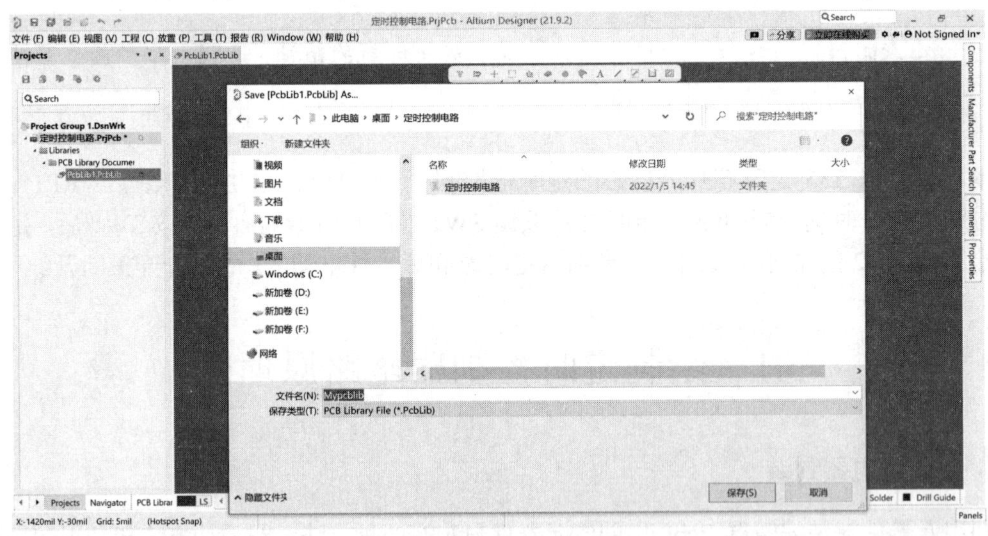

图 5-5 重新命名元器件封装库文件名

（3）启动元器件封装库编辑器

单击项目管理器中的“PCB Library”标签，打开元器件封装库管理器；或者执行菜单命令“视图”→“面板”→“PCB Library”，系统自动弹出一个浮动的 PCB 元器件库管理器面板，如图 5-6 所示。该面板也可以像其他面板一样，作为标签放置在元器件封装编辑

器的任意位置。

1）过滤框（Mask）。可以通过此框过滤当前 PCB 元器件封装库中的元器件，所有满足过滤条件的元器件封装将在下面的元器件封装列表框中显示出来。在过滤条件中允许使用通配符“*”。通过元器件封装过滤框可以快速查找元器件封装。方法是：在过滤框中输入元器件封装中的字母，其后加上通配符“*”即可。例如，打开元器件库“Dual-In-Line Package.PcbLib”后，在过滤框中输入“DIP-2*”后，按〈Enter〉键，则在“Footprints”区域显示该库中所有含有 DIP-2 字符的元器件封装，如图 5-7 所示为 DIP-20 元器件封装。

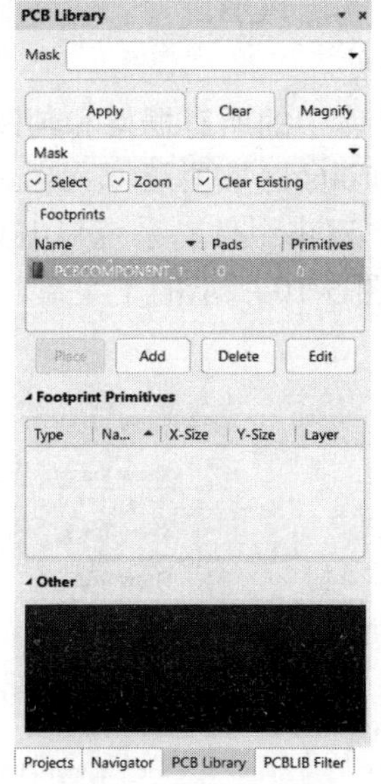

图 5-6　元器件封装库编辑器面板

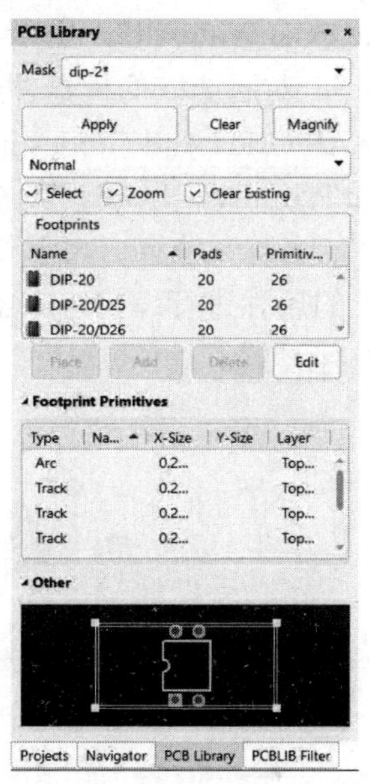

图 5-7　快速查找元器件封装

2）按钮。元器件库封装管理器面板中有 3 个按钮：“Apply”为应用隐藏按钮，在允许隐藏时将未选取的组件隐藏；“Clear”清除隐藏按钮，将被隐藏的未选取组件重新显示出来；“Magnify”为放大按钮，单击该按钮后，光标变成放大镜形状，将其移到编辑工作区时，放大的内容将在管理器的视窗中显示出来。

3）复选框。元器件库封装管理器面板中有如下 3 个复选框。

“Select”：用于设置是否选取被点取的元器件封装组件。

“Zoom”：用于设置是否放大被点取的元器件封装组件。

“Clear Existing”：用于设置当选取一个组件时是否清除其他组件的选取状态。

4）Footprints 区域。该区域显示当前元器件库中所有符合过滤条件的元器件封装，包括元器件封装名称、焊盘数量等。右击该区域，系统弹出如图 5-8 所示的菜单。

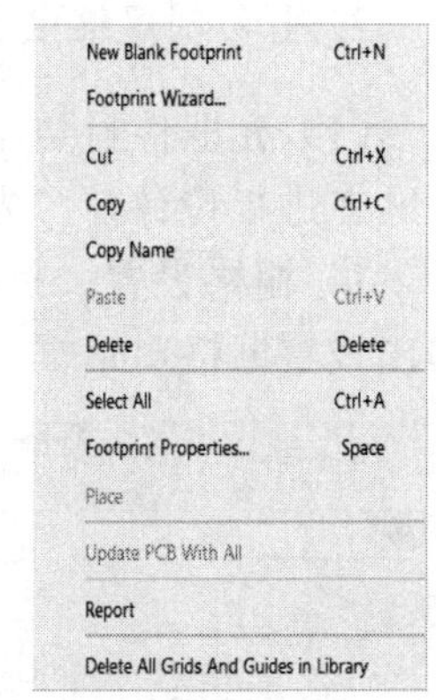

图 5-8　元器件区域子菜单

菜单中的命令介绍如下。

①“New Blank Footprint”：启动创建新的元器件封装。

②“Footprint Wizard...”：启动创建元器件封装向导。

③“Cut”：将选取的元器件封装剪切到剪贴板上。

④“Copy”：将选取的元器件封装复制到剪贴板上。

⑤“Copy Name”：将选取的元器件封装名称复制到剪贴板上。

⑥“Paste”：将剪贴板上的元器件封装粘贴到当前的元器件库中。

⑦“Delete”：删除选取的元器件封装。

⑧“Select All”：选取所有的元器件封装。

⑨“Footprint Properties...”：启动元器件封装属性对话框，如图 5-9 所示。

⑩“Place”：启动放置元器件封装，将选取的元器件封装放置到打开的 PCB 中。

⑪“Update PCB With All”：用所有的元器件封装更新 PCB。

⑫“Report”：对所选取的元器件封装产生报告文件。

⑬“Delete All Grids And Guides in Library”：删除库中的所有栅格和辅助线。

5）Footprint Primitives 区域。该区域显示在 Footprints 区域所选取元器件封装的组件，包括组件的类型、名称、位置、大小和所在的板层等。双击组件，系统弹出其属性对话框，在此可以对组件的属性进行编辑。右击组件，弹出如图 5-10 所示的子菜单，可以对该区域要显示的项目进行设置。

图 5-9　元器件封装属性对话框

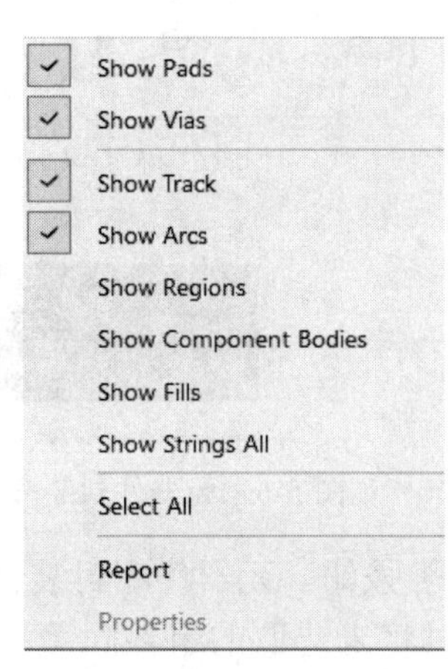

图 5-10　元器件图元区域子菜单

6）元器件封装预览区域。该区域中的方形框具有放大镜的功能，用鼠标左键按住该框可以移动，并将组件放大后在编辑区中显示出来；被选取的组件也会在此显示出来。

2. 手动创建继电器封装

（1）元器件封装库编辑系统环境设置

在进行设计前，先对设计环境进行设置，如栅格设置、板层设置、系统参数设置等。

1）栅格设置。执行菜单命令“视图”→“栅格”→“设置全局捕获栅格”，系统自动弹出设置栅格对话框，用户可根据自己的需要进行修改，本例使用 5mil，如图 5-11 所示。

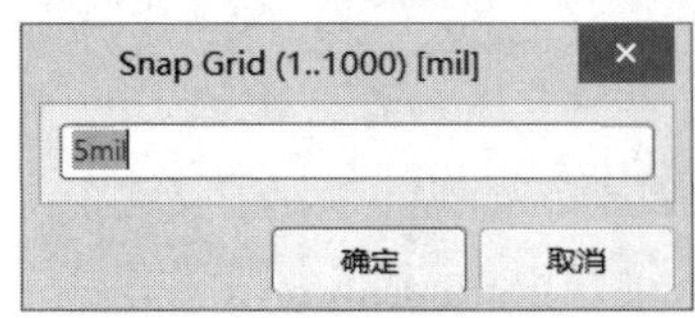

图 5-11　设置栅格对话框

2）板层设置。在元器件封装编辑区右击，在弹出的快捷菜单中选择“优先选项（P）”命令，系统弹出如图 5-12 所示的对话框。在图 5-12 界面中选择其中的“Layer Colors”（PCB 板层次和颜色）命令，打开板层和颜色设置对话框，如图 5-13 所示。

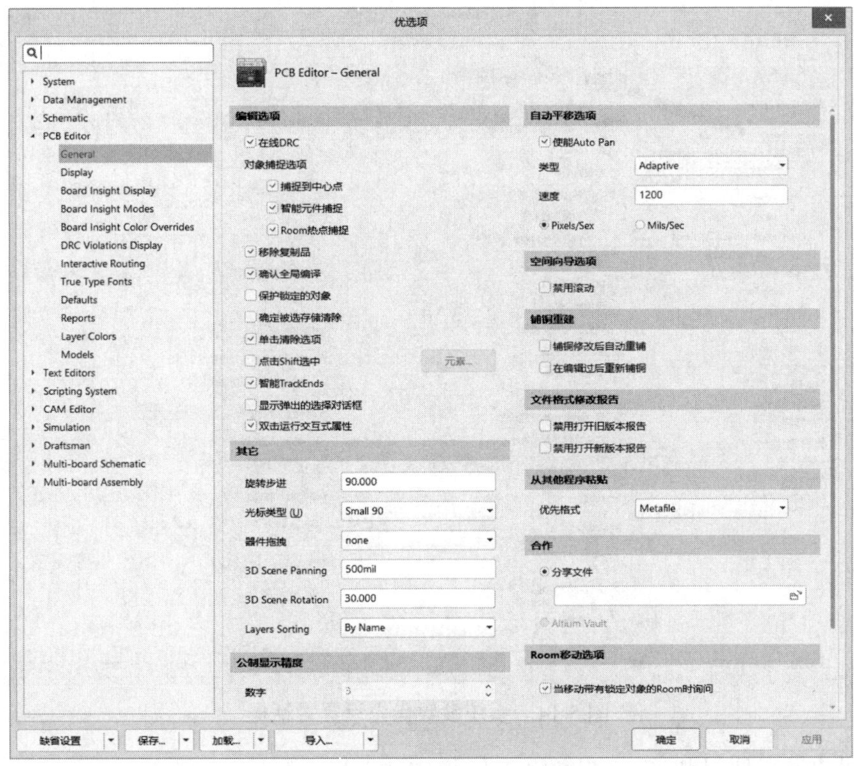

图 5-12　“优选项”对话框

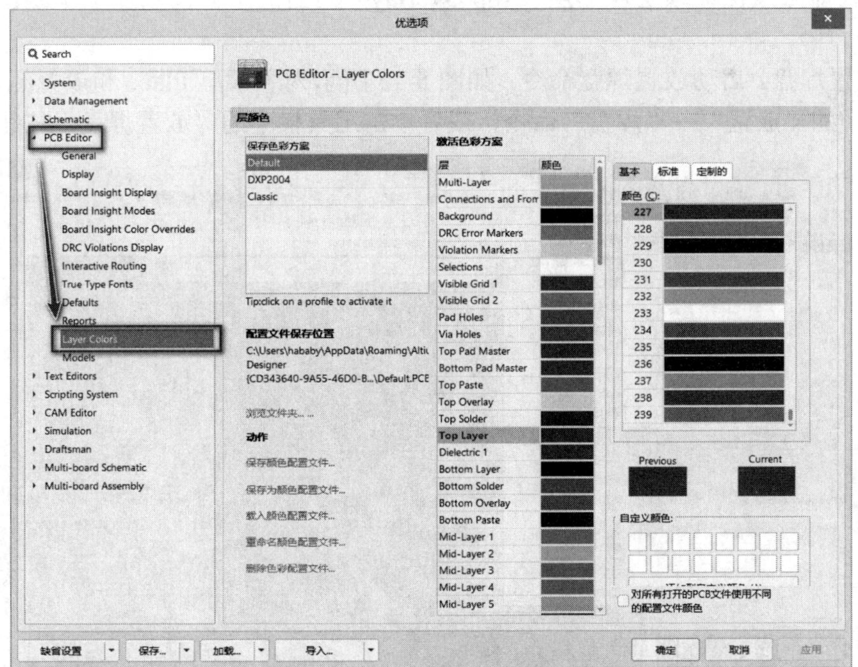

图 5-13　板层和颜色设置对话框

3）系统参数设置。执行菜单命令“工具”→“优先选项”，或按快捷键〈T〉→〈P〉，都可以启动如图 5-14 所示的系统参数优先设置对话框。

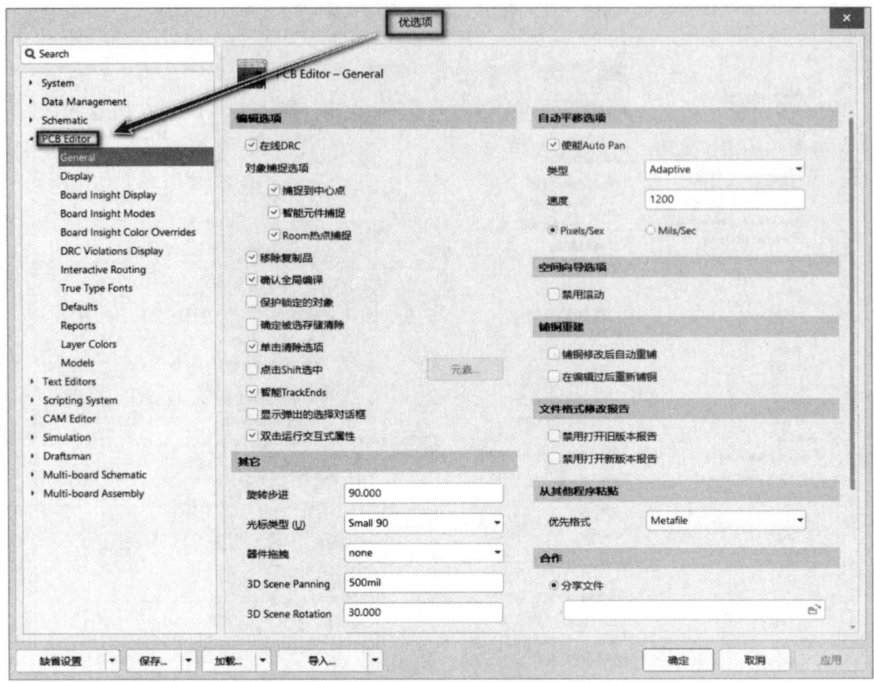

图 5-14 系统参数优先设置对话框

（2）创建元器件封装

在绘制前必须保证顶层丝印层（Top Overlay）为当前层。按照以下步骤创建元器件封装。

1）放置焊盘。启动放置焊盘命令：如图 5-15 所示为主菜单 Place 和放置组件工具栏，执行菜单中的“放置”→“焊盘”命令，或者单击工具栏中的“放置焊盘”按钮，或者使

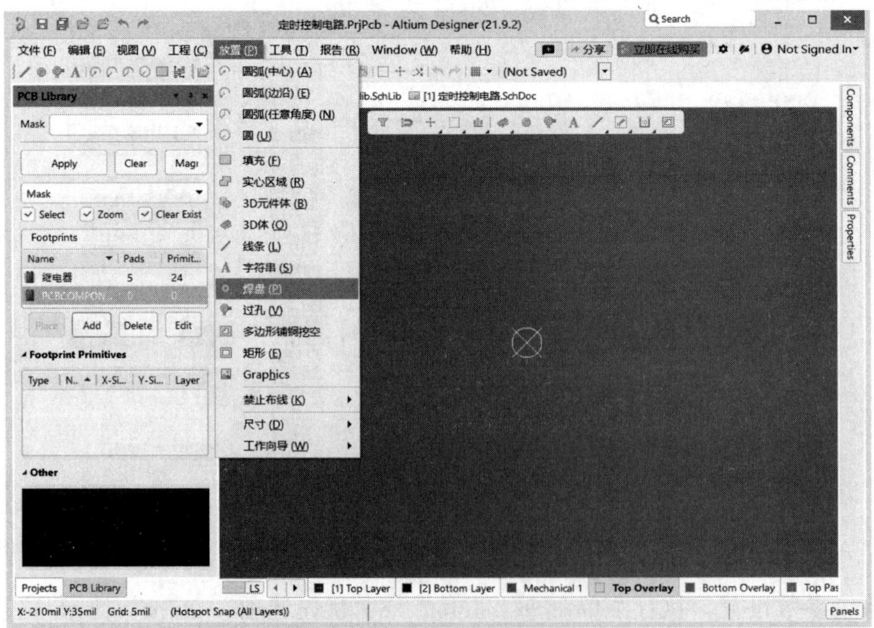

图 5-15 主菜单 Place 和放置组件工具栏

用快捷键〈P〉→〈P〉。启动放置焊盘命令后，光标变成十字形状，并带着一个浮动的焊盘。此时按〈Tab〉键，弹出如图 5-16 所示的对话框，在此对话框中可设置焊盘的属性。也可以双击焊盘，弹出该对话框。在该属性对话框中，“Layer”选项中要选择“Multi-Layer”。

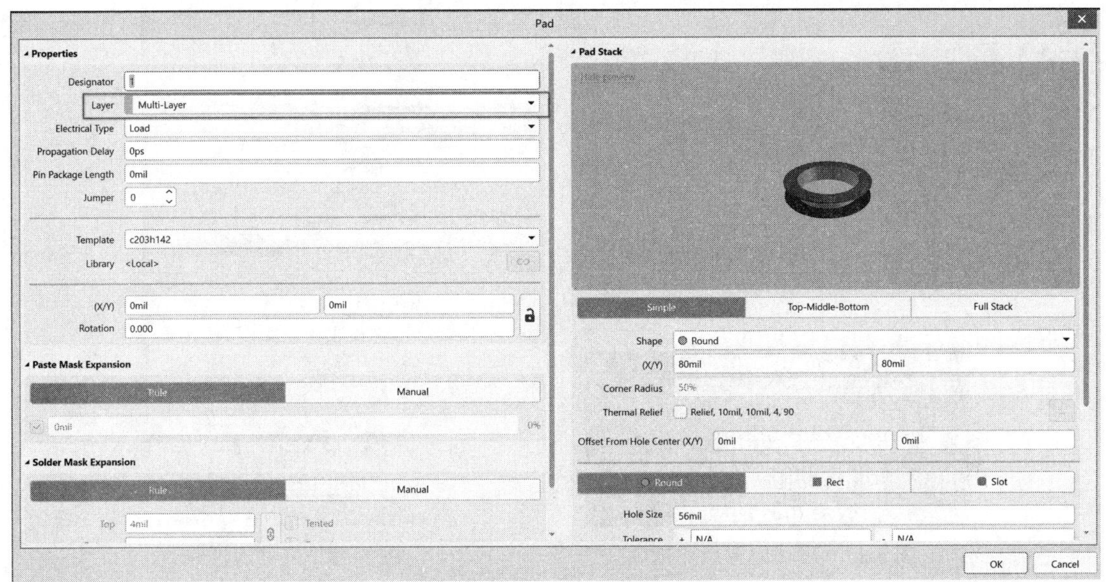

图 5-16　焊盘属性设置对话框

在创建元器件封装时，组件之间的相对距离及其形状非常重要；否则，新创建的元器件封装将无法使用，因此组件属性设置对话框中的“Location X/Y”和“Shape”等项常需要输入精确的数值。习惯上，首先固定一个焊盘，布置在（0,0）位置，其他组件根据实际的尺寸布置其相对位置，同时焊盘直径和孔径都要设置精确。

在本例中，焊盘之间的水平和垂直距离、焊盘大小按照如图 5-3 所示进行设置。图 5-3 中继电器的封装单位是 mm，放置焊盘之前执行菜单命令“视图”→“切换单位”，或者使用快捷键〈V〉→〈U〉，将单位切换至 mm。本例中首先放置 4 号焊盘在（0,0）位置，根据如图 5-3 所示设置其孔径为 1.4mm，外径为 2.0mm。

根据图 5-3 可知，1 号焊盘距离 4 号焊盘水平方向右移 16.5mm，即可推算出坐标为（16.5,0），可以利用“尺寸”工具帮助进行距离的精确测量。执行菜单命令“放置（P）”→“尺寸（D）”→“尺寸（D）”，或者使用快捷键〈P〉→〈D〉→〈D〉，启动放置尺寸命令，此时系统会自动出现带有尺寸标注的十字光标，如图 5-17 所示。将光标放置在 4 号焊盘中心后双击尺寸，按照计算坐标修改属性，如图 5-18 所示。此时，尺寸标注精准呈现出（16.5,0）坐标位置，将 1 号焊盘放置在末端即可，结果如图 5-19 所示。按照上述方法放置其余焊盘并删除辅助尺寸标注，如图 5-20 所示。

2）绘制外形轮廓。在顶层丝印层，使用放置线条工具绘制元器件封装的外形轮廓。执行菜单命令“放置”→“线条”，或者使用快捷键〈P〉→〈L〉，启动放置线条命令，线条的尺寸也可利用放置尺寸工具来测量，本例按照如图 5-3 所示完成继电器封装外形轮廓的绘制，如图 5-21 所示为绘制的元器件封装。

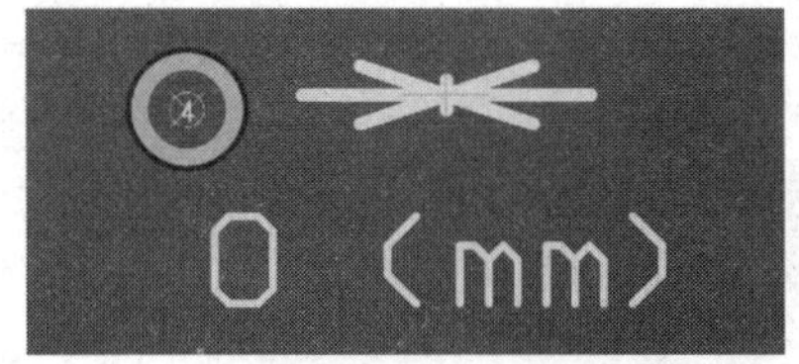

图 5-17　启动放置尺寸指令

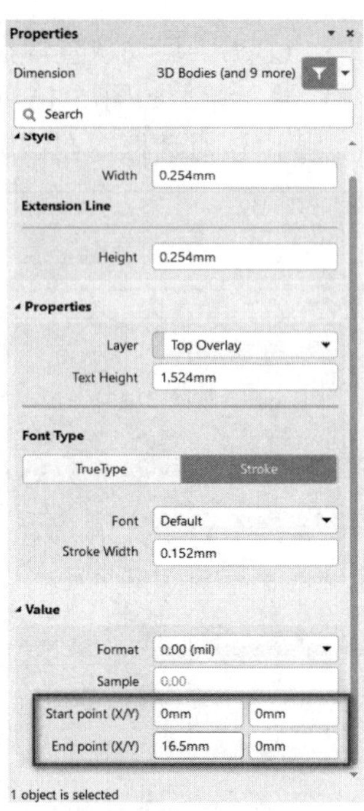

图 5-18　尺寸属性修改

图 5-19　1 号焊盘位置标定

图 5-20　焊盘位置

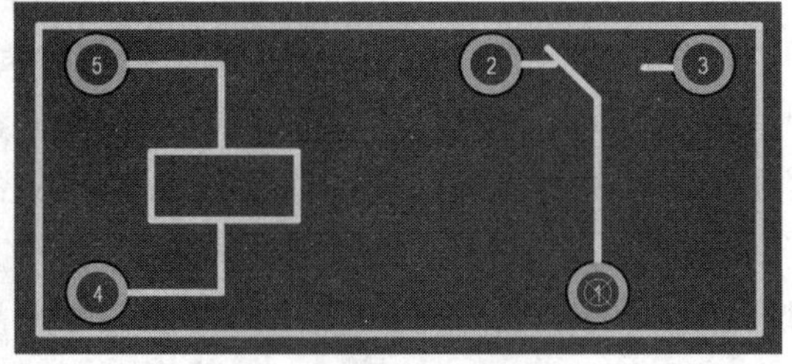
图 5-21　继电器封装

3）设置元器件封装参考点。执行菜单命令“编辑”→“设定参考”，在子菜单中有 3 个选项，即“1 脚”、“中心”和“位置”。其中，“1 脚”表示以 1 号焊盘为参考点；“中心”表示以元器件封装中心为参考点；“位置”表示以设计者指定一个位置为参考点。本例以 1 号焊盘为参考点。

4）重命名与存盘。在创建新的元器件封装时，系统自动给出默认的元器件封装名称“PCBCOMPONENT-1”，并在元器件管理器中显示出来。执行菜单命令“工具”→“元件属性”后，打开如图 5-22 所示的对话框，在“名称”文本框中输入元器件封装名称，单击“确定”按钮关闭对话框。本例元器件封装名称为“继电器”，元器件封装管理器面板中的

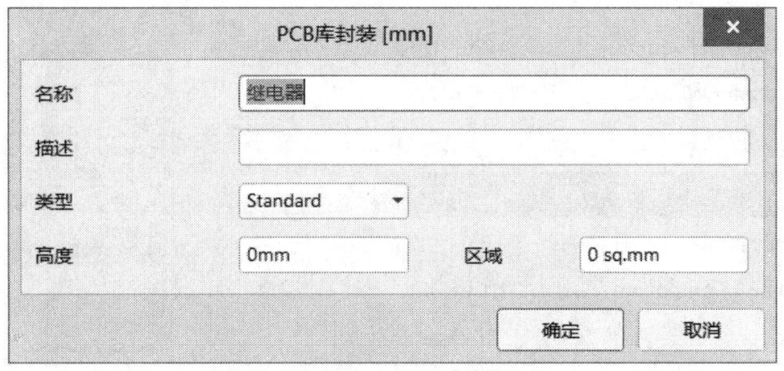

图 5-22　重命名元器件封装

“PCBCOMPONENT-1”被修改为“继电器”。

至此，选择存盘命令，将新创建的元器件封装及元器件库保存。如图 5-23 所示，完成手动元器件封装的编辑。

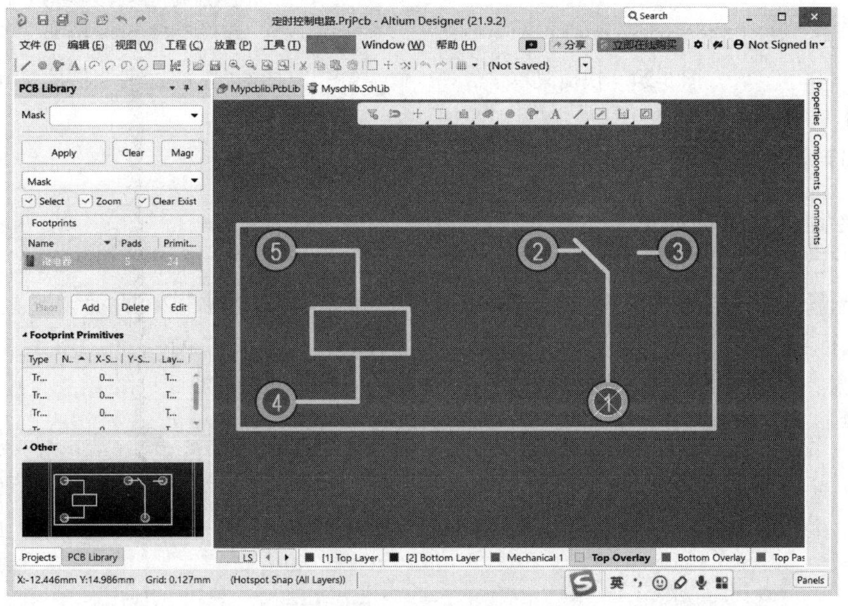

图 5-23　元器件封装

（3）元器件封装的复制

如果需要创建的元器件封装与已有的元器件封装很相似，这时可以把已有的元器件封装复制一份，在此基础上进行修改或编辑等。例如，将“Dual-In-Line Package.PcbLib”元器件库中的“DIP-20/D25”复制到 Mypcblib.PcbLib 元器件库中，操作步骤如下。

1）将“Dual-In-Line Package.PcbLib”元器件库文件打开，并找到元器件封装“DIP-20/D25”。

2）右击元器件封装“DIP-20/D25”，弹出如图 5-24 所示的快捷菜单，选择“Copy”（复制）命令。

3）单击 Mypcblib.PcbLib，使该库为当前元器件封装库。

4）此时“Footprints”区域显示该库中的元器件封装，右击该区域的空白处，在弹出的快捷菜单中选择“粘贴”命令，即可完成复制 DIP-20/D25 的操作，如图 5-25 所示。

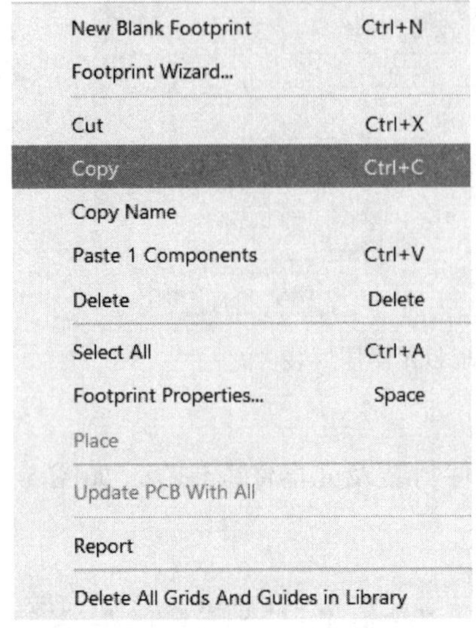

图 5-24 快捷菜单

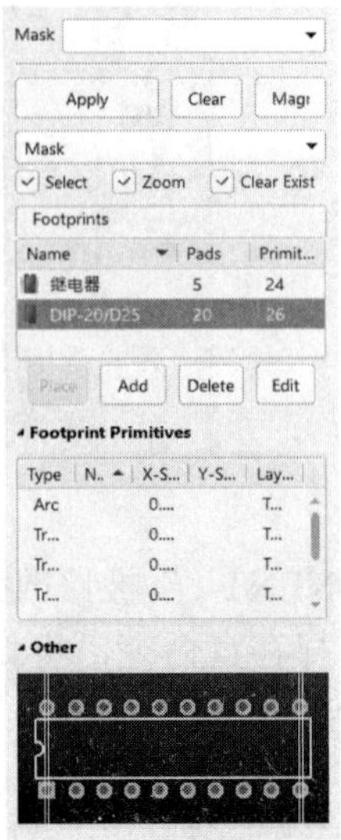

图 5-25 元器件封装的复制

5.1.2 制作继电器元器件

（1）绘制元器件的外形

1）在元器件设计界面，执行菜单命令“放置”→“线”，或直接单击绘图工具栏上的放置线按钮，按〈Tab〉键打开“PolyLine”对话框，按如图 5-26 所示设置直线的属性。

2）执行菜单命令“放置”→“圆圈”，按〈Tab〉键打开“Arc”对话框，如图 5-27 所示设置线宽、半径等画圆的属性，设置完毕可进行圆形图案绘制。

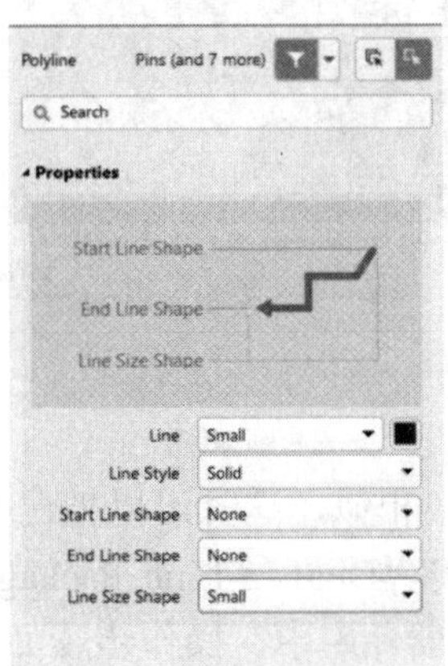

图 5-26 设置直线属性

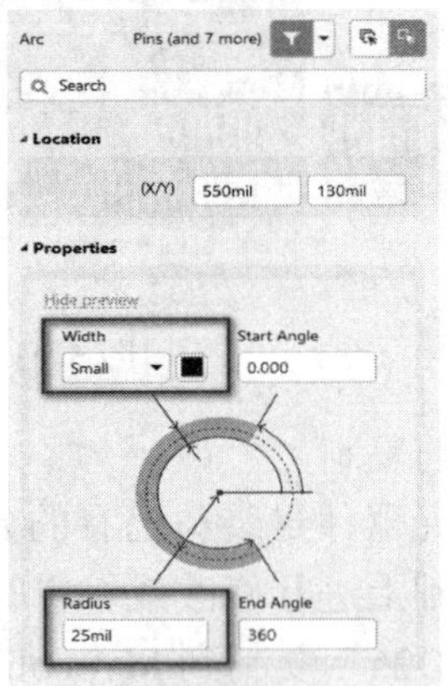

图 5-27 设置画圆属性

继电器元器件设计
（视频）

（2）添加元器件引脚

1）执行菜单命令“放置”→“管脚”，或直接单击绘图工具栏上的放置管脚工具按钮，光标变为十字形状并黏附一个管脚。该管脚靠近光标的一端为非电气端（对应管脚名），该端应放置在元器件的边框上。

2）按〈Tab〉键打开“Pin”对话框，如图 5-28 所示，按照图 5-2 设置各管脚属性，按图 5-1 在元件的边框上放置管脚。绘制完成的结果如图 5-29 所示。

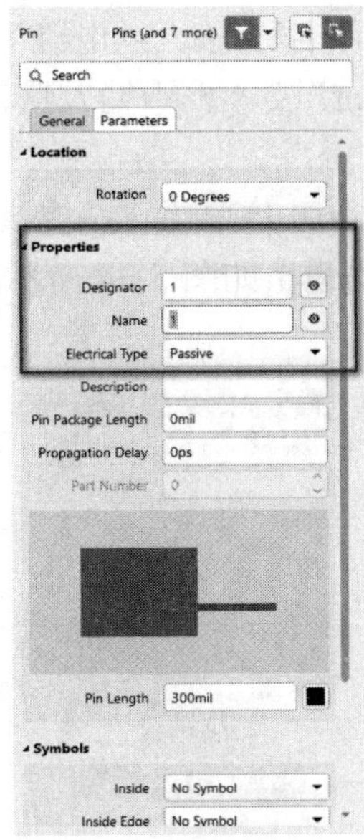

图 5-28 管脚属性设置对话框

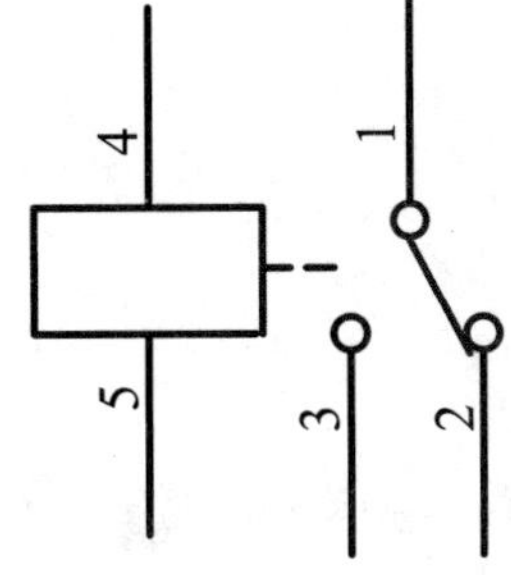

图 5-29 绘制完成的继电器

3）执行菜单命令“文件”→“保存”，或直接单击标准工具栏上的“保存”按钮，保存编辑后的元器件库。

（3）设置元器件属性

1）打开“SCH Library”面板，从元器件列表内选择要编辑的元器件，如图 5-30 所示。单击“编辑”按钮，则显示如图 5-31 所示的元器件属性对话框。

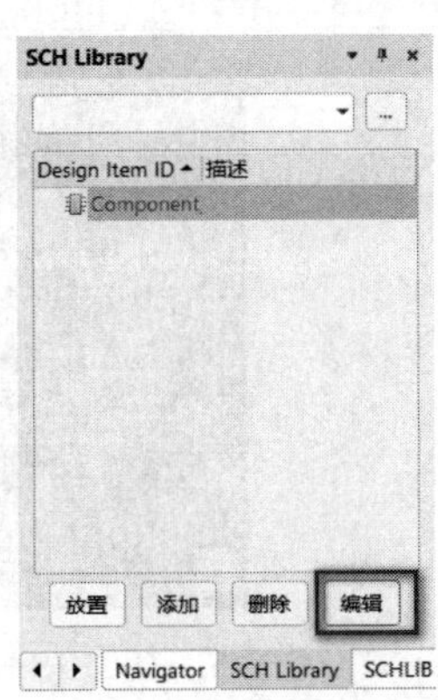

图 5-30 元器件编辑管理器面板

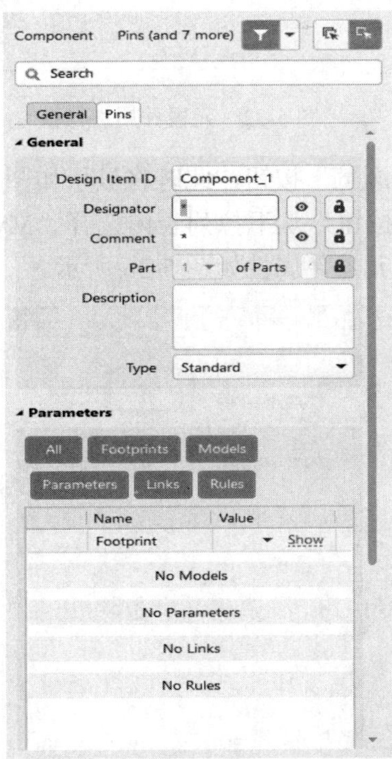

图 5-31 元器件属性对话框

2）在“Design Item ID”文本框中输入要修改的元件名称，如“继电器”；在“Designator”文本框中输入默认的元件标识，如“U?”；在“Comment”文本框中输入默认的元器件标注，如“5A/12V”。上述设置如图 5-32 所示。

3）选中图 5-31 中的“Models”区域为该元器件添加 PCB 封装。单击“Add”按钮，选择“Footprint”，按照图 5-33 所示操作后，系统自动弹出如图 5-34 所示的“PCB 模型”对话框。

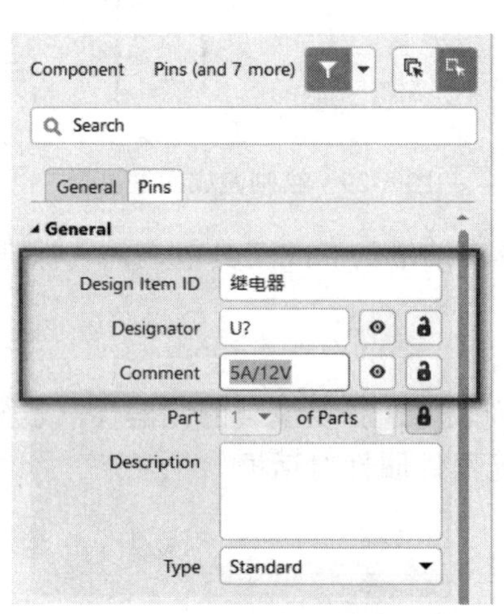

图 5-32 元器件属性修改

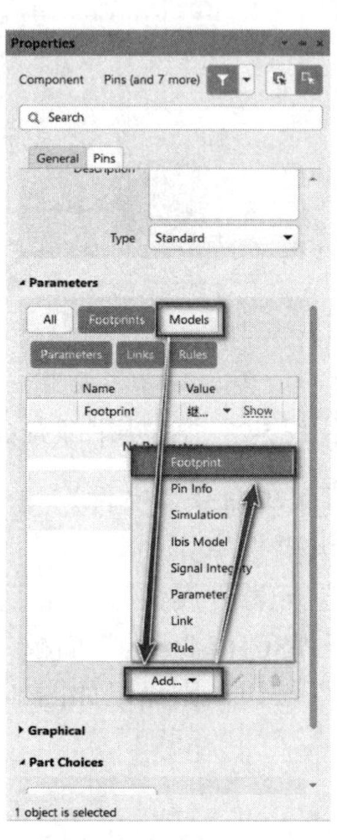

图 5-33 添加元器件封装

单击“浏览”按钮，此时将显示如图 5-35 所示的“浏览库”对话框，可以单击“库”栏右边的▾按钮，从下拉列表内选择“Mypcblib.PcbLib”元器件库，并选中继电器封装。添加完成的元器件属性如图 5-36 所示。

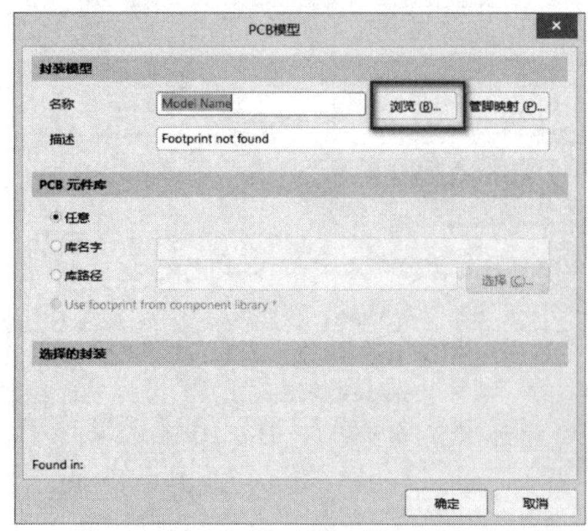

图 5-34 “PCB 模型”对话框

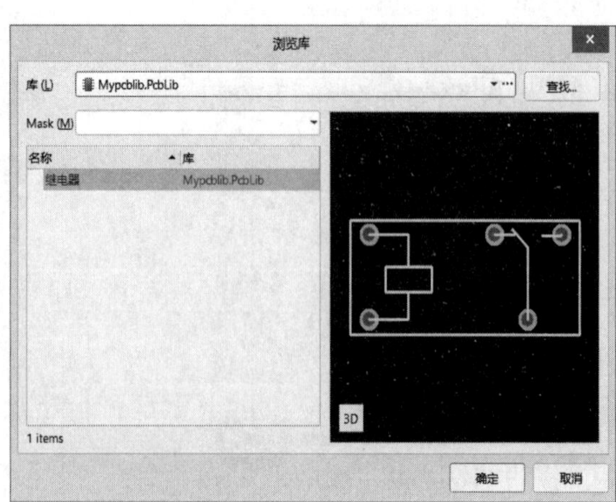

图 5-35 “浏览库”对话框

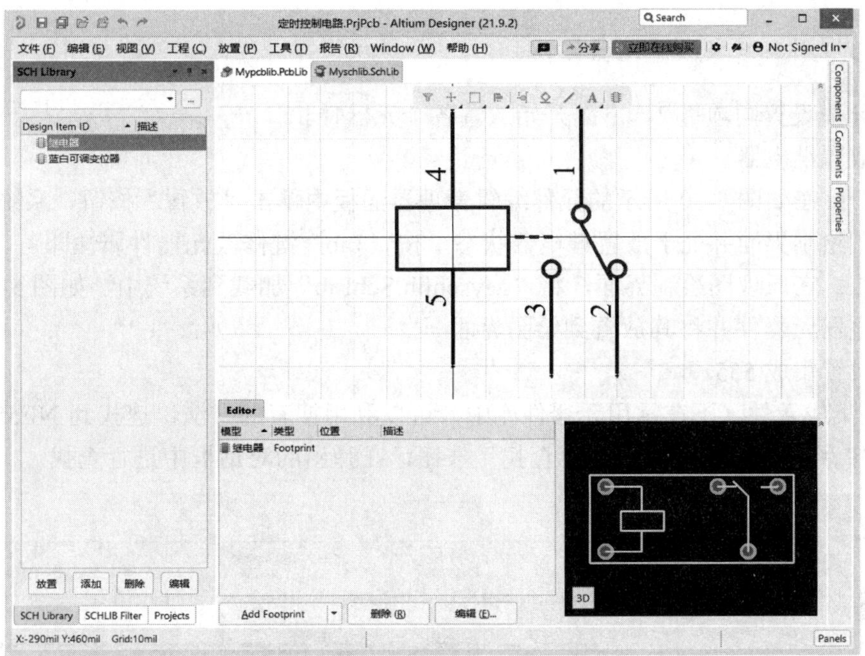

图 5-36　添加元器件封装

5.1.3　绘制原理图

执行菜单命令“文件”→“新的”→“项目”，新建一个项目，在该项目中创建一个原理图文件。执行菜单命令“文件”→“新的”→“原理图”，命名为“定时控制电路.SchDoc”，如图 5-37 所示。

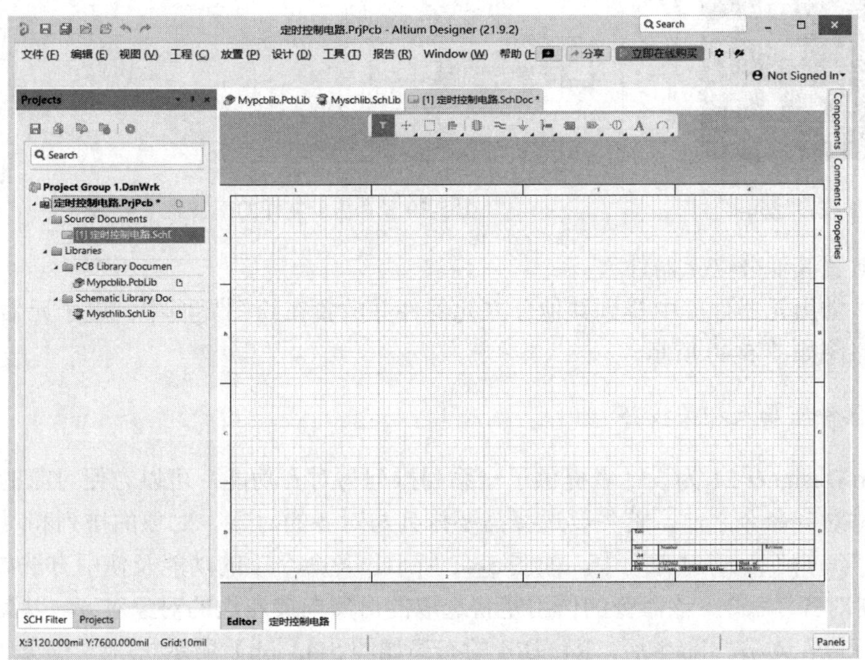

图 5-37　定时控制电路原理图

1. 设置工作环境及放置元器件

工作环境设置同项目 2，下面开始放置各个元器件。

（1）放置继电器

方法一：在如图 5-30 所示的元件编辑管理器面板中单击“放置”按钮，系统会自动切换到原理图绘制界面并处于放置继电器状态，按〈Tab〉键修改元器件属性即可。

方法二：在原理图绘制界面，将“Myschlib.SchLib”加载到系统中，如图 5-38 所示，再选中继电器元器件并将其放置到绘图界面。

（2）放置集成 555

U1 是集成元件，不在常用元器件库中，可以利用搜索的方法快速找到 NE555 元件。在如图 5-39 所示的对话框中单击“查找”按钮，在弹出的对话框中进行查找。

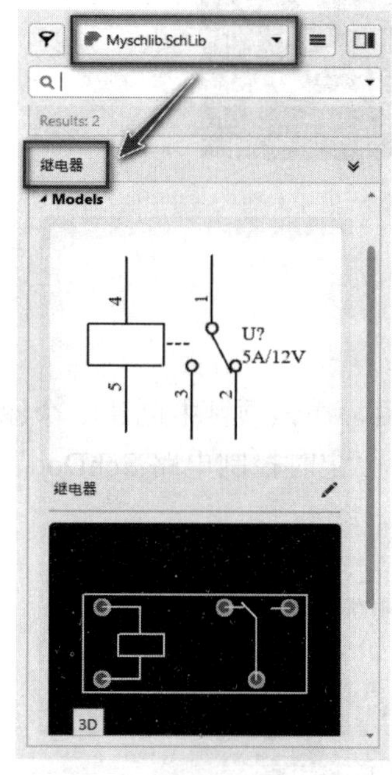

图 5-38 加载自建元器件库

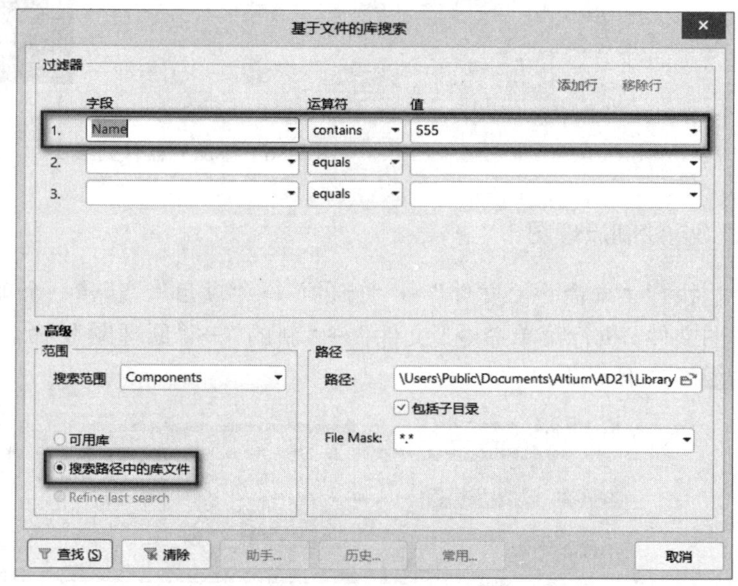

图 5-39 “基于文件的库搜索”对话框

（3）放置其他分立元器件

依次从常用元器件库中找到其他分立元器件并放置在绘图界面中。电子元器件放置完成后，电路图如图 5-40 所示。

2. 元器件布局及相关技巧

Altium Designer 21 为设计者提供了一系列排列与对齐功能，可以方便对象的布局。在启动排列与对齐命令之前，首先要选择需要排列与对齐的对象。对象的排列和对齐命令集中在菜单“编辑”→“对齐”中，如图 5-41 所示。各命令项的功能及使用方法如下。

1）“左对齐”命令。该命令的作用是将选取的对象向最左边的对象对齐。以图 5-42（a）为例，执行“左对齐”命令后，R1～R4 的布局如图 5-42（b）所示。

2）“右对齐”命令。该命令的作用是将选取的对象向最右边的对象对齐。以图 5-42（a）

为例，在执行“右对齐”命令后，R1～R4 的布局如图 5-43 所示。

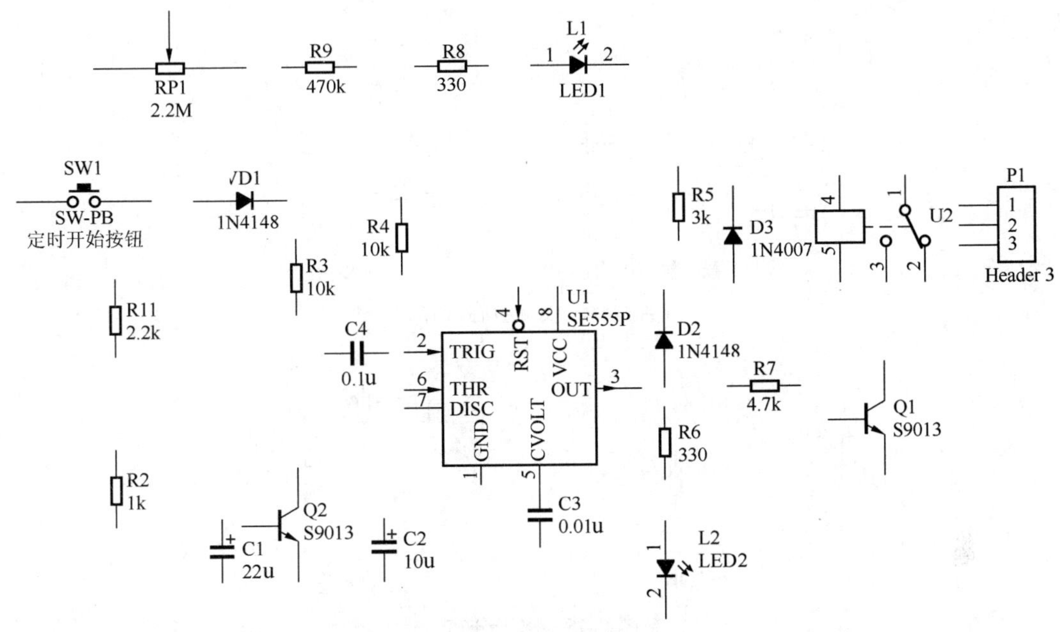

图 5-40　放置完成的电路图

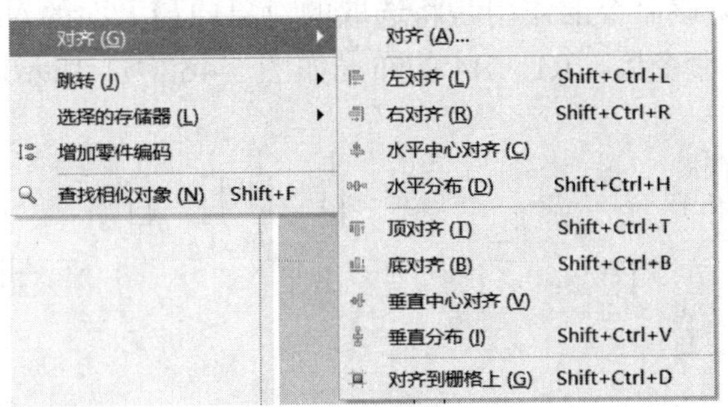

图 5-41　排列与对齐命令

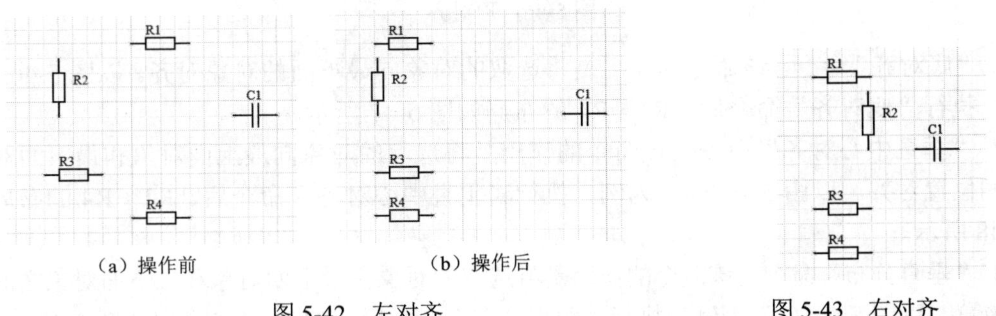

（a）操作前　（b）操作后

图 5-42　左对齐　　图 5-43　右对齐

3）“水平中心对齐”命令。该命令的作用是将选取的对象向最右边对象和最左边对象的中间位置对齐。以图 5-44（a）为例，执行“水平中心对齐”命令后，R1～R4 的布局如图 5-44（b）所示。

4）“水平分布”命令。该命令的作用是将选取的对象在最右边对象和最左边对象之间等间距放置。以图 5-45（a）为例，执行“水平分布”命令后，R1～R4 的布局如图 5-45（b）所示。

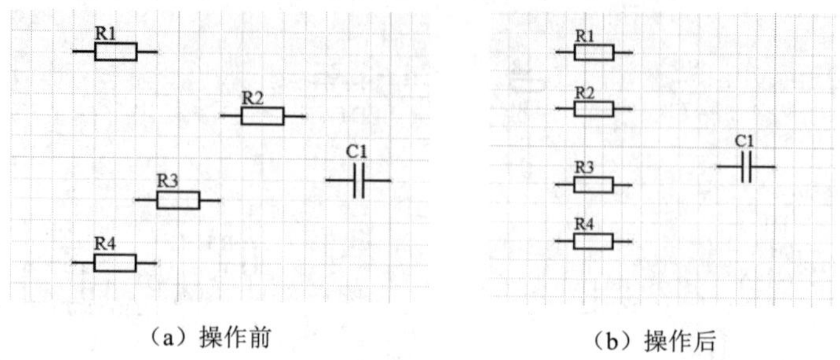

（a）操作前　　（b）操作后

图 5-44　水平中心对齐

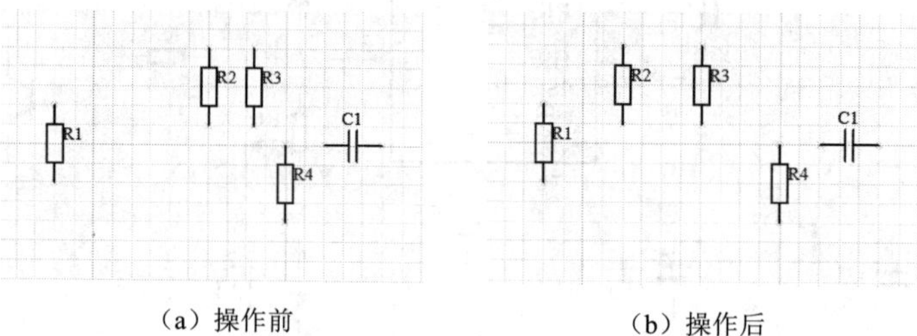

（a）操作前　　（b）操作后

图 5-45　水平分布

5）“顶对齐”命令。该命令的作用是将选取的对象向最上面的对象对齐。以图 5-46（a）为例，执行“顶对齐”命令后，R1～R4 的布局如图 5-46（b）所示。

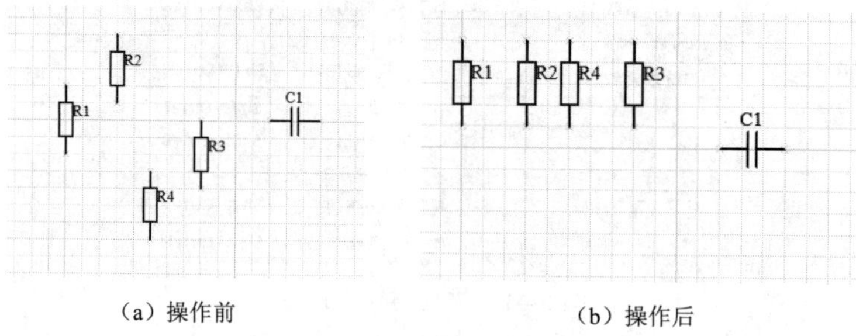

（a）操作前　　（b）操作后

图 5-46　顶对齐

6）“底对齐”命令。该命令的作用是将选取的对象向最下面的对象对齐。以图 5-46（a）为例，执行“底对齐”命令后，R1～R4 的布局如图 5-47 所示。

7）“垂直中心对齐”命令。该命令的作用是将选取的对象向最上面对象和最下面对象的中间位置对齐。以图 5-46（a）为例，执行“垂直中心对齐”命令后，R1～R4 的布局如图 5-48 所示。

8）“垂直分布”命令。该命令的作用是将选取的对象在最上面对象和最下面对象之间等间距放置。以图 5-46（a）为例，执行“垂直分布”命令后，R1～R4 的布局如图 5-49 所示。

9）“对齐”命令。该命令用于实现水平和垂直两个方向上的排列。执行菜单命令“编辑”→“对齐”→“对齐”，打开如图 5-50 所示的“排列对象”对话框。该对话框中各个选项的含义如下。

“将基元移至栅格”复选框：用于选择对齐时是否将所选对象移到格点上，便于线路的连接。

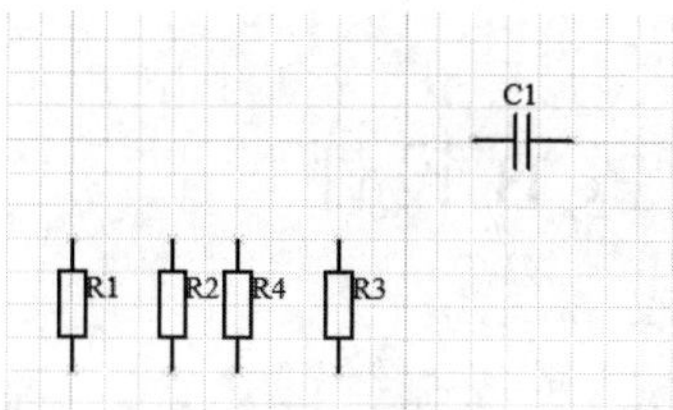

图 5-47 底对齐

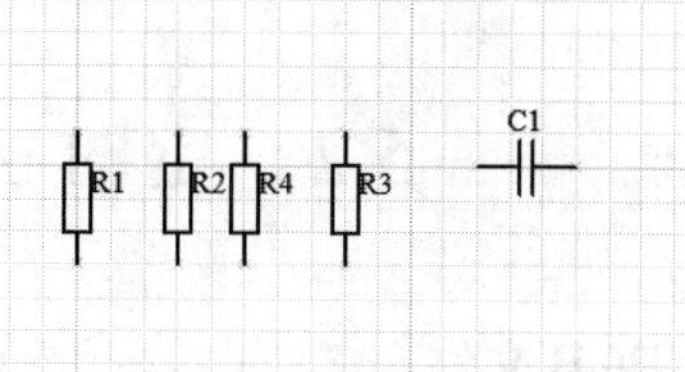

图 5-48 垂直中心对齐

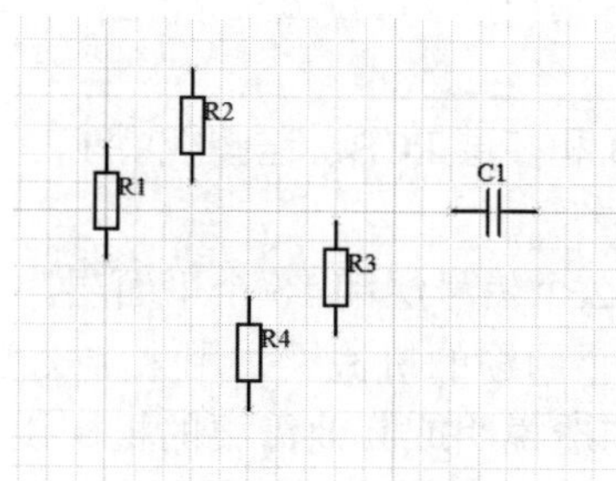

图 5-49 垂直分布

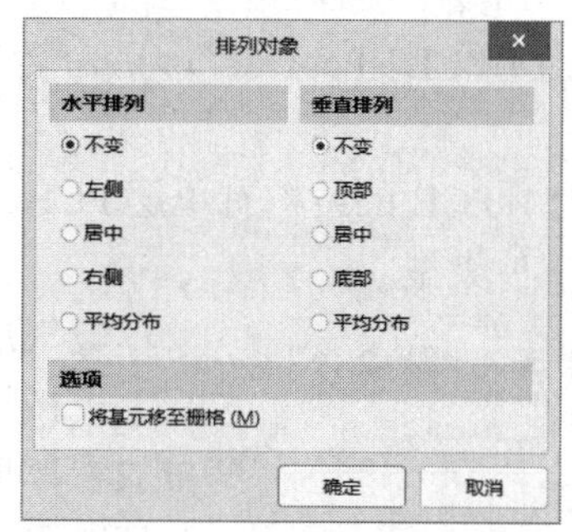

图 5-50 “排列对象”对话框

“水平排列”选项组：可设置对象的水平对齐选项。各单选按钮的功能分别如下。

- “不变”：水平方向上保持原状。
- “左侧”：等同于“左对齐”命令。
- “居中”：等同于“水平中心对齐”命令。
- “右侧”：等同于“右对齐”命令。
- “平均分布”：等同于“水平分布”命令。

“垂直排列”选项组：可设置对象的垂直对齐选项。各单选按钮的功能分别如下。

- “不变”：垂直方向上保持原状。
- “顶部”：等同于“顶对齐”命令。
- “居中”：等同于“垂直中心对齐”命令。
- “底部”：等同于“底对齐”命令。
- “平均分布”：等同于“垂直分布”命令。

3. 连接电路

启动放置导线命令将电路连接完整。绘制完成的电路如图 5-1 所示。

5.1.4 编译项目

编译结果无误后生成网络表文件。

5.1.5 生成网络表文件

系统生成的网络表文件如图 5-51 所示。

图 5-51 生成网络表文件

5.2 定时控制电路 PCB 设计

5.2.1 创建 PCB 文件

定时控制电路 PCB 设计（视频）

执行菜单命令“文件”→“新的”→“PCB”，创建一个 PCB 文件，默认项目名为“PCB1.PcbDoc”，重命名为“定时控制电路.PcbDoc”，如图 5-52 所示。

如前所述，PCB 的结构有单层 PCB、双层 PCB 和多层 PCB。这些板层主要包含 3 种类型。

图 5-52 创建 PCB 文件

电气层：包括 32 个信号层和 16 个平面层。

机械层：有 16 个用途的机械层，用来定义 PCB 的轮廓与放置厚度，包括制造说明或其他需要的机械说明。这些层在打印和底片文件的产生时都可选择。

特殊层：包括顶层和底层丝印层、阻焊层和助焊层、钻孔层、禁止布线层（用于定义电气边界）、多层（用于多层焊盘和导孔）、连接层、DRC 错误层、栅格层和孔层。

4 层 PCB 是在双层 PCB 的基础上增加了两个内电层。两个内电层各用一个敷铜层面，而不是用铜膜线。由于增加了两个内电层，因此布线更加容易。

设计方法和步骤与前面设计单层 PCB 和双层 PCB 相类似，不同的是，在 PCB 层规划中必须增加两个内电层，设计过程如下。

1）执行菜单命令“文件”→“新的”→“PCB”，新建一个 PCB 文件，然后执行菜单命令“文件”→“另存为”，保存新建 PCB 文件并将其命名为“定时控制电路.PcbDoc”。

2）执行菜单命令“设计”→“层叠管理器”，启动如图 5-53 所示的层叠管理器对话框。除此之外，还可通过按快捷键〈D〉→〈K〉启动该对话框。

图 5-53 中给出两个工作层，即顶层和底层工作层。对于一个简单的设计，使用单层 PCB 或双层 PCB 即可。对于复杂的设计，可以通过添加或减少工作层面或电源层和调整层的参数。新层面的增加或减少在当前所选层面的下面进行。层的参数（如铜厚和非电参数等）在信号完整性分析中使用。

3）右击“Top Layer”，在弹出的快捷菜单中选择“Insert layer below”→“Plane”，增加两个内电层，操作如图 5-54 所示。添加成功后，层叠管理器中出现“Layer 1”和“Layer 2”两个内电层，如图 5-55 所示。

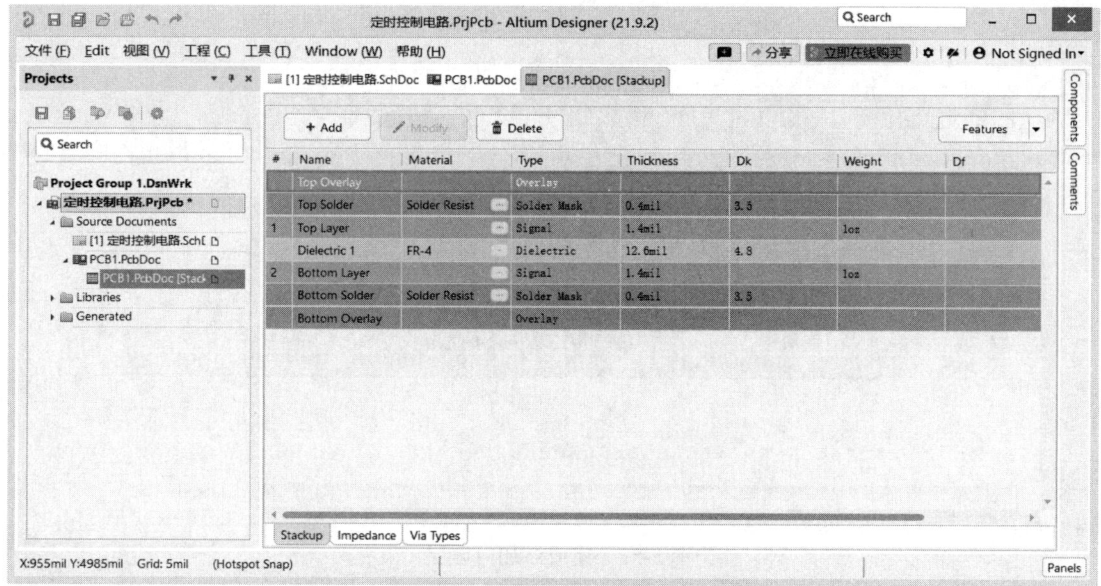

图 5-53　层叠管理器对话框

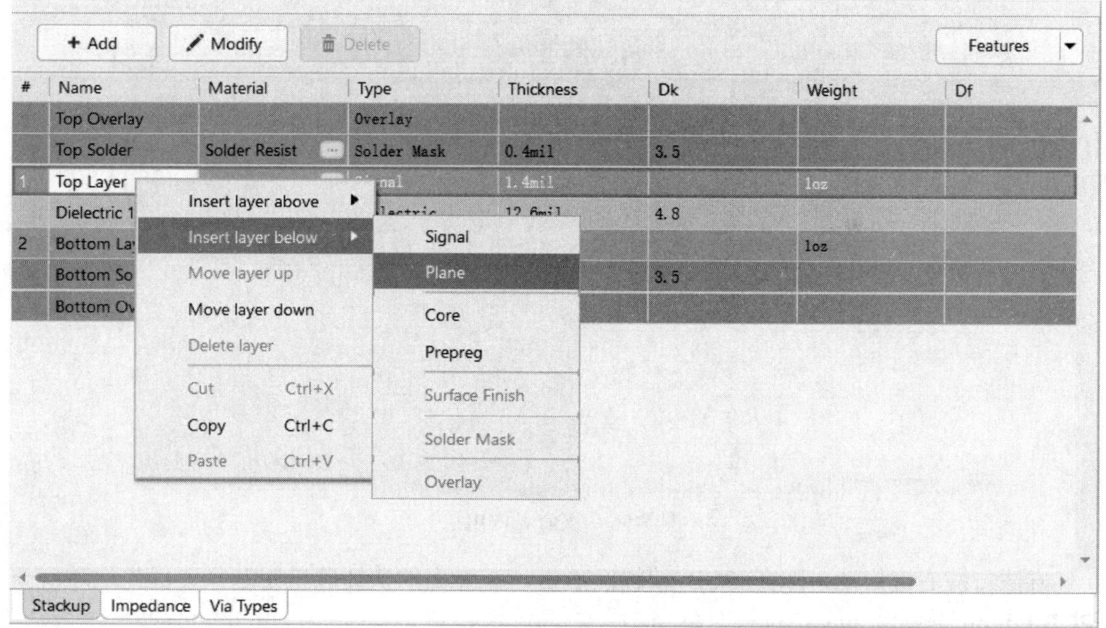

图 5-54　添加内电层

单击选中两个内电层名称进行重命名，本例将 Layer 1 重命名为 PWR+5V，将 Layer 2 重命名为 PWR+12V，如图 5-56 所示。

4）板层颜色的设置。PCB 工作区的底部有一系列的层标签页。这些层标签页可以通过以下几种方法进行板层颜色设置。

方法一：菜单启动，即执行菜单命令“工具”→“优先选项”→“PCB Editor”→“Layer Colors”。

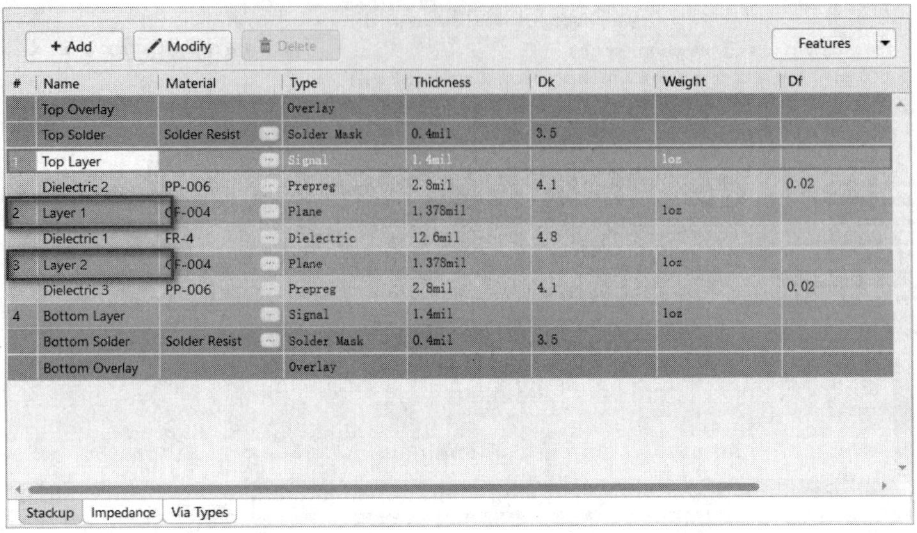

+ Add　Modify　Delete　Features

#	Name	Material	Type	Thickness	Dk	Weight	Df
	Top Overlay		Overlay				
	Top Solder	Solder Resist	Solder Mask	0.4mil	3.5		
1	Top Layer		Signal	1.4mil		1oz	
	Dielectric 2	PP-006	Prepreg	2.8mil	4.1		0.02
2	Layer 1	CF-004	Plane	1.378mil		1oz	
	Dielectric 1	FR-4	Dielectric	12.6mil	4.8		
3	Layer 2	CF-004	Plane	1.378mil		1oz	
	Dielectric 3	PP-006	Prepreg	2.8mil	4.1		0.02
4	Bottom Layer		Signal	1.4mil		1oz	
	Bottom Solder	Solder Resist	Solder Mask	0.4mil	3.5		
	Bottom Overlay		Overlay				

Stackup　Impedance　Via Types

图 5-55　完成添加内电层

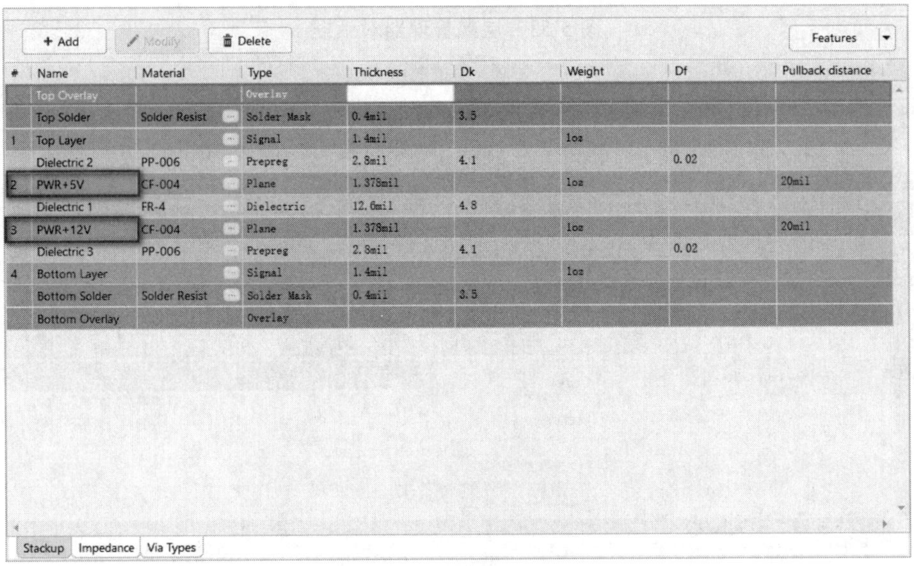

+ Add　Modify　Delete　Features

#	Name	Material	Type	Thickness	Dk	Weight	Df	Pullback distance
	Top Overlay		Overlay					
	Top Solder	Solder Resist	Solder Mask	0.4mil	3.5			
1	Top Layer		Signal	1.4mil		1oz		
	Dielectric 2	PP-006	Prepreg	2.8mil	4.1		0.02	
2	PWR+5V	CF-004	Plane	1.378mil		1oz		20mil
	Dielectric 1	FR-4	Dielectric	12.6mil	4.8			
3	PWR+12V	CF-004	Plane	1.378mil		1oz		20mil
	Dielectric 3	PP-006	Prepreg	2.8mil	4.1		0.02	
4	Bottom Layer		Signal	1.4mil		1oz		
	Bottom Solder	Solder Resist	Solder Mask	0.4mil	3.5			
	Bottom Overlay		Overlay					

Stackup　Impedance　Via Types

图 5-56　重命名内电层

方法二：右键启动，即在 PCB 编辑区右击，在弹出的快捷菜单中选择“优先选项”→“PCB Editor”→“Layer Colors”命令。

通过以上两种方法启动后，跳转至相同的对话框，如图 5-57 所示。在板层颜色设置对话框中，单击层名称所对应颜色图标，即可对颜色进行设置。

方法三：在 PCB 编辑页面下，按快捷键〈L〉，打开“View Configuration”面板，或者单击右下角“Panels”→“View Configuration”，如图 5-58 所示。单击层名称前的颜色图标即可设置层的颜色。层的可见性也可由层名称前的 图标进行设置。

5）规划 PCB 尺寸。在 PCB 工作界面的下方单击“Mechanical 1”标签，进入“Mechanical 1”工作层。单击 （放置直线）按钮，绘制 PCB 的物理边界。

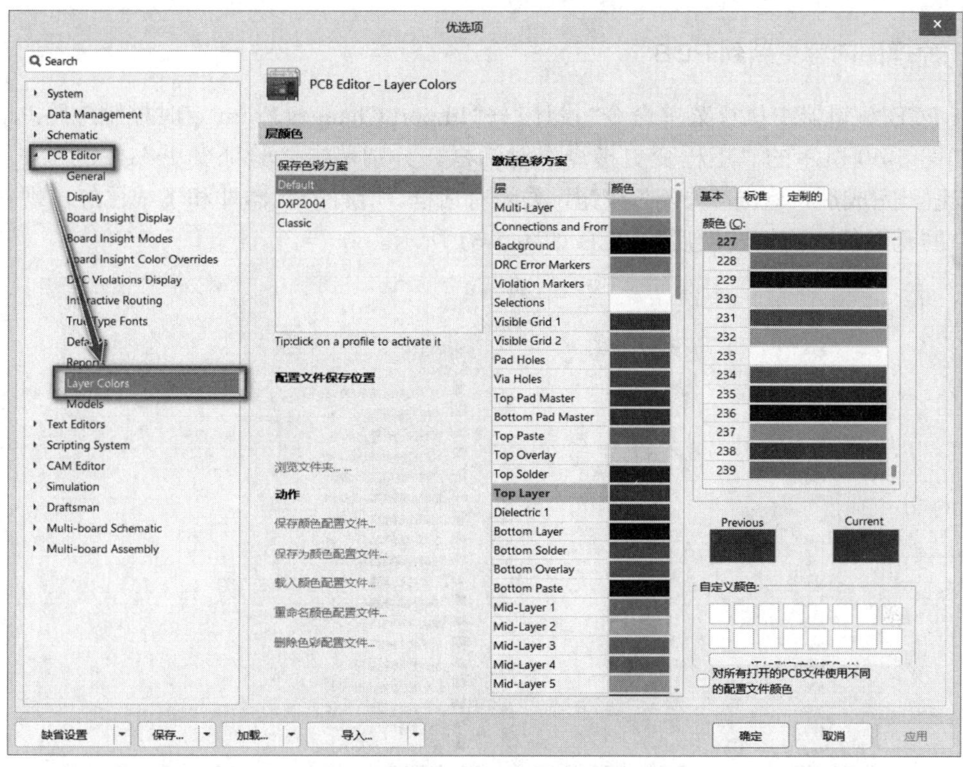

图 5-57　通过优选项设置板层颜色

6）在 PCB 工作界面的下方单击“Keep-Out Layer”标签，进入“Keep-Out Layer”层。单击⁄按钮，绘制 PCB 的电气边界。

7）执行菜单命令“放置”→“焊盘”，按〈Tab〉键，编辑其属性，设置安装孔的直径等参数（将焊盘内外径设置成相同的值 2mm），属性设置好后放置固定安装孔，如图 5-59 所示。至此，PCB 规划完成。

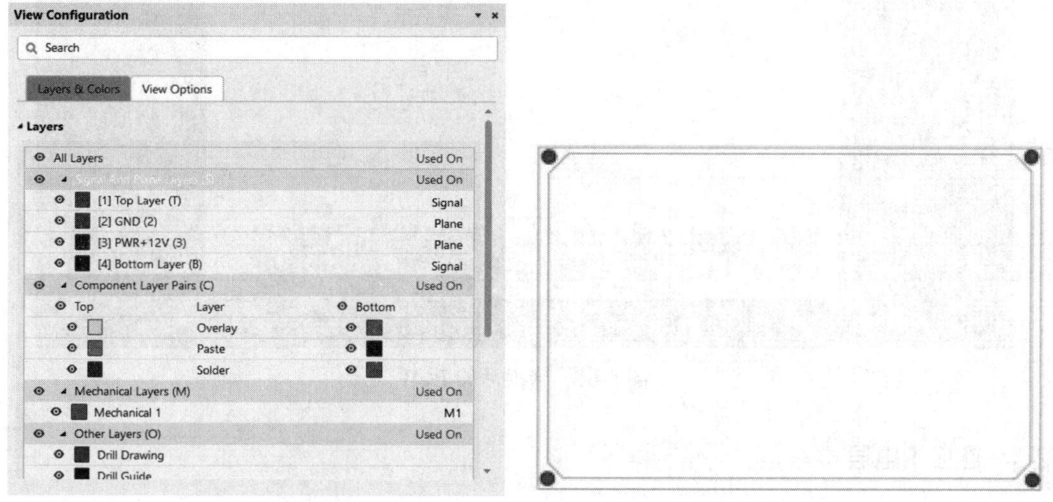

图 5-58　View Configuration 面板　　　图 5-59　设置 PCB 的物理边界、电气边界和安装孔

5.2.2 原理图内容更新到 PCB

在 PCB 编辑器中执行菜单命令“设计”→“Import Changes From 定时控制电路.PrjPcb”，弹出如图 5-60 所示的“工程变更指令”对话框。分别单击“验证变更”按钮和“执行变更”按钮，完成后，单击“关闭”按钮，关闭对话框。所有的元器件和飞线已经出现在 PCB 文档中的元器件盒内。转换后的 PCB 如图 5-61 所示。

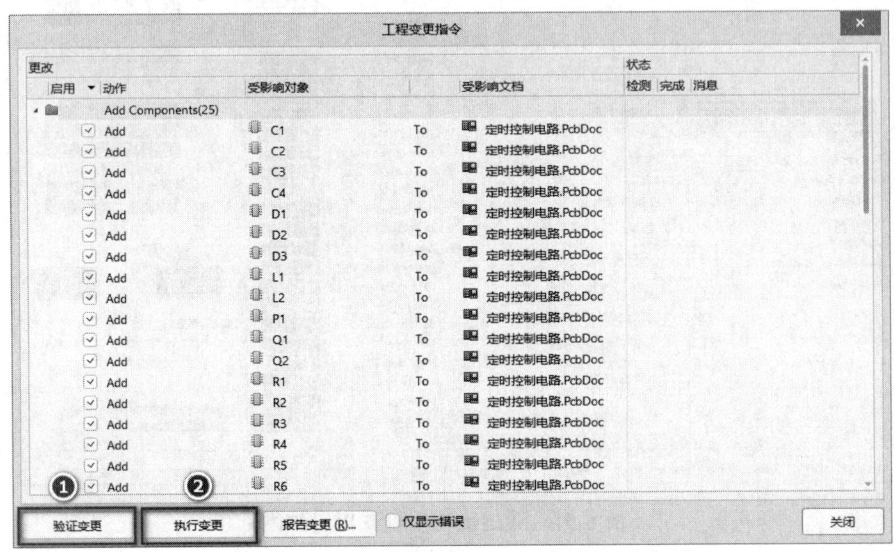

图 5-60 “工程变更指令”对话框

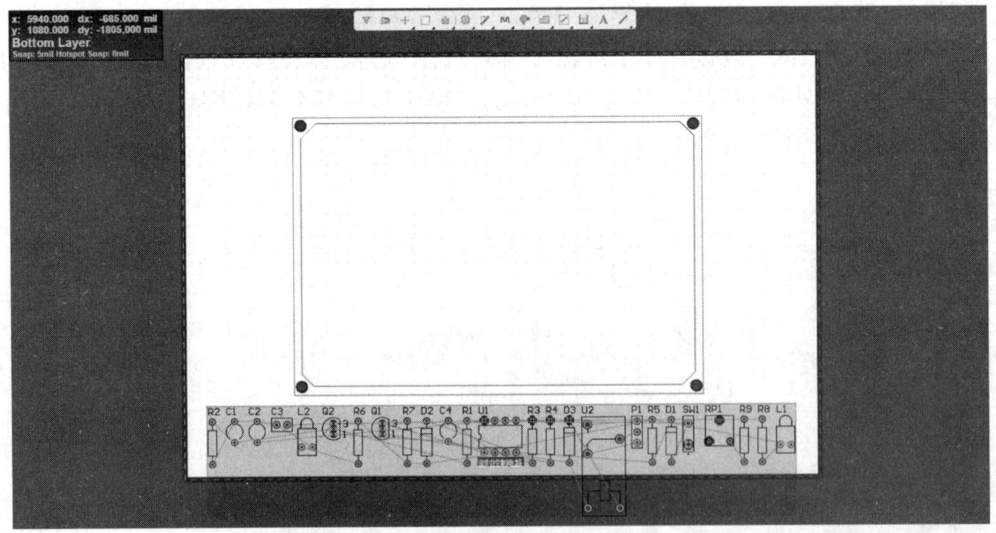

图 5-61 转换后的 PCB

5.2.3 连接内电层

在 PCB 编辑页面中选中“PWR＋5V”层并双击，系统弹出 PWR＋5V 内电层属性编辑对话框，如图 5-62 所示。

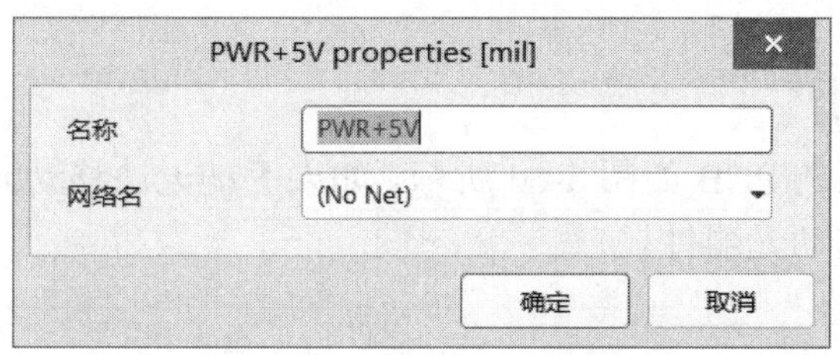

图 5-62　PWR＋5V 内电层属性编辑对话框

单击对话框“网络名”右边的下拉按钮，在弹出的有效网络列表中选择＋5V，即将 PWR＋5V 内电层定义为电源＋5V。设置结束后，单击“确定”按钮，关闭对话框。

按照同样的操作，将 PWR＋12V 内电层定义为电源＋12V，如图 5-63 所示。

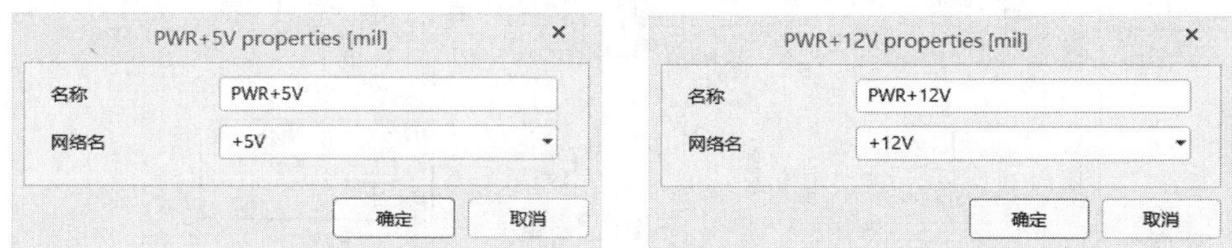

图 5-63　设置内电层所连接的网络

接下来进行内电层的电源分割，在 PCB 编辑页面单击右下角的“Panels”→“PCB”，系统弹出 PCB 面板。在 PCB 面板中选择“Split Plane Editor”，打开平面分割管理器，如图 5-64 所示。在图 5-64 中选中“PWR＋5V”，双击“网络名”，系统弹出“平面分割”对话框，在下拉菜单中选择＋5V 网络即可，如图 5-65 所示。按照同样的操作，将 PWR＋12V 分割层进行设置。

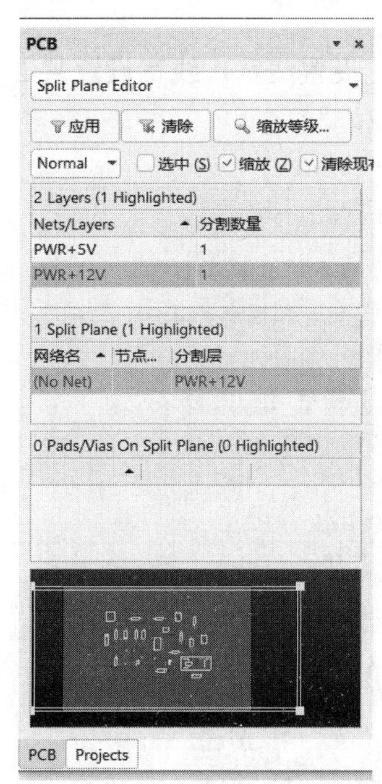

图 5-64　平面分割管理器

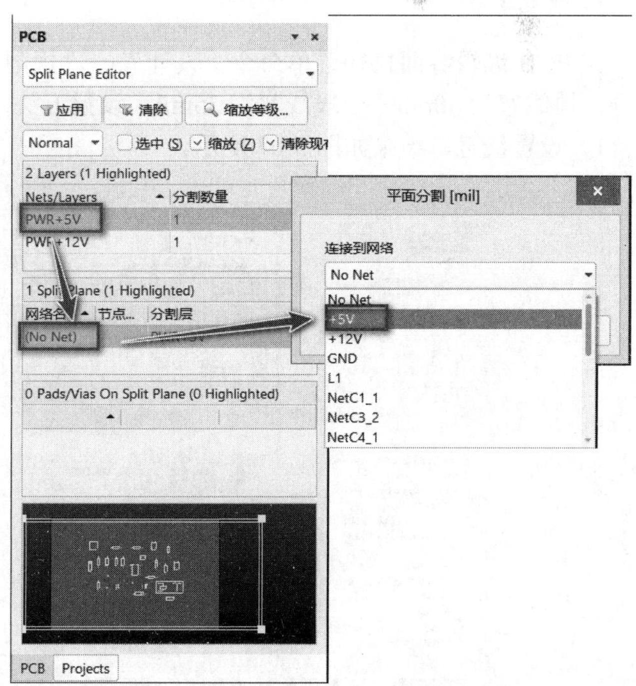

图 5-65　平面分割连接网络

5.2.4 PCB 元器件布局

手动调整布局以后的 PCB 如图 5-66 所示。如果手动无法移动元器件，可通过执行“编辑”→“移动”命令移动元器件。

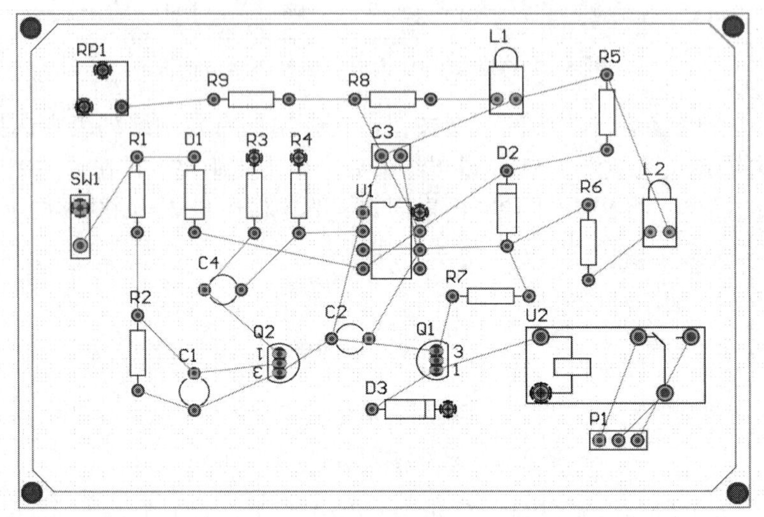

图 5-66 手动布局后的 PCB

5.2.5 PCB 布线规则设置

1. 线宽设置

在 PCB 编辑界面执行菜单命令“设计”→“规则”，首先设置线宽，线宽设置共 2 个规则，地线宽为 40mil，一般线宽为 35mil，设置方法同项目 2。

1）设置线宽，结果如图 5-67 所示。

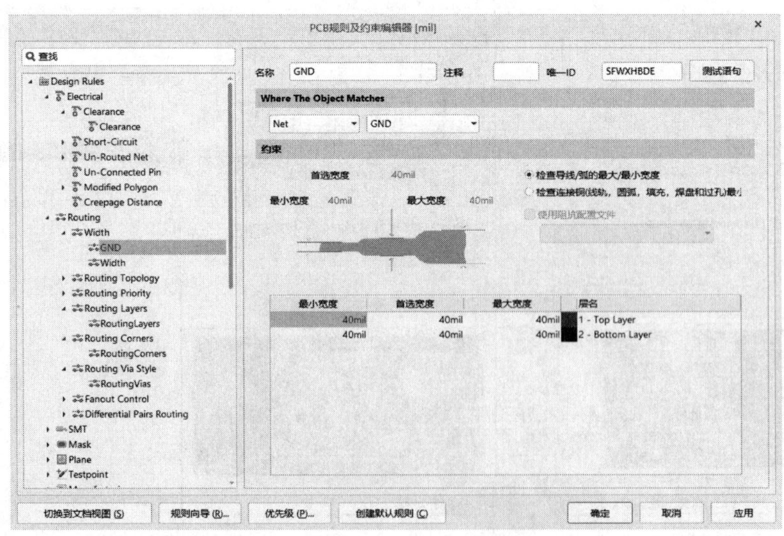

图 5-67 GND 和普通线宽设置

2）设置优先权。通过以上的规则设置，在对整个 PCB 进行布线时就有名称分别为 GND 和 Width 的两个约束规则，因此必须设置两者的优先权，以决定布线时约束规则使用的顺序。单击图 5-67 左下角的“优先级”按钮，弹出如图 5-68 所示的“编辑规则优先级”对话框。该对话框中显示了规则类型、优先级、范围和属性等，优先级的设置通过“增加优先级”按钮和“降低优先级”按钮实现。

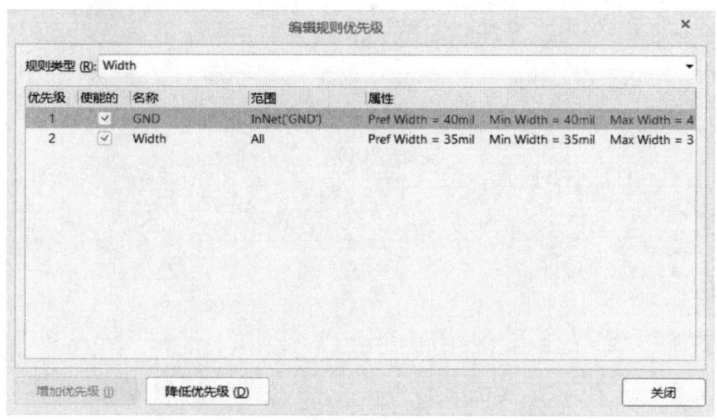

图 5-68　“编辑规则优先级”对话框

至此，新的布线宽度设计规则设置结束，单击“关闭”按钮关闭对话框或选择其他规则时，新的规则将予以保存。

2. 安全距离及布线层的设置

单击图 5-67 左上角的“Electrical”下的“Clearance”，将约束中的最小间距数值改为 10mil 即可，如图 5-69 所示。

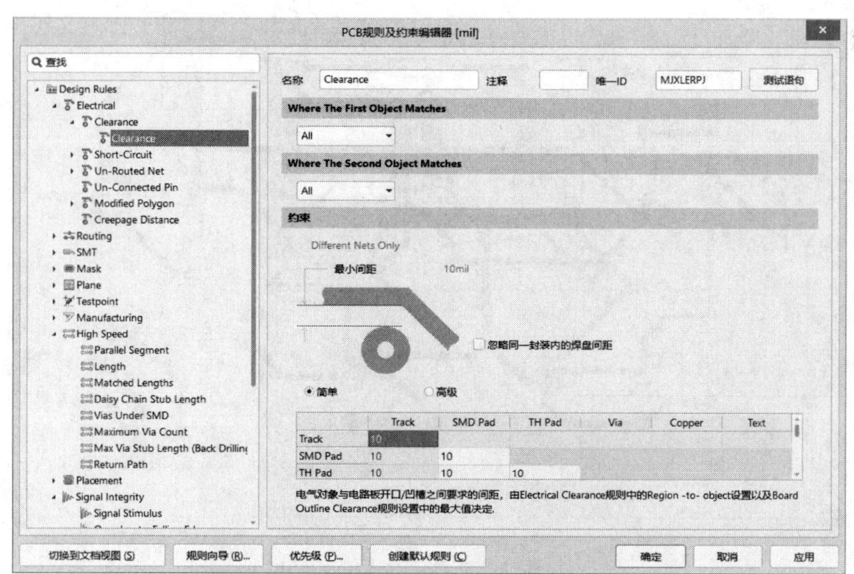

图 5-69　安全距离设置

单击“Routing Layers”（布线层）规则，界面如图 5-70 所示。对于双层 PCB，顶层和底层都布线。

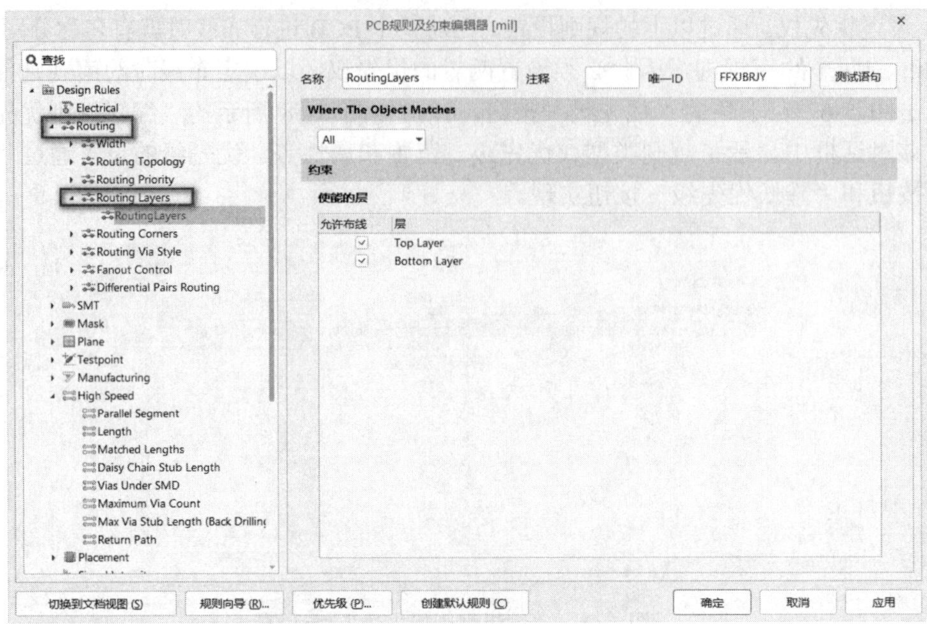

图 5-70　布线层规则设置对话框

5.2.6　自动布线

执行菜单命令“布线”→“自动布线”→“全部”，可以看到 PCB 上开始自动布线。自动布线结束后的效果如图 5-71 所示。

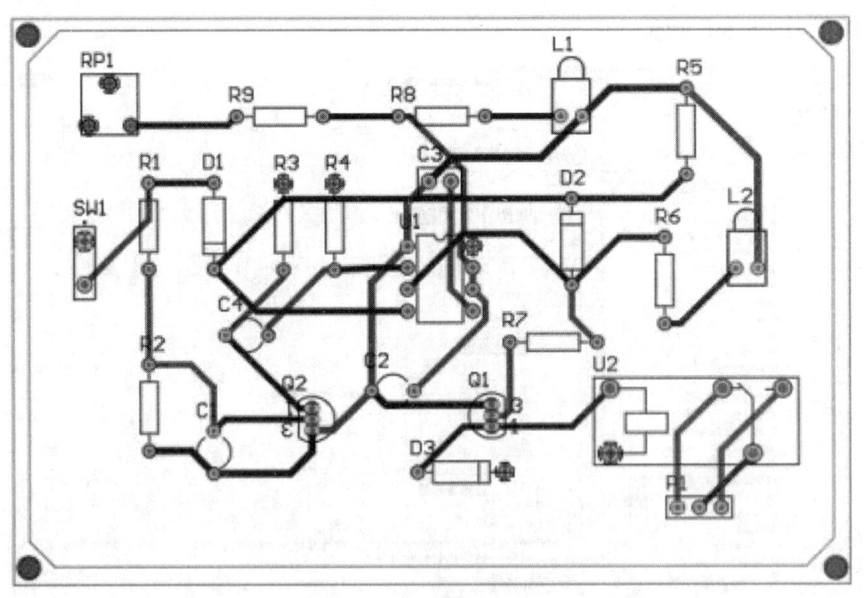

图 5-71　布线完成后的 PCB

布线之后可以看到，处于内电层上的焊盘四周有 4 条短弧线，如图 5-72 所示。

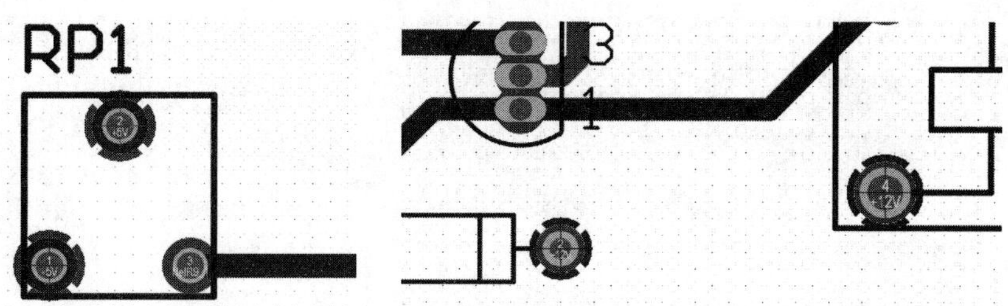

图 5-72　内电层上的焊盘

5.2.7　更新设计项目

1. 由 PCB 更新 SCH

由 PCB 更新 SCH 就是对 PCB 进行局部修改后再更新 SCH。图 5-73 所示为本项目的局部 SCH 和 PCB。在 PCB 的编辑区内将 PCB 中的 R2 和 C1 修改为如图 5-74（a）所示，按照如下步骤更新 SCH。

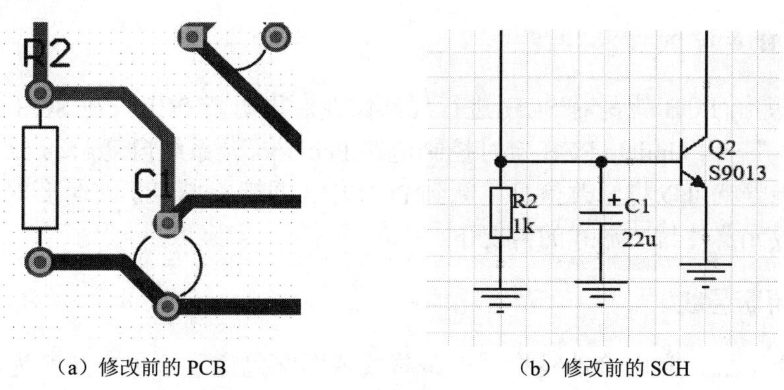

（a）修改前的 PCB　　（b）修改前的 SCH

图 5-73　由 PCB 更新 SCH 图例

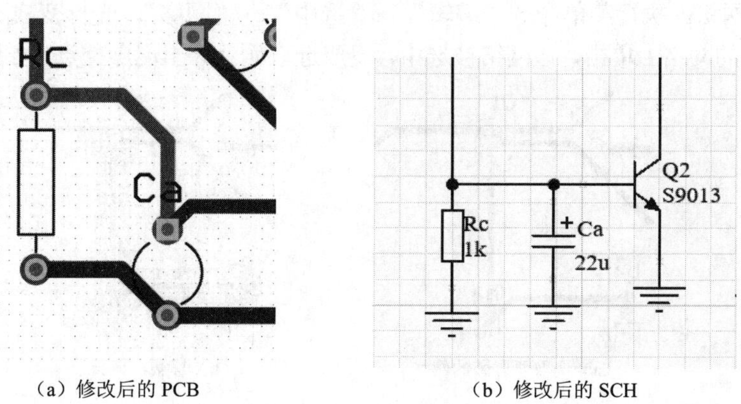

（a）修改后的 PCB　　（b）修改后的 SCH

图 5-74　更新后的 SCH

在 PCB 设计系统的窗口中，执行菜单命令“设计”→“Update Schematic in [定时控制电路.PrjPcb]”，启动“工程变更指令”对话框，如图 5-75 所示。

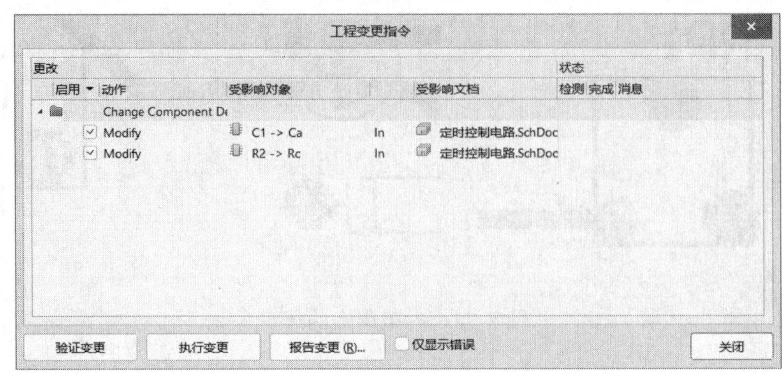

图 5-75 “工程变更指令”对话框

在该对话框中列出了所有的更改内容。单击“验证变更”按钮，检查改变是否有效，如果所有的改变均有效，“状态”栏中的“检查”列出现对号，否则出现错误符号。单击“执行变更”按钮，将有效的修改发送到 SCH，完成后，“完成”列出现完成状态显示。单击“报告变更”按钮，系统生成更改报告文件。完成以上操作后，单击“关闭”按钮关闭对话框，就实现了由 PCB 到 SCH 的更新。更新后的 SCH 如图 5-75（b）所示。

2. 由 SCH 更新 PCB

由 SCH 更新 PCB 就是对 SCH 进行局部修改后再更新 PCB。在 SCH 编辑区内执行菜单命令“设计”→“Update PCB 定时控制电路.PcbDoc”，系统自动启动 ECO，按照上述同样的方法和步骤就可以将修改信息更新到 PCB 中。更新 PCB 后，有时要对 PCB 进行调整，特别是在更改元器件封装形式的情况下。

5.2.8 放置屏蔽导线

为了防止干扰，常用接地线将某一条导线或网络包住，这种方法称为屏蔽，也称为包地。其操作步骤如下。

1）选择网络。执行菜单命令“编辑”→“选中”→“网络”，光标变成十字形状，将光标移到需要包地的网络上单击，该网络被选中，变成选取颜色并出现操控点，如图 5-76（a）所示。

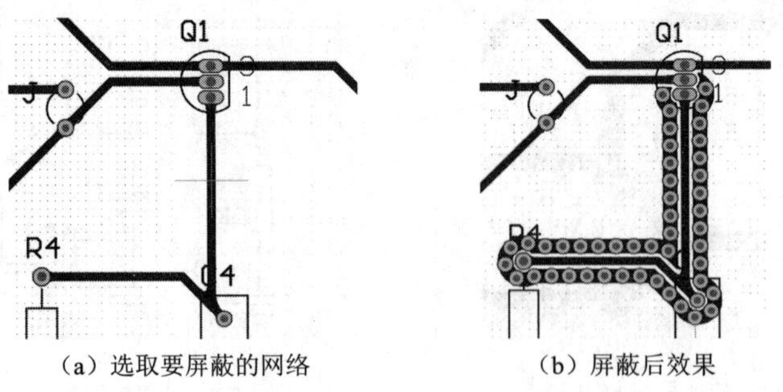

（a）选取要屏蔽的网络　　（b）屏蔽后效果

图 5-76 放置屏蔽导线

2）放置屏蔽导线。执行菜单命令“工具”→“缝合孔/屏蔽”→“添加网络屏蔽”，跳转至如图 5-77 所示对话框，按照图 5-77 进行设置后，被选中的网络即可被接地线包住，如图 5-76（b）所示。

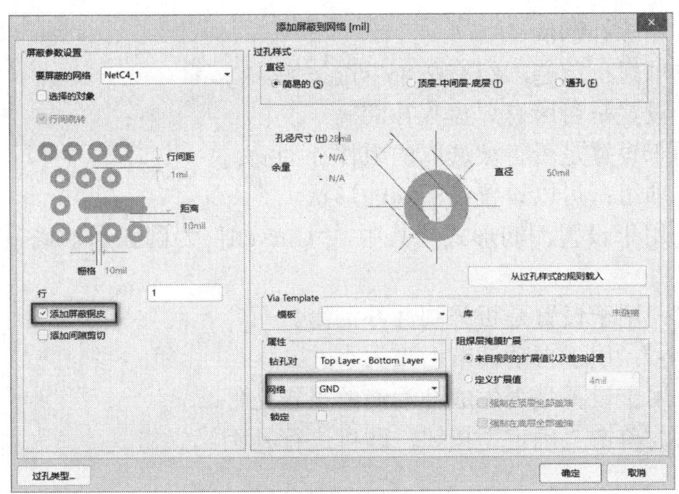

图 5-77　网络屏蔽设置

3）屏蔽导线的删除。执行菜单命令“编辑”→“选中”→“连接的铜皮”，光标变成十字形状，将光标放在要删除的屏蔽线上，单击选取要删除的屏蔽线，然后按〈Delete〉键即可。

5.2.9　补泪滴

在导线与焊盘或导孔的连接处有一段过渡，过渡的地方呈泪滴状，被形象地称为补泪滴。泪滴的主要作用是在钻孔时，避免在导线与焊盘的接触点处出现应力集中而使接触处断裂。如图 5-78 所示为有补泪滴的 PCB。

执行菜单命令“工具”→“滴泪”，或者通过快捷键〈T〉→〈E〉都可以启动如图 5-79 所示的“泪滴”对话框。

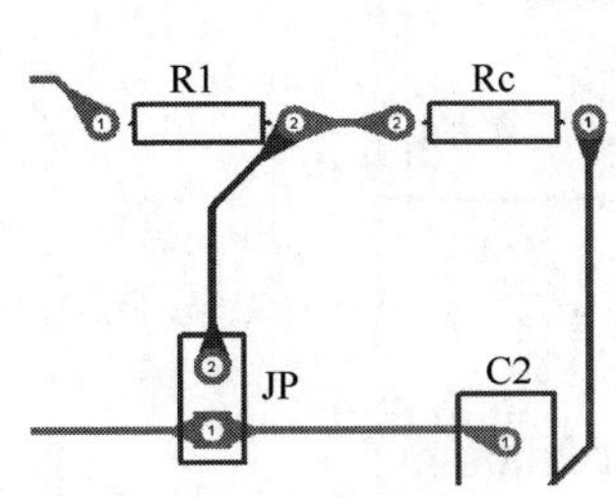

图 5-78　补泪滴图例

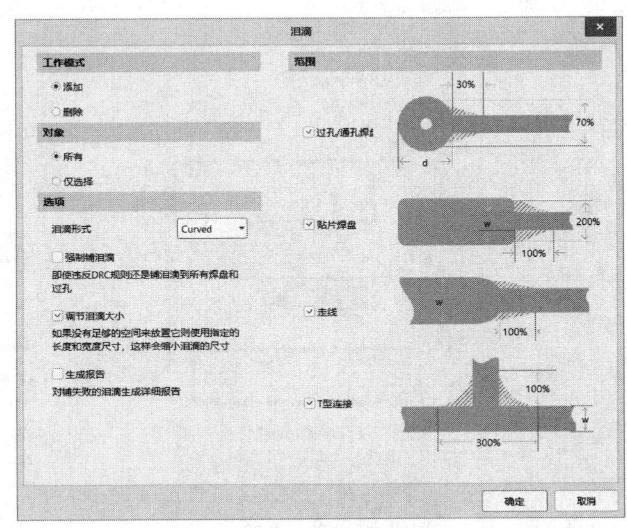

图 5-79　“泪滴”对话框

在“泪滴”对话框中，主要有 3 个选项组需要设置。

1）“工作模式”选项组：用于设置对补泪滴的操作。该选项组有 2 个单选按钮。

“添加”：用于添加补泪滴。

"删除"：用于删除补泪滴。

2）"对象"选项组：该选项组有 2 个单选按钮。

"所有"：用于设置是否所有焊盘都补泪滴。

"仅选择"：用于设置是否将被选取的组件补泪滴。

3）"选项"选项组：可以设置补泪滴的形状。

"泪滴形式"：用于设置泪滴形式，其中，"Curved"为圆弧形泪滴，"Line"为导线状泪滴。

"强制辅泪滴"：用于设置是否强制性补泪滴。

"调节泪滴大小"：用于自动调节泪滴大小。

"生成报告"：用于设置是否生成补泪滴的报告文件。

设置完成以后，单击"确定"按钮，即可进行补泪滴操作。

5.2.10 放置敷铜

敷铜就是将 PCB 空白的地方敷满铜膜，主要目的是提高 PCB 的抗干扰能力。通常，将铜膜接地，这样 PCB 中空白的地方敷满了接地的铜膜，PCB 的抗干扰能力就会明显提高。

（1）启动敷铜命令

启动敷铜命令有以下 3 种方法。

方法一：菜单启动方法。从菜单栏中执行菜单命令"放置"→"敷铜"。

方法二：工具栏启动方法。从工具栏中选择"放置多边形平面"按钮。

方法三：快捷键启动方法。从键盘上依次击键〈P〉→〈G〉。

启动命令后，按〈Tab〉键打开如图 5-80 所示的 Polygon Pour 面板。

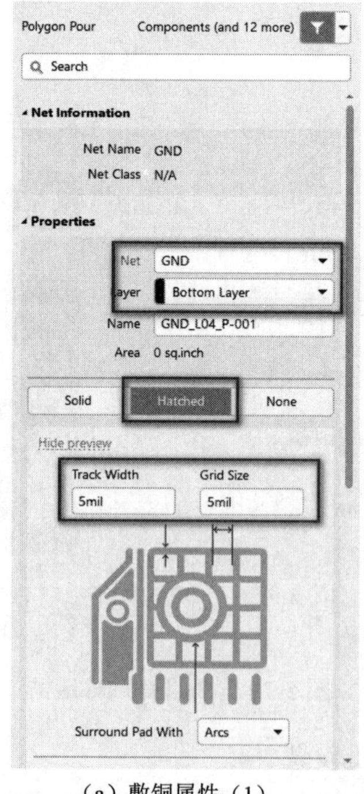

（a）敷铜属性（1）

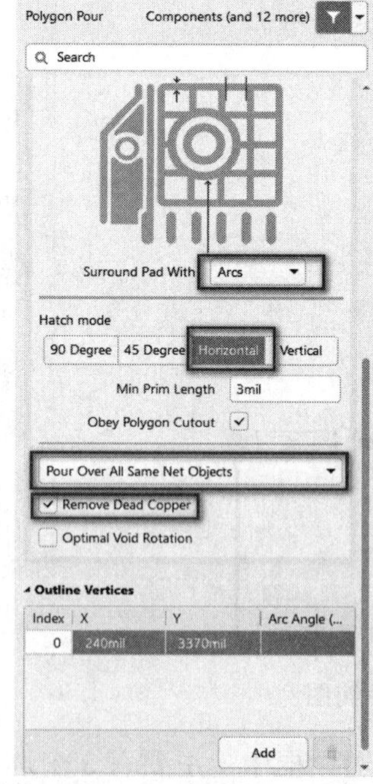

（b）敷铜属性（2）

图 5-80 Polygon Pour 面板

Polygon Pour 面板的主要内容介绍如下。

1）“Track Width”：用于设置敷铜线的线宽。

2）“Grid Size”：用于设置敷铜线的格点间距。

3）“Surround Pads With”：用于设置敷铜和焊点间的环绕形式，有两种形式，即“Arcs”（圆弧）围绕方法和“Octagon”（八角形）围绕方法，分别如图 5-81（a）和（b）所示。

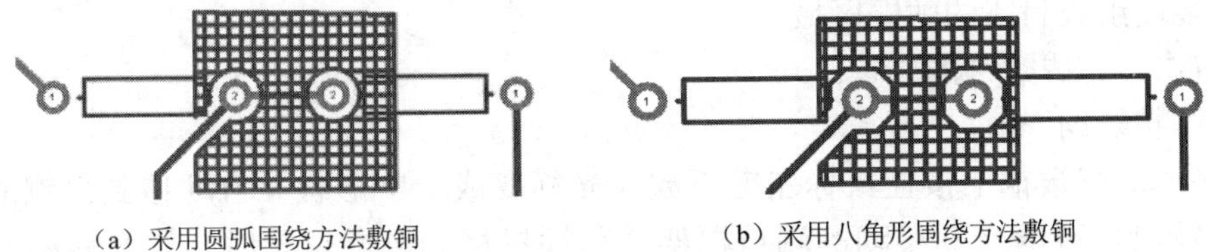

（a）采用圆弧围绕方法敷铜　　（b）采用八角形围绕方法敷铜

图 5-81　敷铜和焊点间的环绕形式

4）“Hatch Mode”：用于设置敷铜的布线形式，包括 4 种形式，即 “90 Degree”（90° 线敷铜）、“45 Degree”（45° 线敷铜）、“Horizontal”（水平线敷铜）、“Vertical”（垂直线敷铜），如图 5-82 所示。

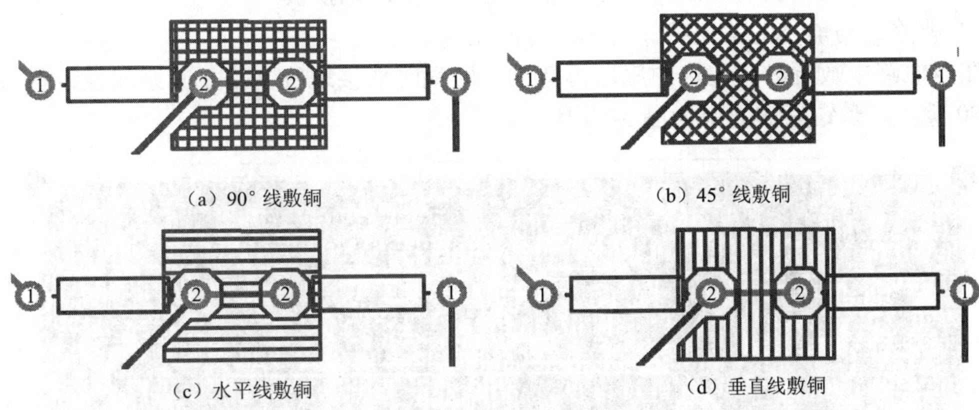

（a）90° 线敷铜　　（b）45° 线敷铜

（c）水平线敷铜　　（d）垂直线敷铜

图 5-82　铺铜的布线形式

5）“Pout Over All Same Net Objects”：用于设置如果敷铜遇到的导线就在敷铜连接的网络时，敷铜是否直接将导线覆盖过去。如图 5-83 所示为 R1-2 所接网络为 VCC，将敷铜所连网络设置为 VCC 时，设置“Pout Over All Same Net Objects”的两种情况。注意 R1-2 附近敷铜形状的变化。

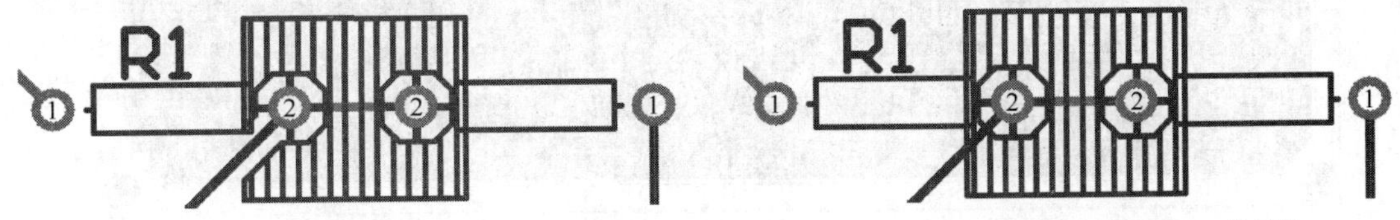

（a）不选 Pout Over All Same Net Objects 的情况　　（b）选 Pout Over All Same Net Objects 的情况

图 5-83　设置 Pout Over All Same Net Objects 的两种情况

6）“Remove Dead Copper”：用于设置是否删除死铜。死铜是指无法连接到指定网络上的敷铜。

设置完毕，单击“暂停”按钮，光标变成十字形状，即进入敷铜的放置状态。

（2）放置敷铜

命令启动后，光标变成了十字形状，此时按以下步骤放置敷铜。

1）移动鼠标到合适的位置单击，确定敷铜的第一个端点位置。

2）依次移动鼠标到合适的位置，单击确定敷铜的各个端点或形状。确定的各端点与鼠标之间以线段组成封闭的敷铜区域。

3）右击，完成敷铜的放置。

（3）调整敷铜

1）移动：在敷铜上按住鼠标左键不放，光标变成十字形状并自动移到敷铜的一个端点上，敷铜只出现随光标移动的端点框架。移动鼠标到合适位置时，松开鼠标左键，放置敷铜。

2）大小的调整：敷铜大小的调整与矩形铜膜大小的调整相类似，这里不再重复。

3）切换板层：在敷铜上按住鼠标左键不放，光标变成十字形状并自动移到敷铜的一个端点上，敷铜只出现随光标移动的端点框架，此时从键盘上按〈L〉键可使敷铜切换到另一个板层。也可以双击敷铜，在弹出的属性对话框中实现切换板层。

4）删除：与前述的其他组件的删除方法相同。

在本电路中敷铜时，先选中底层再敷铜，敷铜时要接地线网络，其余属性设置方法如图 5-80 所示，敷铜后的效果如图 5-84 所示。

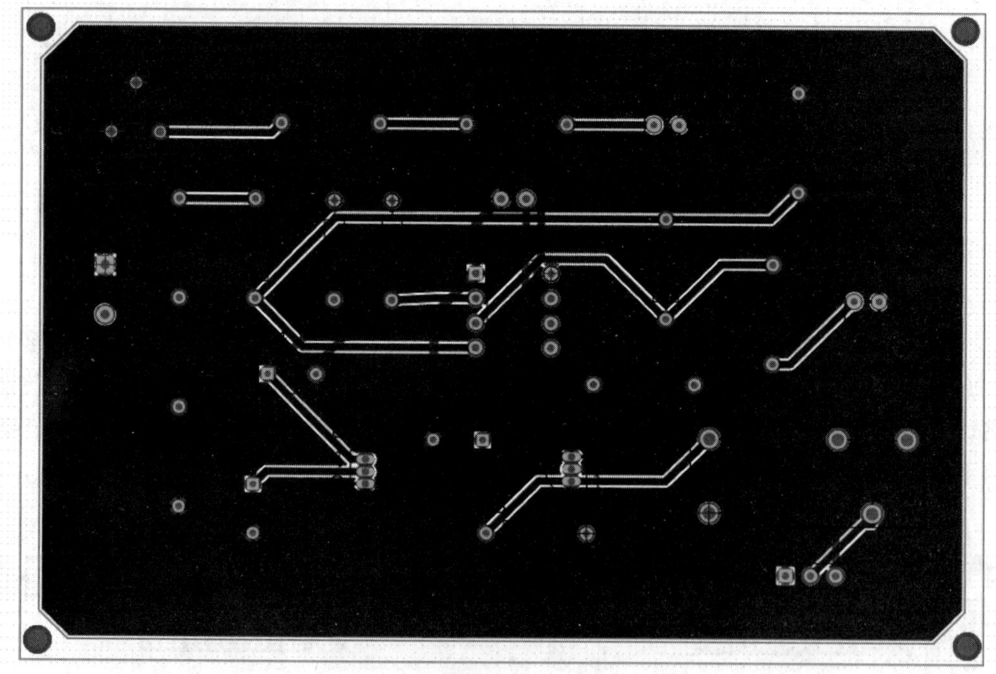

图 5-84　敷铜之后的 PCB 图

5.2.11　打印输出

完成了项目设计或 PCB 设计以后，就可以把所需要的项目内容以文件形式输出或在打印设备上输出。

1. 设置打印输出

执行菜单命令“文件”→“打印”，打开如图 5-85 所示的对话框。该对话框可进行打印项目的设置，包括 General、Pages、Advanced 等内容。单击选取“General”选项卡，可以对打印纸张大小、纸张版式、页边距等进行设置。

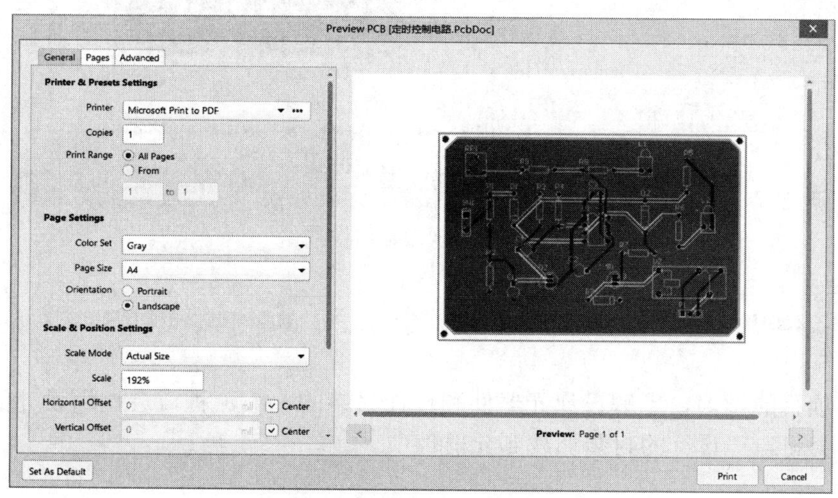

图 5-85　打印属性设置

选取“Pages”选项卡中的“Edit Layers”设置项，操作如图 5-86 所示，弹出如图 5-87 所示的 PCB 打印输出设置对话框，显示出要打印的各层信息，在需要编辑的项目上右击，即可通过弹出的快捷菜单对其进行修改。

2. 打印输出

图 5-85 中还包括打印机设置、打印设置、打印预览等按钮。单击“Print”按钮，可以将设计的 PCB 在指定的设备上打印输出。

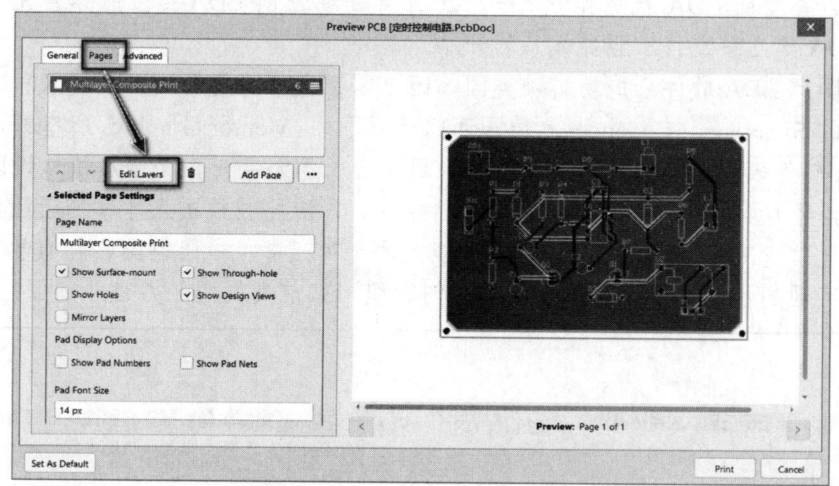

图 5-86　打印页面（Pages）设置

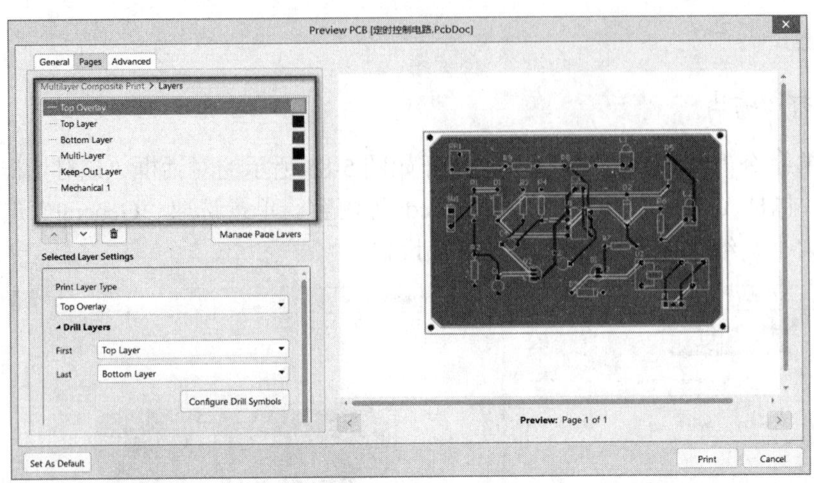

图 5-87　板层输出设置

项 目 小 结

通过本项目的学习，了解设计元器件和设计封装的一般流程，会调用设计的元器件绘制原理图，会将自己设计的封装加载到元器件中。

拓展阅读

国产嘉立创 EDA 软件简介

嘉立创 EDA 是由中国团队研发，拥有完全独立自主知识产权的 EDA 工具。

在中美贸易战中，美国将用于集成电路所必需的 EDA 软件加入商业管制清单，对其出口进行管制，今后所有美国 EDA 软件出口都必须接受检查和批准。EDA 软件的重要性不言而喻，被称为芯片之母。此次美国的出口管制也给提升国产 EDA 软件水平敲响了警钟。好在当下我国 EDA 软件领域也不乏一些突破核心技术、打破海外巨头垄断的佼佼者，嘉立创 EDA 就是其中之一。2022 年是嘉立创 EDA 专业版运营元年，也是嘉立创 EDA 建立一流技术服务体系的开始。

虽然国产 EDA 软件已成功打破美国等西方国家垄断的格局，但在技术和市场上仍然被美国的 Synopsys、Cadence 和德国西门子旗下的 Mentor Graphics 所垄断。我国想要在 EDA 软件领域赶超世界先进水平还有极其漫长的路要走，必须加快建设国家战略人才力量，努力培养造就更多大师、战略科学家、一流科技领军人才和创新团队、青年科技人才、卓越工程师、大国工匠、高技能人才。我们青年一代也应该努力学习，立志为我国“实现高水平科技自立自强，进入创新型国家前列”而努力奋斗。

拓 展 项 目

5-1　试画出如图 5-88 所示的封装图。其中，焊盘外径为 120mil，内径为 60mil。图中尺寸单位为英制单位（mil）。

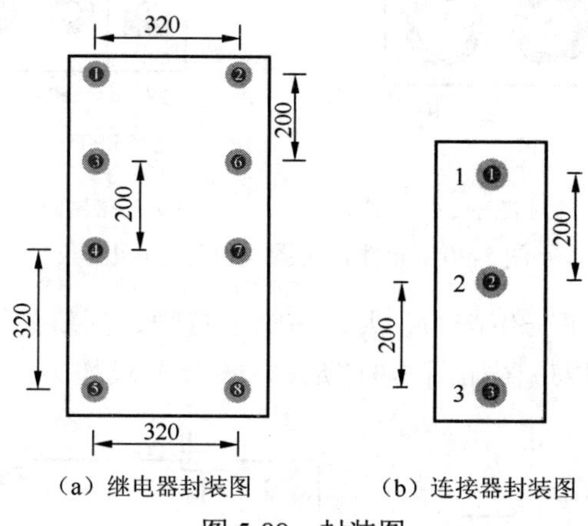

（a）继电器封装图　　（b）连接器封装图

图 5-88　封装图

5-2　试画出如图 5-89 所示的电源电路原理图，要求如下：

1）使用双层 PCB，PCB 尺寸以合适为宜。

2）采用插针式元器件。

3）镀铜过孔。

4）焊盘之间允许走一根铜膜线。

5）走线宽度均为 30mil。

6）该电路需要自行制作开关 S1、S2 和连接器 CZ6 的封装。封装时注意元件的管脚尺寸，对于开关、按钮之类的元件，需要按照实际的元件尺寸画封装图，同时还要使焊盘的尺寸足够大，以使其引脚能够插入焊盘。图 5-90（a）为开关的封装图尺寸，焊盘外直径为 200mil，孔直径为 150mil；图 5-90（b）为连接器的封装尺寸，焊盘外直径为 90mil，孔直径为 40mil。

7）人工布局，自动布线。

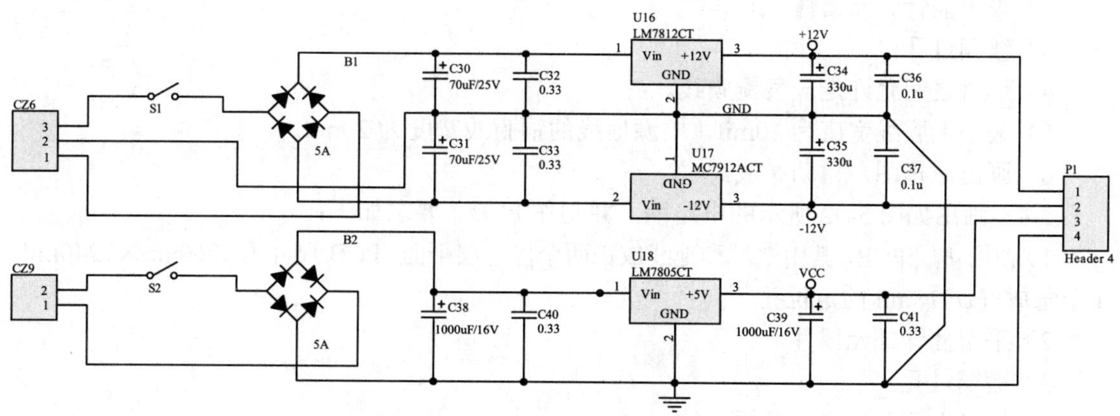

图 5-89　电源电路原理图

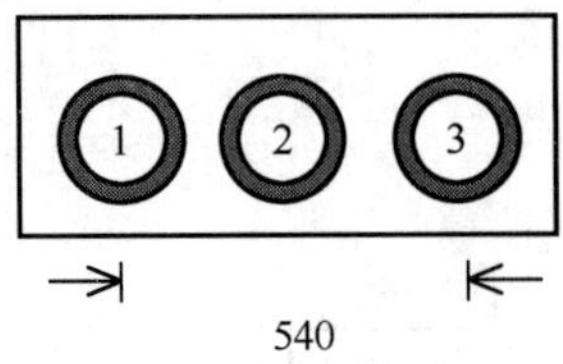

（a）开关的封装图尺寸

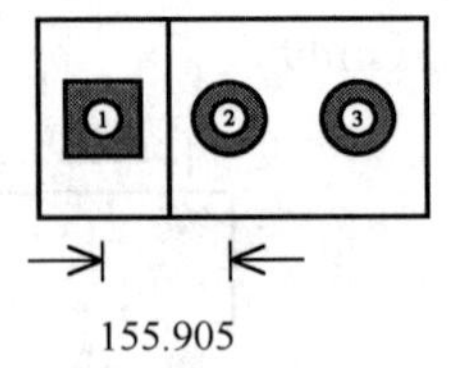

（b）连接器的封装尺寸

图 5-90　元件封装图（单位：mil）

5-3　在制作“科技是第一生产力、人才是第一资源、创新是第一动力”显示屏时需要设计波形发生器 PCB，其原理图如图 5-91 所示，设计要求如下：

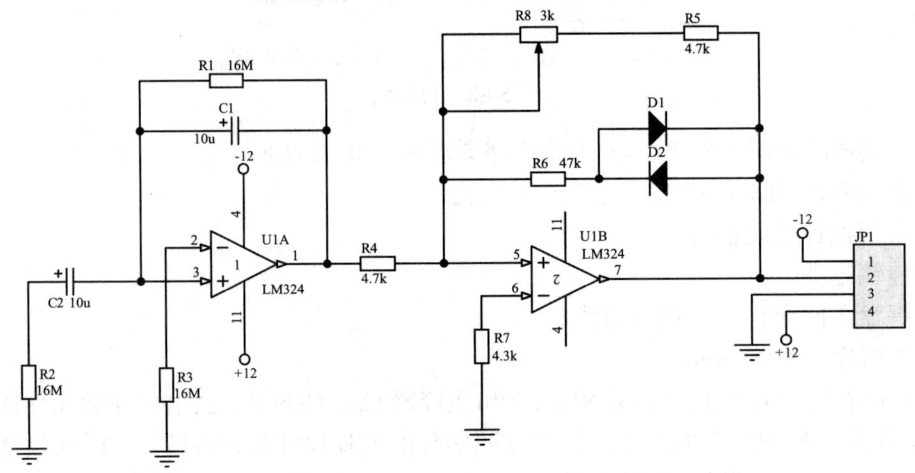

图 5-91　波形发生器电路原理图

1）使用 4 层板，板框尺寸为 3000mil×1540mil，4 个角放置 ϕ5mm 的定位孔。其中，＋12V 和－12V 电源放在两个内电层。

2）采用插针式元器件。

3）镀铜过孔。

4）焊盘之间允许走一条铜膜线。

5）最小铜膜线宽度为 10mil，电源地线的铜膜线宽度为 20mil。

6）画出原理图，自动布线。

5-4　画出如图 5-92 所示的电路图，并制作 PCB。要求如下：

1）使用 4 层 PCB，其中电源和地线放在两个内电层平面，PCB 尺寸为 1260mil×2240mil，4 个角放置 ϕ118mil 的定位孔。

2）采用插针式元器件。

3）镀铜过孔。

4）焊盘之间允许走一条铜膜线。

5）最小铜膜线宽度为 15mil，电源地线的铜膜线宽度为 25mil。

6）要求画出原理图，自动布线。

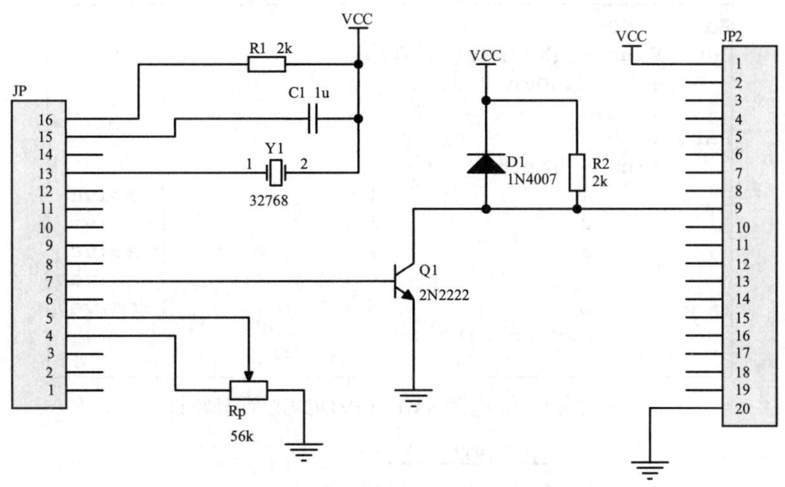

图 5-92　电路原理图

5-5　根据图 5-93 所示原理图设计一个合理的 PCB。其中，K1 元件需自己设计，元器件引脚属性如图 5-94 所示；K1 的封装形式如图 5-95 所示，必须自己编辑，其他元器件的封装按标准进行合理设计。PCB 要求如下：

1）使用双层 PCB，PCB 尺寸以合适为宜。

2）采用插针式元器件封装。

3）底层整面敷铜，并接地线网络。

4）布线宽度为 35mil。

5）网络 VCC 铜膜线宽度为 50mil。

6）安全距离为 15mil。

7）4 个 ϕ120mil 的定位孔。

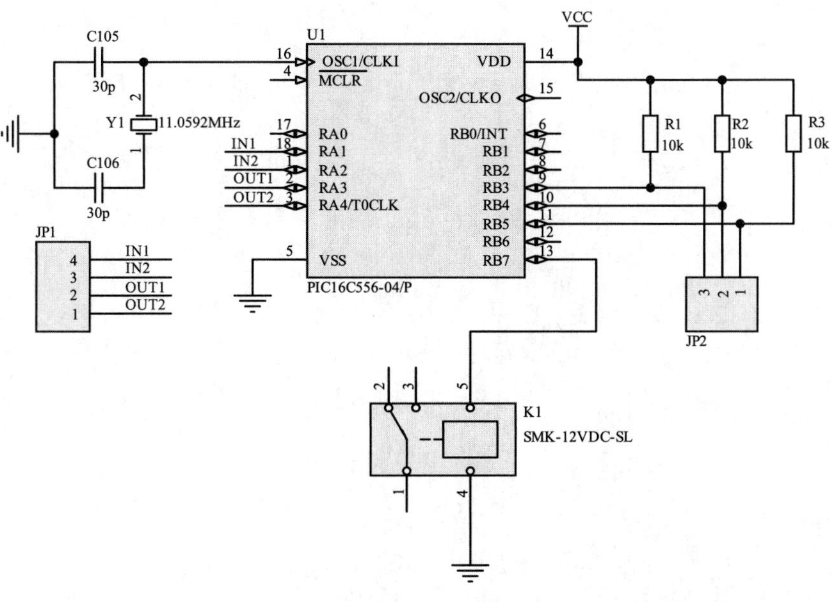

图 5-93　原理图

```
Part : K?
     Pins - (Normal) : 0
          Hidden Pins :

Part : K?
     Pins - (Normal) : 5
          1              1              Passive
          2              2              Passive
          3              3              Passive
          4              4              Passive
          5              5              Passive
          Hidden Pins :
```

图 5-94　继电器 SMK-12VDC-SL 管脚特性

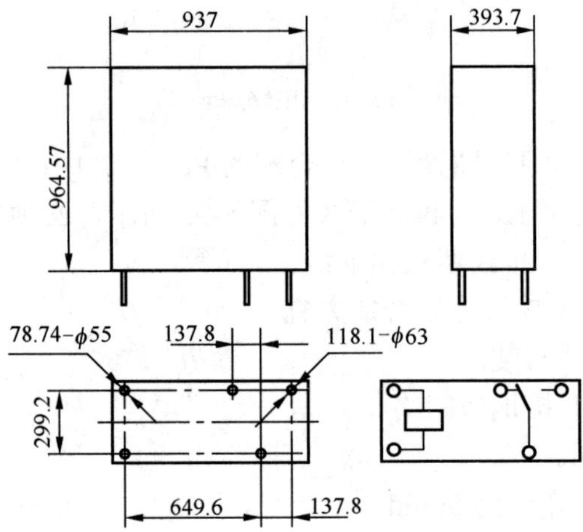

图 5-95　SMK-12VDC-SL 封装图（单位：mil）

项目 6

超声波测距仪 PCB 设计——PCB 综合设计

学习目标 ☞

1）掌握 PCB 手动设计的流程；
2）掌握网表管理器的使用方法。

设计要求 ☞

如图 6-1 所示为一个超声波测距仪的控制电路原理图。该电路中的单片机为 STC89C52，超声波传感器型号为 HC-SR04。其他元器件及其封装形式要求见图 6-2 元器件清单。按如下要求设计该电路的 PCB。

1）用自动和手动两种方法设计该 PCB；
2）使用双层 PCB，PCB 尺寸以合适为宜；
3）布线宽度要求为 1.254mm；
4）4 个角放置 ϕ3mm 的定位孔；
5）在 PCB 设计中注意 PCB 形状的规划、双层 PCB 和布线规则的设置。

素质目标 ☞

树立敢于担当的责任意识，培育大国工匠精神。

超声波测距仪主要由传感器和控制器两部分组成，主要用于位移、距离等参数的测量、控制与报警。

1）多个参数设置。本产品可以对上限、下限、起始运行值等参数进行设置并保存。
2）距离测量。本产品可以测量并显示出被测物体的高度及物体间距离。
3）高低超限报警。当位置超出设定的上限或下限时，输出报警，扬声器发声。

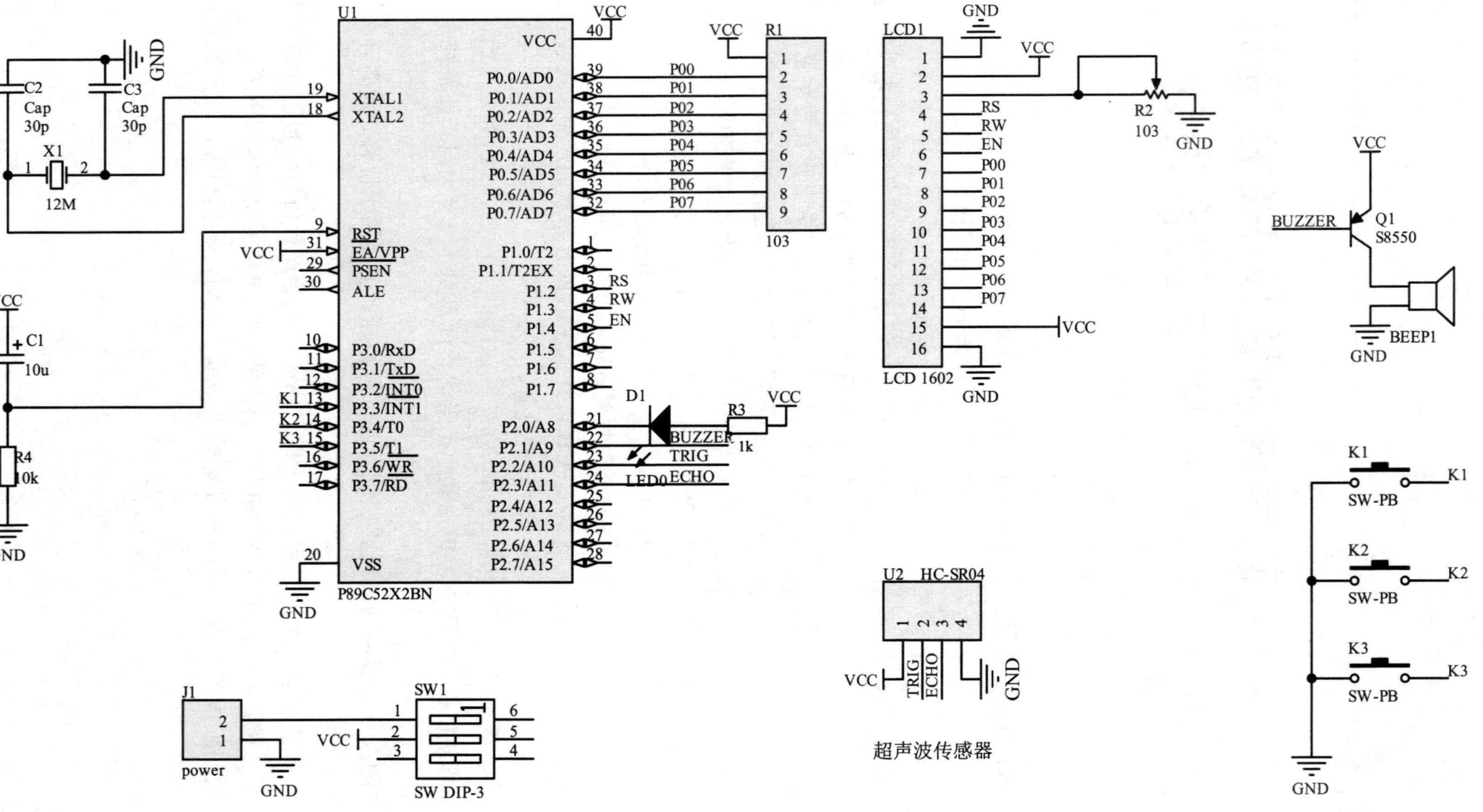

图 6-1 超声波测距仪电路原理图

	Comment	Description	Designator	Footprint	LibRef	Quantity
1	Speaker	Loudspeaker	BEEP1	PIN2	Speaker	1
2	Cap Pol2	Polarized Capacit...	C1	POLAR0.8	Cap Pol2	1
3	Cap	Capacitor	C2, C3	RAD-0.3	Cap	2
4	LED0	Typical INFRARED...	D1	LED-0	LED0	1
5	power	Header, 2-Pin	J1	HDR1X2	Header 2	1
6	SW-PB	Switch	K1, K2, K3	SPST-2	SW-PB	3
7	LCD 1602	Header, 16-Pin	LCD1	HDR1X16	Header 16	1
8	S8550	PNP Bipolar Trans...	Q1	SOT-23B_N	PNP	1
9	103	Header, 9-Pin	R1	HDR1X9	Header 9	1
10	RPot	Potentiometer	R2	VR5	RPot	1
11	Res2	Resistor	R3, R4	AXIAL-0.4	Res2	2
12	SW DIP-3	DIP Switch, 3 Posi...	SW1	DIP-6	SW DIP-3	1
13	P89C52X2BN	80C51 8-Bit Flash...	U1	SOT129-1	P89C52X2BN	1
14	HC-SR04	Header, 4-Pin	U2	HDR1X4	Header 4	1
15	XTAL	Crystal Oscillator	X1	R38	XTAL	1

图 6-2　元器件清单

6.1　自动方法设计超声波测距仪 PCB

自动方法设计超声波测距仪（视频）

6.1.1　创建项目文件

执行菜单命令“文件”→“新的”→“项目　”（PCB 项目），新建一个项目文件。然后执行菜单命令“文件”→“另存为”，将新建的项目文件保存到 Example 文件夹下，并将其命名为“超声波测距仪.PrjPcb”。

执行菜单命令“文件”→“新的”→“原理图”，然后执行菜单命令“文件”→“另存为”，将新建的原理图文件保存到 Example 文件夹下，并命名为“超声波测距仪.SchDoc”。

6.1.2　设计超声波测距仪的原理图

首先对原理图设计的环境、图纸等进行设置，然后按下面所讲的操作方法设计原理图。

1. 加载库文件 Philips Microcontroller 8-Bit.IntLib

因为集成芯片 89C52 在库文件“Philips Microcontroller 8-Bit.IntLib”中，所以加载“Philips Microcontroller 8-Bit.IntLib”库文件并设为当前库。

使用过滤器快速定位需要的元器件。在库名下的过滤器文本框中输入“89C52”作为过滤条件，一个以“89C52”作为元器件名的元器件将在元器件列表中显示出来，如图 6-3 所示。

在元器件列表中双击选择 89C52，此时光标变成十字形状，并且在光标上黏附着一个集成芯片的轮廓，如图 6-4 所示，说明现在已处于元器件放置状态。如果移动光标，集成芯片轮廓也会随之移动。

在原理图上放置元器件之前，首先要编辑其属性。在元器件放置状态下按〈Tab〉键，则打开元器件属性对话框“Component”，如图 6-5 所示。

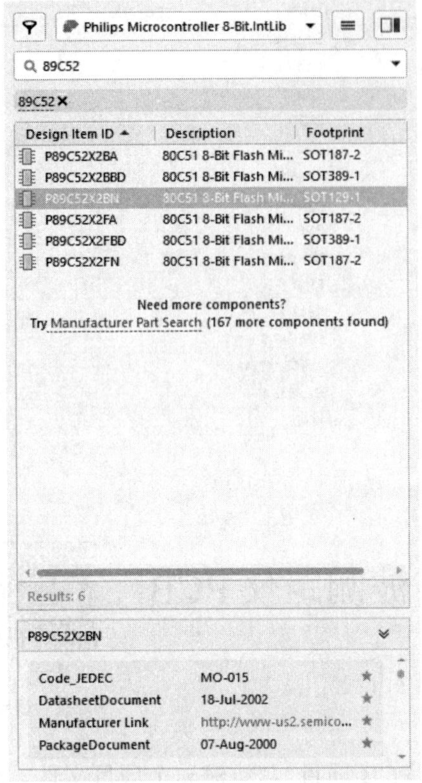

图 6-3　取用集成芯片 89C52

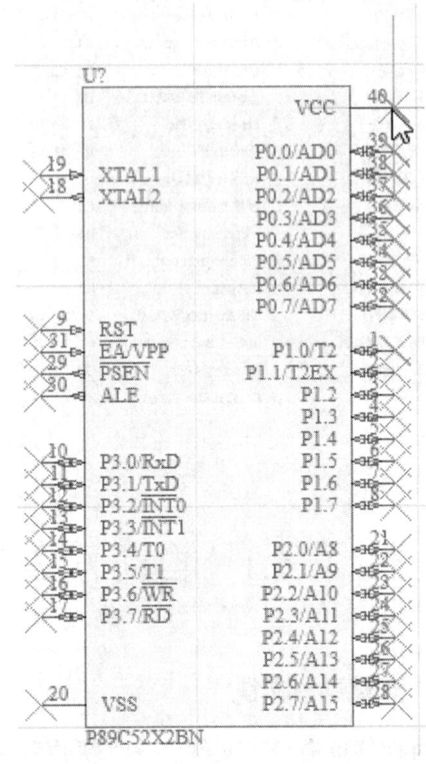

图 6-4　处于放置状态下的集成芯片 89C52

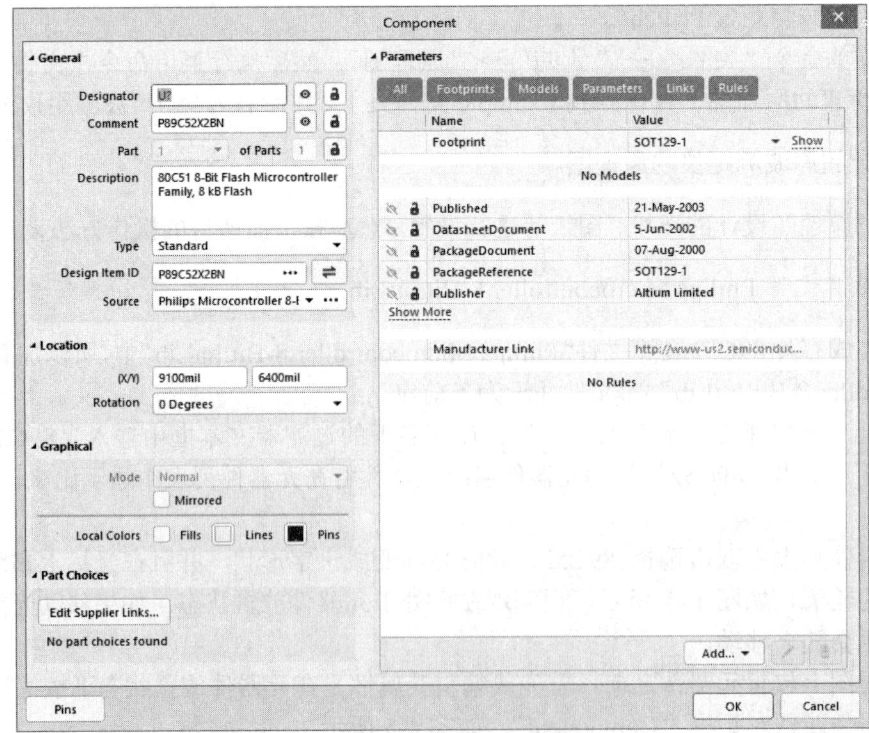

图 6-5　集成芯片 89C52 属性编辑对话框

在元器件属性对话框的“General”选项组的“Designator”文本框中输入“U1”，将其值作为该元器件的标识，并选中右面的◉可视按钮。

检查 89C52 所使用的封装形式。由于当前加载的库已经包括了封装和电路仿真模型，需确认在模型列表“Parameters”中含有“SOT129-1”形式的封装。保留其余选项为默认值。

单击“OK”按钮，关闭元器件属性对话框，并返回元器件放置状态。

2. 放置集成芯片 89C52

移动黏附有集成芯片的光标到图纸中间某位置，按图 6-1 的布局将集成芯片移动到合适位置后单击，将集成芯片放在原理图上。

3. 放置 LCD-1602 和超声波传感器 HC-SR04

在 Altium Designer 21 的所有元器件库中找不到元器件 LCD-1602 和超声波传感器 HC-SR04，我们用 Header 16 代替 LCD-1602，用 Header 4 代替 HC-SR04，下面介绍 Header 16 放置方法。在如图 6-6 所示的“Components”面板中，将 Miscellaneous Connectors.IntLib 库设为当前库。

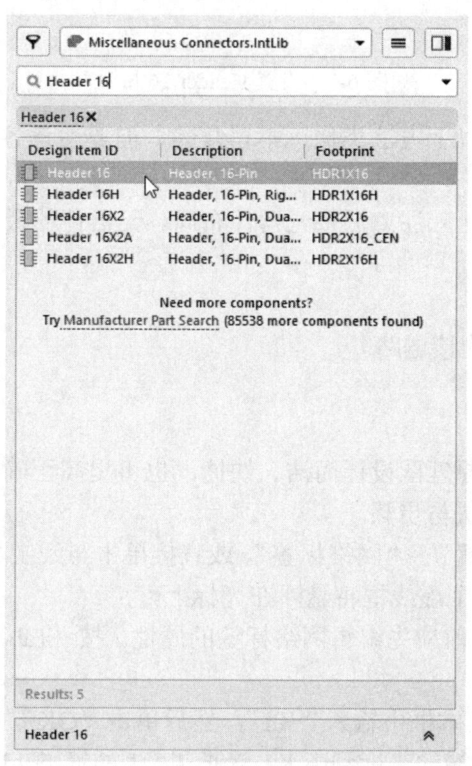

图 6-6　取用 Header 16

在库名下的过滤器文本框中输入“Header 16”作为过滤条件，一个以“Header 16”作为元器件名的元器件将在元器件列表中显示出来。

在元器件列表中双击选择 Header 16，在元器件放置状态下按〈Tab〉键，修改相关属性如图 6-7 所示，然后将其放置在原理图绘制界面中。

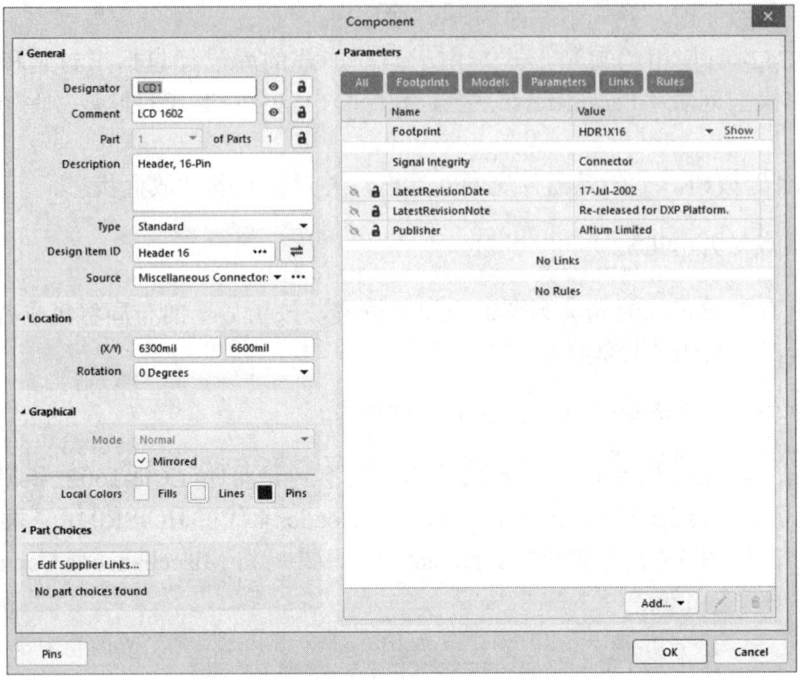

图 6-7　设置 Header 16 属性

其他元器件的放置与以上方法类似，不再复述。但要注意各元器件所在的元器件库的加载或切换。

元器件放置完成以后，应注意调整元器件布局。元器件的最终布局如图 6-1 所示。

4. 连接电路

参照原理图 6-1 正确连接电路。

5. 放置网络标签

使用网络标签可以使原理图设计简洁、快捷，也可提高正确性。下面以 K1 为例讲述在图中放置网络标签的方法与步骤。

1）执行菜单命令“放置”→“网络标签”，或直接单击布线工具栏上的图标按钮 Net1（快捷键为〈P〉→〈N〉）。一个虚线框将悬浮在光标上。

2）在放置网络标签之前应先编辑网络标签的属性。按〈Tab〉键显示网络标签对话框，如图 6-8 所示。

3）在“Net Name”文本框中输入“K1”，然后单击“OK”按钮关闭对话框。

4）移动黏附有网络标签的光标到由 K1 管脚和 U1 的管脚 13 所组成的网络导线上，当光标接近导线时，会显示一个星形标记，如图 6-9 所示，表示可以在该点放置网络标签，单击放置该网络标签。用同样的方法完成网络标签 K2、K3、RS、RW、EN 等的放置。这样，就完成了原理图的设计。

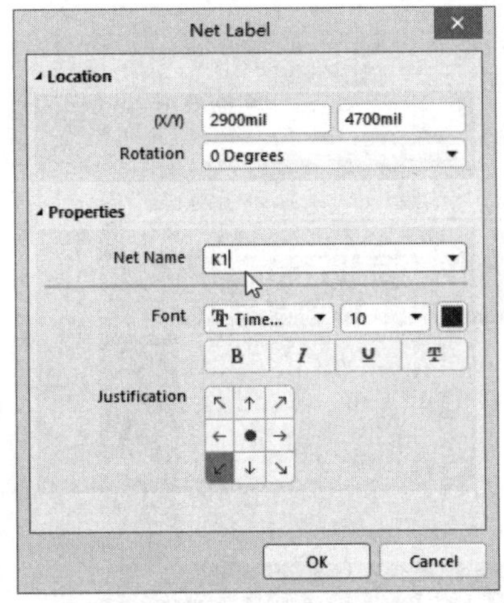

图 6-8　网络标签对话框

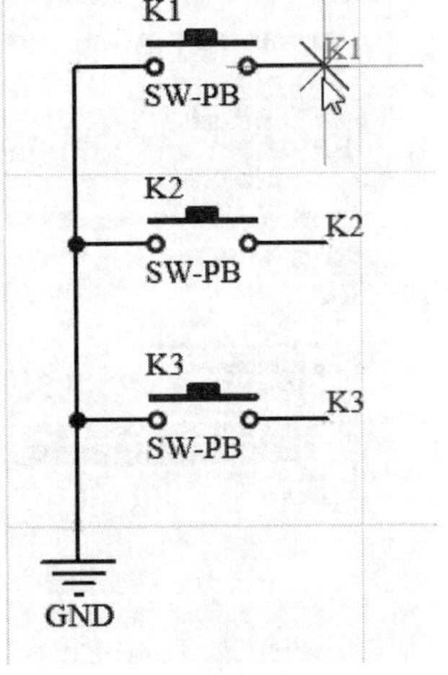

图 6-9　放置 K1 网络标签

6.1.3　编译与查错

在原理图绘制界面执行菜单命令“工程”→“Validate PCB Project”（验证项目），系统自动启动验证程序，进行编译操作。编译结果如图 6-10 所示，在“Messages”面板中可以查看工程的编译信息。如果有错误，回到原理图中更改，直到该信息框中无错误。之后就可以进行 PCB 设计了。

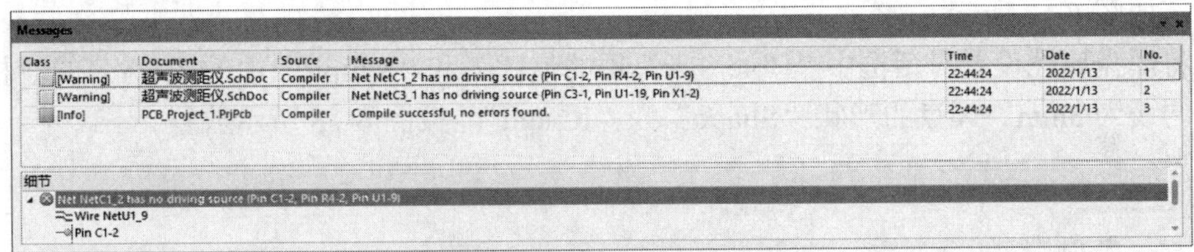

图 6-10　编译结果

6.1.4　PCB 设计

完成原理图的设计后，就可以进行相应的 PCB 设计，但需要先完成 PCB 设计的准备工作。双层 PCB 与单层 PCB 的准备工作基本相同。下面是空白 PCB 的基本创建和规划。

1. 创建 PCB

执行菜单命令“文件”→“新的”→“PCB”（PCB 文件），创建一个 PCB 文件，并将该 PCB 文件命名为“超声波测距仪. PcbDoc”，如图 6-11 所示。

2. 规划 PCB 的形状

选择机械 1 层“Mechanical 1”，单击“应用工具”栏中的放置线工具，绘制一个矩形，确定 PCB 的尺寸为 5000mil×3500mil。选择禁止布线层“Keep-Out Layer”层，在第一个矩形里面再绘制一个矩形，确定 PCB 的电气边界。

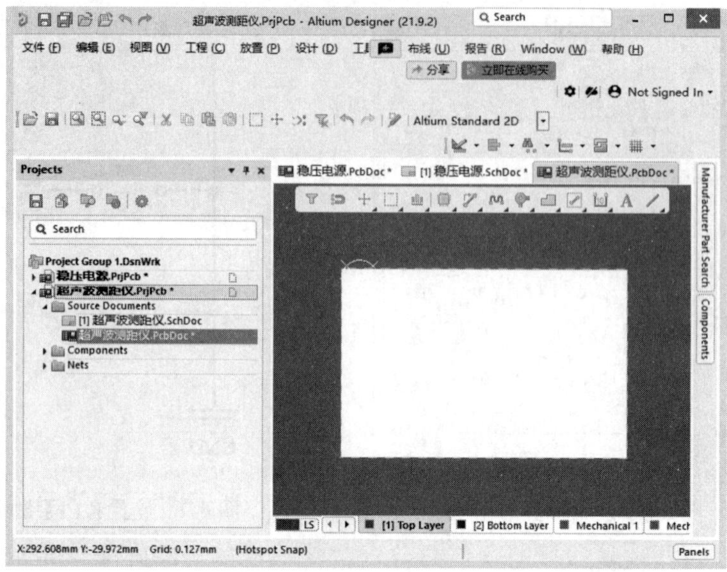

图 6-11　创建一个 PCB 文件

3. 放置安装孔

执行菜单命令“视图”→“切换单位”，将单位由 mil（密耳）切换为 mm（毫米）。

执行菜单命令“放置”→“焊盘”，然后按〈Tab〉键，系统自动弹出焊盘属性设置对话框，如图 6-12 所示。

将焊盘属性设置对话框中“Hole Size”项的值改为和“Simple”中的“X/Y”的值相等，这里均设为 3mm。焊盘的形状“Shape”为“Round”，按图 6-13 所示放置。

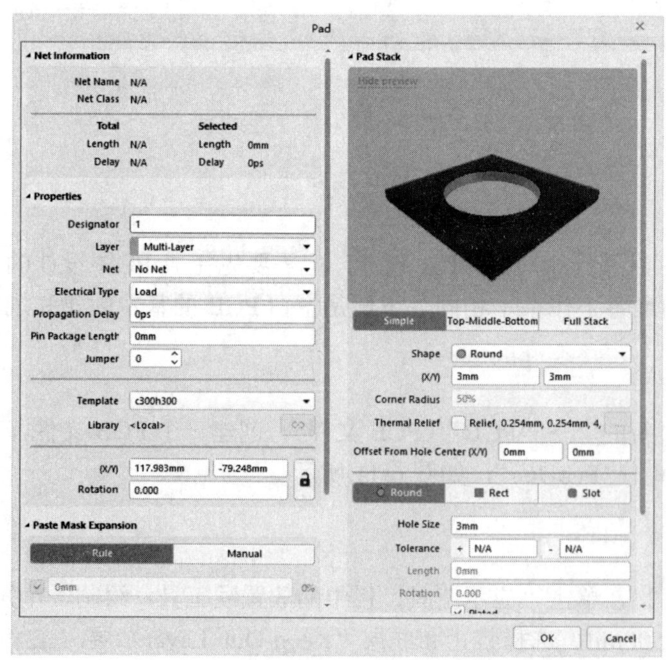

图 6-12　焊盘属性设置对话框

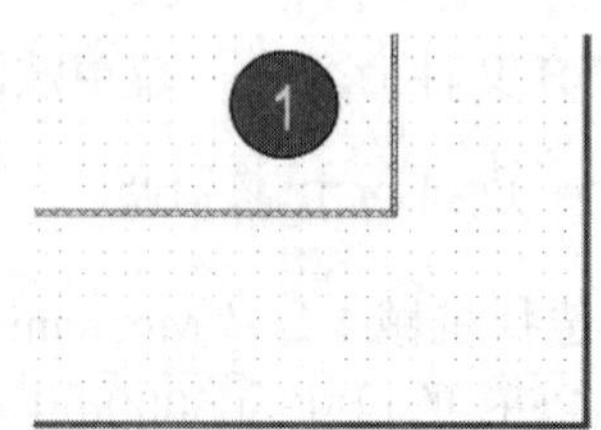

图 6-13　放置完成的安装孔

4. 其他规划

单击屏幕右上角的 ✿（设置系统参数）→“PCB Editor”，可以设置 PCB 文件的环境参数，这里取默认设置即可。PCB 的形状如图 6-14 所示。

图 6-14　PCB 的最终形状

5. 导入网络表

1）在 PCB 编辑器中执行菜单命令“设计”→“Import Changes From [超声波测距仪 .PrjPcb]”，弹出如图 6-15 所示的“工程变更指令”对话框的网络表和元器件封装的导入界面。

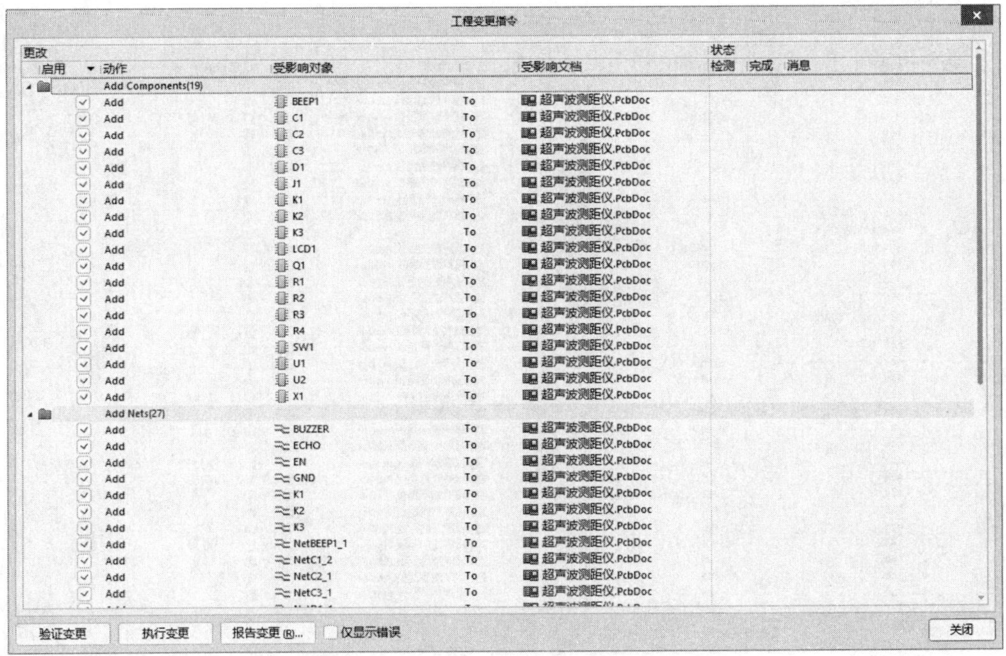

图 6-15　网络表和元器件封装的导入界面

2）在该对话框中单击“验证变更”按钮，系统逐项执行所提交的修改，并在“状态”的“检测”列中显示加载的元器件是否正确，如图 6-16 所示。

工程变更指令

更改

启用	动作	受影响对象		受影响文档	状态：检测	完成	消息
	Add Components(19)						
✓	Add	BEEP1	To	超声波测距仪.PcbDoc	✓		
✓	Add	C1	To	超声波测距仪.PcbDoc	✓		
✓	Add	C2	To	超声波测距仪.PcbDoc	✓		
✓	Add	C3	To	超声波测距仪.PcbDoc	✓		
✓	Add	D1	To	超声波测距仪.PcbDoc	✓		
✓	Add	J1	To	超声波测距仪.PcbDoc	✓		
✓	Add	K1	To	超声波测距仪.PcbDoc	✓		
✓	Add	K2	To	超声波测距仪.PcbDoc	✓		
✓	Add	K3	To	超声波测距仪.PcbDoc	✓		
✓	Add	LCD1	To	超声波测距仪.PcbDoc	✓		
✓	Add	Q1	To	超声波测距仪.PcbDoc	✓		
✓	Add	R1	To	超声波测距仪.PcbDoc	✓		
✓	Add	R2	To	超声波测距仪.PcbDoc	✓		
✓	Add	R3	To	超声波测距仪.PcbDoc	✓		
✓	Add	R4	To	超声波测距仪.PcbDoc	✓		
✓	Add	SW1	To	超声波测距仪.PcbDoc	✓		
✓	Add	U1	To	超声波测距仪.PcbDoc	✓		
✓	Add	U2	To	超声波测距仪.PcbDoc	✓		
✓	Add	X1	To	超声波测距仪.PcbDoc	✓		
	Add Nets(27)						
✓	Add	BUZZER	To	超声波测距仪.PcbDoc	✓		
✓	Add	ECHO	To	超声波测距仪.PcbDoc	✓		
✓	Add	EN	To	超声波测距仪.PcbDoc	✓		
✓	Add	GND	To	超声波测距仪.PcbDoc	✓		
✓	Add	K1	To	超声波测距仪.PcbDoc	✓		
✓	Add	K2	To	超声波测距仪.PcbDoc	✓		
✓	Add	K3	To	超声波测距仪.PcbDoc	✓		
✓	Add	NetBEEP1_1	To	超声波测距仪.PcbDoc	✓		
✓	Add	NetC1_2	To	超声波测距仪.PcbDoc	✓		
✓	Add	NetC2_1	To	超声波测距仪.PcbDoc	✓		
✓	Add	NetC3_1	To	超声波测距仪.PcbDoc	✓		

验证变更　执行变更　报告变更(R)...　仅显示错误　关闭

图 6-16　检查元器件加载正确与否

3）如果元器件封装和网络表信息正确，单击“执行变更”按钮加载元器件封装和网络表，结果如图 6-17 所示。

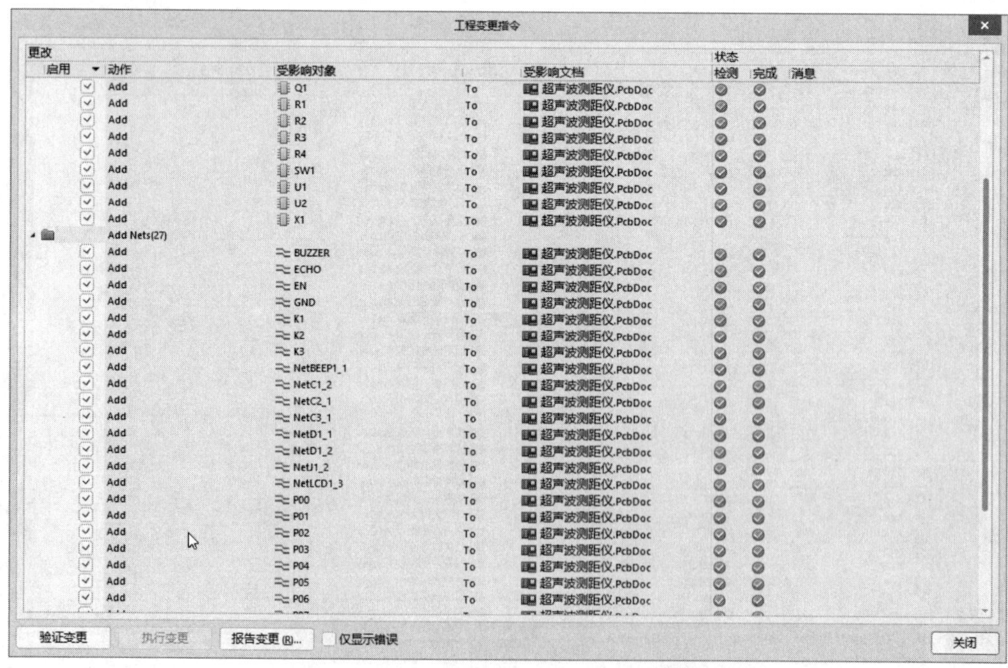

图 6-17　元器件封装和网络表加载完成

4）单击“关闭”按钮关闭对话框。完成的元器件封装与网络表加载如图 6-18 所示。

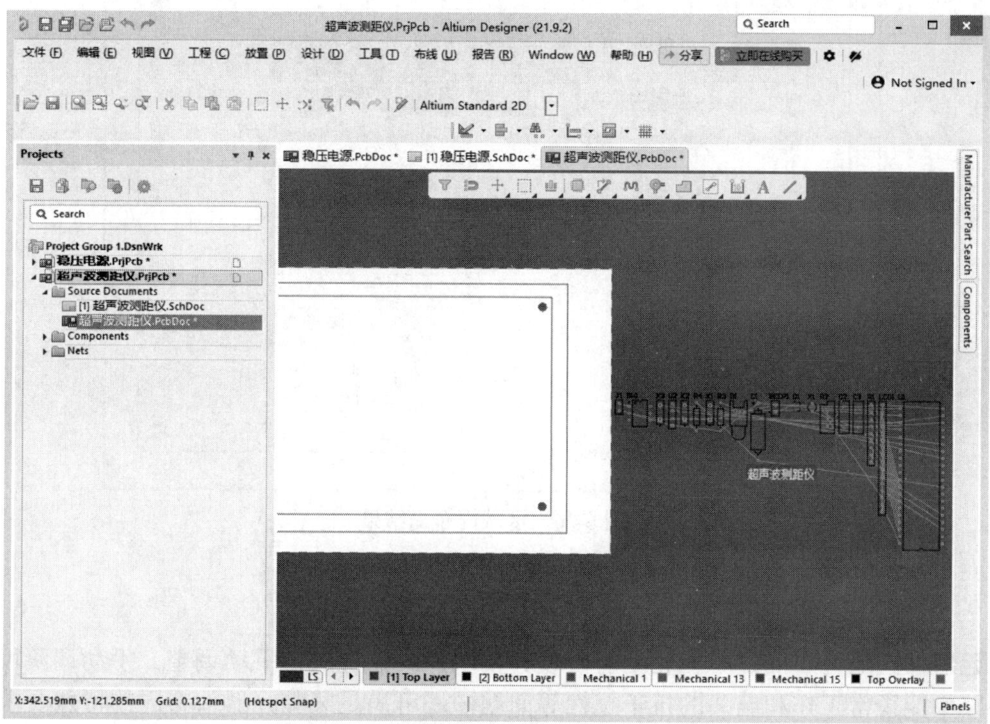

图 6-18　载入 PCB 文件中的网络表和元器件封装

6. 布局元器件

使用区域内排列功能可以快速布局元器件。区域内排列功能指能够快速地将选中的杂乱元器件按照用户所绘制的区域排列。先选中需要排列的对象，接着单击“应用工具”栏中的“排列工具”→“在区域内排列元器件”，如图 6-19 所示。之后在想要放置元器件的位置单击划出一个矩形区域，即可将元器件放到该区域中，最后右击退出该命令。布局结果如图 6-20 所示。

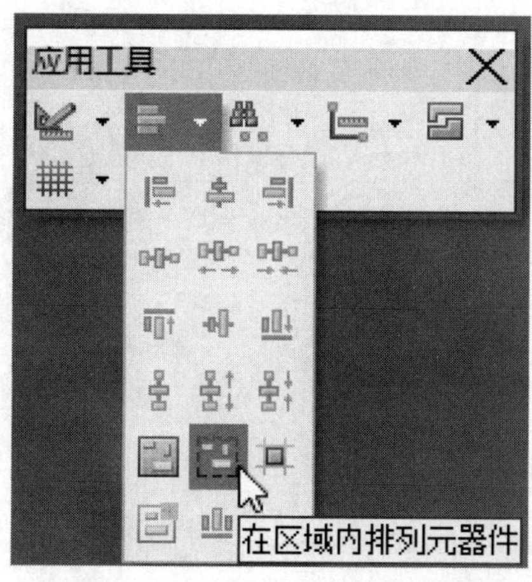

图 6-19　区域内排列元器件工具

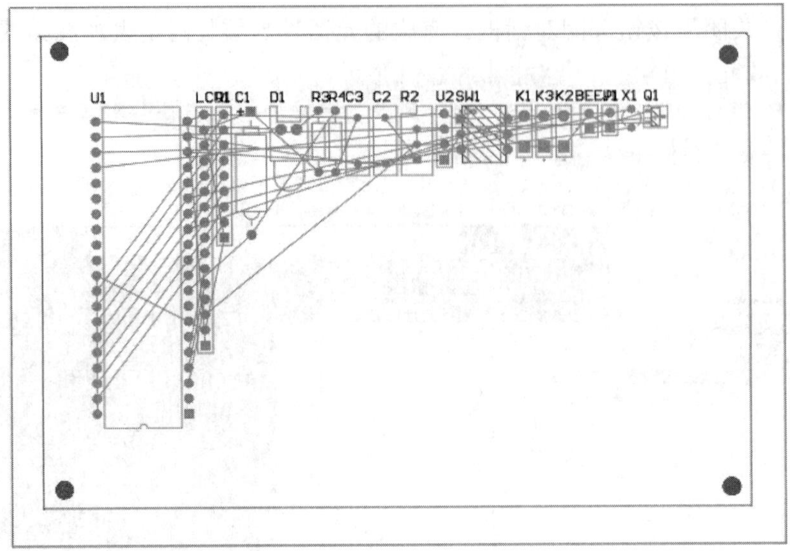

图 6-20 区域内布局结果

7. 手动调整元器件布局

元器件区域内布局并不能完全符合设计要求，还需要进行手动调整。手动调整可以解决电路不能正常工作和电路的抗干扰性等问题，还可满足某些元器件布局的特殊要求。这些是区域内排列无法完成的。

通过选择元器件、移动元器件、旋转元器件、排列元器件以及调整元器件标注等步骤，实现调整元器件布局。

另外，通过手动方式将元器件的封装形式放置在 PCB 上。最后调整丝印层的字符，以免字符有重叠、方向不一致等问题，影响 PCB 的美观。布局完成后把元器件盒删除，如图 6-21 所示，也可直接选中元器件盒，按〈Delete〉键完成删除操作。完成布局调整后的 PCB 如图 6-22 所示。

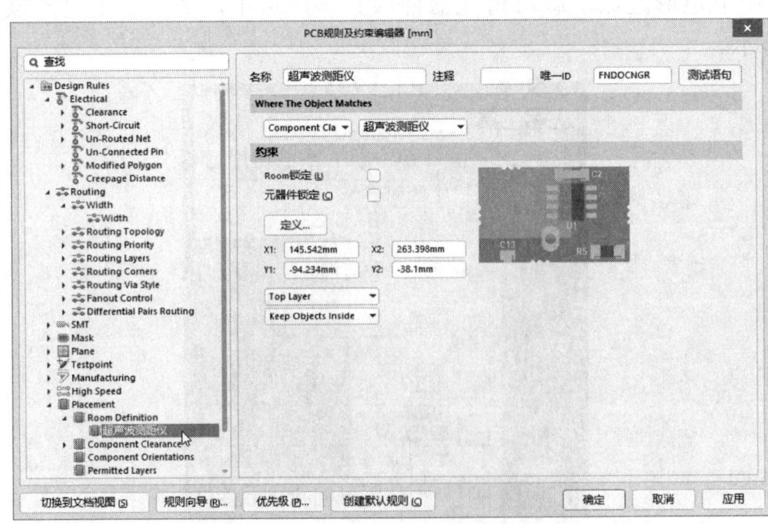

图 6-21 删除元器件盒

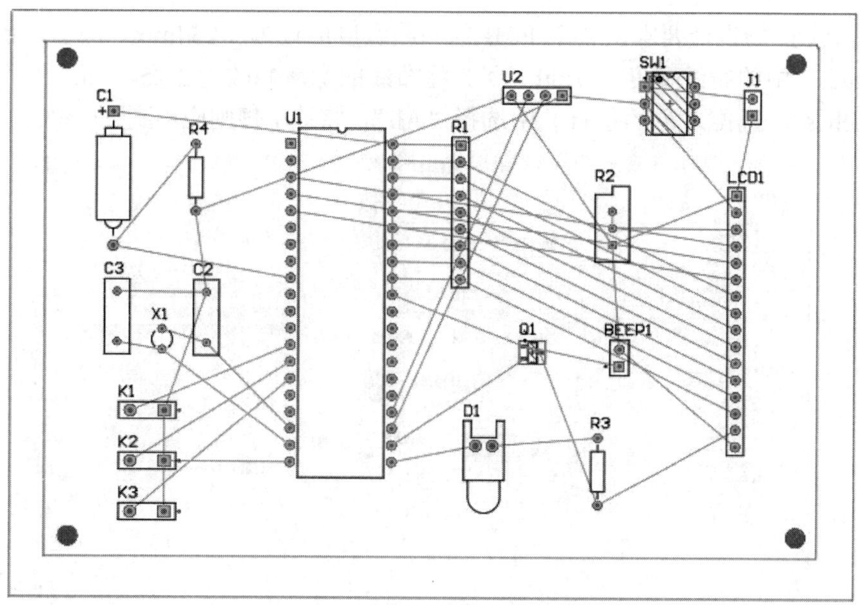

图 6-22　手动调整元器件布局后的结果

8. 布线层设置

根据 PCB 的设计要求，PCB 应该设计为双层 PCB。设置方法如图 6-23 所示，即设置成顶层、底层均布线。

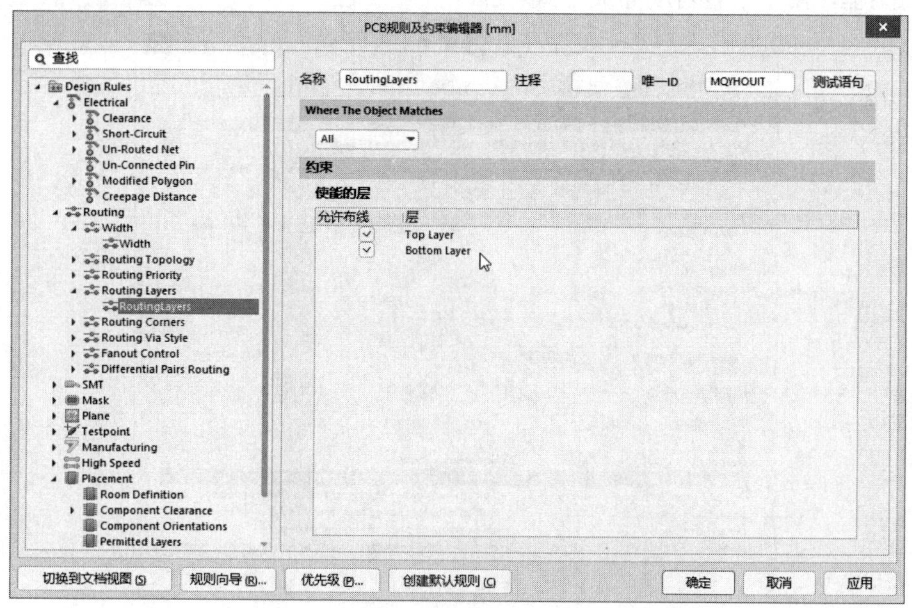

图 6-23　布线层设置

9. 布线宽度设置

执行菜单命令“设计”→“规则”，启动“PCB 规则及约束编辑器”对话框，如图 6-24

所示。根据 PCB 的设计要求，整个 PCB 的布线宽度应设为 1.254mm，单击左侧设计规则（Design Rules）中的布线宽度（Width）类，将布线的宽度修改为 1.254mm；在“Where The Object Matches”（匹配对象的位置）中选择“All”，将这个规则应用到整个 PCB。

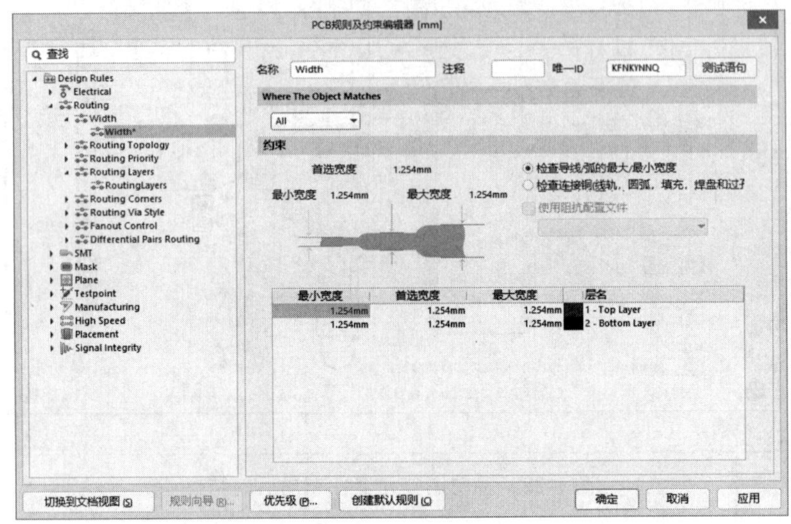

图 6-24　线宽设置

自动布线的操作步骤如下。

执行菜单命令“布线”→“自动布线”→“全部”，系统自动弹出如图 6-25 所示的布线策略对话框，用于设置自动布线方式。

Situs布线策略

布线设置报告

Errors and Warnings - 0 Errors 1 Warning 1 Hint

Warning : Rule - Width Width Constraint (Min=1.254mm) (Max=1.254mm) (Preferred=1.254mm) (All)
Preferred routing width is greater than some pad dimensions. Consider adding a new SMD Neckdown Rule.

Hint: no default SMDNeckDown rule exists.

Report Contents

Routing Widths
Routing Via Styles
Electrical Clearances
Fanout Styles
Layer Directions

编辑层走线方向 ...　编辑规则 ...　报告另存为 ...

布线策略

可用布线策略

名称	描述
Cleanup	Default cleanup strategy
Default 2 Layer Board	Default strategy for routing two-layer boards
Default 2 Layer With Edge Connectors	Default strategy for two-layer boards with edge connectors
Default Multi Layer Board	Default strategy for routing multilayer boards
General Orthogonal	Default general purpose orthogonal strategy
Via Miser	Strategy for routing multilayer boards with aggressive via minimizat

添加 (A)　删除 (R)　编辑 (E)　副本 (D)　锁定已有布线　布线后消除冲突

Route All　取消

图 6-25　布线策略对话框

选择一种布线方式，然后单击“Route All”按钮开始自动布线。系统会自动弹出“Messages”面板来显示自动布线的状态信息，如图 6-26 所示。

Messages

Class	Document	Source	Message	Time	Date	No.
Situs Event	超声波测距仪.PcbDoc	Situs	Routing Started	14:32:49	2022/1/14	1
Routing Status	超声波测距仪.PcbDoc	Situs	Creating topology map	14:32:49	2022/1/14	2
Situs Event	超声波测距仪.PcbDoc	Situs	Starting Fan out to Plane	14:32:49	2022/1/14	3
Situs Event	超声波测距仪.PcbDoc	Situs	Completed Fan out to Plane in 0 Seconds	14:32:49	2022/1/14	4
Situs Event	超声波测距仪.PcbDoc	Situs	Starting Memory	14:32:49	2022/1/14	5
Situs Event	超声波测距仪.PcbDoc	Situs	Completed Memory in 0 Seconds	14:32:49	2022/1/14	6
Situs Event	超声波测距仪.PcbDoc	Situs	Starting Layer Patterns	14:32:49	2022/1/14	7
Routing Status	超声波测距仪.PcbDoc	Situs	Calculating Board Density	14:32:49	2022/1/14	8
Situs Event	超声波测距仪.PcbDoc	Situs	Completed Layer Patterns in 0 Seconds	14:32:49	2022/1/14	9
Situs Event	超声波测距仪.PcbDoc	Situs	Starting Main	14:32:49	2022/1/14	10
Routing Status	超声波测距仪.PcbDoc	Situs	Calculating Board Density	14:32:50	2022/1/14	11
Situs Event	超声波测距仪.PcbDoc	Situs	Completed Main in 1 Second	14:32:50	2022/1/14	12
Situs Event	超声波测距仪.PcbDoc	Situs	Starting Completion	14:32:50	2022/1/14	13
Situs Event	超声波测距仪.PcbDoc	Situs	Completed Completion in 0 Seconds	14:32:50	2022/1/14	14
Situs Event	超声波测距仪.PcbDoc	Situs	Starting Straighten	14:32:50	2022/1/14	15
Situs Event	超声波测距仪.PcbDoc	Situs	Completed Straighten in 0 Seconds	14:32:51	2022/1/14	16
Routing Status	超声波测距仪.PcbDoc	Situs	58 of 58 connections routed (100.00%) in 2 Seconds	14:32:51	2022/1/14	17
Situs Event	超声波测距仪.PcbDoc	Situs	Routing finished with 0 contentions(s). Failed to complete 0 connection(s) in 2 Seconds	14:32:51	2022/1/14	18

图 6-26　“Messages”面板显示自动布线的状态信息

自动布线完成后，必须手动加以调整。最终的布线结果如图 6-27 所示。

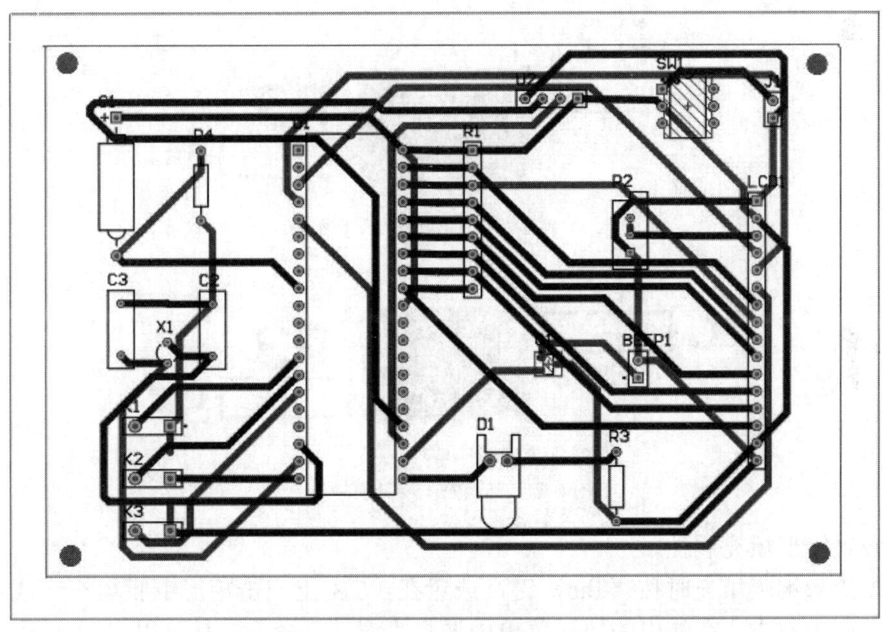

图 6-27　手动调整布线后的 PCB

10. 放置矩形填充区

在基本布置好 PCB 上的导线后，还可采用矩形填充实现在 PCB 上大面积地接地或布置电源，用来提高 PCB 工作的可靠性和抗干扰能力。

矩形铜膜填充具有导线的功能，也可以用来连接焊盘。因此，可以用矩形铜膜填充增加通过的电流，同时也起到增强焊盘牢固性的作用。

（1）启动放置矩形铜膜填充命令

启动放置矩形铜膜填充命令有 2 种方法。

方法一：菜单启动方法。执行菜单命令“放置”→“填充”。

方法二：快捷键启动方法。从键盘上依次按键〈P〉→〈F〉。

（2）放置矩形铜膜填充

放置矩形铜膜填充的步骤如下。

1）启动放置矩形铜膜填充命令后，光标变成十字形状，将光标移到合适的位置，如 R2-2 焊盘上，单击确定矩形铜膜填充的左上角位置，如图 6-28（a）所示。

2）移动鼠标，此矩形填充以浮动状态随光标移动到合适位置（如 R3-1 焊盘）时，单击，确定右下角位置，如图 6-28（b）所示。

3）右击完成放置矩形铜膜填充，如图 6-28（c）所示。

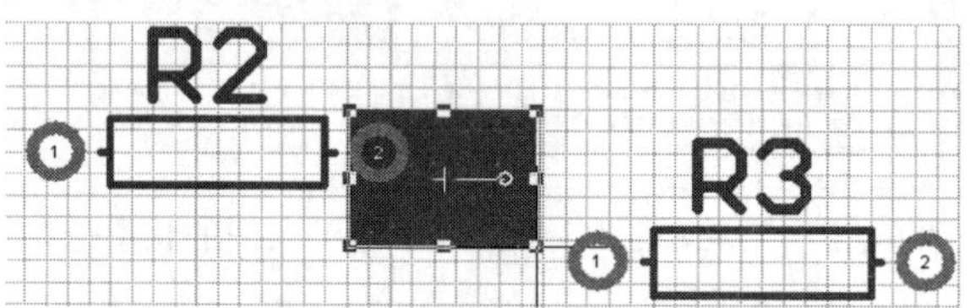

（a）确定矩形铜膜填充的左上角并拖动鼠标

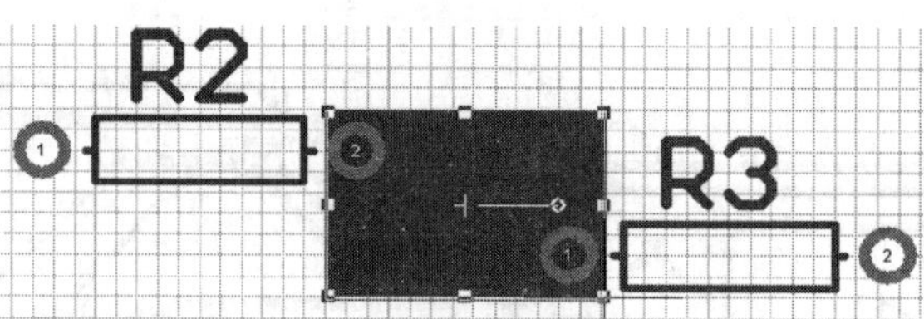

（b）确定矩形铜膜填充的右下角

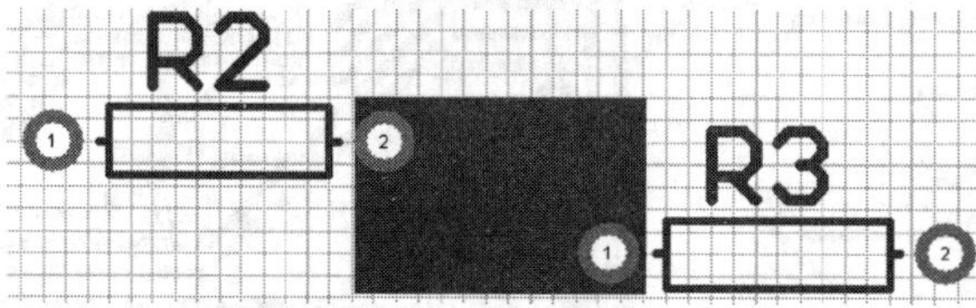

（c）放置完成的矩形铜膜填充

图 6-28 放置矩形铜膜填充

（3）设置矩形填充属性

在放置矩形铜膜填充时按〈Tab〉键，或者在 PCB 上双击矩形铜膜填充，或者在已放置的矩形填充上右击，在弹出的快捷菜单中选择“属性”命令，都可以启动如图 6-29 所示的“Fill”对话框，用于矩形铜膜填充的属性设置。

该对话框中的各项内容介绍如下。

1）“Location”区域。

“X/Y”：用于设置矩形铜膜中心点的 X/Y 轴坐标。

“Rotation”：用于设置矩形铜膜填充旋转的角度。

2）“Properties”区域。

“Net”：用于设置矩形铜膜填充所在的网络。

“Layer”：用于设置矩形铜膜填充所在的板层，可通过右边的下拉按钮设置。

“Length”：用于设置矩形铜膜长度。

“Width”：用于设置矩形铜膜宽度。

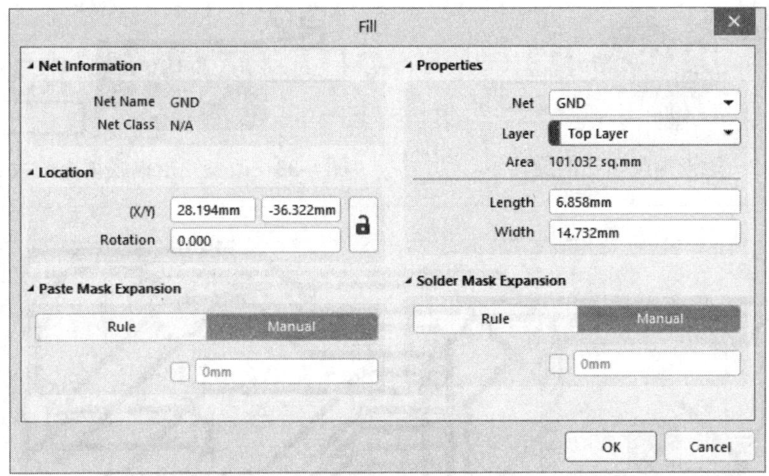

图 6-29　矩形铜膜填充的属性设置

（4）矩形铜膜填充的修改

可以对矩形铜膜填充放置进行修改，如移动、旋转、删除和改变大小等操作。

在待修改的矩形铜膜填充上单击，矩形铜膜填充就进入修改状态，如图 6-30 所示。

从图中可以看出，点取状态下的矩形铜膜填充有 10 个操控点，其中周边 8 个操控点用于改变矩形铜膜填充的大小，中央的十字形操控点用于移动矩形铜膜填充，与十字形操控点相连的操控点用于对矩形铜膜填充进行旋转操作。

1）移动。待矩形铜膜填充进入修改状态后，将光标放在矩形铜膜填充的非操控点处或中央操控点上，光标变为 4 个箭头的十字光标，按住鼠标左键，光标变成十字形状，并自动移到矩形铜膜填充的一角上，此时矩形铜膜填充以浮动状态黏附在光标上，移动光标到合适的位置后，松开鼠标左键即可完成移动，如图 6-31 所示。

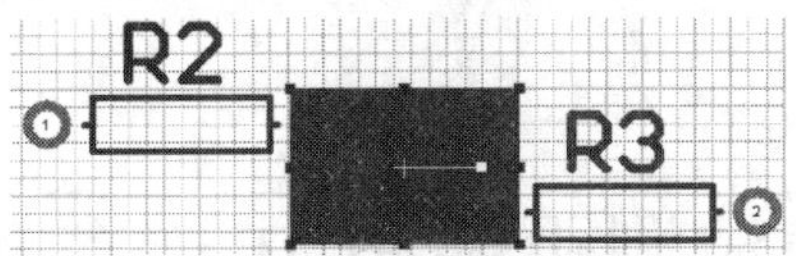

图 6-30　点取状态下的矩形铜膜填充

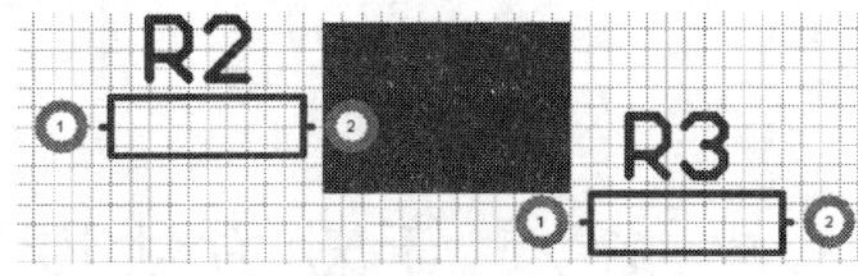

图 6-31　矩形铜膜填充的移动

2）旋转。待矩形铜膜填充进入修改状态后，将光标放在与十字形操控点相连的操控点上，光标变为两个箭头的光标，按住鼠标左键，光标变成十字形状，此时矩形铜膜填充以浮动状态黏附在光标上，移动鼠标，矩形铜膜填充就沿中央的十字形操控点旋转，移动光标到合适的角度后，松开鼠标左键即可完成旋转，如图 6-32 所示。

3）改变大小。待矩形铜膜填充进入修改状态后，将光标放在矩形铜膜填充的周边 8 个操控点中的任意一个上，光标变为两个箭头的光标，按住鼠标左键，光标变成十字形状，此时矩形铜膜填充以浮动状态黏附在光标上，移动鼠标，就可以改变矩形铜膜填充的长度或宽度，移动光标到合适的大小后，松开鼠标左键即可完成大小的调整，如图 6-33 所示。

放置矩形填充区后的 PCB 布线如图 6-34 所示。

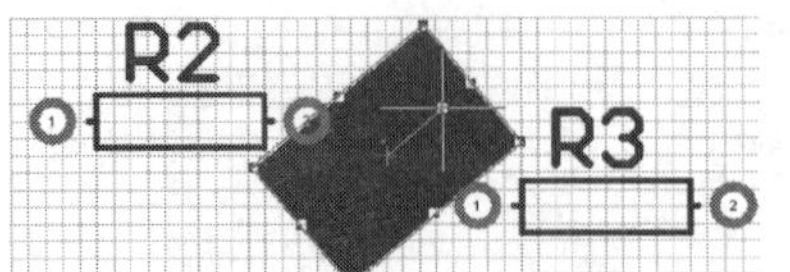

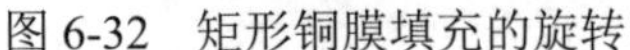
图 6-32 矩形铜膜填充的旋转

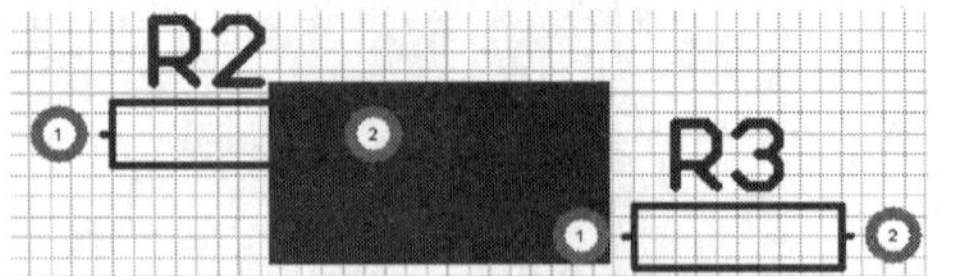

图 6-33 改变矩形铜膜填充的大小

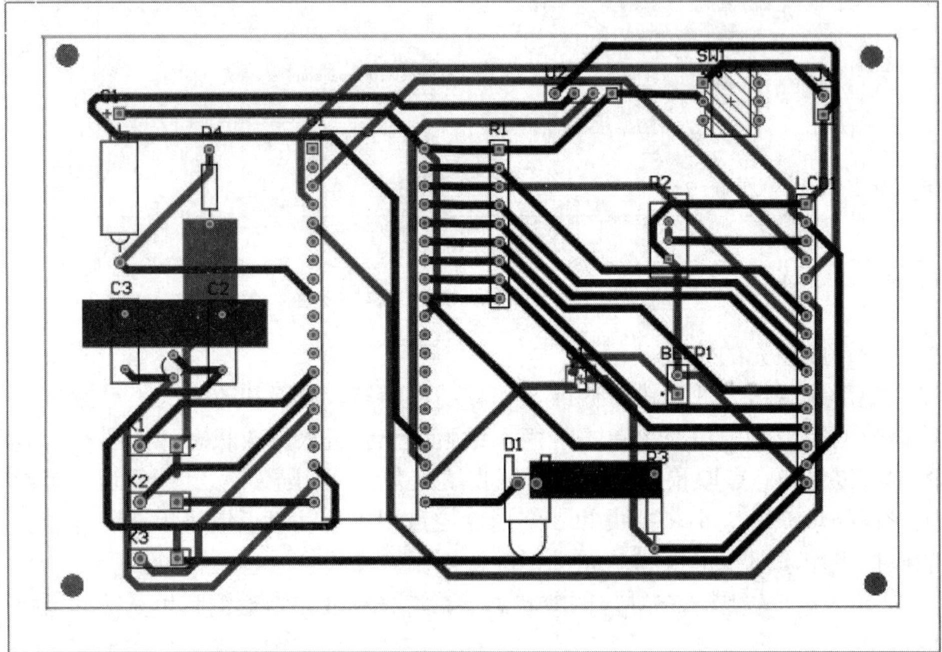

图 6-34 放置填充之后的 PCB

至此，完成了 PCB 的全部设计。之后可以进行打印输出或各种报表输出等后期处理工作。

6.2 手动方法设计超声波测距仪 PCB

6.2.1 手动设计 PCB 的流程

1）创建 PCB 文件。在已有的 PCB 项目中新建一个空白 PCB 文件，进入 PCB 设计环境。

2）设置环境参数。根据需要设置 PCB 环境中的尺寸单位（英制或公制）和环境参数。

3）规划 PCB。规划 PCB 的板层（单层、双层或多层）、外形、物理边界和电气边界。

4）放置元器件封装与布局。将需要用到的元器件封装库加载到系统中，并将原理图各元器件所对应的封装放置到 PCB 文档界面。

5）手动布线或借助网表管理器设置网络来产生飞线，再根据飞线指示进行手动布线。

6）电路板覆铜。对 PCB 的各个布线层进行覆铜，以增强 PCB 的抗干扰能力。

7）电气规则检测。布线完成后，可以对 PCB 进行电气规则检查，以确保符合设计规则。

8）保存与输出文件。保存 PCB 设计文件，并打印输出 PCB 图、各种报表文件和生产制造文件。

创建文件与初始化设置方法同前。

6.2.2　放置元器件封装

元器件封装和导线一样，都是 PCB 设计中最基本也是最重要的组件。在 Altium Designer 中也提供了更为方便、快捷的元器件选取、放置、布局和修改等操作。

1. 启动放置元器件封装命令

在启动该命令之前，已经加载了所需要的元器件封装库，有以下 4 种方法可以启动放置元器件的命令。

方法一：命令启动方法。执行菜单命令“放置”→“器件”。

方法二：放置工具栏启动方法。单击如图 6-35 所示的组件放置工具栏中的“放置元件”图标按钮。

图 6-35　组件放置工具栏

方法三：快捷键启动方法。从键盘上依次按键〈P〉→〈C〉。

方法四：在如图 6-36 所示的“Components”面板中，首先在元器件封装列表中选择所需的元器件封装，然后双击元器件封装，或者右击选择 Place AXIAL-0.4 。

2. 设置元器件封装的属性

要设置元器件封装的属性，首先要启动元器件属性设置对话框，方法有以下 3 种。

方法一：在放置元器件封装时按〈Tab〉键。

方法二：双击已经放置的元器件封装。

方法三：在元器件封装上右击，在弹出的快捷菜单中选择“属性”命令。

元器件封装属性设置对话框如图 6-37 所示，各项说明如下。

“Layer”文本框：用来设置封装放置的图层，默认设置为“Top Layer”。

“Designator”文本框：用来输入此封装在本 PCB 中的元器件标号，如 R3。

“Comment”文本框：用来输入此封装对应的元器件的标称值或型号，如 1k。

“Footprint Name”文本框：用于输入元器件封装名称，即加载哪一种元器件封装。如果已知元器件封装名称，则可以直接在文本框中输入元器件封装名称，如 AXIAL-0.4；否则，单击其右侧的•••按钮来浏览并选择元器件库中的封装形式。单击•••按钮后，出现如图 6-38 所示的“浏览库”对话框。用户可以通过该对话框选择元器件库及元器件封装。选取后单击“确定”按钮，返回到如图 6-37 所示的对话框。

3. 元器件封装的放置

修改封装属性后，关闭如图 6-37 所示封装属性对话框，进入元器件封装放置状态。此时光标变成十字形状，并且带着选择的元器件封装一起移动。移动到合适的位置时，单击，即可完成元器件封装的放置。同时鼠标仍在元器件封装放置状态，并且仍带着一个与刚才放置的完全一样的元器件封装，可继续放置；否则，可右击，结束放置该元器件封装。

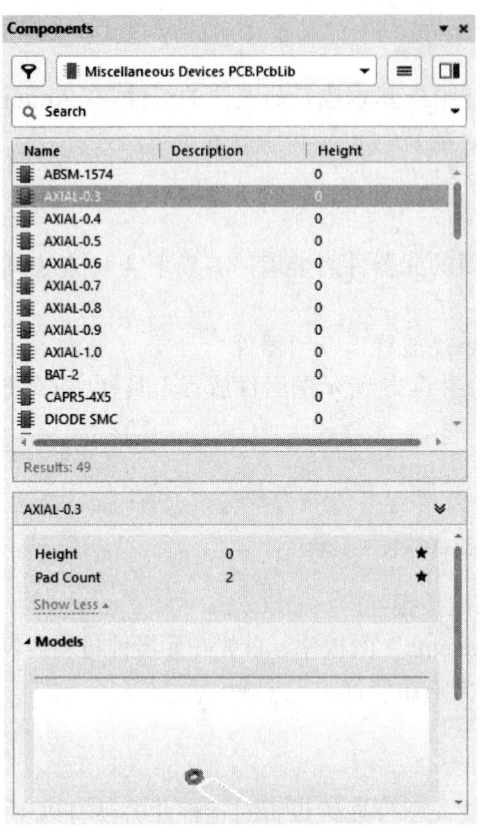

图 6-36　元器件库面板

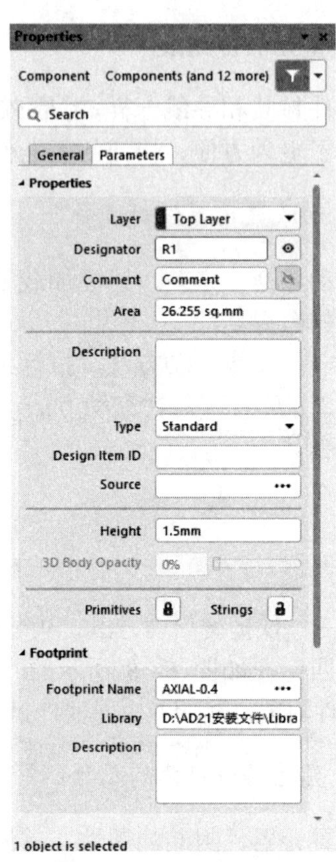

图 6-37　封装属性对话框

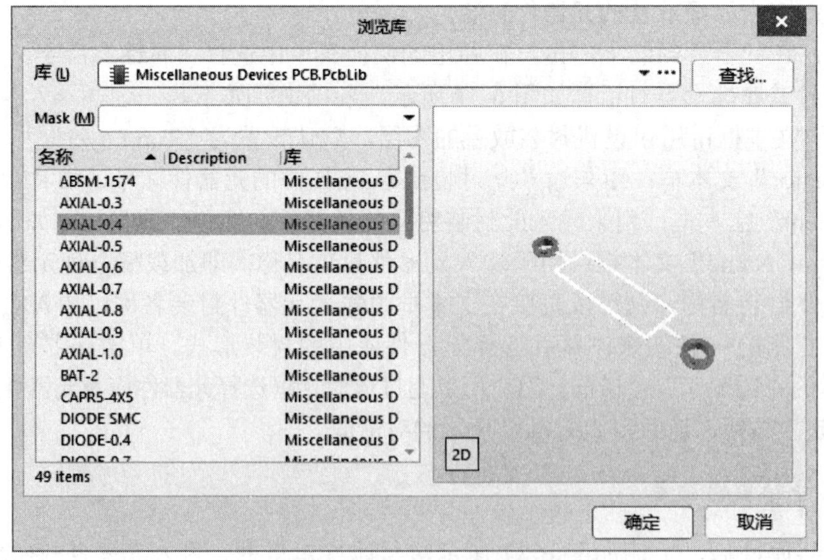

图 6-38　“浏览库”对话框

在放置过程中，可以按空格键使元器件封装旋转，按〈X〉键在水平方向上翻转，按

〈Y〉键使元器件在垂直方向上翻转。

4. 元器件封装的基本操作

对于正在放置过程中的元器件封装，其移动、旋转和板层切换可参见前面讲述的方法和提示进行操作。下面介绍对已放置的元器件封装的基本操作。

（1）元器件封装的移动

如图 6-39 所示为一个已放置在 PCB 上的 DIP-4 封装，现在对它进行移动操作，有如下 3 种方法。

方法一：在元器件封装上按住鼠标左键不放，光标自动移动到元器件的参考点上，并变成十字形状。此时可以移动光标，元器件封装随着光标一起移动，在合适位置单击，确定元器件封装的位置。注意，在移动过程中一直按住鼠标不放，否则就无效。

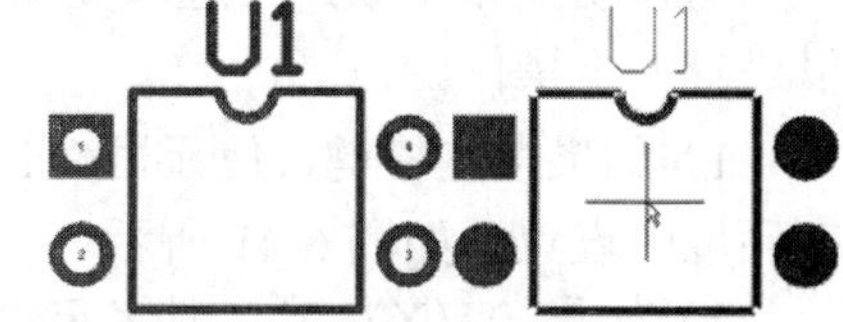

图 6-39　放置在 PCB 上的 DIP-4

方法二：选取元器件封装，使之变成选取的颜色，将光标放在已点取的元器件封装上时，光标变成有 4 个方向箭头的十字光标。此时可以移动光标，元器件封装随着光标一起移动，在合适位置单击，确定元器件封装的位置。注意，在移动过程中一直按住鼠标不放，否则就无效。

方法三：利用菜单命令进行元器件封装的移动。执行菜单命令“编辑”→“移动”，在“移动”子菜单中选择合适的命令进行移动操作。如图 6-40 所示是“移动”命令的子菜单，相关的命令介绍如下。

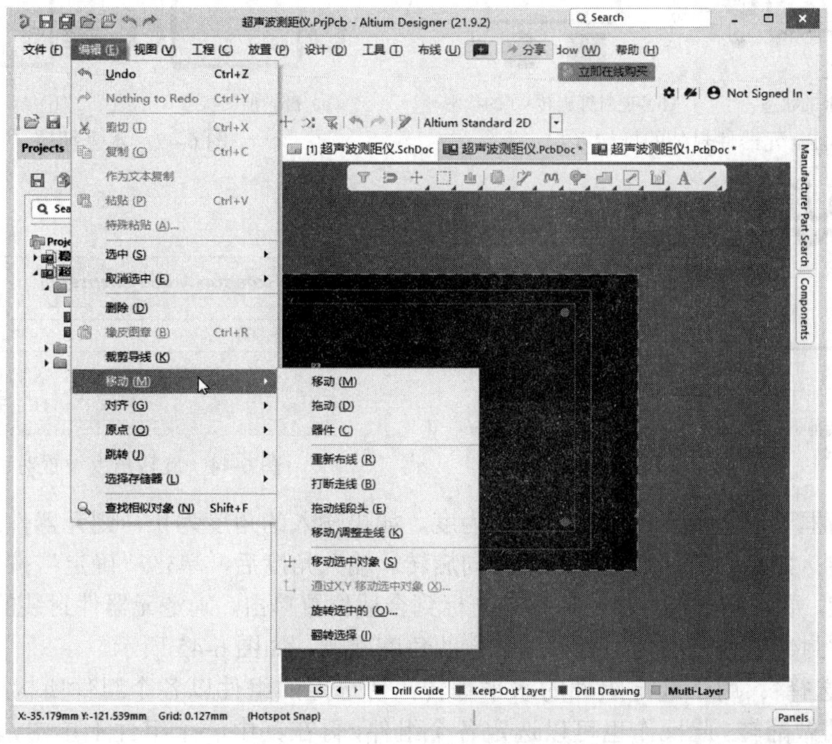

图 6-40　元器件封装移动命令

“移动”：用于单独移动组件。

“拖动”：用于移动元器件封装，此时被移动的元器件封装和它所相连的导线是否断开与环境的设置有关。如果设置了导线一起移动，与元器件封装相连的导线将跟随着同时移动，不会造成断线的情况。在启动此命令之前，不需要选取元器件。

“器件”：专用于单独移动元器件封装，对其他元器件无效。

“移动选中对象”：与“移动”的功能相似，只是它移动的是所有已选定的元器件封装。

（2）元器件封装的旋转

与移动操作相似，在选取元器件封装后，将鼠标放在元器件封装上按住不放，这时可以进行如下操作。

1）如果按空格键，使元器件封装沿某个角度旋转，系统默认为 90°，其角度大小可以在环境中设置，如图 6-41 所示。

2）如果按〈X〉键，则使元器件封装在水平方向上翻转，如图 6-42 所示。

3）如果按〈Y〉键，则使元器件封装在垂直方向上翻转，如图 6-43 所示。

4）使用图 6-40 中的子菜单命令可以使元器件封装旋转，有如下两个命令。

“旋转选中的”：用于旋转选定的组件。首先选取需要旋转的元器件封装，然后启动该命令，系统弹出如图 6-44 所示的旋转角度设置对话框。

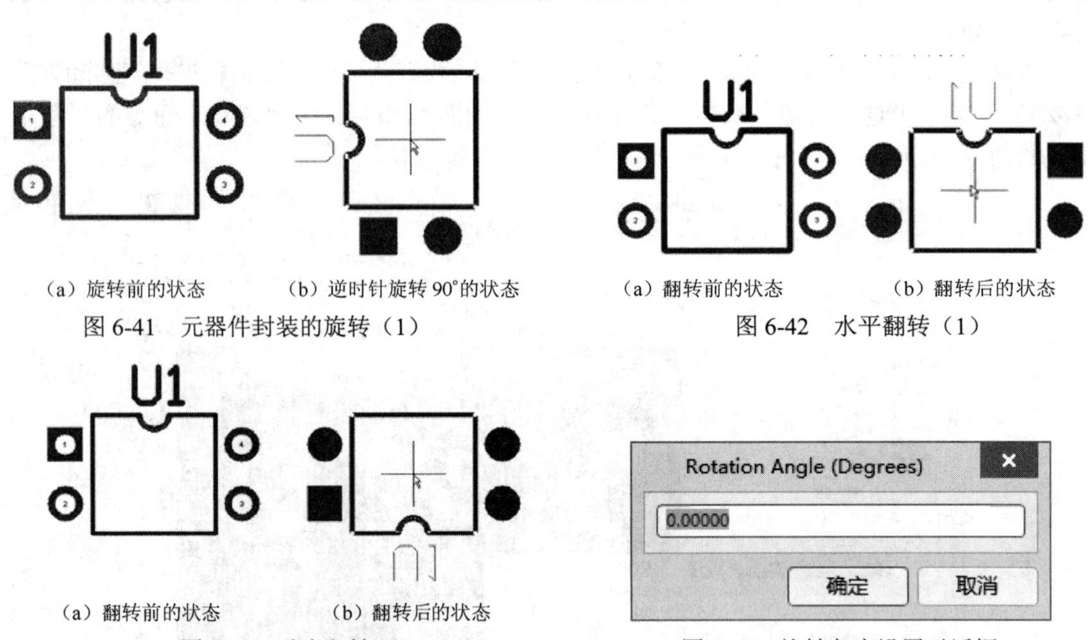

（a）旋转前的状态　（b）逆时针旋转 90°的状态

图 6-41　元器件封装的旋转（1）

（a）翻转前的状态　（b）翻转后的状态

图 6-42　水平翻转（1）

（a）翻转前的状态　（b）翻转后的状态

图 6-43　垂直翻转

图 6-44　旋转角度设置对话框

此对话框要求输入旋转角度，单位为度。如果输入的角度为正，则元器件封装沿逆时针方向旋转；如果为负，则沿顺时针方向旋转。输入角度后，单击“确定”按钮，光标变成十字形状，要求指定旋转中心。移动光标到合适位置单击，确定元器件封装的旋转中心，此时元器件封装以选定点为中心、以设定的角度旋转，如图 6-45 所示。

“翻转选择”：用于选定组件的水平翻转，使选定的组件以各个组件所构成的区域中心为对称轴做翻转。此操作也可以选定各个组件，再在其中一个组件上单击，然后按〈X〉

键做水平翻转，但它是以光标所在的点为中心做水平翻转，如图 6-46 所示。

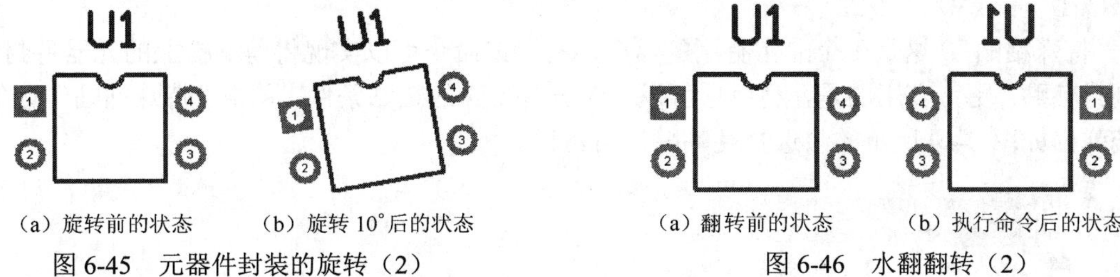

（a）旋转前的状态　（b）旋转 10°后的状态

图 6-45　元器件封装的旋转（2）

（a）翻转前的状态　（b）执行命令后的状态

图 6-46　水翻翻转（2）

（3）元器件封装的板层切换

在 PCB 编辑界面双击元器件封装，打开封装属性对话框，在“Properties”→“Layer”右侧下拉菜单中选择 Bottom Layer，如图 6-47 所示。元器件封装就可以切换到底层上。

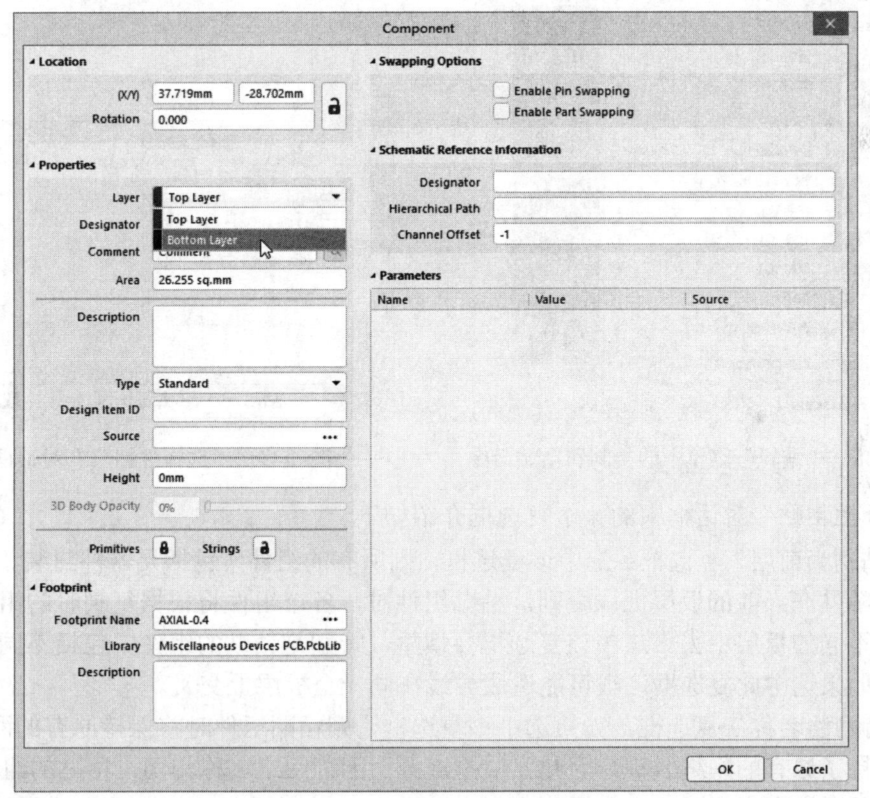

图 6-47　元器件封装的板层切换

（4）元器件封装的复制、粘贴

该项操作命令集中在“编辑”菜单中，如图 6-48 所示。其中，与元器件封装的复制、粘贴有关的命令介绍如下。

“剪切”：将选取的元器件封装作为副本放入剪贴板中。快捷键为〈E〉→〈T〉、〈Shift〉+〈Delete〉或〈Ctrl〉+〈X〉。

“复制”：将选取的元器件封装直接移入剪贴板中，同时将被选元器件封装删除。快捷键为〈E〉→〈C〉、〈Ctrl〉+〈Insert〉或〈Ctrl〉+〈C〉。

“粘贴”：将剪贴板中的内容作为副本复制到 PCB 中。快捷键为〈E〉→〈P〉、〈Shift〉+〈Insert〉或〈Ctrl〉+〈V〉。

“特殊粘贴”：这是一个非常有用的命令，利用该命令可以实现将剪贴板上的元器件封装阵列式粘贴；更为有用的是，利用它可以设置一些特殊的粘贴条件。单击“特殊粘贴”命令，系统弹出如图 6-49 所示的“选择性粘贴”对话框。

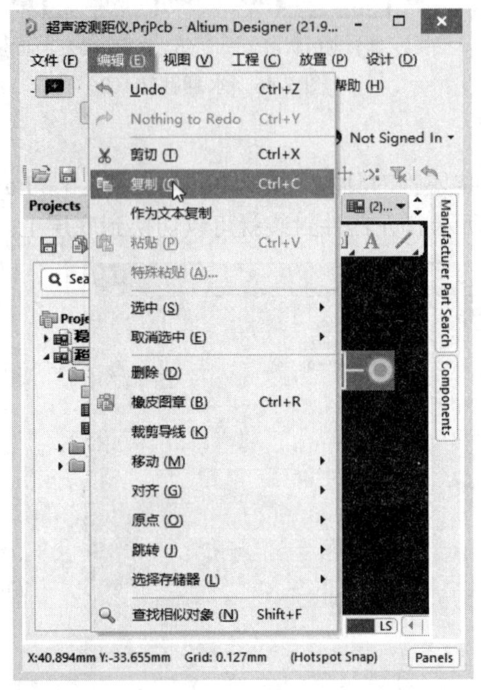

图 6-48 “编辑”菜单中的复制和粘贴命令

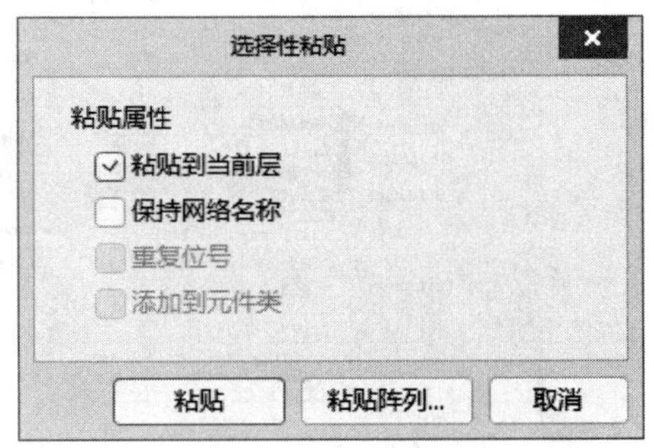

图 6-49 “选择性粘贴”对话框

“选择性粘贴”对话框中的 4 个复选框介绍如下。

“粘贴到当前层”复选框：选中该复选框，则所有的组件（包括元器件封装、焊盘和导线）都将粘贴在当前的板层上；否则，粘贴组件时，各个组件将根据复制时的组件所在的层粘贴到不同的板层中去。选中该复选框要慎重，特别是粘贴的组件中包括不同板层间的导线时，如果选中此复选框，很可能造成导线在同一个板层上交叉。

“保持网络名称”复选框：如果选中该复选框，则粘贴组件时将保持原有的网络名称。由于它保持了原有的网络名称，因此要慎重选择。因为网络名称相同，粘贴的组件和 PCB 原来的组件之间会出现飞线，所以建议在同一个 PCB 中粘贴时，不要选中此复选框。

“重复位号”复选框：如果选中该复选框，则在粘贴组件时将保持元器件的序号，即在同一个 PCB 中有两个或两个以上相同的序号的封装；否则，粘贴时会在元器件封装的元器件序号后面加入一个“Copy”字样。该复选框通常用于同一个 PCB 内的粘贴组件，如果选中此复选框，通常不选中“保持网络名称”。

“添加到元件类”复选框：如果选中该复选框，则在粘贴时各个元器件封装将添加到复制时元器件封装所在的元器件封装类中。

设置完毕，单击“粘贴”按钮，即可将剪贴板中的组件按上面的设置进行粘贴。

设置完毕，单击“粘贴阵列”按钮，系统出现如图 6-50 所示的“设置粘贴阵列”对话

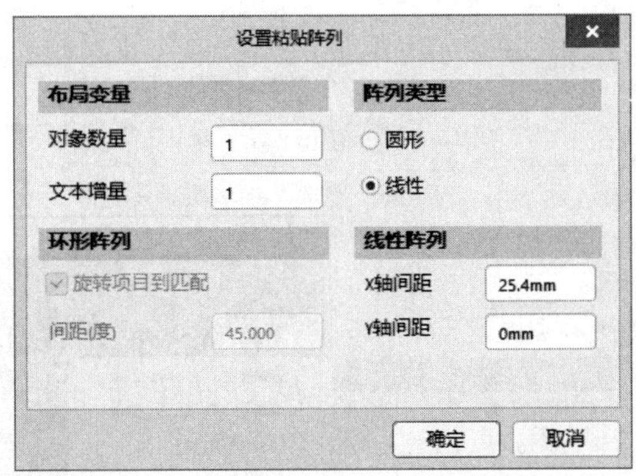

图 6-50　“设置粘贴阵列”对话框

框。该对话框中包括如下几个部分。

“布局变量”区域：用于设置粘贴放置的参数。“对象数量”项用于设置重复放置组件的个数；“文本增量”项用于设置组件序号的增量。

“阵列类型”区域：用于设置粘贴的类型。选择“圆形”项进行环形粘贴；选择“线性”项进行线性粘贴。

“环形阵列”区域：用于设置环形粘贴的粘贴参数。“间距（度）”用于设置粘贴组件间的角度；设置“旋转项目到匹配”项，组件将改变方向以保持组件和旋转半径间的夹角，否则组件的方向将保持不变。

“线性阵列”区域：用于设置线性粘贴的粘贴参数。“X 轴间距”和“Y 轴间距”分别用于设置组件间的水平间距和垂直间距。

6.2.3　组件的选取

由于在放置和编辑导线、元器件封装等组件时要用到组件的选取，因此先来介绍一下 PCB 中有关组件的选取命令。

（1）组件的选取命令

PCB 中有关组件的选取命令集中在“编辑”→“选中”子菜单下，如图 6-51 所示。

其中各命令说明如下。

1）“区域内部”：选取指定区域内的组件。选择此命令后，光标变成十字形状，在要选取区域的一角单击，即可拉出一个矩形区域，再次单击即可将矩形区域内的组件全部选中，被选中的组件变成系统设置中定义的颜色。

2）“区域外部”：选取区域以外的组件，与“区域内部”命令正好相反。操作方法与区域内部命令完全一样。

3）“全部”：选取 PCB 中的所有组件。选择此命令后，PCB 上所有的组件都被选中，包括导线、元件封装等。

4）“板”：选取 PCB 中的所有内容。

5）“网络”：选取网络命令。选择此命令后，光标变成十字形状，将光标移动到网络的任意一个导线段上，光标上出现小圆点，单击即可将网络上所有的导线选中。

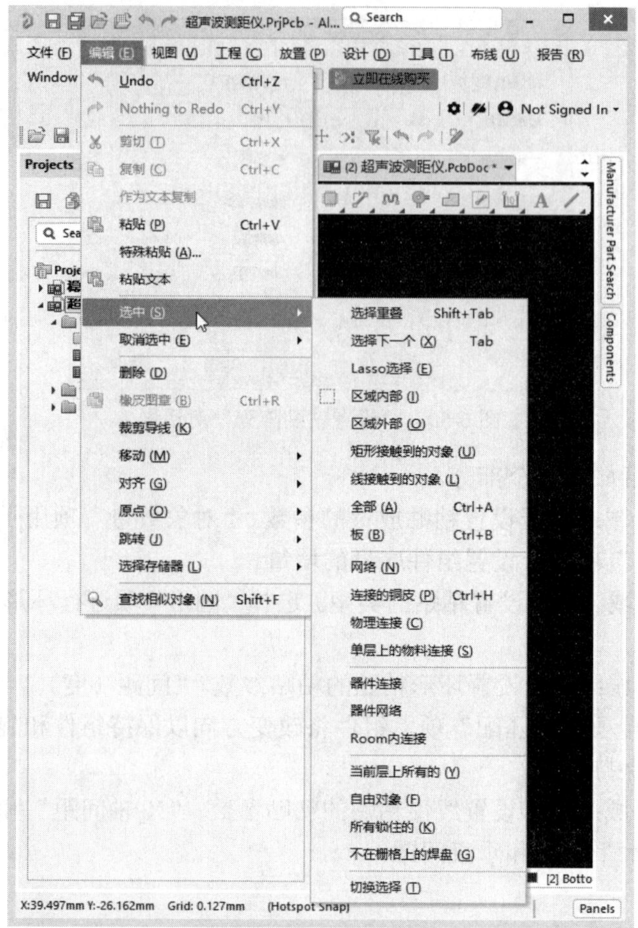

图 6-51 选中命令菜单

6）“连接的铜皮”：选取所有实际连接的导线。选择此命令后，光标变成十字形状，将光标移动到其中一个导线段上，光标上出现小圆点，单击即可将所有有连接关系的导线选中。

7）“物理连接”：选取两焊点的导线。选择此命令后，光标变成十字形状，将光标移动到连接两焊点的任意一个导线段上，光标上出现小圆点，单击即可将两焊点所有的导线段选中。

8）“当前层上所有的”：选取 PCB 上当前板层内的所有导线。选择此命令后，当前板层内的所有导线都被选中，不包括元器件封装。

9）“自由对象”：选取 PCB 上当前板层内的所有自由组件。自由组件即没有实际电气意义的组件，如 PCB 框。

10）“所有锁住的”：选取 PCB 内所有被锁定的组件。

11）“不在栅格上的焊盘”：选取 PCB 内所有不在格点上的组件。

12）“切换选择”：切换式选取组件。选择此命令后，光标变成十字形状，在组件上单击。如果该组件原来不是选取状态，则变成选取状态；如果该组件原来已经被选取，则自动解除选取状态。一个组件被选取后，仍可继续选取下一个组件，右击即可结束选取。

（2）直接拖动鼠标选取组件

直接拖动鼠标选取组件，即在要选取区域的一角按住鼠标左键，然后移动鼠标，拉出一个矩形区域，松开鼠标，矩形区域内的组件全部被选取。

（3）快速选取组件

在按住〈Shift〉键的同时单击要选取的组件，组件将变成被选取的颜色。

（4）解除选取

解除选取就是将已经选取的组件恢复为非选取状态。PCB 中有关组件的解除选取命令集中在菜单命令“编辑”→“取消选中”。各个命令的操作方法完全和相应的选取命令相同，命令的功能正好和相应的选取命令相反，不再重复。

也可以在被选取的组件以外单击，快速解除选取状态。

6.2.4　网表管理器

在 PCB 设计过程中，网络表占据了非常重要的地位，它表示了各个组件之间的连接关系，是系统进行自动布线的依据。另外，手动调整导线时必不可少的飞线也是根据网络表直接得到的。所有网络的管理都是通过网表管理器来实现的。

网络表使用方法

（视频）

1. 认识网表管理器

执行菜单命令“设计”→“网络表”→“编辑网络”可以启动“网表管理器”，如图 6-52 所示。

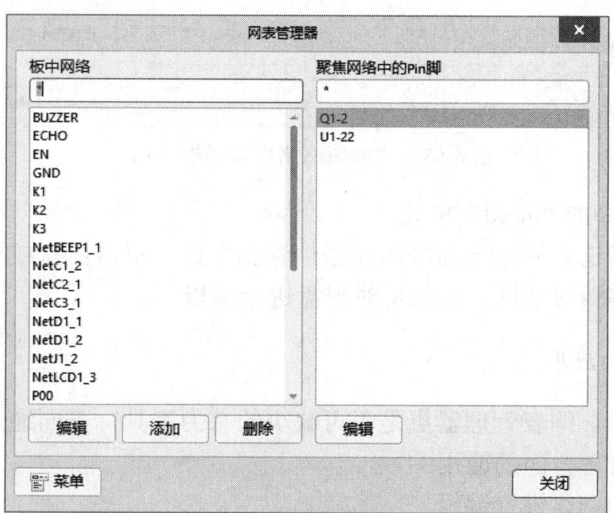

图 6-52　网表管理器

网表管理器可分为以下两个单元。

（1）“板中网络”单元

该单元用于编辑板中的网络或向网络分类中增加、删除网络。在显示区域下面有 3 个按钮：“编辑”按钮用于编辑网络分类中已有的网络；“添加”按钮用于向网络分类中增加网络；“删除”按钮用于删除网络分类中的网络。

当单击“编辑”和“添加”按钮时，系统弹出“编辑网络”对话框，如图 6-53 所示。其中，“网络名”文本框用于输入要编辑的网络名称或输入新增加的网络名称；“连接颜色”栏用于设置网络连接的颜色；“隐藏连接”复选框用于设置该网络是否隐藏。“其他网络的管脚”列表框内显示不属于该网络的元器件管脚；“该网络的管脚”列表框内显示现在正在编辑的网络上的元器件管脚。使用中间的箭头按钮或双击可以编辑该网络上的元器件管脚。

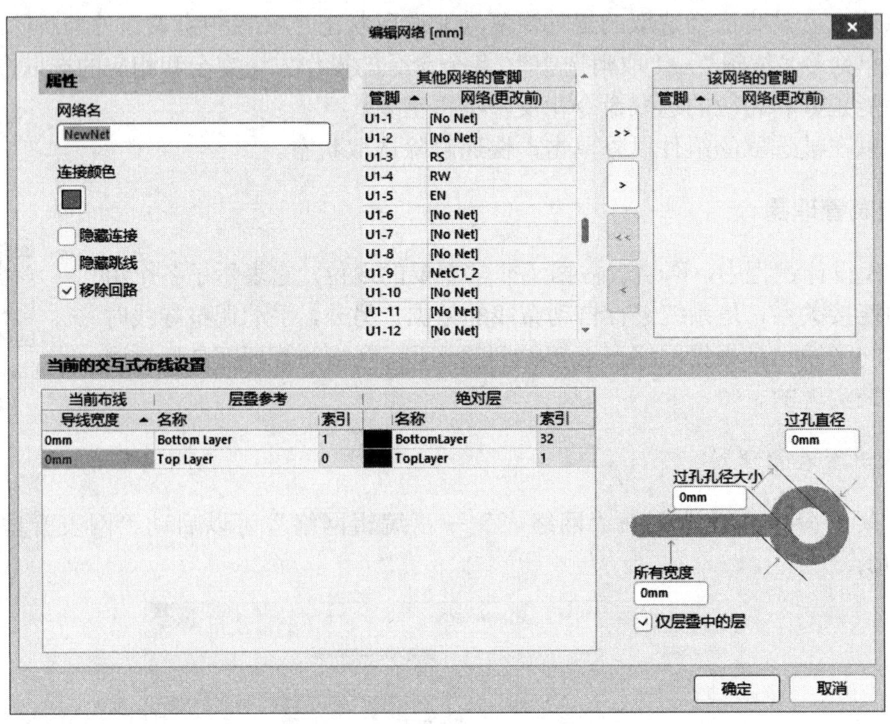

图 6-53 “编辑网络”对话框（1）

（2）“聚焦网络中的 Pin 脚”单元

在该单元显示所选取网络上连接的元器件管脚焊盘。双击焊盘或单击“编辑”按钮，系统弹出焊盘属性编辑对话框，在此可对焊盘进行编辑。

2. 网表管理器的应用

在半自动布线时，网表管理器更是不可缺少的有力工具。下面通过具体的例子说明网表管理器在网络表管理方面的应用。

（1）对已存在的网络进行编辑

如果在原理图设计中已经生成了网络表，那么在设计 PCB 时就可以将生成的网络表引入 PCB，并以飞线表示各个组件之间的连接关系。以图 6-54 为例，介绍通过网表管理器断开 C3-2 与 C2-2 的连接。其具体步骤如下。

1）启动网表管理器。执行菜单命令“设计”→“网络表”→“编辑网络”启动网表管理器，如图 6-52 所示。

2）编辑网络。在“板中网络”单元选择“GND”网络后，单击“编辑”按钮，出现

如图 6-55 所示的“编辑网络”对话框。

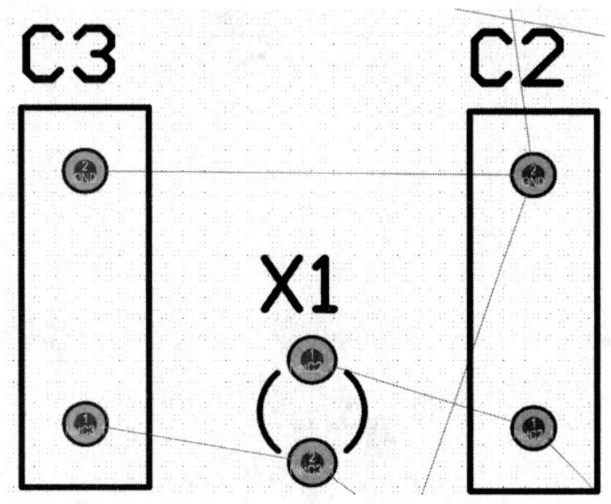

图 6-54　网络编辑图例

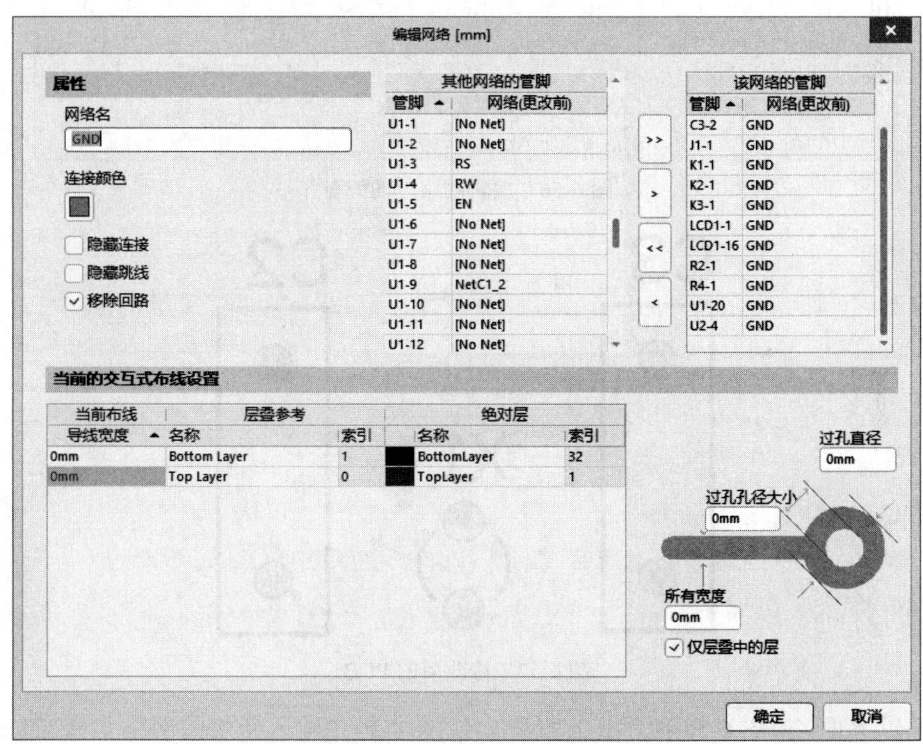

图 6-55　“编辑网络”对话框（2）

3）编辑网络上的焊盘。在“该网络的管脚”列表框中双击 C2-2，则将 C2-2 焊盘移到左侧的“其他网络的管脚”列表框中，如图 6-56 所示。然后单击“确定”按钮，关闭所有的对话框，返回 PCB 编辑区，修改后的 PCB 如图 6-57 所示。

（2）创建新的网络

在超声波测距仪电路中，C3-1、U1-19 和 X1-2 在同一个网络上，需要增加网络将其连接起来，其操作步骤如下。

启动网表管理器，并在“板中网络”单元中单击“添加”按钮，网表管理器将出现新

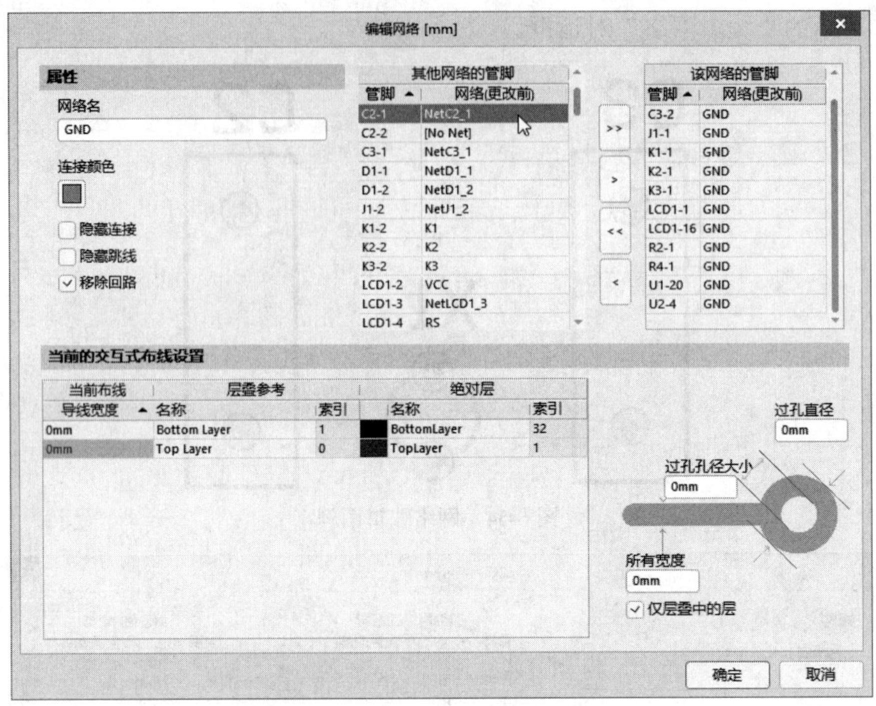
图 6-56 编辑网络上的焊盘

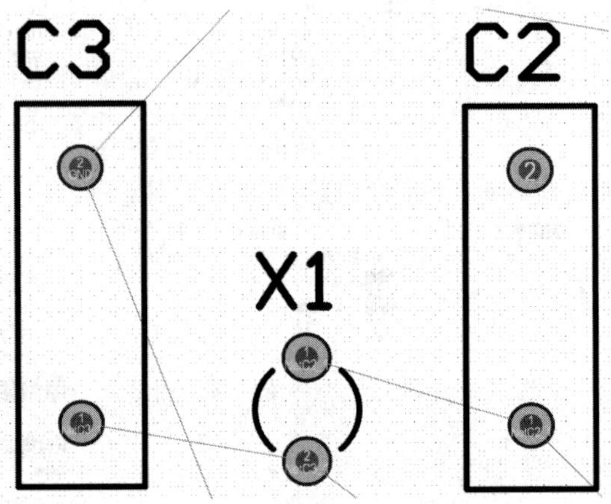

图 6-57 修改后的 PCB

增网络编辑界面，如图 6-58 所示。在“网络名”文本框中输入新增的网络名称“NetC3-1”，双击“其他网络的管脚”列表框中的焊盘“C3-1”、“U1-19”和“X1-2”，此时这 3 个焊盘将移到“该网络的管脚”列表框中，表明这 3 个焊盘已经建立了连接。单击“确定”按钮关闭编辑网络对话框。完成后“C3-1”、“U1-19”和“X1-2”3 个焊盘之间会出现飞线。

（3）为半自动布线创建网络表

简单地说，半自动设计 PCB 就是不设计原理图，直接设计 PCB，即直接从封装库中寻找电路图中元件的封装并放置在 PCB 设计界面，此时的各个封装之间没有定义网络，不存在飞线，可以利用网表管理器定义网络，生成可用于自动布线的网络。

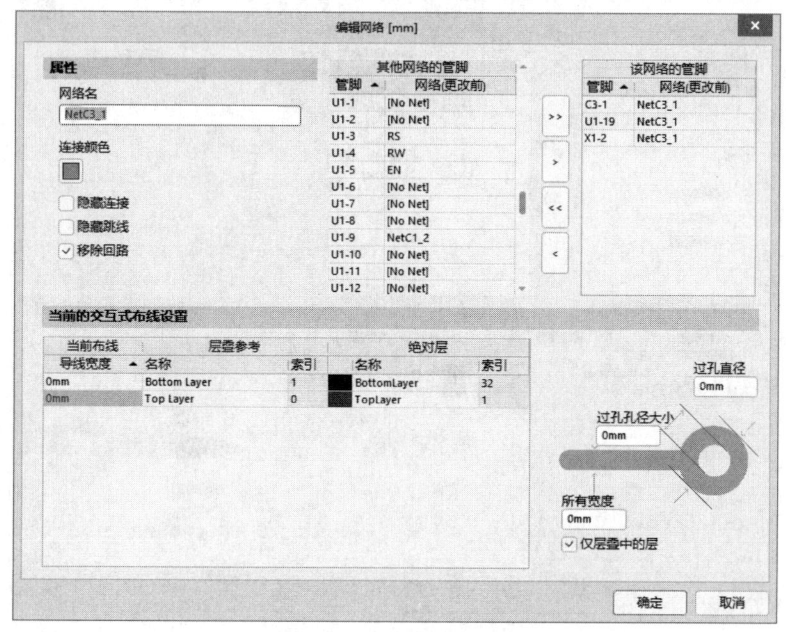

图 6-58　创建新的网络

如图 6-59 所示是已经完成布局的 PCB。下面利用网表管理器建立它们之间的连接关系。

1）启动网表管理器。执行菜单命令“设计”→“网络表”→“编辑网络”启动网表管理器，如图 6-60 所示。

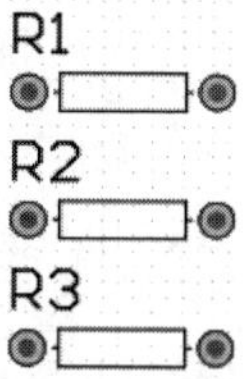

R1

R2

R3

图 6-59　完成布局的 PCB

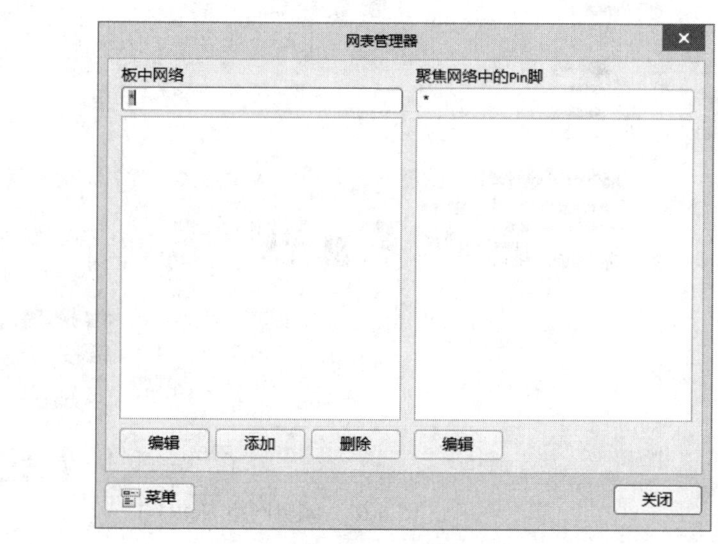

图 6-60　网表管理器

与前面不同的是，在网表管理器中没有任何网络显示，所有网络都需要添加。在“板中网络”单元中单击“添加”按钮，出现“编辑网络”对话框，如图 6-61 所示。

2）编辑网络。在“编辑网络”对话框的“网络名”文本框中输入网络名称“NetR1-1”，再将焊盘 R1-1 和 R2-2 添加到该网络上，如图 6-62 所示。

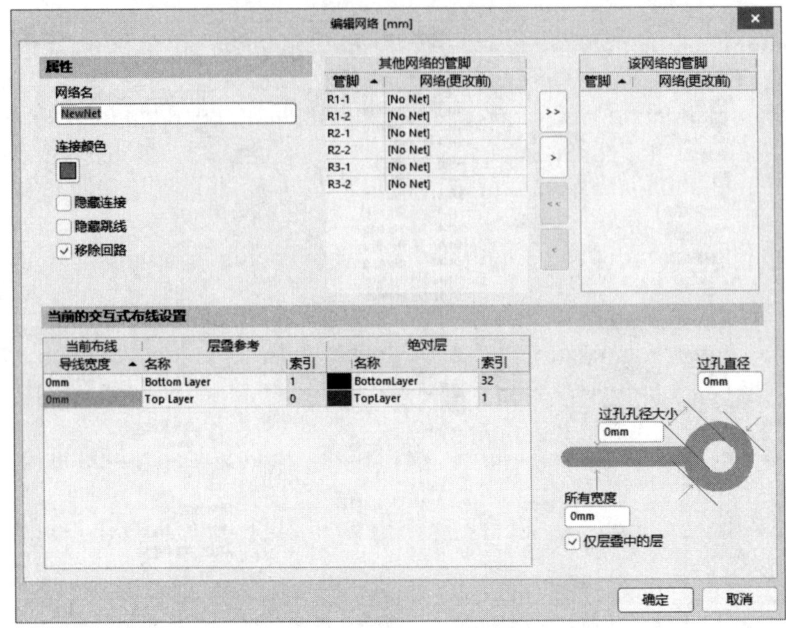

图 6-61 “编辑网络”对话框（3）

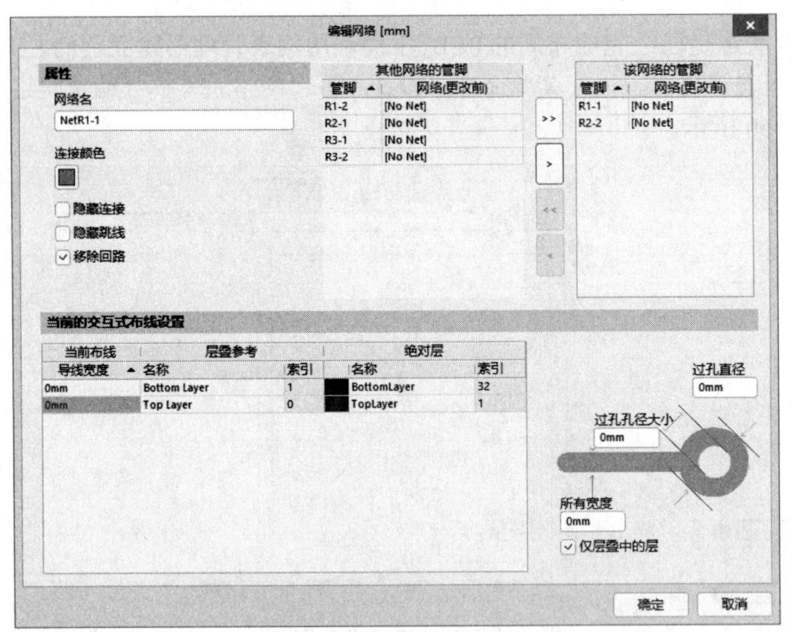

图 6-62 编辑网络 NetR1-1

单击“确定”按钮，关闭“编辑网络”对话框，系统返回到网表管理器，如图 6-63 所示。

接着按照同样的方法在网表管理器中增加网络“NetR2-1(R2-1,R3-2)”和“NetR3-1(R3-1, R1-2)”，如图 6-64 所示。

3）整理网络飞线。所有网络编辑完成后，单击“关闭”按钮，关闭网表管理器，此时在 PCB 上有飞线显示刚才所编辑的网络，如图 6-65 所示。如果飞线显示不完整，执行菜单命令“设计”→“网络表”→“清除所有网络”，对网络进行整理。

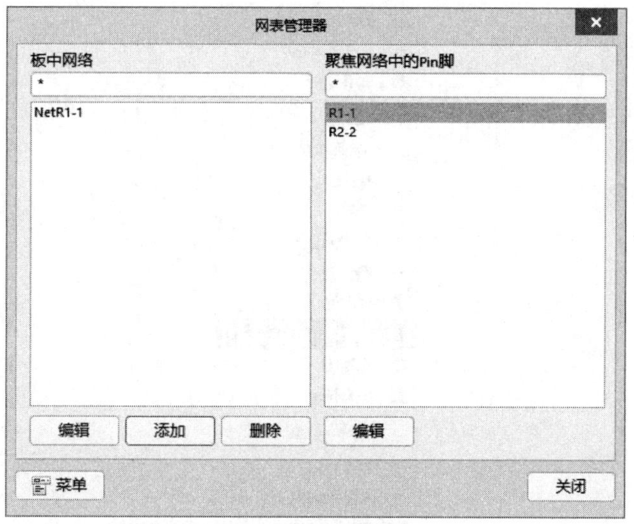

图 6-63　增加网络后的网表管理器

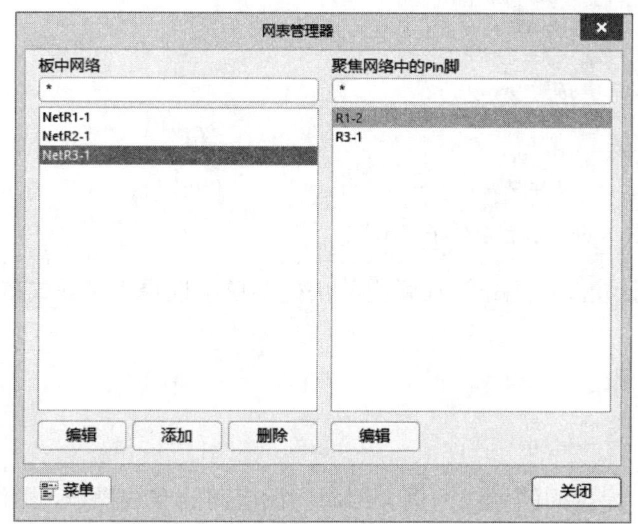

图 6-64　完成网络编辑后的网表管理器

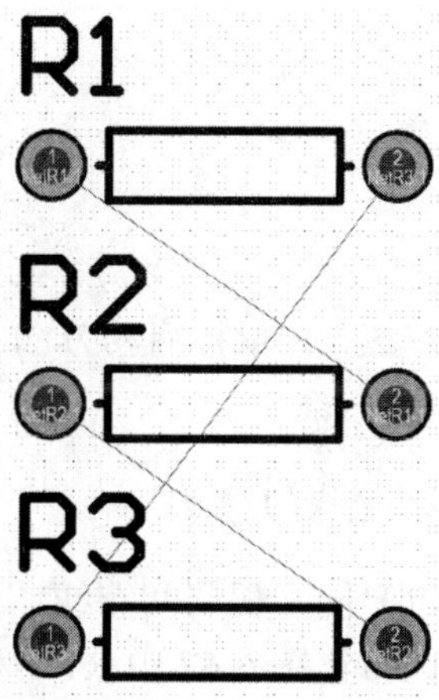

图 6-65　完成网络创建的 PCB

6.2.5　放置导线

布线可以分为手动布线和自动布线。手动布线是指用户按照飞线指示的连接来手动布线，自动布线是指系统按照设置好的规则进行布线。如图 6-66 所示是主菜单放置的子菜单。下面详细介绍导线的各种操作，包括导线的布置、调整和修改等。

1. *启动布线命令*

启动放置导线的命令有如下 3 种方法。

方法一：菜单启动方法。执行菜单命令“放置”→“走线”。

方法二：放置工具栏启动方法。单击如图 6-35 所示的组件工具栏中的“交互式布线连接”按钮。

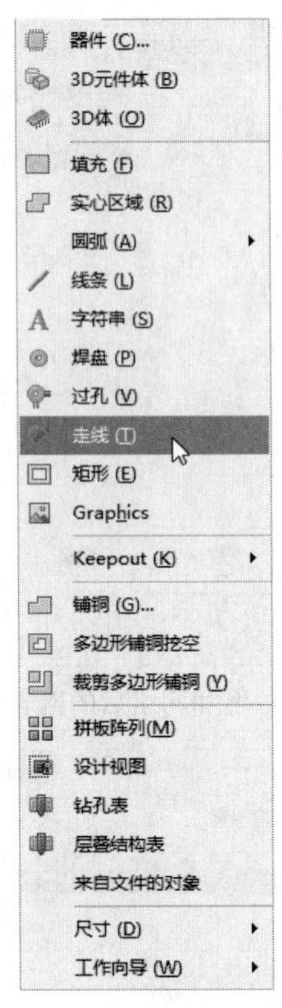

图 6-66　放置组件子菜单

方法三：鼠标启动方法。在设计窗口中右击，在弹出的快捷菜单中选择“交互式布线”命令。

2. 导线的放置

（1）同一板层间布线

以布置图 6-67 中 R1-1 和 R2-1 焊盘间的导线为例介绍同一板层间的布线操作，操作步骤如下。

1）启动放置导线命令后，光标变成十字形状。将光标移到导线的起点 R1-1 焊盘上，此时焊盘上会出现一圆形框，表示光标和焊盘中心重合，如图 6-68 所示。

图 6-67　布线实例　　图 6-68　光标与焊盘重合

2）单击焊盘中心，此时与此网络无关的其他组件隐藏，只显示 R1 和 R2 的焊盘。将光标向 R2-1 移动，此时导线产生一个 45° 转角（不同的导线模式产生不同的转角），如图 6-69 所示。第 1 段导线为实心线，表示导线位置已经在当前板层确定，但长度还没有确定；第 2 段为空心线，表示该段导线只确定了导线的方向，而位置和长度还没有确定。

3）单击确定第 1 段导线的位置和长度，同时确定空心线的方向和位置。

4）继续移动光标到 R2-1 的焊盘上，焊盘上出现一个圆形框，如图 6-70 所示。

图 6-69　布第 1 段导线　　　图 6-70　布第 2 段导线

5）单击完成第 2 段导线。

6）右击完成 R1-1 和 R2-1 焊盘间的整条网络的导线布置，并显示当前板层的颜色；光标为十字形状，系统仍然处于布线状态，如图 6-71 所示。

7）接着可以在其他位置上开始一条新的布线，或者右击，光标由十字形状变成箭头形状，系统退出布线状态。

在布线过程中，可以按〈Backspace〉键取消前段导线。

（2）不同板层间的布线

以布置图 6-72 中 R1-1 和 R2-1 焊盘间的导线为例介绍不同板层间的布线操作。图中 R2 和 R1 之间已经存在一条在顶层（Top Layer）的导线。操作步骤如下。

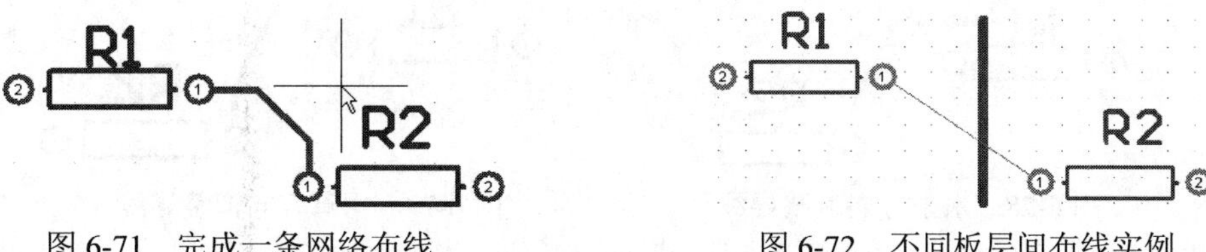

图 6-71　完成一条网络布线　　　图 6-72　不同板层间布线实例

1）从顶层开始布线，即顶层为当前工作层，首先从焊盘 R1-1 布线，如图 6-73 所示。

2）由于有一条导线在顶层，因此无法直接布线到 R2-1，必须在底层布线到 R2-1，这时可以单击 PCB 底部的 [2] Bottom Layer 按钮进行信号层之间的转换。单击如图 6-35 所示的组件工具栏中的“放置过孔”按钮，在第 1 段导线末端放置一个过孔，如图 6-74 所示。单击如图 6-35 所示的组件工具栏中的“交互式布线连接”按钮，在底层上继续绘制导线，可以看到导线颜色也变成了相应层的颜色。

图 6-73　开始布线　　　图 6-74　加入过孔

3）将光标移到 R2-1 焊盘上，完成整个网络布线，如图 6-75 所示。

3. 导线的修改和调整

假设导线已经布置在顶层上，修改和调整导线之前需要首先点取该导线，点取的导线会在两端和中间出现如图 6-76 所示的 3 个操控点，同时颜色也发生变化。

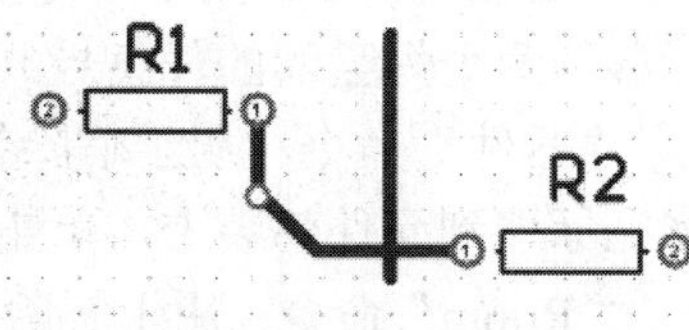

图 6-75　不同板层间的布线

（1）导线的平移

将光标放在已经点取的导线上，在除了 3 个操控点以外的任意位置上，光标都会变成有 4 个方向箭头的光标，此时按住左键不放，就可以向 4 个方向平移导线，如图 6-77 所示。

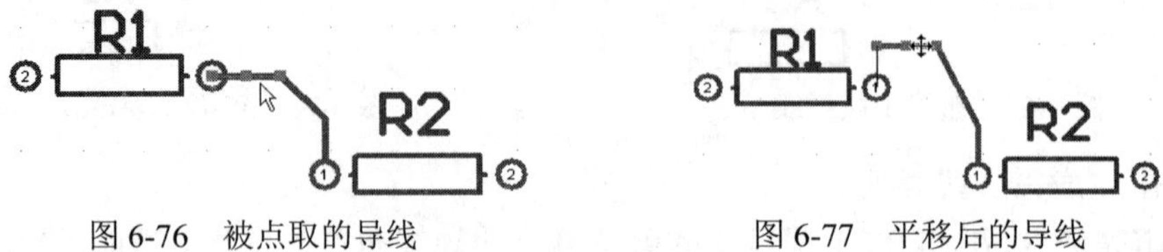

图 6-76 被点取的导线　　图 6-77 平移后的导线

（2）导线的调整

光标放在导线两端操控点上时，光标将变成水平方向的双箭头形状，此时按住鼠标左键可以在水平方向上调整导线的长度，如图 6-78 所示。

光标放在导线中间操控点上时，光标将变成垂直方向的双箭头形状，此时按住鼠标左键可以在垂直方向上调整导线的长度，两端点不变，如图 6-79 所示。

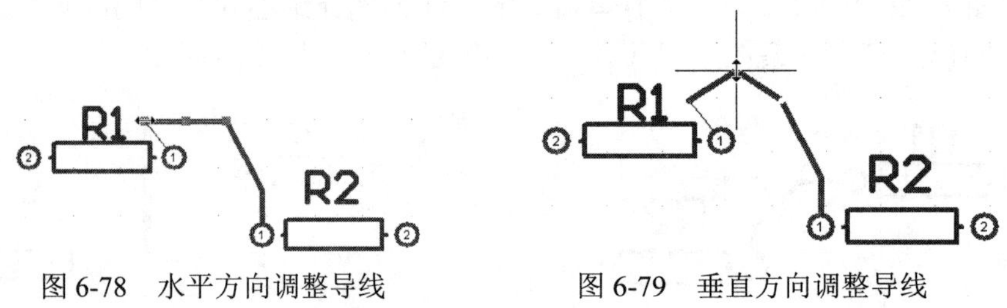

图 6-78 水平方向调整导线　　图 6-79 垂直方向调整导线

4. 导线的删除

删除导线可以采用以下两种操作方法。

方法一：按快捷键或执行菜单“编辑”下的命令删除导线。删除导线段时，首先选取要删除的导线，然后按〈Delete〉键，或执行菜单命令“编辑”→“删除”进行删除。执行菜单命令“编辑”→“删除”，光标变成十字形状，将光标移到要删除的导线上，单击即可删除该导线。

方法二：启动解除布线命令删除导线。如果 PCB 中的导线是依据网络进行的布线，也可以执行菜单命令“布线”→“取消布线”来删除导线。

“取消布线”子菜单中共有 5 个命令，如图 6-80 所示，各命令说明如下。

“全部”命令：用于解除 PCB 上所有的布线。

“网络”命令：用于解除指定网络的布线。选择此命令后，光标变成十字形状，将光标移到要删除网络的任意导线上，单击即可删除该网络上所有的导线。

“连接”命令：用于解除两个焊盘间的布线。选择此命令后，光标变成十字形状，将光标移到两个焊盘间的任意导线上，单击即可删除两个焊盘间的导线。

“器件”命令：用于解除指定元件封装上的布线。选择此命令后，光标变成十字形状，将光标移到元件封装上，单击即可将和该元器件封装相连接的所有导线删除。

“Room”命令：用于解除元器件盒中所有的布线。选择此命令后，光标变成十字形状，将光标移到一个元器件盒上，单击即可将该元器件盒中的所有布线删除。

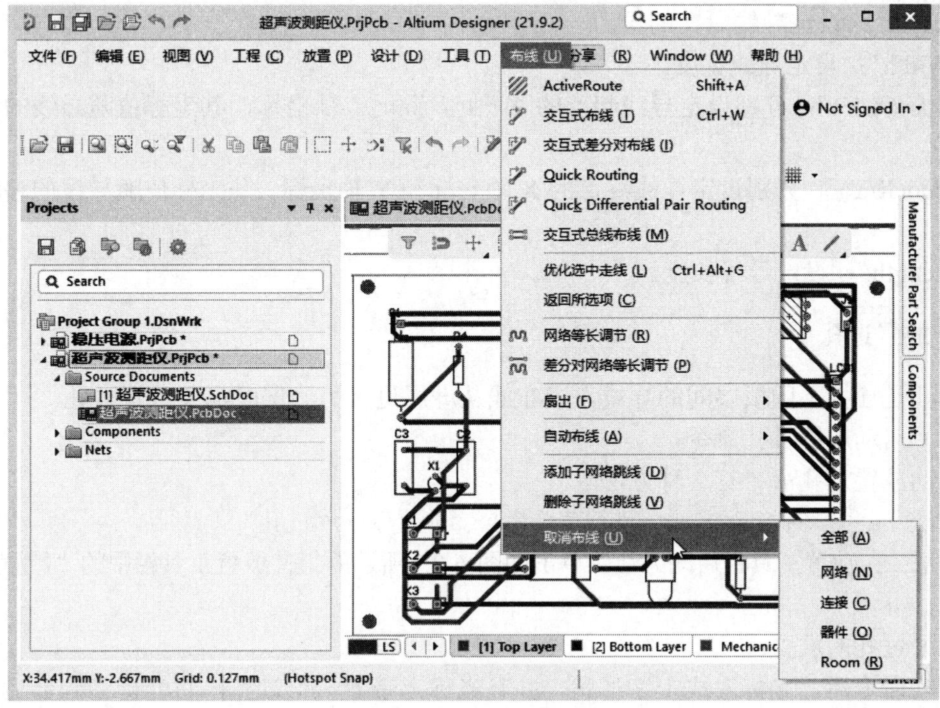

图 6-80　解除布线菜单

5. 设置导线属性

在布线状态下按〈Tab〉键，或者在已经固定的导线上双击，或者右击导线，在弹出的快捷菜单中选择“属性”命令，都可以打开如图 6-81 所示的导线属性设置对话框。

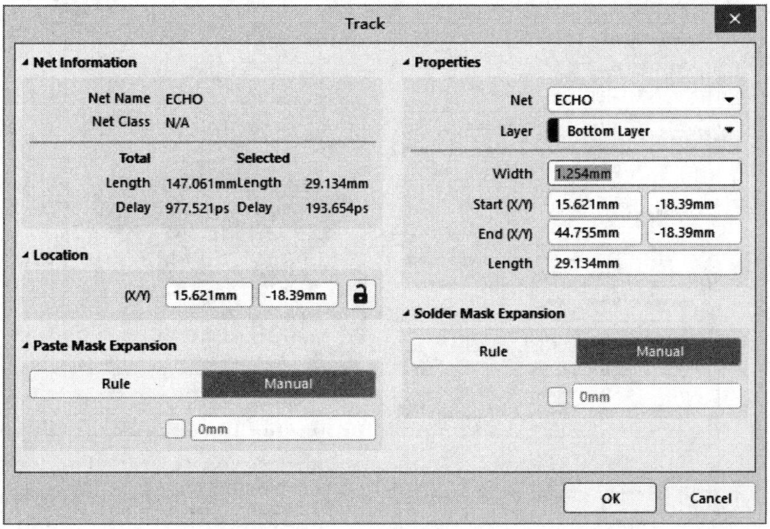

图 6-81　导线属性设置对话框

该对话框中的各项说明如下。

“Net”：设定导线网络。

“Layer”：设定导线所在的层。

“Width”：设定导线宽度。

“Start(X/Y)”：分别设定导线起点的 X 轴坐标和 Y 轴坐标，其坐标值随导线的移动自动变化。

“End(X/Y)”：分别设定导线终点的 X 轴坐标和 Y 轴坐标，其坐标值随导线的移动自动变化。

“Length”：设定导线长度。

6.2.6 放置过孔

过孔是连接不同板层间的导线。当布线从一层进入另一层时需要放置过孔。

（1）启动放置过孔命令

启动放置过孔命令有 2 种方法。

方法一：主菜单启动方法。执行菜单命令“放置”→“过孔”。

方法二：放置工具栏启动方法。单击如图 6-35 所示的组件放置工具栏中的“放置过孔”按钮。

（2）过孔的放置

启动命令后，光标变成十字形状，并且光标上带着一个过孔。将光标移到合适位置，单击即可完成过孔的放置。

（3）设置过孔属性

在放置过孔时按〈Tab〉键，或者在 PCB 上双击过孔，或者将鼠标放在已放置的过孔上，右击，在弹出的快捷菜单中选择“属性”命令，系统弹出如图 6-82 所示的过孔属性设置对话框。

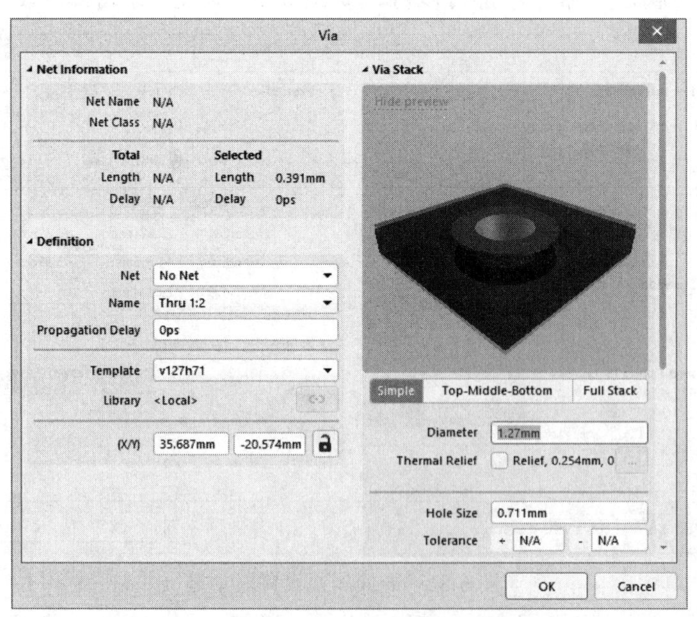

图 6-82 过孔属性设置对话框

该对话框包括以下几个方面的设置，说明如下。

“Hole Size”：设置过孔的通孔直径。

“Diameter”：设置过孔直径。

“(X/Y)”：设置过孔的 X/Y 轴坐标。

“Net”：设置过孔所在的网络。

“Name”：设置过孔名称。

设置完成后，单击“OK”按钮，即可放置过孔。

6.2.7　放置文字

文字也是 PCB 中的一部分。下面主要介绍放置文字的命令与操作、设置文字的属性和文字的修改等。

(1) 启动放置文字命令

启动放置文字命令有 2 种方法。

方法一：菜单启动方法。从图 6-80 中执行菜单命令“放置”→“字符串”。

方法二：放置工具栏启动方法。单击如图 6-35 所示的组件放置工具栏中的“放置字符串”按钮A。

(2) 文字的放置

所有的文字都应该在丝印层（silkscreen），即顶层丝印层（top silkscreen）或底层丝印层（bottom silkscreen）。启动命令后，光标变成十字形状，并且光标上带着一个系统默认的文字“String”。将光标移到合适位置，单击即可放置文字“String”。

(3) 设置文字属性

在放置文字时按〈Tab〉键，或者双击 PCB 上的文字，或者单击文字，在弹出的快捷菜单中选择“属性”命令，系统弹出如图 6-83 所示的文字属性设置对话框。

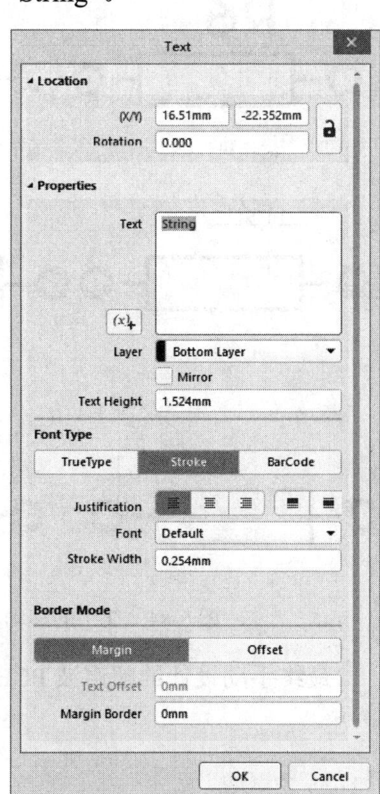

图 6-83　文字属性设置对话框

该对话框的各项设置说明如下。

1)“Location”区域。

“(X/Y)”：设置文字的 X/Y 轴坐标。

“Rotation”：设置文字的旋转角度。

2)“Properties”区域。

“Text”：设置文字的内容。

“Layer”：设置文字所在的板层，可通过右边的下拉按钮设置。

“Text Height”：设置文字高度。

3)“Font Type”区域。

“Font”：设置文字的字体。

(4) 文字的修改

文字的修改包括移动、旋转和板层切换等，以如图 6-84（a）所示的元件封装序号 R6 为例分别介绍。

1）文字的移动。在文字 R6 上单击，文字 R6 变成选取颜色，如图 6-84（b）所示；当光标放在文字

R6 上任何位置时，光标将变为 4 个箭头的十字光标，此时单击，光标变成十字形状，如图 6-84（c）所示；移动光标到合适的位置，单击，即可定位元件封装序号 R6，如图 6-84（d）所示。

2）文字的旋转。将光标移到文字 R6 右下角的小正方形上，光标变成垂直方向的双箭头形状，按住鼠标左键不放，光标在文字的右下角变成十字形状，如图 6-84（e）所示；移动鼠标，文字就会以右下角的十字为中心旋转，在合适位置放开鼠标左键，即可完成文字的旋转，如图 6-84（f）所示。也可以在文字 R6 上按住鼠标左键不放，然后按空格键，则文字 R6 按环境中设置的角度旋转：如果按〈X〉键，则文字做水平翻转；如果按〈Y〉键，则文字 R6 做垂直翻转。

3）文字的板层切换。在文字 R6 上双击打开如图 6-85 所示的文字参数对话框，在“Properties”→“Layer”右侧下拉列表中选取底层丝印层即可，文字就从一个丝印层切换到了另一个丝印层。

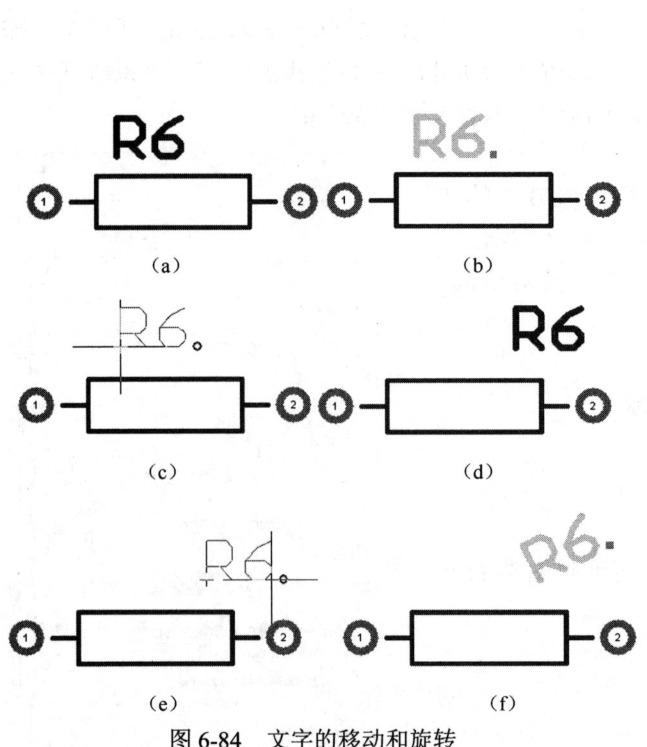

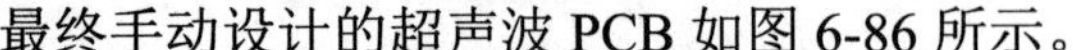
图 6-84　文字的移动和旋转

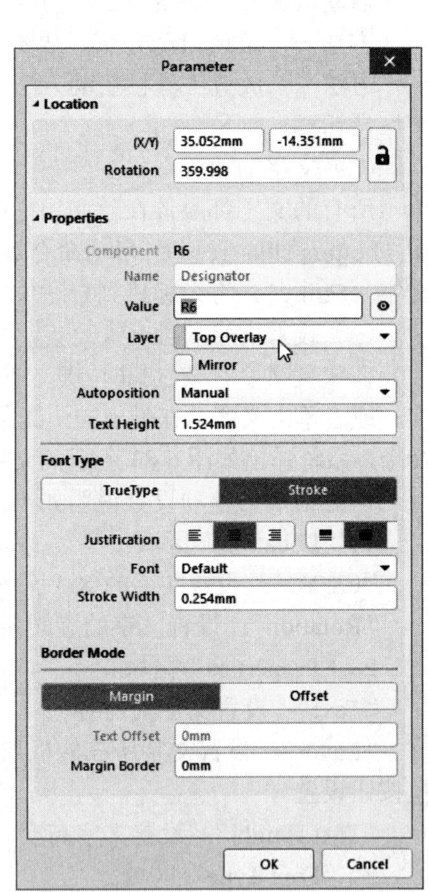

图 6-85　文字参数对话框

最终手动设计的超声波 PCB 如图 6-86 所示。

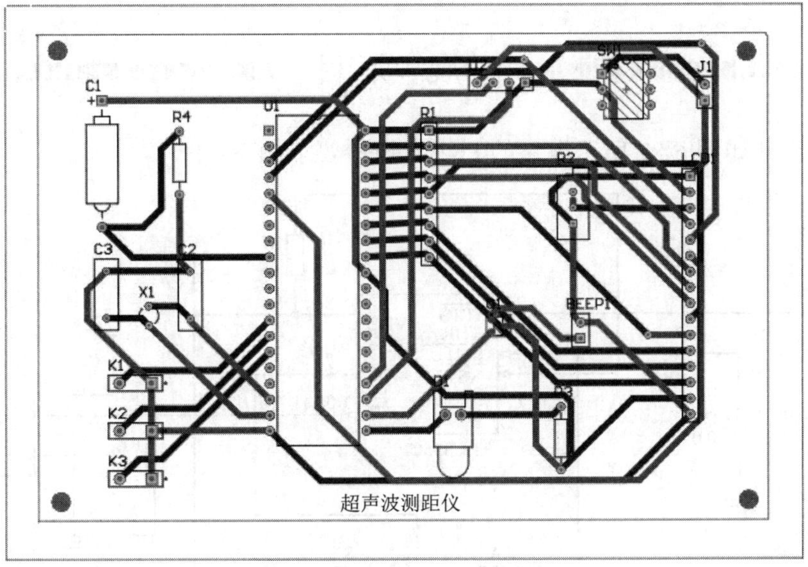

图 6-86　手动设计的超声波 PCB

项 目 小 结

通过本项目的学习，了解手动设计 PCB 的流程及网表编辑器的使用方法。

拓展阅读

在航天器上“绣花”的巧手

王鹤是中国科学院长春光学精密机械与物理研究所电装工艺中心的工人，主要从事航天 PCB 焊接工作。十多年来，王鹤怀着一颗专心致志的匠心，努力钻研航天工艺知识，苦练焊接技艺，自己创新了多种焊接技术，其中“焊锡同步焊接法”解决了以往转移焊接的多项工艺问题，大大提高了产品可靠性。作为航天 PCB 装联的主要人员，王鹤先后参与完成了神舟系列、天宫系列、嫦娥系列、风云系列等国家重大项目的 PCB 焊接工作，圆满完成了各项任务。2010 年，王鹤获得了 IPC“OK 国际杯”PCB 焊接大赛中国赛区冠军；2013 年获得 IPC 全球手工焊接锦标赛季军；2018 年获得吉林省十大工匠称号。

王鹤在工作之余，还不断地培养新一代手工焊接者，为祖国建立起一支技术过硬、善打硬仗、能打胜仗的航天 PCB 焊接队伍。王鹤说：“我们为祖国航天事业提供支撑，也需要有更多手艺精湛的焊接者从事这项工作。祖国航天科技的日益强大，就是我们不断坚持、奋斗的动力。”

王鹤用孜孜不倦的匠心和精益求精的技能为建设航天强国做出了巨大贡献。我们青年一代应该学习和弘扬王鹤的工匠精神，努力成长为建设国家的大国工匠和高技能人才。

拓展项目

6-1 试设计如图 6-87 所示电路的 PCB。设计要求如下：

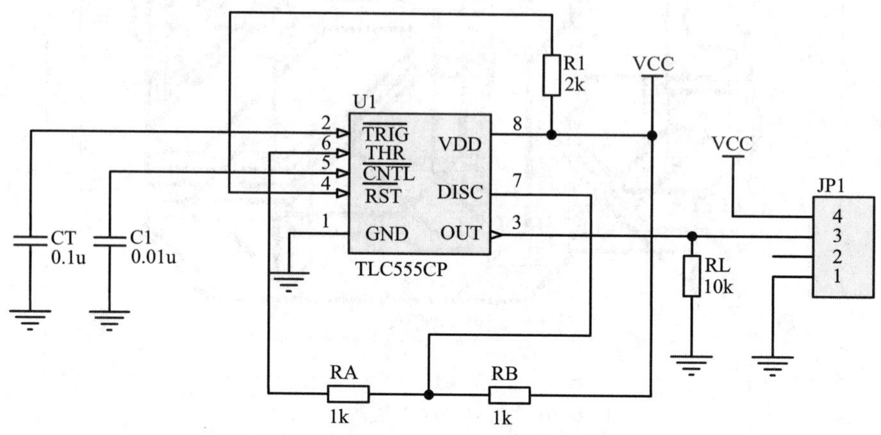

图 6-87 电路原理图

1）使用单层 PCB，PCB 尺寸为 2180mil×1380mil。

2）电源地线的铜膜线的宽度为 50mil。

3）一般布线的宽度为 25mil。

4）人工放置元器件封装。

5）人工布线。

6）布线时考虑只能单层走线。

6-2 方波发生器电路如图 6-88 所示，试设计该电路的 PCB。设计要求如下：

1）使用单层 PCB，PCB 尺寸为 1000mil×1000mil。

2）电源地线的铜膜线的宽度为 25mil。

3）一般布线的宽度为 10mil。

4）人工放置元器件封装。

5）人工布线。

6）布线时考虑只能单层走线。

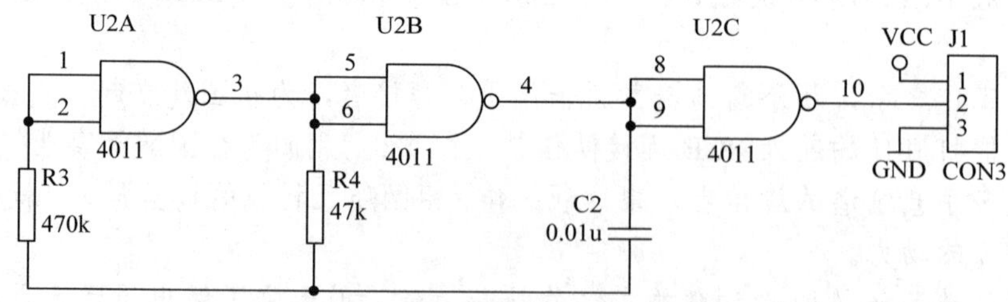

图 6-88 方波发生器电路原理图

项目 7

仔猪智能化喂料机 PCB 设计——DigiPCBA 平台应用

学习目标

1）掌握元器件选型的方法；
2）掌握设计元件封装的方法；
3）掌握工程文件输出的方法；
4）了解 DigiPCBA 平台使用方法。

设计要求

电路原理图如图 7-1 所示，试设计该电路的 PCB。标号为 DS1 的元件为两位 0.5 英寸共阳数码管，必须自己编辑该元件，引脚属性设置参照图 7-2。DS1 的封装形式如图 7-3 所示，必须自己编辑。

1）使用 A4 图纸绘制原理图；
2）采用双层 PCB 设计，PCB 尺寸的长度为 132mm，宽度为 76mm；
3）为降低成本尽量采用贴片元件封装；
4）底层整面敷铜，并接地线网络；
5）信号线的布线宽度为 20mil；
6）24V 电源线与地线的主干道布线宽度为 100mil；
7）输出 Gerber 文件用于加工制造；
8）输出 BOM 文件用于元件采购；
9）安全距离为 10mil，敷铜与其他网络的安全距离为 20mil；
10）4 个角各放置 1 个 ϕ3.3mm 的安装孔。

素质目标

激发爱国、爱党、爱社会主义的情怀，树立自主创新、追求卓越的奋斗意识，培育科学家精神。

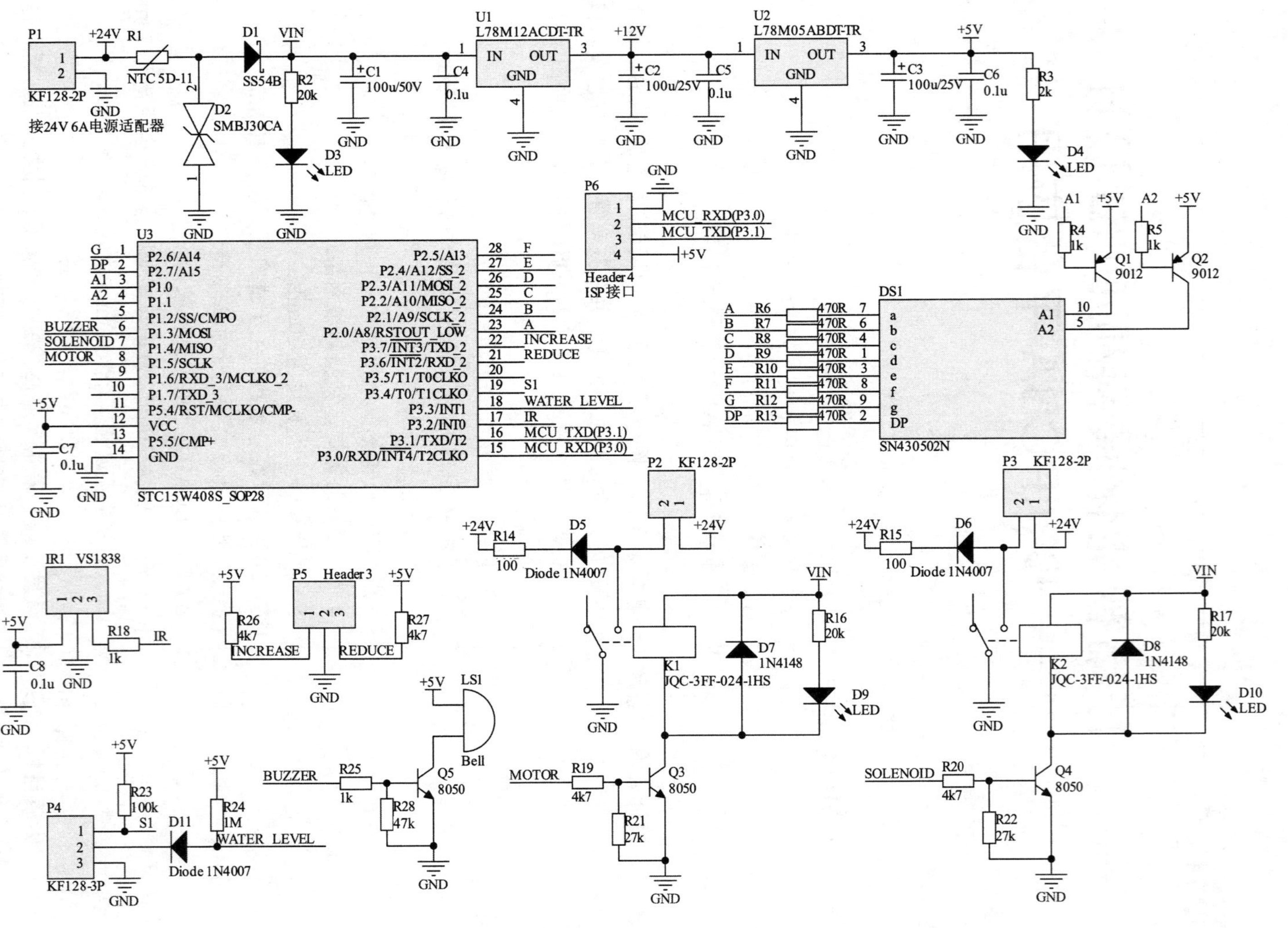

图 7-1 仔猪智能化喂料机电路原理图

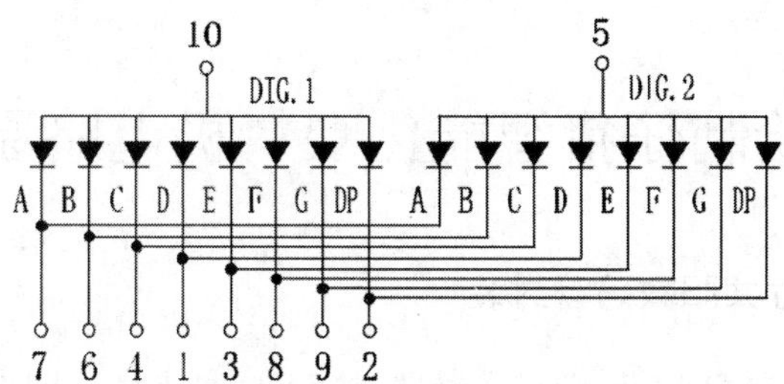

图 7-2　两位 0.5 英寸共阳数码管引脚特性

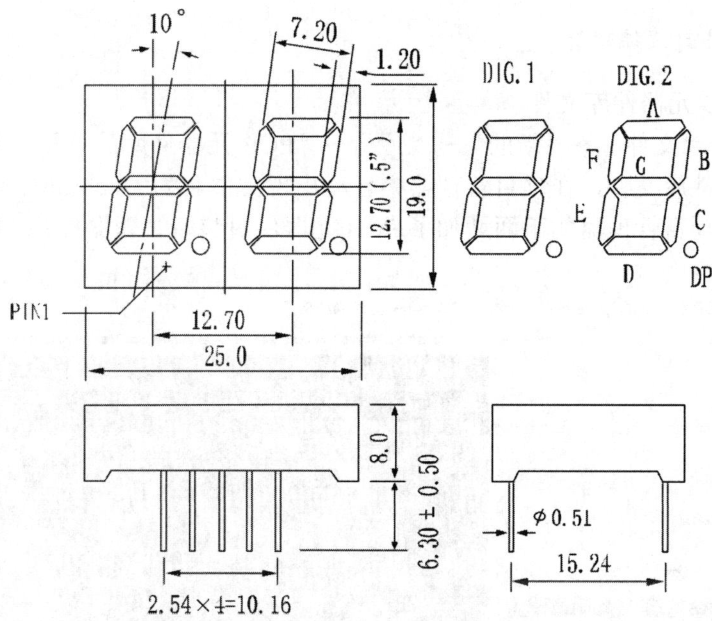

图 7-3　两位 0.5 英寸共阳数码管封装（单位：mm）

本项目是以 STC15W408S 单片机芯片为核心的仔猪智能化喂料机 PCB 设计。本电路外接 24V 6A 电源适配器，电源适配器输出的 24V 直流电压送至接线端子 P1。R1 是负温度系数热敏电阻，用于降低开机瞬间的浪涌电流。D2 是双向瞬态抑制二极管，用于过压保护。D1 用于防止 24V 6A 电源适配器到接线端子 P1 的导线接反而烧毁仔猪智能化喂料机 PCB。24V 直流电压通过 U1 三端稳压器 L78M12 降压，得到 12V 电压，再通过 U2（L78M05）降压，得到稳定的 5V 电压。接线端子 P2 和 P3 分别外接下料电动机（24V 直流减速电动机）和下水电磁阀（24V 直流电磁阀），接线端子 P4 外接料位检测探头，接线端子 P5 外接 PVC 薄膜开关（两个独立按键）。IR1 为红外遥控接收头，用于接收红外遥控发射器发送的红外指令信号。DS1 为两位 0.5 英寸共阳数码管，用于显示工作时间或工作状态。STC15W408S 单片机芯片根据软件程序定时控制下料电动机和下水电磁阀的工作状态，同时根据接线端子 P4 外接料位检测探头检测料位是否达到上限，如果料位达到上限水平，立即停止下料电机和下水电磁阀的工作，避免资源浪费。通过 PVC 薄膜开关（两个独立按键）或红外遥控器，可以控制仔猪智能化喂料机的工作模式。

7.1 绘制仔猪智能化喂料机电路原理图

7.1.1 制作两位 0.5 英寸共阳数码管封装

利用元器件封装编辑器 PcbLib 创建元器件封装有两种方法，即手动方法和利用向导的方法。本项目中两位 0.5 英寸共阳数码管封装利用向导的方法来创建。

1. 创建元器件封装编辑器

数码管封装设计（视频）

（1）创建 PCB 元器件库文件

执行菜单命令“文件”→“新的”→“库”→“PCB 元器件库”，新建一个 PCB 元器件库文件，在项目管理器中自动出现文件名为“PcbLib1.PcbLib”的元器件库文件。同时，项目管理器的下面增加了 PCB 元器件封装库管理器标签，如图 7-4 所示。

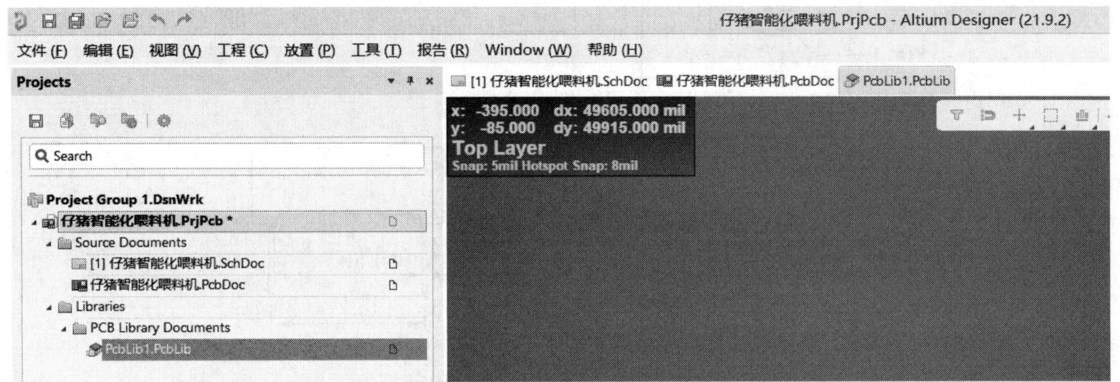

图 7-4 创建 PCB 元器件库文件

（2）修改新建的 PCB 元器件库文件名

与新建 PCB 文件一样，右击文件“PcbLib1.PcbLib”，在弹出的快捷菜单中选择“另存为”命令，输入文件名后关闭对话框，如图 7-5 所示。

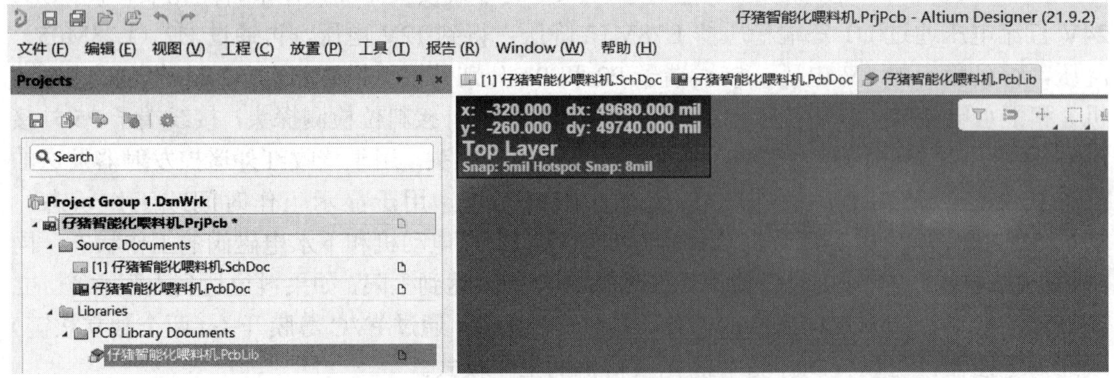

图 7-5 重新命名 PCB 元器件库文件名

（3）启动元器件封装库编辑器

单击项目管理器中的“PCB Library”标签，打开 PCB 元器件库管理器；或者单击屏幕右下角图标“Panels”（面板）→“PCB Library”（PCB 元器件库），也可打开 PCB 元器件库管理器面板，如图 7-6 所示。

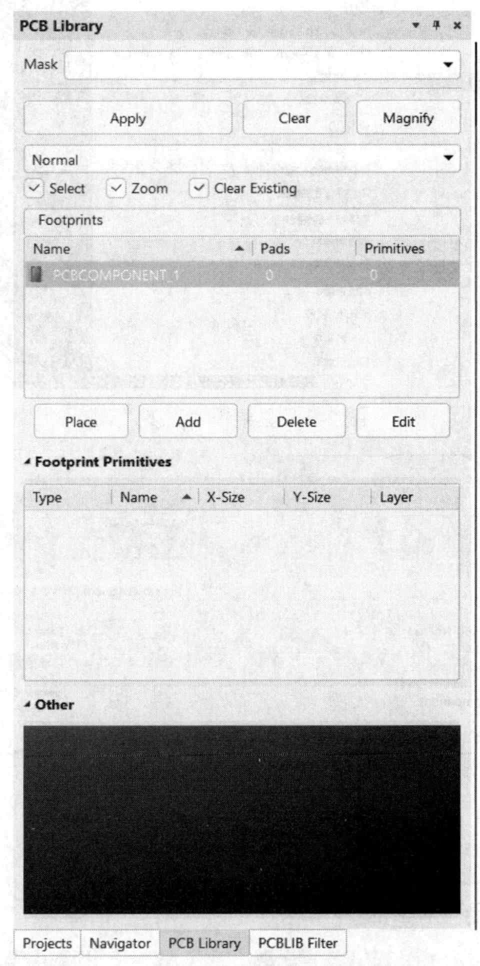

图 7-6　PCB 元器件库管理器面板

2. 创建两位 0.5 英寸共阳数码管封装

按照以下步骤创建元器件封装。

1）启动元器件向导。如图 7-7 所示为主菜单“工具”。执行菜单命令“工具”→“元器件向导”，或者使用快捷键〈T〉→〈C〉。

启动命令后，弹出“封装向导”对话框，如图 7-8 所示。单击“Next”按钮，进入“器件图案”对话框，如图 7-9 所示，选择“Dual In-line Packages(DIP)”，“选择单位”设置为“Metric（mm）”（公制）。单击“Next”按钮，进入“定义焊盘尺寸”对话框，如图 7-10 所示，将焊盘的孔径设置为 1mm，外径设置为 1.6mm。单击“Next”按钮，进入“定义焊盘布局”对话框，如图 7-11 所示。

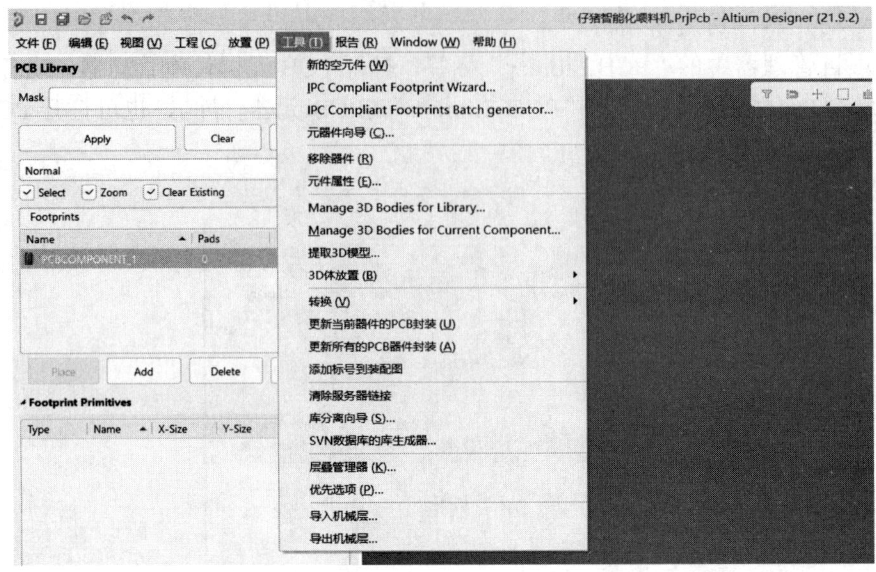

图 7-7　主菜单“工具”

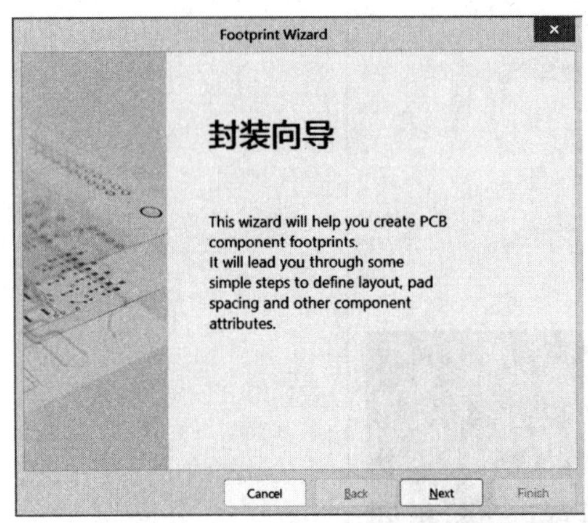

图 7-8　“封装向导”对话框

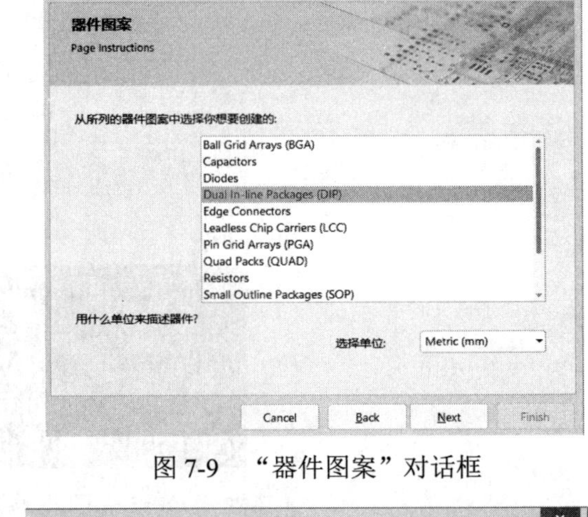

图 7-9　“器件图案”对话框

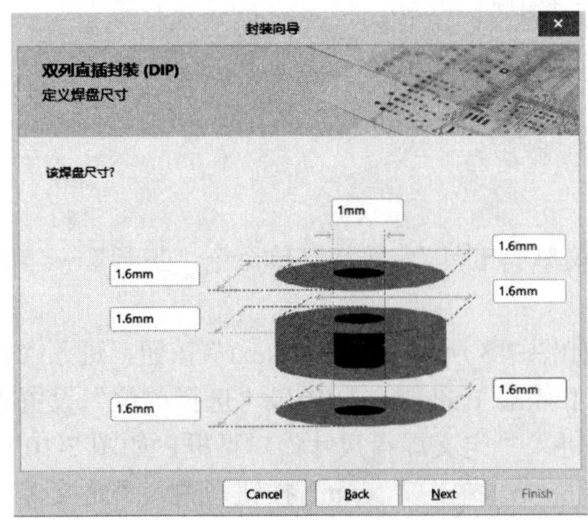

图 7-10　“定义焊盘尺寸”对话框

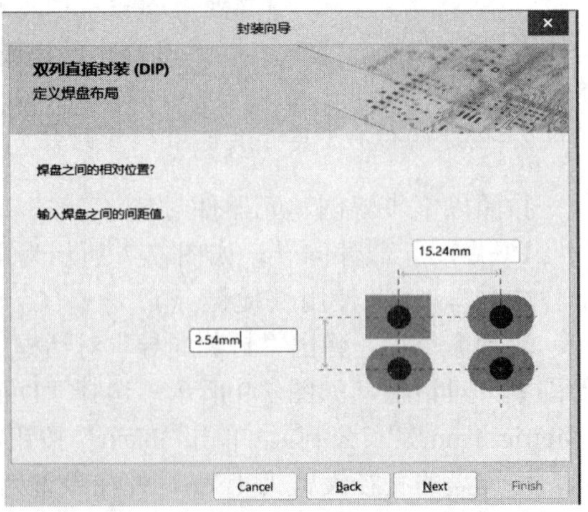

图 7-11　“定义焊盘布局”对话框

在如图 7-11 所示“定义焊盘布局”对话框中，根据图 7-3 中两位 0.5 英寸共阳数码管封装的尺寸信息，将焊盘的列间距设置为 15.24mm，将同一列焊盘的间距设置为 2.54mm。单击“Next”按钮，进入“定义外框宽度”对话框，如图 7-12 所示，外框采用默认值 0.2mm 即可。单击“Next”按钮，进入“设置焊盘数目”对话框，如图 7-13 所示，将焊盘总数设置为 10。

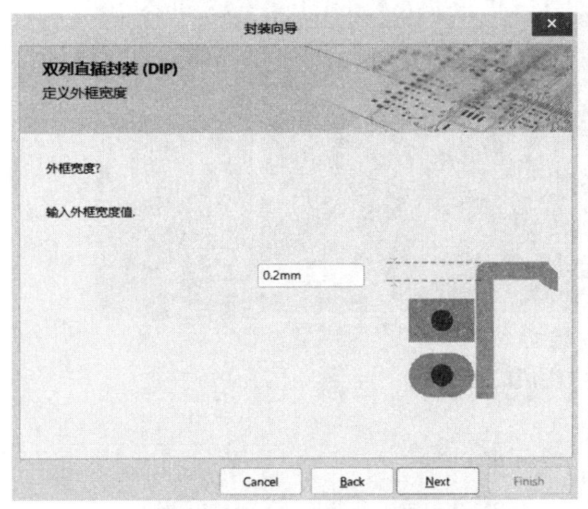

图 7-12　“定义外框宽度”对话框

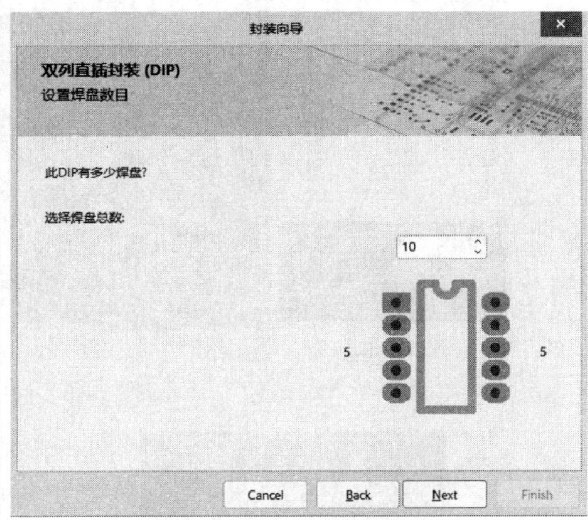

图 7-13　“设置焊盘数目”对话框

在“设置焊盘数目”对话框中单击“Next”按钮，进入“设置元器件名称”对话框，如图 7-14 所示，将元器件名称更改为“两位 0.5 英寸共阳数码管”。单击“Next”按钮，出现如图 7-15 所示的界面，单击“Finish”按钮，出现向导生成的封装，如图 7-16 所示。

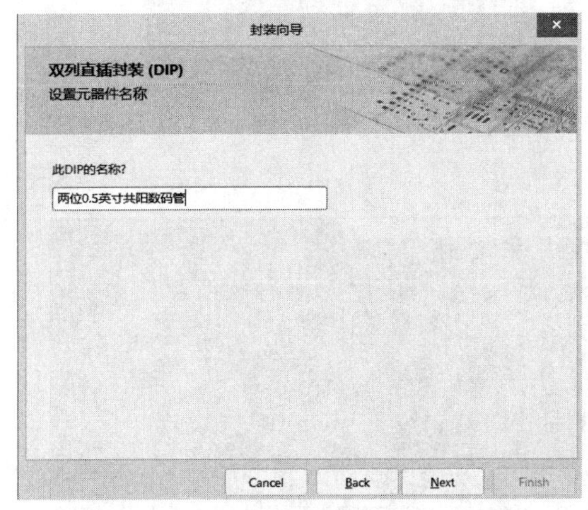

图 7-14　“设置元器件名称”对话框

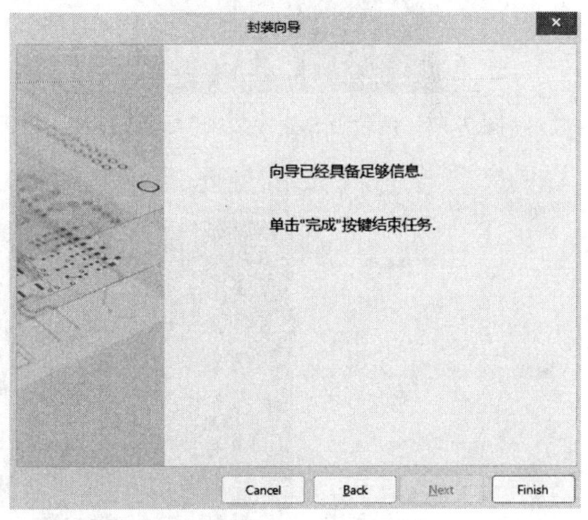

图 7-15　向导已经具备足够信息

2）绘制外形轮廓。在顶层丝印层，使用放置线条工具绘制元器件封装的外形轮廓，或者在原有基础上修改线条绘制元器件封装的外形轮廓。如图 7-17 所示为绘制的两位 0.5 英寸共阳数码管封装，为了方便识图，将图 7-17 中的两位 0.5 英寸共阳数码管封装选中后旋转 90°，如图 7-18 所示为旋转 90° 后的两位 0.5 英寸共阳数码管封装。

3）存盘。至此，选择存盘命令，将新创建的元器件封装及元器件库保存。如图 7-19 所示，完成元器件封装的编辑。

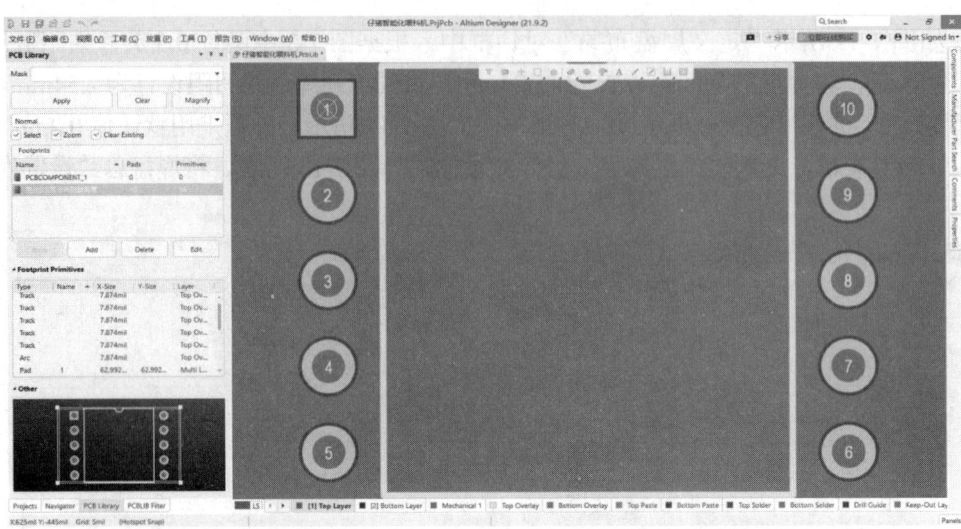

图 7-16　向导生成的封装

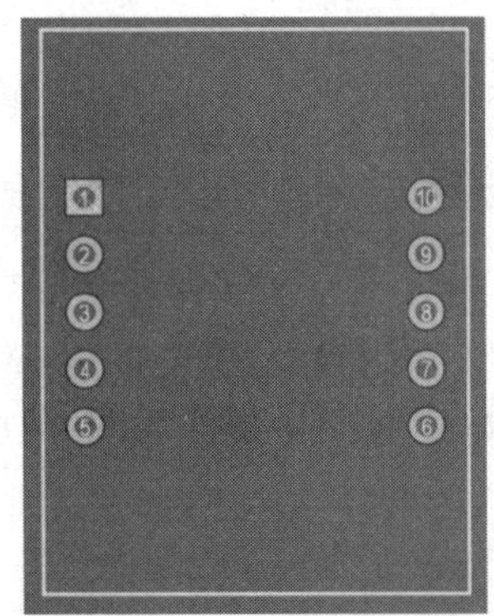

图 7-17　两位 0.5 英寸共阳数码管封装

图 7-18　旋转 90° 后的两位 0.5 英寸共阳数码管封装

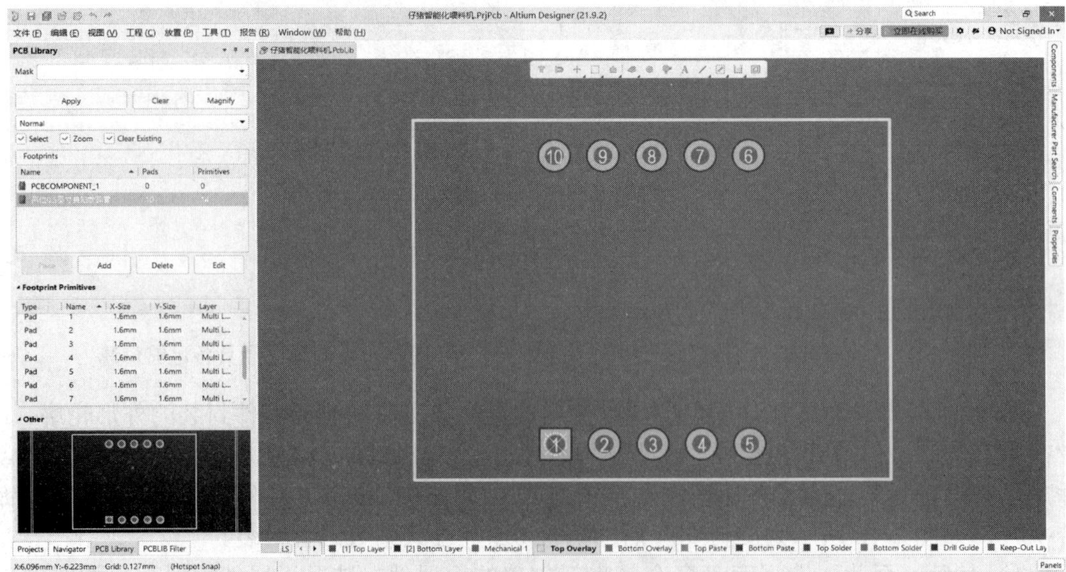

图 7-19　元器件封装

7.1.2　制作两位共阳数码管元器件

数码管元器件设计（视频）

（1）绘制元器件的外形

在元器件设计界面，执行菜单命令“放置”→“矩形”。

（2）添加元器件管脚

1）执行菜单命令“放置”→“管脚”（快捷键为〈P〉→〈P〉），光标变成十字形状并黏附一个管脚。

2）根据图 7-2 和图 7-3，在元器件的边框上放置管脚，并设置各管脚属性。绘制完成的结果如图 7-20 所示。

3）执行菜单命令“文件”→“保存”（快捷键为〈Ctrl〉＋〈S〉），或直接单击标准工具栏上的“保存”按钮，保存编辑后的元器件库。

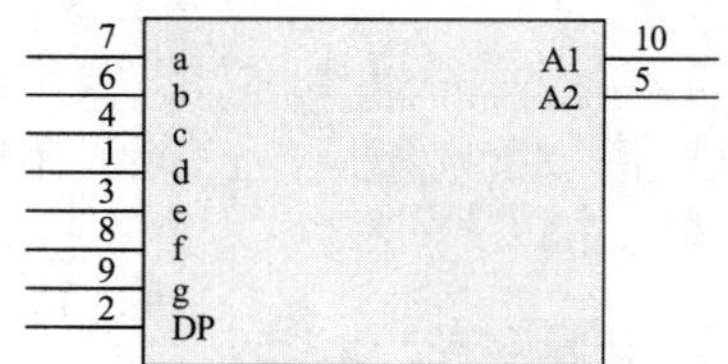

图 7-20　绘制完成的两位共阳数码管

（3）设置元件属性

1）打开“SCH Library”面板，从元器件列表内选择要编辑的元器件，如图 7-21 所示。单击“编辑”按钮，则显示如图 7-22 所示的“Properties”（属性）对话框。

图 7-21　元器件编辑管理器面板

图 7-22　元器件属性对话框

图 7-23　添加元器件封装

2）在“Designator”文本框中输入默认的元器件标识，如“DS?”；在“Comment”文本框中输入默认的元器件标注，如“SN430502N”；在“Description”文本框中输入描述信息，如“两位 0.5 英寸共阳数码管”。

3）在“Parameters”区域为该元器件添加 PCB 封装。将前面绘制的两位 0.5 英寸共阳数码管封装添加至本元器件。添加完成的元器件属性如图 7-23 所示。

7.1.3　绘制原理图

执行菜单命令“文件”→“新的”→“项目”→“PCB”，创建一个 PCB 项目，并且重命名为“仔猪智能化喂料机.PrjPcb”。在该项目中创建一个原理图文件，命名为“仔猪智能化喂料机.SchDoc”。

1. 设置工作环境及放置元器件

工作环境设置同项目 2，下面开始放置各个元器件。

（1）放置两位 0.5 英寸共阳数码管

方法一：在如图 7-21 所示的面板中单击“放置”按钮，系统会自动切换到原理图绘制界面并处于放置两位 0.5 英寸共阳数码管状态，按〈Tab〉键修改元器件属性即可。

方法二：在原理图绘制界面，把自建元器件库.SchLib 加载到系统中，再选中两位 0.5 英寸共阳数码管元件放置到绘图界面。

（2）放置单片机芯片 STC15W408S

单片机芯片 STC15W408S 是宏晶科技公司的产品，在本地元器件库中搜索不到单片机芯片 STC15W408S，因此前往该芯片厂商宏晶科技的官网 https://www.stcmcudata.com/下载该芯片的元器件库文件，如图 7-24 所示。将下载的元器件库文件解压缩后复制到 AD21 的

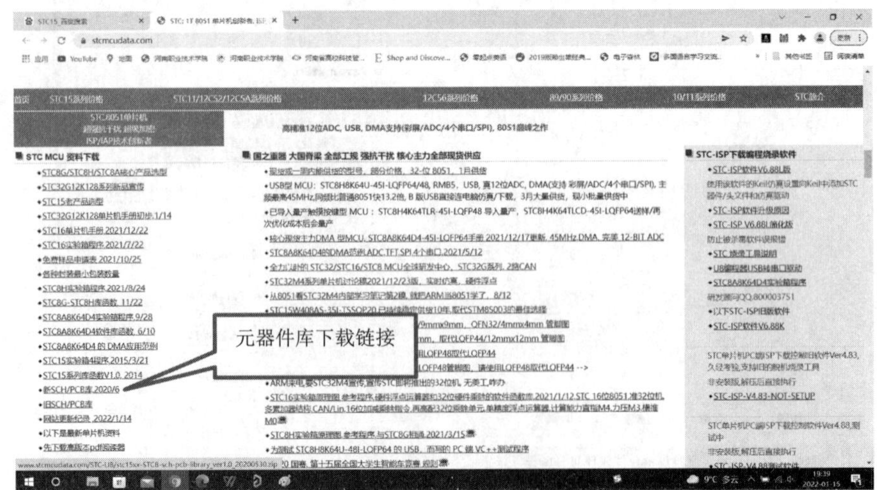

图 7-24　宏晶科技官网页面

库文件所在路径，并将 STC 单片机的库文件安装至 AD21，如图 7-25 所示。

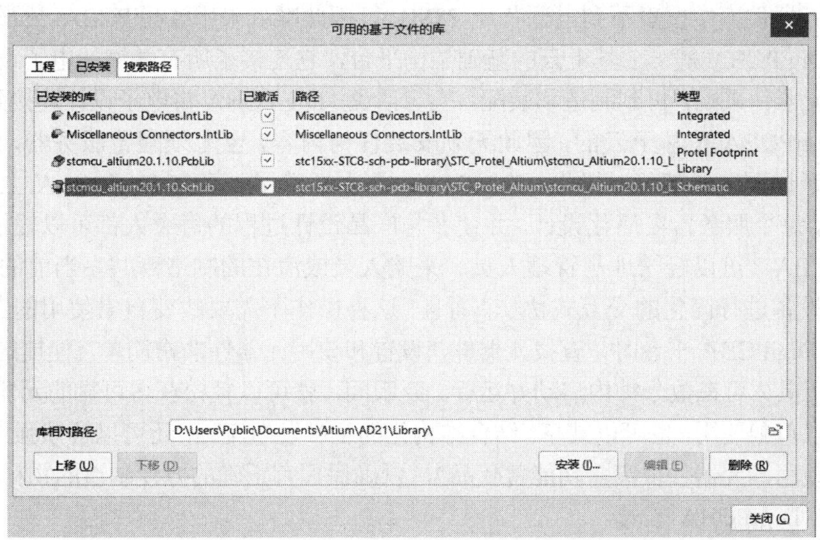

图 7-25　安装 STC 单片机元器件库后的界面

在 stcmcu_altium20.1.10.SchLib 库文件中，可以利用搜索过滤的方法快速找到 STC15W408S 器件。这里选择型号为 STC15W408S_SOP28_SKDIP28 的器件，注意封装类型选择 SOP28 封装，如图 7-26 所示。

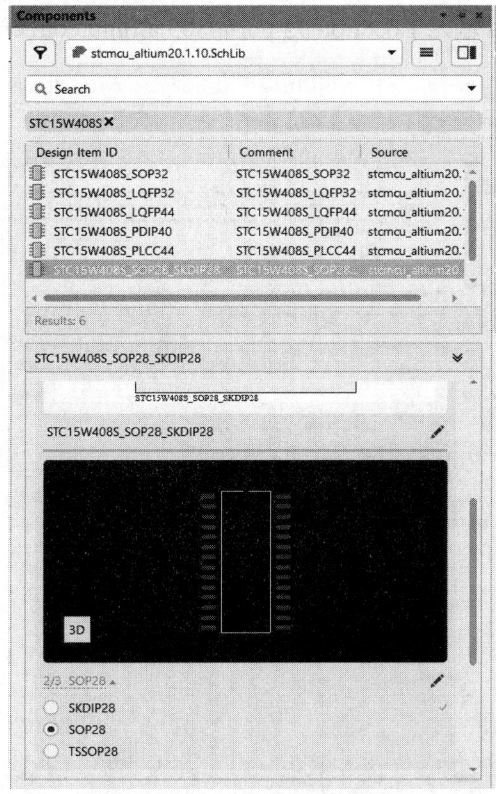

图 7-26　搜索元器件对话框

（3）放置电源芯片 78M12

在本地元器件库中搜索不到电源芯片 78M12，因此准备采用 DigiPCBA 云平台查找并放置该芯片。DigiPCBA 是一个基于云的基础架构平台，它连接了所有关键的电子设计环节，从机械设计到元器件采购，再到制造和装配。换句话说，DigiPCBA 将电子设计连接到生产车间。

由于 DigiPCBA 是基于云的，因此无须安装任何内容，也无须配置服务器，通过 Altium Designer 或通过浏览器都可以操作。DigiPCBA 平台托管了一套在 DigiPCBA 上运行的基于软件的服务，每个服务旨在简化设计，并使参与产品设计过程的每个人都可以轻松进行协作。借助 DigiPCBA，可以轻松地与管理人员、采购人员或潜在的制造商共享当前的设计进度，即通过任何设备进行简化的交互式协作。而且，这种操作不需要改变日常使用的工具和习惯。

当使用 DigiPCBA 平台时，查找元器件，设置和使用元器件非常简单，便捷的功能（例如元器件导入工具）可在数分钟内启动并运行。眨眼间，就可以轻松获得可靠的元器件数据，这些数据既可以单独使用，也可以共享。结合结构化的生产发布流程，还可以解锁强大的功能（例如，在何处使用，元器件报废，功能替代品），以确保拥有正确的方便制造的物料清单。

1）注册 DigiPCBA 账号。

首先打开 DigiPCBA 官网 https://digipcba.com/，根据网站的提示信息或帮助文档注册并激活一个账号。

2）从 Altium Designer 中连接 DigiPCBA。

打开软件 Altium Designer，单击右上角设置系统参数图标⚙，打开“优选项”对话框。在“System”（系统）→“Account Management”（账户管理）页面的“Altium Account Management Servers”栏目输入 Location 为 portal365.altium.com.cn，如图 7-27 所示。

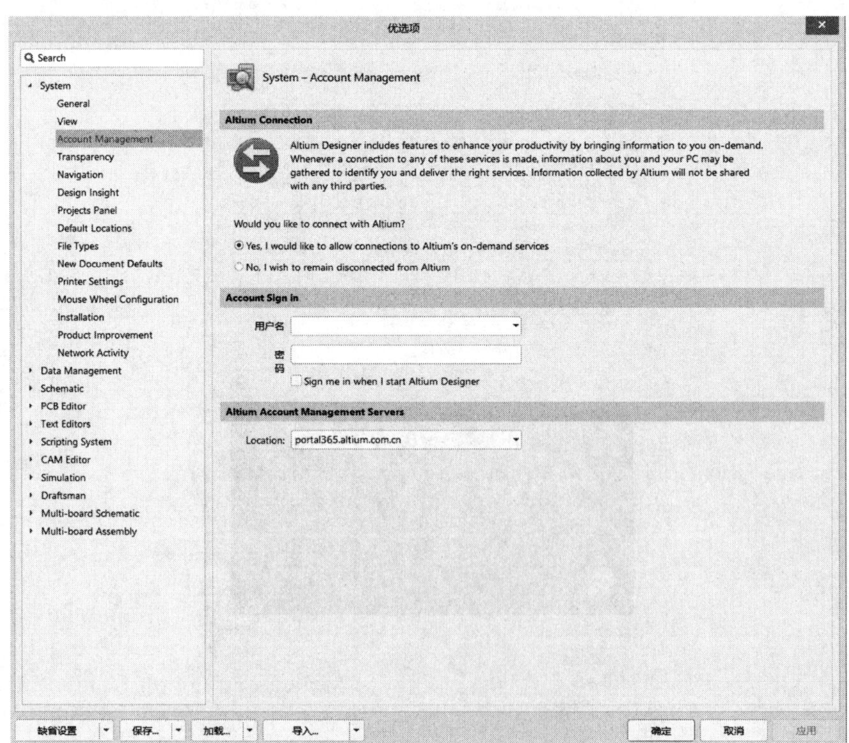

图 7-27 从 Altium Designer 中连接 DigiPCBA

在 Altium Designer 软件打开的状态下，在 Altium Designer 右上角单击“Not Signed In”（未登录），在下拉框中选择“Sign in”（登录），如图 7-28 所示。出现登录页面，该页面包含 3 种登录方式：微信登录、账号密码和手机验证码。此处选择以账号密码方式登录，如图 7-29 所示。

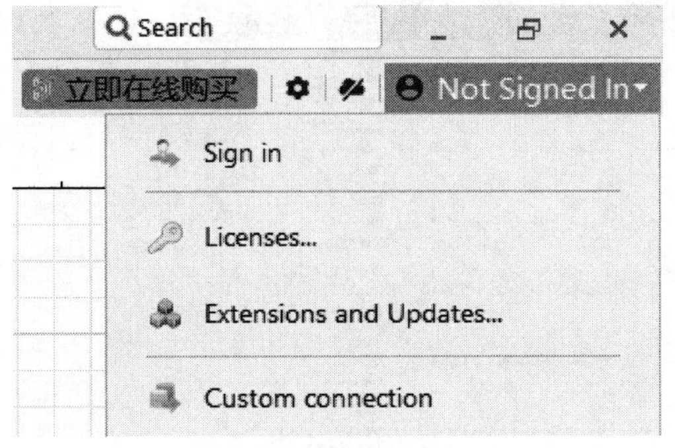

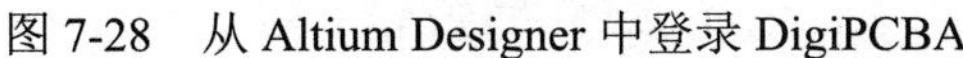

图 7-28　从 Altium Designer 中登录 DigiPCBA

图 7-29　以账号密码方式登录 DigiPCBA

登录之后，Altium Designer 的右上角会出现用户图标。在用户图标的左边也会出现自己的工作区，或者可以访问的别人的工作区，如图 7-30 所示。连接到服务器后，右上角将显示登录账户的用户名。

Altium Designer 与 DigiPCBA 连接成功后，单击 Altium Designer 右下角的“Panels”→“Components”面板，在该元器件面板应该可以看到 DigiPCBA 服务器上托管的元器件，如图 7-31 所示。

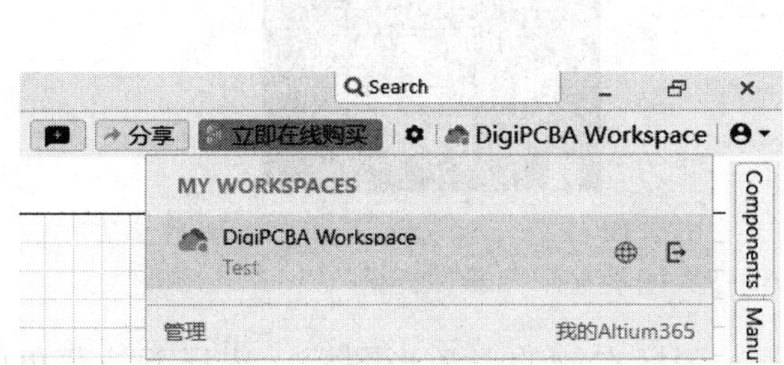

图 7-30 账号密码登录 DigiPCBA

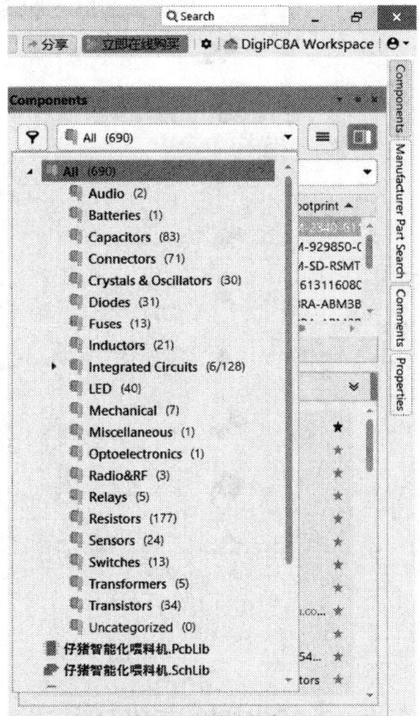

图 7-31　DigiPCBA 服务器上托管的元器件

单击 Altium Designer 右下角的“Panels”→“Manufacturer Part Search”（制造商元器件搜索），在该制造商元器件搜索面板输入关键字“78M12”，可以找到多个满足搜索条件的元器件，如图 7-32 所示。在如图 7-32 所示面板中单击“元器件详情”图标 ，可以打开或关闭元器件详情，打开元器件详情后的页面如图 3-33 所示。

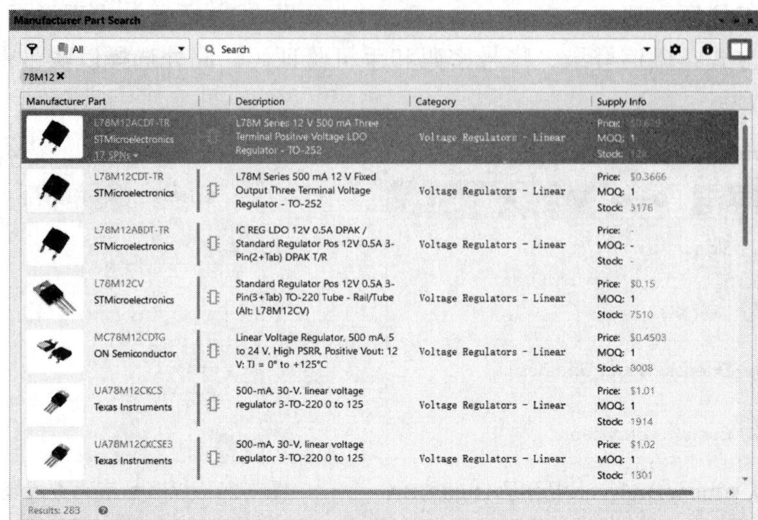

图 7-32 制造商元器件搜索面板

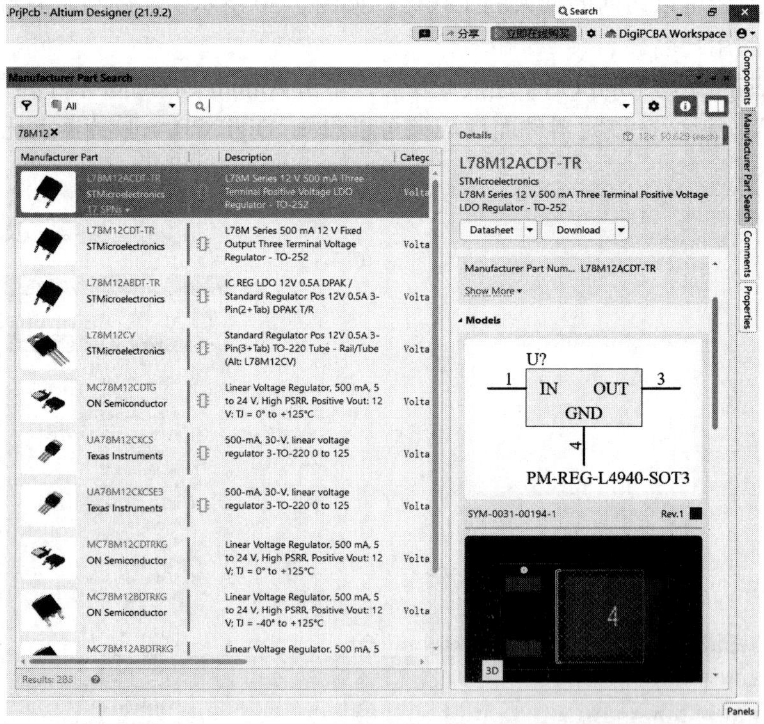

图 7-33 制造商元器件搜索面板显示元器件详情

在图 7-33 中单击“Download”（下载）图标右侧的三角形图标，选择下拉菜单中的“Place”（放置），将 L78M12ACDT-TR 放置到电路原理图中。

（4）放置其他元器件

依次从常用元器件库、DigiPCBA 云平台找到其他元器件并放置在绘图界面。放置完成的电路图如图 7-34 所示。

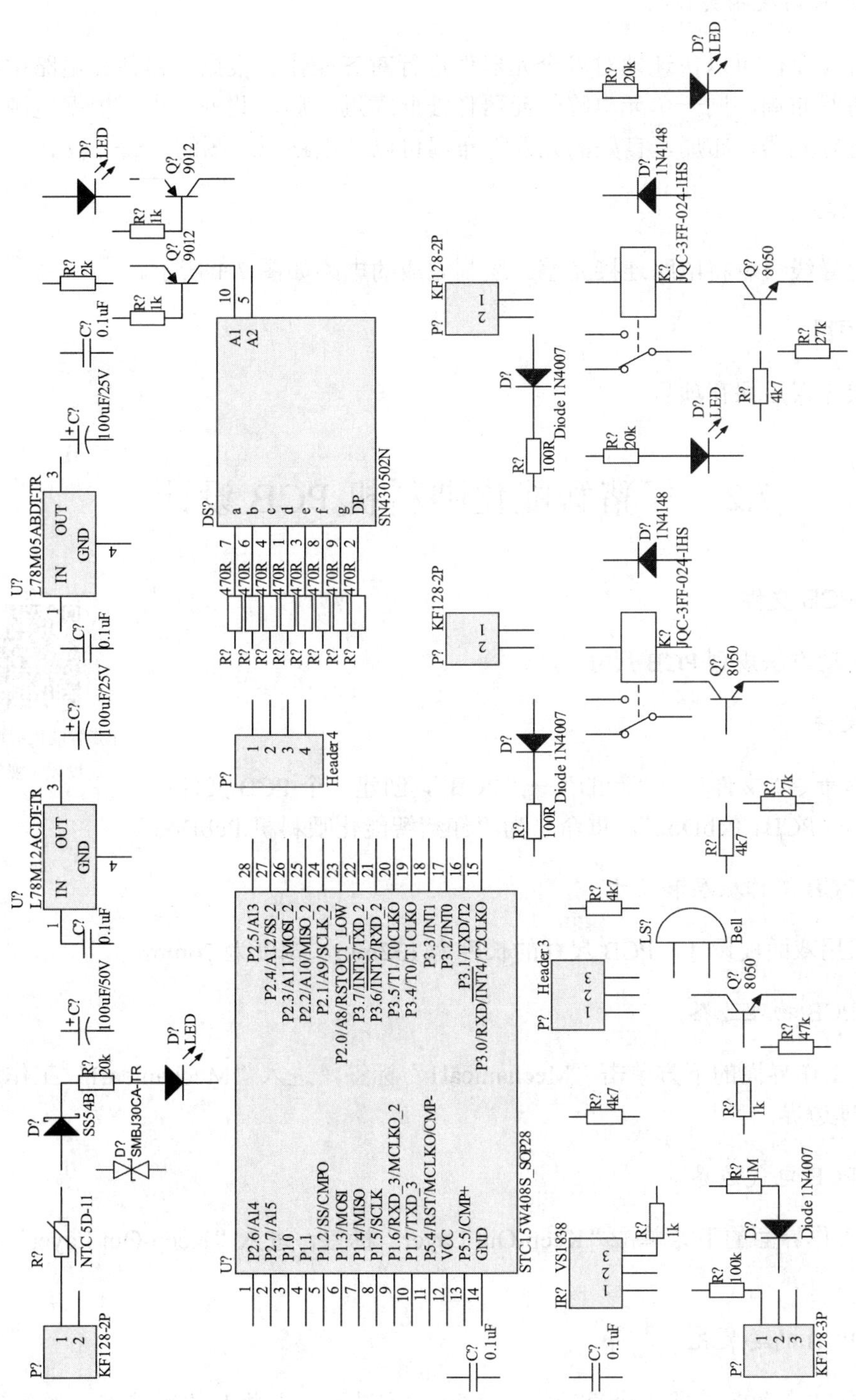

图 7-34　放置完成的电路图

2. 元器件布局及相关技巧

采用对齐命令，可以快速地对多个元器件进行对齐操作。根据元器件在电路中的功能和相互关系进行布局，同一单元电路的元器件彼此靠近布局。此外，也可根据电源的走向或信号流程进行元器件布局。良好的元器件布局可以使电路原理图的可读性较高。

3. 连接电路

启动放置导线命令将电路连接完整。绘制完成的电路如图 7-1 所示。

7.1.4 验证项目

验证结果无误后保存项目。

7.2 仔猪智能化喂料机 PCB 设计

7.2.1 创建 PCB 文件

仔猪智能化喂料机 PCB 设计（视频）

介绍用手动方法规划 PCB 尺寸。

1. 创建文件

执行菜单命令“文件”→“新的”→“PCB”，创建一个 PCB 文件，默认项目名为“PCB1.PcbDoc”，重命名为“仔猪智能化喂料机.PcbDoc”。

2. 定义 PCB 工作板层和尺寸

本项目采用双面板设计，PCB 尺寸的长度为 132mm，宽度为 76mm。

3. 定义 PCB 物理边界

在 PCB 工作界面的下方单击“Mechanical1”标签，进入“Mechanical1”工作层，绘制 PCB 的物理边界。

4. 定义 PCB 电气边界

在 PCB 工作界面的下方单击“Keep-Out Layer”标签，进入“Keep-Out Layer”层，绘制 PCB 的电气边界。

5. 定义 PCB 的安装孔

在 PCB 的 4 个角各放置 1 个直径为 3.3mm 的安装孔，并将其位置锁定，如图 7-35 所示。至此，PCB 规划完成。

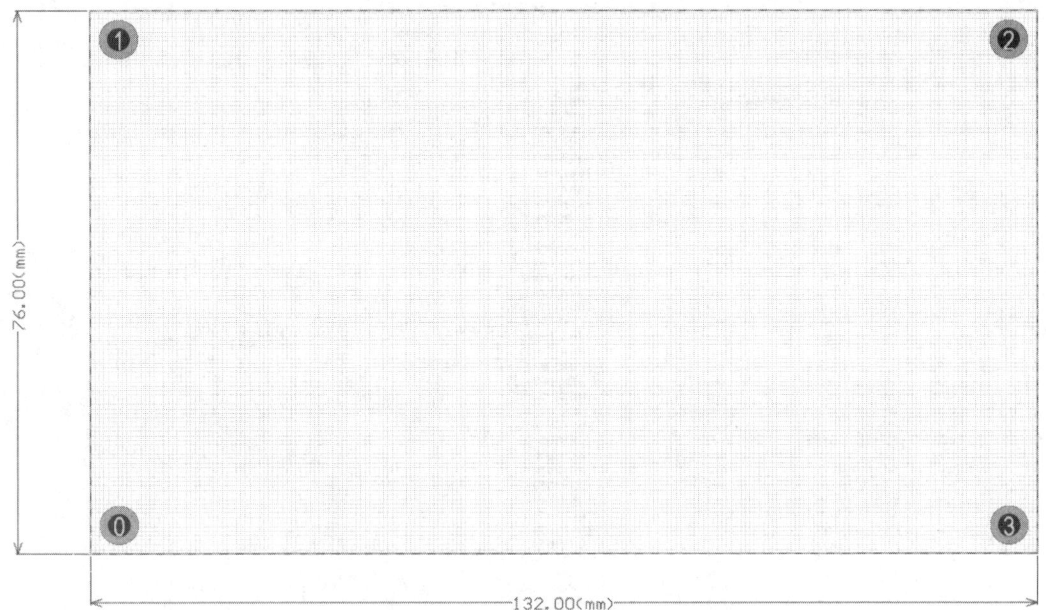

图 7-35　设置 PCB 的物理边界、电气边界和安装孔

7.2.2　原理图内容更新到 PCB

在 PCB 编辑器中执行菜单命令“设计”→“Import Changes From [仔猪智能化喂料机.PrjPcb]”，弹出如图 7-36 所示的“工程变更指令”对话框。分别单击“验证变更”按钮和“执行变更”按钮，完成后，“检测”状态列和“完成”状态列会显示当前的工作状态。根据工作状态可了解元器件的封装是否找到，如果部分元器件封装未找到，则需在原理图编辑器中执行菜单命令“工具”→“封装管理器”，弹出如图 7-37 所示的封装管理器对话框。

工程变更指令

更改					状态		
启用	动作	受影响对象		受影响文档	检测	完成	消息
	Add Components(66)						
✓	Add	C1	To	仔猪智能化喂料机.PcbDoc			
✓	Add	C2	To	仔猪智能化喂料机.PcbDoc			
✓	Add	C3	To	仔猪智能化喂料机.PcbDoc			
✓	Add	C4	To	仔猪智能化喂料机.PcbDoc			
✓	Add	C5	To	仔猪智能化喂料机.PcbDoc			
✓	Add	C6	To	仔猪智能化喂料机.PcbDoc			
✓	Add	C7	To	仔猪智能化喂料机.PcbDoc			
✓	Add	C8	To	仔猪智能化喂料机.PcbDoc			
✓	Add	D1	To	仔猪智能化喂料机.PcbDoc			
✓	Add	D2	To	仔猪智能化喂料机.PcbDoc			
✓	Add	D3	To	仔猪智能化喂料机.PcbDoc			
✓	Add	D4	To	仔猪智能化喂料机.PcbDoc			
✓	Add	D5	To	仔猪智能化喂料机.PcbDoc			
✓	Add	D6	To	仔猪智能化喂料机.PcbDoc			
✓	Add	D7	To	仔猪智能化喂料机.PcbDoc			
✓	Add	D8	To	仔猪智能化喂料机.PcbDoc			
✓	Add	D9	To	仔猪智能化喂料机.PcbDoc			
✓	Add	D10	To	仔猪智能化喂料机.PcbDoc			
✓	Add	D11	To	仔猪智能化喂料机.PcbDoc			
✓	Add	DS1	To	仔猪智能化喂料机.PcbDoc			
✓	Add	IR1	To	仔猪智能化喂料机.PcbDoc			

验证变更　执行变更　报告变更 (R)...　仅显示错误　关闭

图 7-36　“工程变更指令”对话框

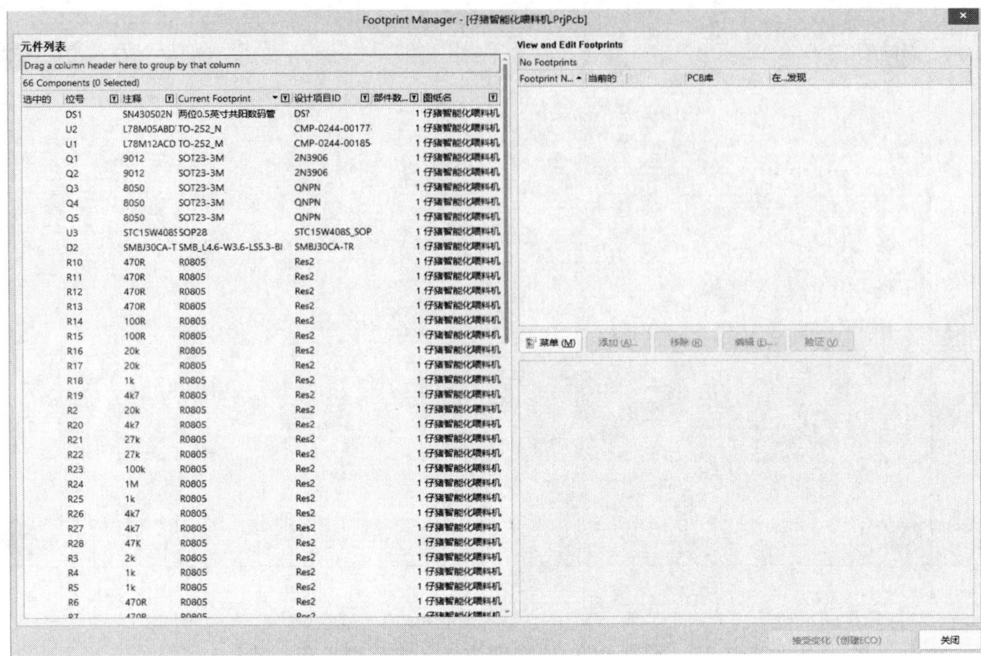

图 7-37　封装管理器对话框

在封装管理器对话框中，更改元器件的封装信息，直到所有元器件的封装信息均能正确识别。在原理图编辑器界面执行菜单命令“设计”→“Update PCB Document[仔猪智能化喂料机.PcbDoc]”，系统自动弹出“工程变更指令”对话框，分别单击“验证变更”按钮和“执行变更”按钮，单击“关闭”按钮关闭对话框。此时，所有的元器件和飞线已经出现在 PCB 文档中。

7.2.3 PCB 元器件布局

元器件自动布局的结果不理想，必须对自动布局的结果进行手动布局调整。手动调整布局以后的 PCB 如图 7-38 所示。

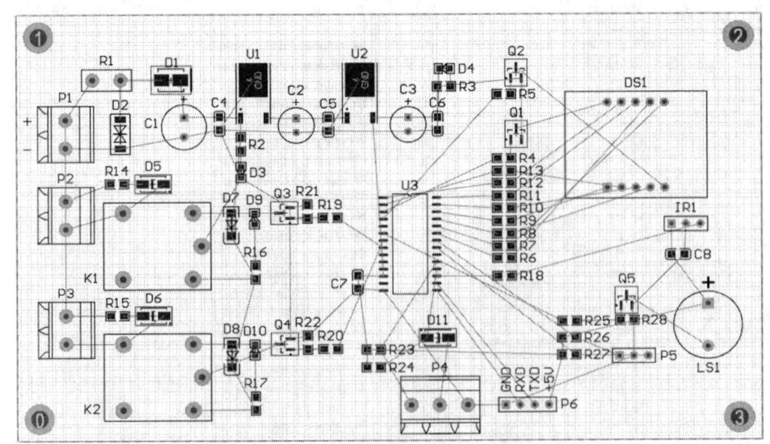

图 7-38　手动调整布局后的 PCB

7.2.4　PCB 布线规则设置

1. 线宽设置

在 PCB 编辑界面执行菜单命令“设计”→“规则”，设置线宽，将最小宽度设置为 10mil，首选宽度设置为 20mil，最大宽度设置为 100mil。24V 电源线与地线的主干道布线宽度要求为 100mil，在手动布线时实现。

2. 安全距离及布线层的设置

单击“Electrical”下的“Clearance”，将“约束”项最小间距的数值设置为 10mil。然后，增加一项安全距离规则，将敷铜与其他网络的安全距离设置为 20mil，界面如图 7-39 所示，安全距离规则优先级设置如图 7-40 所示。本项目采用层 PCB，顶层和底层都设置为允许布线。

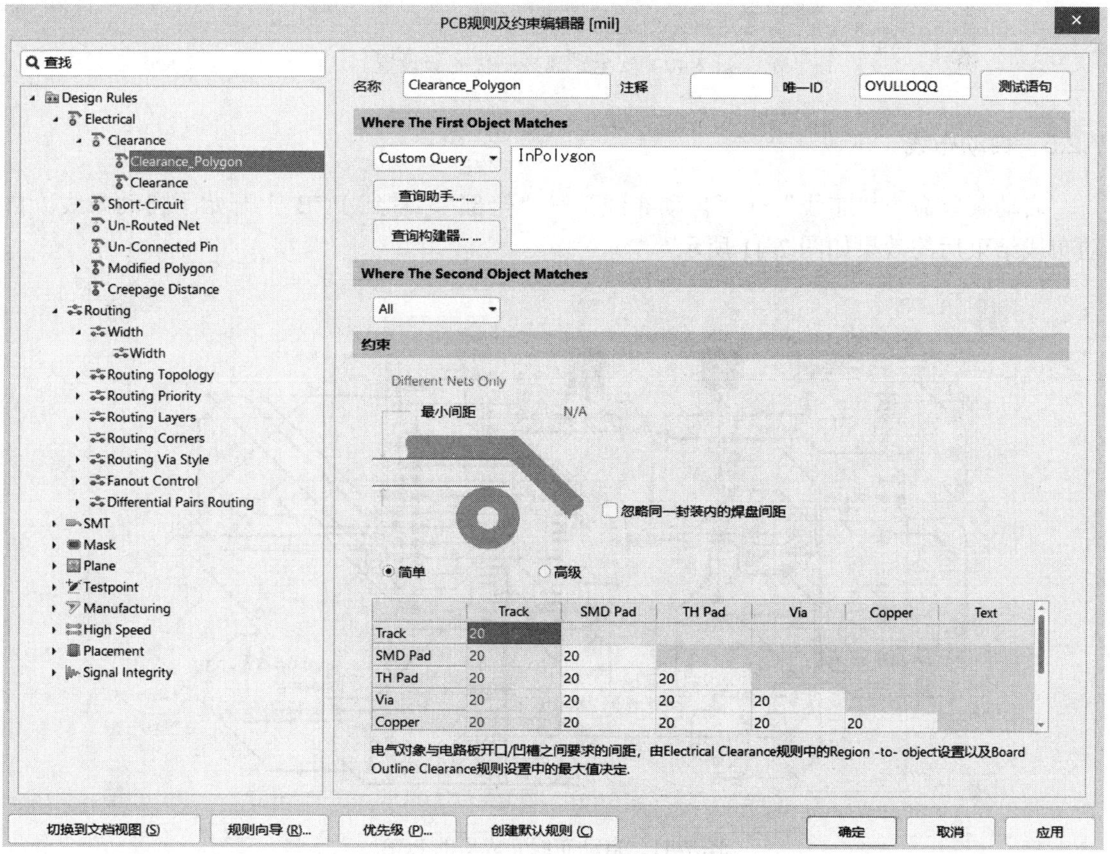

图 7-39　安全距离规则设置

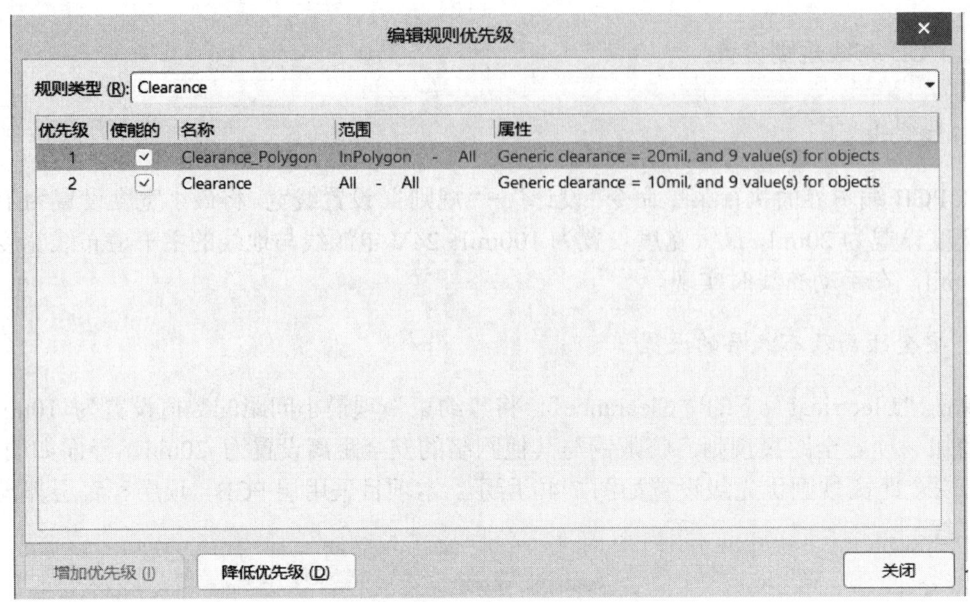

图 7-40 安全距离规则优先级设置

7.2.5 自动布线

启动菜单命令“布线”→“自动布线”→“全部”，看到 PCB 上开始了自动布线。自动布线结束后的效果如图 7-41 所示。

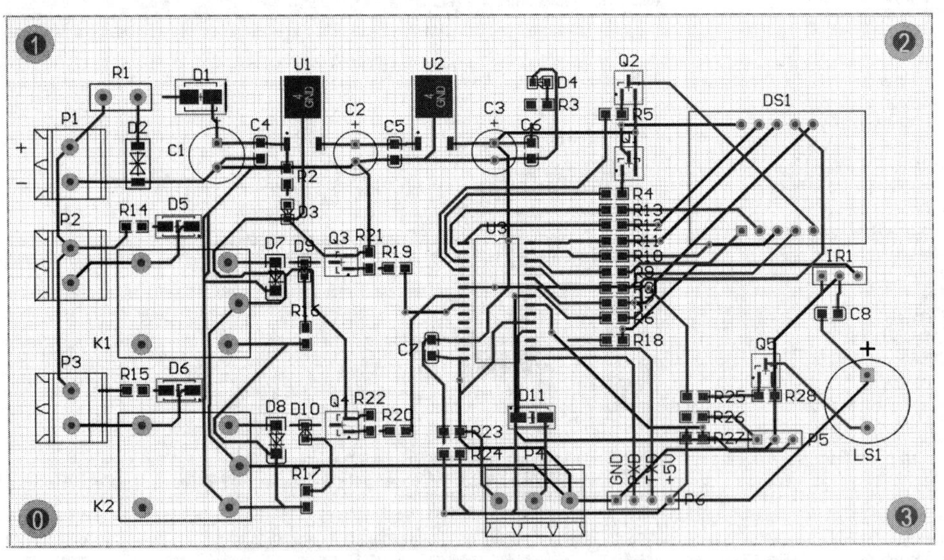

图 7-41 自动布线完成后的 PCB

7.2.6 手动布线

自动布线的结果往往不理想，通常需要对自动布线的结果进行手动调整，手动布线调整后的 PCB 如图 7-42 所示。此时，部分地线网络未布线，下一步将采用大面积敷铜的方式实现地线连接。

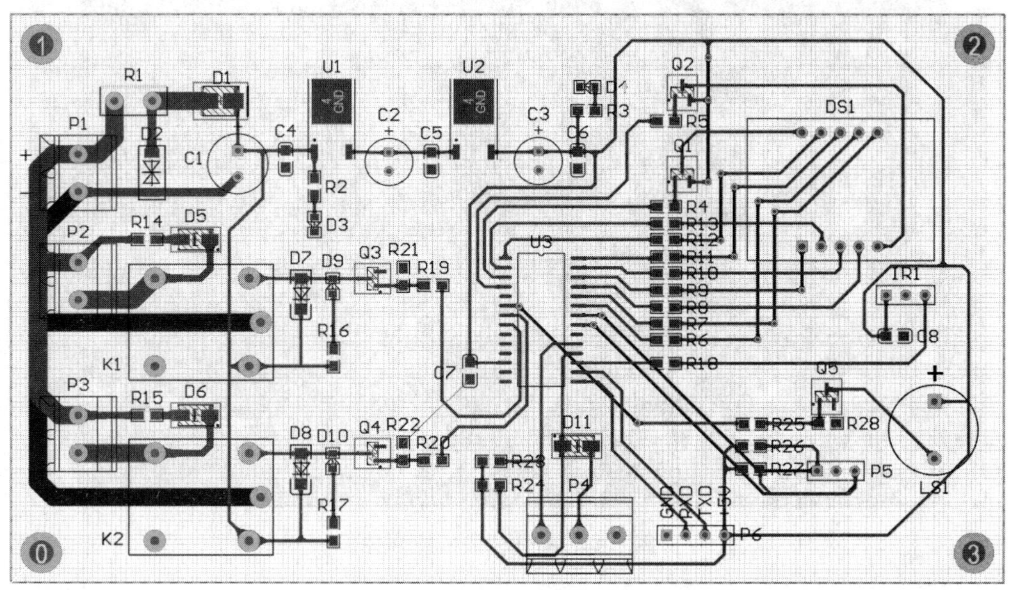

图 7-42　手动布线调整后的 PCB

执行菜单命令“放置”→“敷铜”，对整个 PCB 的顶层和底层进行大面积敷铜，并将敷铜连接至地线网络。敷铜之后，为了降低顶层和底层的大面积敷铜之间的阻抗，给地线网络添加过孔阵列，执行菜单命令“工具”→“缝合孔/屏蔽”→“给地线网络添加缝合孔”，弹出“添加过孔阵列到网络”对话框，配置参数后，如图 7-43 所示，单击“确定”按钮，完成添加过孔阵列到地线网络的任务，布线完成后的 PCB 如图 7-44 所示。

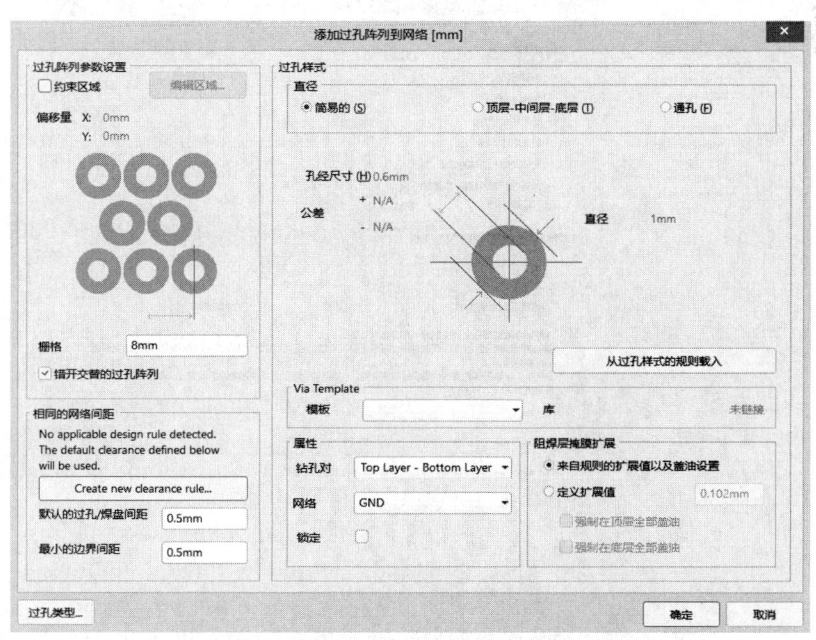

图 7-43　“添加过孔阵列到网络”对话框

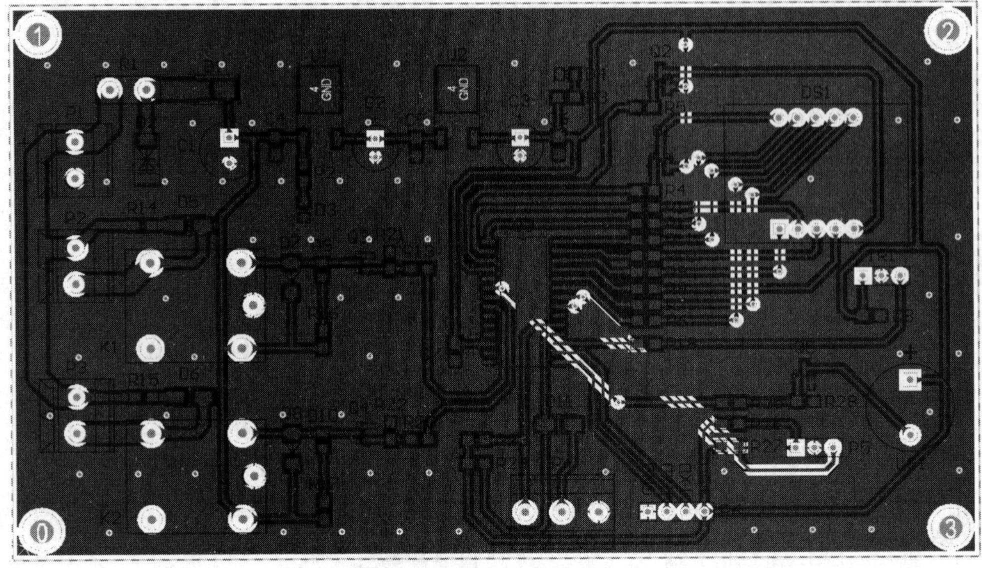

图 7-44 布线完成后的 PCB

7.2.7 设计规则检查

执行菜单命令“工具”→“设计规则检查”，弹出“设计规则检查器”对话框，如图 7-45 所示。单击左下角的“运行 DRC”按钮，系统将对 PCB 做规则检查，检查完成后会自动生成设计规则检查报告，根据报告可知 PCB 设计是否有违规之处。如有违规之处，修改后需再次进行设计规则检查。

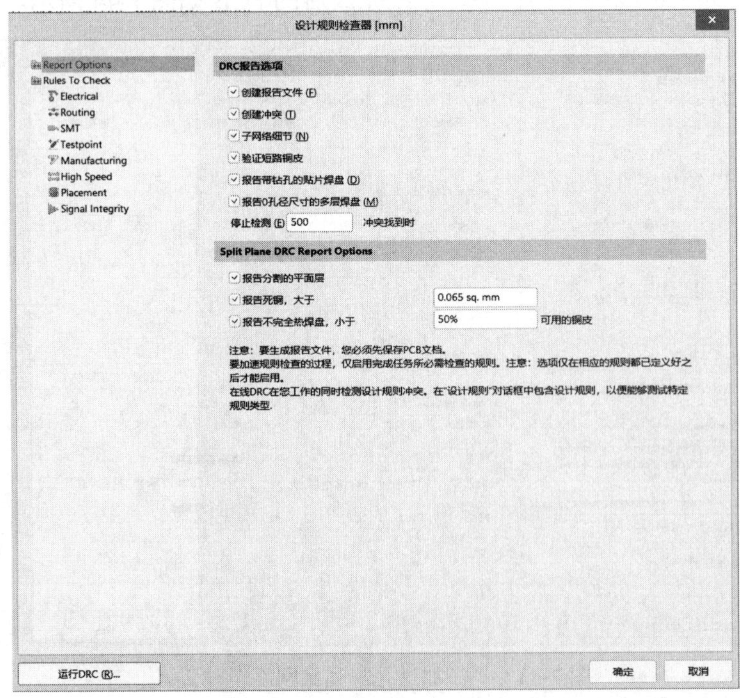

图 7-45 “设计规则检查器”对话框

7.2.8　PCB 三维视图

执行菜单命令“视图”→“切换到三维模式”，显示 PCB 三维视图，如图 7-46 所示。在三维模式下，按住〈Shift〉键，再按住鼠标右键移动鼠标，即可在任意角度查看 PCB 的 3D 效果图。滚动鼠标滚轮，3D 效果图上下移动。按住〈Shift〉键，滚动鼠标滚轮，3D 效果图左右移动。按住〈Ctrl〉键，滚动鼠标滚轮，3D 效果图可实现缩放。执行菜单命令“视图”→“切换到二维模式”，可返回 PCB 二维模式。

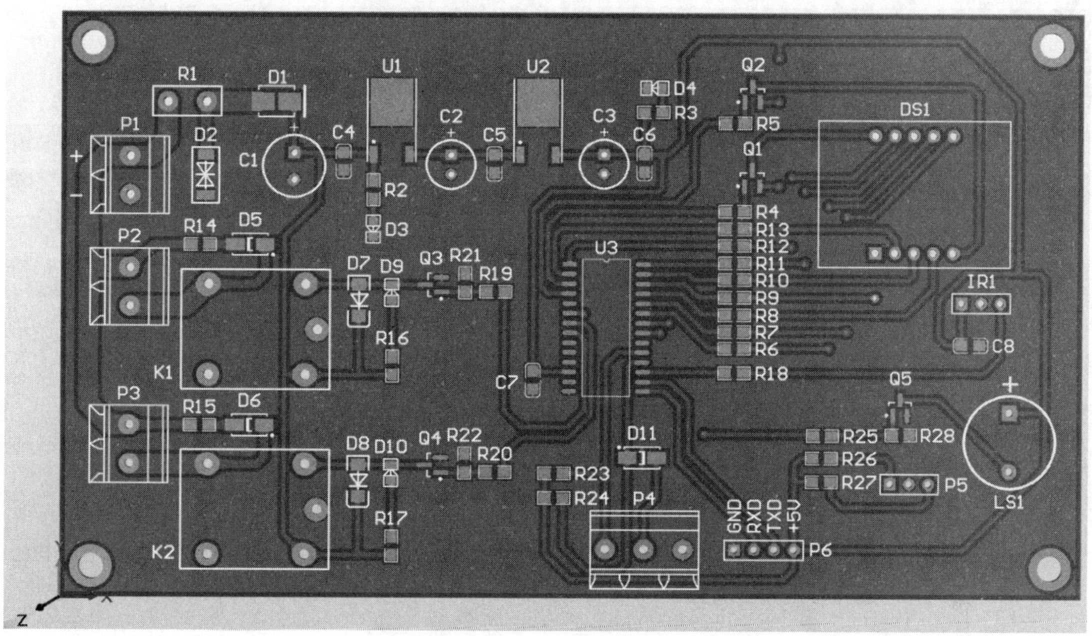

图 7-46　PCB 三维视图

7.2.9　PDF 文件的输出

在 PCB 生产调试期间，为了方便查看文件或者查询相关元器件信息，通常把 PCB 设计文件转换成 PDF 文件。前期工作是需要在计算机上安装虚拟打印机和 PDF 阅读器，前期工作完成后按照以下步骤进行操作。

1）执行菜单命令“文件”→“智能 PDF”，打开智能 PDF 向导，如图 7-47 所示，单击“Next”按钮进入下一步。

2）选择导出目标：按照向导提示，设置文件的输出路径，如图 7-48 所示，单击“Next”按钮进入下一步。

3）选择导出项目文件：按照向导提示，选择需要导出的项目文件，如图 7-49 所示，单击“Next”按钮进入下一步。

4）导出原材料的 BOM 表：物料清单输出选项，此项可选，不过 Altium Designer 有专门输出 BOM 表的功能，此处一般不再勾选，如图 7-50 所示，单击“Next”按钮进入下一步。

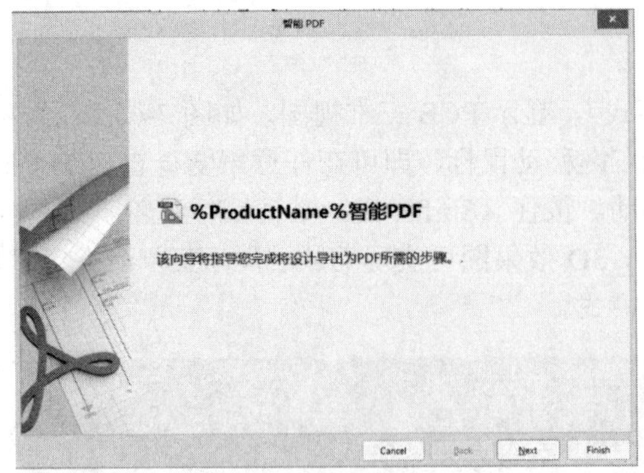

图 7-47 智能 PDF 向导

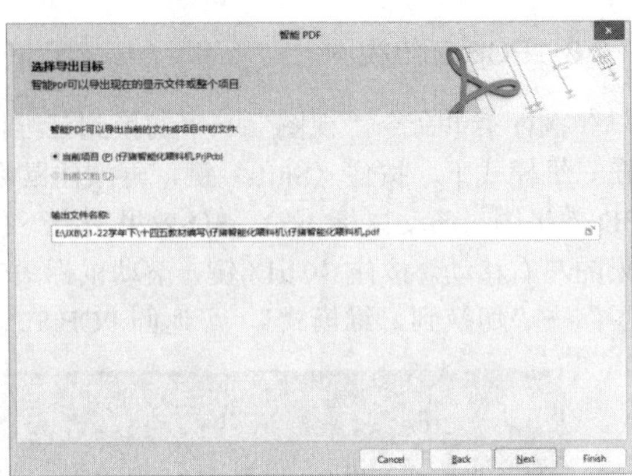

图 7-48 文件输出路径的设置

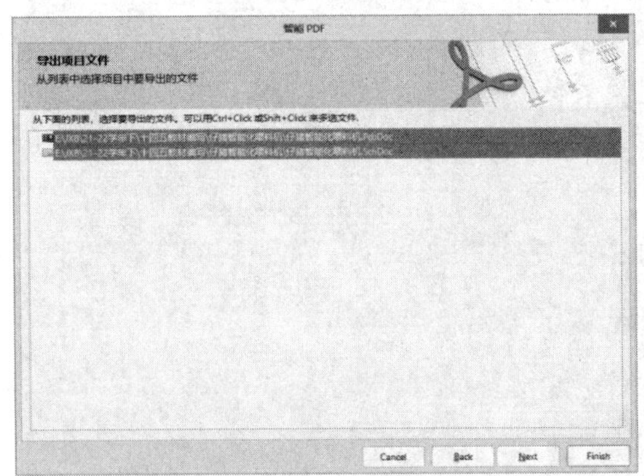

图 7-49 选择导出项目文件

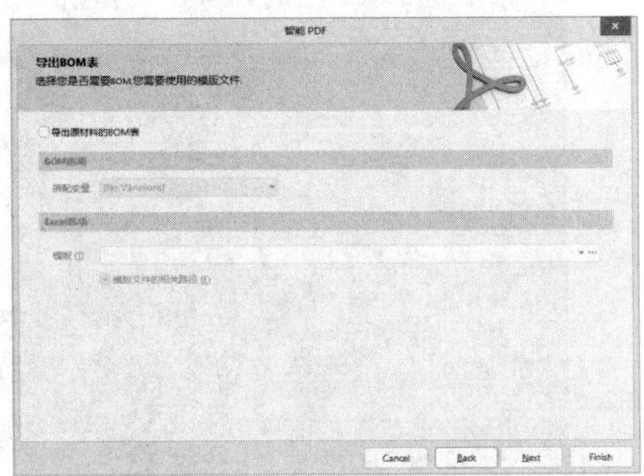

图 7-50 BOM 表输出选择

1. 装配图的 PDF 文件输出

1）在输出栏目条上右击，在弹出的下拉菜单中选择“Create Assembly Drawings”（创建装配图输出）命令，一般默认创建顶层和底层装配输出元素，如图 7-51 所示。

2）双击“Top Layer Assembly Drawing”输出栏目条，可以对输出属性进行设置，装配元素一般输出机械层、丝印层及阻焊层，单击“添加”“移除”等按钮进行相关输出层的添加、移除等操作，如图 7-52 所示。同理，对“Bottom Layer Assembly Drawing”输出栏目条进行相同操作。

如果是装配图，一般添加如下线路层进行输出即可。

① Top/Bottom Overlay（丝印层）。

② Top/Bottom Solder（阻焊层）。

③ Mechanical/Keep-Out Layer（机械层/禁止布线层）。

3）在如图 7-53 所示的视图设置对话框的底层装配栏勾选“Mirror”选项，在输出之后观看 PDF 文件时是顶视图，反之是底视图。

4）Area to Print：选择 PDF 打印范围，如图 7-54 所示。

① Entire Sheet：整个文档全部打印。

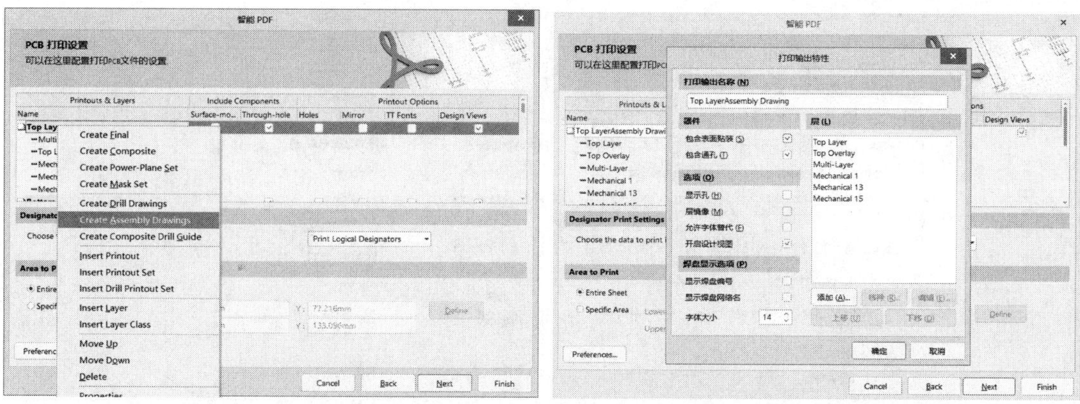

图 7-51　创建装配输出元素　　　　图 7-52　装配元素输出设置

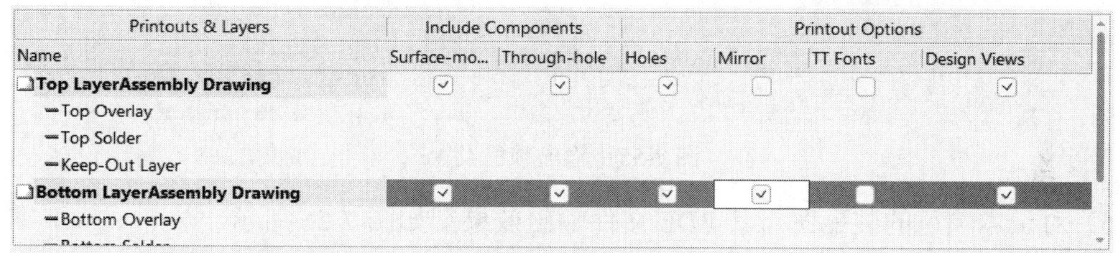

图 7-53　视图设置

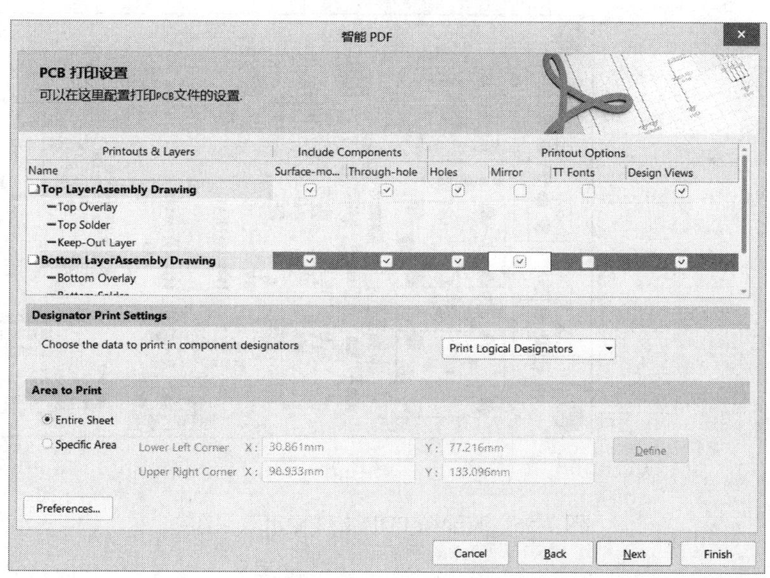

图 7-54　打印范围设置

② Specific Area：区域打印，可以自行输入打印范围的坐标，也可单击“Define”按钮，利用鼠标框选需要打印的范围。

5）设置输出颜色，如图 7-55 所示，可选“颜色”（彩色）、“灰度”（灰色）、“单色”（黑白），单击“Finish”（完成）按钮，完成装配图的 PDF 文件输出。

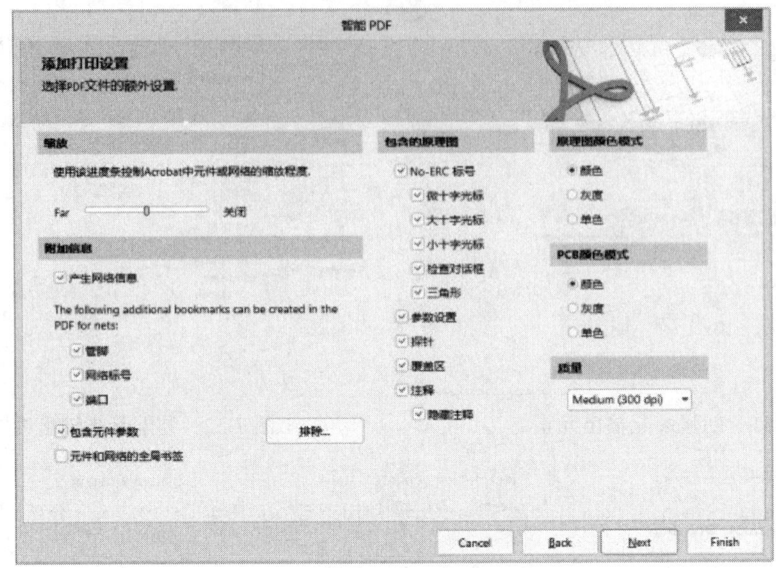

图 7-55 输出颜色设置

6）对于本项目的装配图，其 PDF 文件输出效果图如图 7-56 所示。

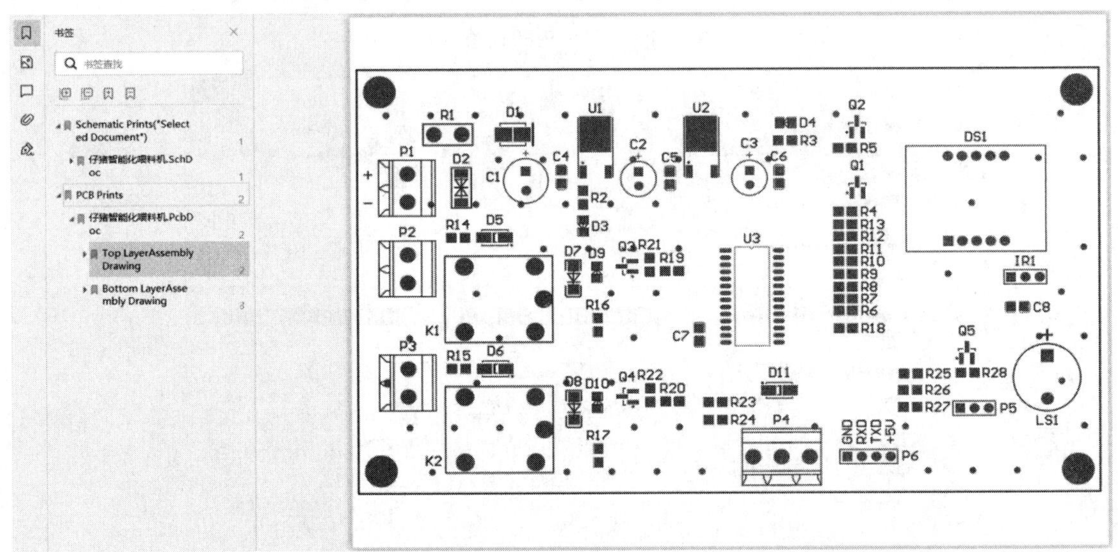

图 7-56 装配图 PDF 文件输出效果图

2. 多层线路的 PDF 文件输出

多层线路输出可以一层一层地单独输出，设置操作方式类似于装配图的输出方式。

1）同样执行智能 PDF 向导，至 PCB 打印设置页面，在输出栏目条上右击，添加输出层如图 7-57 所示，单击“Insert Printout”（插入打印输出）选项，插入需要输出的层，然后重复操作。

2）双击输出栏目条，对输出属性进行设置，单击“添加”“移除”等按钮进行相关输出层的添加、移除等操作，如图 7-58 所示。

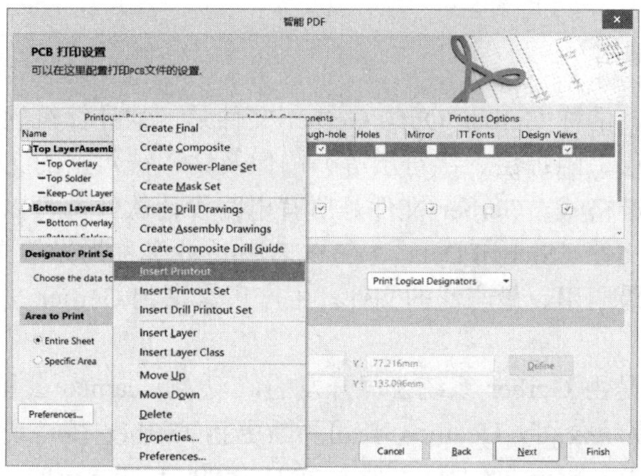

图 7-57　添加输出层

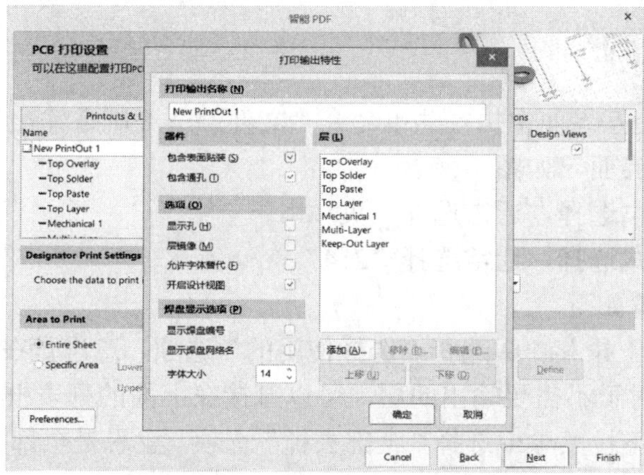

图 7-58　添加输出层的属性

3）设置输出颜色，选择“颜色”（彩色），单击“Finish”按钮，完成多层线路的 PDF 文件输出，其效果图如图 7-59 所示。

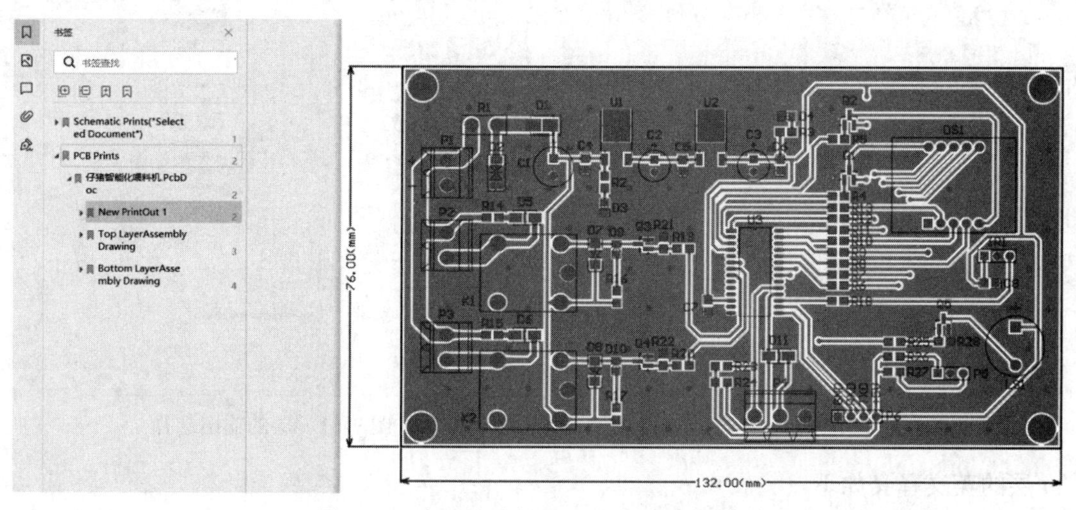

图 7-59　多层线路的 PDF 文件输出效果图

7.2.10 生产文件的输出

生产文件的输出，俗称 Gerber Out。Gerber 文件是一款计算机软件，是线路板行业软件描述线路板（线路层、阻焊层、字符层等）图像及钻、铣数据的文档格式集合，是线路板行业图像转换的标准格式。Gerber 文件是所有电路设计软件都可以产生的文件，在电子组装行业又称为模板文件（Stencil Data），在 PCB 制造业又称为光绘文件。可以说，Gerber 文件是电子组装业中最通用、最广泛的文件，生产厂家拿到 Gerber 文件可以方便和精确地读取制板的信息。

Gerber 格式最初是由 Gerber 系统公司开发的，现为 Ucamco 公司所有，其前身 Barco 公司收购了 Gerber 系统公司。Ucamco 公司不断更新 Gerber 规格说明书的版本。目前的 Gerber 规格说明书是 Revision 2021.11，是在 2021 年的 11 月发布的，可免费从 Ucamco 公司的网站下载。

1. Gerber 文件的输出

1）在 PCB 设计交互界面中执行菜单命令“文件”→“制造输出”→“Gerber Files”，进入“Gerber 设置”界面，如图 7-60 所示。

① 单位：输出单位选择，通常选择“英寸”。

② 格式：比例格式选择，通常选择“2:4”。

2）“层”选项设置如下。

① 在“绘制层”下拉菜单中选择“选择使用的”选项，意思是在设计过程中用到的层都进行选择，当然，对于不需要输出的层，可以直接在上面的列表框中取消勾选。

② 在“镜像层”下拉菜单中选择“全部去掉”选项，意思是全部关闭，不做镜像输出。

③ 层的输出选择如图 7-61 所示。

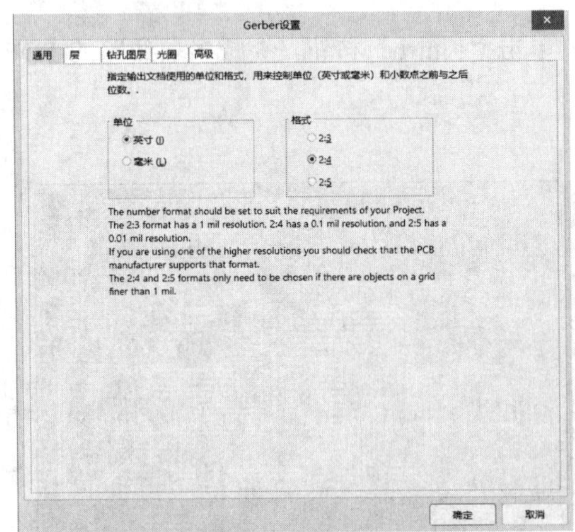

图 7-60 输出单位及比例格式选择

图 7-61 层的输出选择

层的英文释义如下。

- Top Overlay：顶层丝印层。

- Top Paste：顶层钢网层。
- Top Solder：顶层阻焊层。
- Top Layer：顶层线路层。
- Bottom Layer：底层线路层。
- Bottom Solder：底层阻焊层。
- Bottom Paste：底层钢网层。
- Bottom Overlay：底层丝印层。
- Mechanical 1：机械标注 1 层。
- Keep-Out Layer：禁止布线层。

3）钻孔图层：对“钻孔图”和“钻孔向导图”两处的“输出所有使用的钻孔对”进行勾选，表示对用到的钻孔类型都进行输出，如图 7-62 所示。

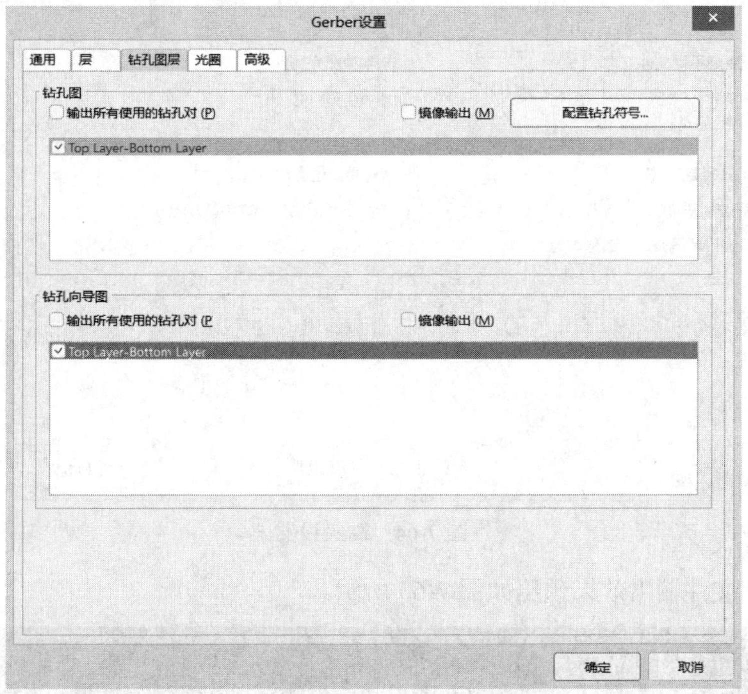

图 7-62　钻孔图层设置

4）光圈：默认设置此项，选择“RS274X”格式进行输出，如图 7-63 所示。

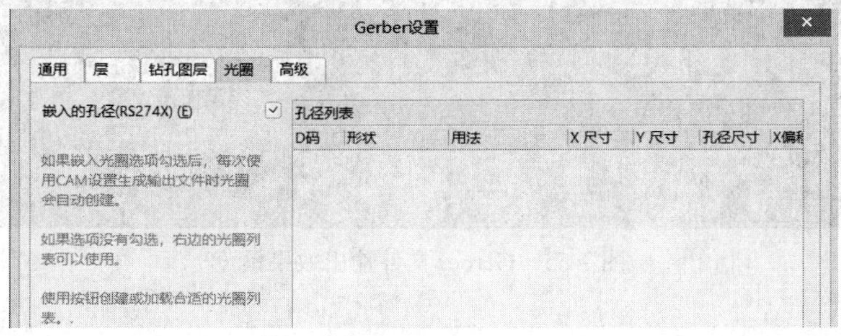

图 7-63　光圈设置

5）高级：如图 7-64 所示，通常采取默认设置即可。

Gerber设置

通用　层　钻孔图层　光圈　高级

胶片规则
(水平的) (X)　20000mil
Y (垂直的) (Y)　16000mil
边界尺寸 (B)　1000mil

首位/末尾的零
保留首位和末尾的零 (K)
去掉首位的零 (Z)
去掉末尾的零 (T)

孔径匹配公差
正 (L)　0.005mil
负 (N)　0.005mil

胶片中的位置
参照绝对原点 (A)
参照相对原点 (V)
胶片中心 (C)

批量模式
每层生成不同文件 (E)
拼板层 (P)

绘制类型
未排序的(光栅) (U)
排序(矢量) (S)

其它的
G54 孔径更改 (G)
使用软件弧 (F)
用多边形覆铜替代八边形焊盘
优化更改位置命令 (O)
产生 DRC规则导出文件(.RU) (G)

确定　取消

图 7-64　高级设置

6）Gerber 文件输出效果预览如图 7-65 所示。

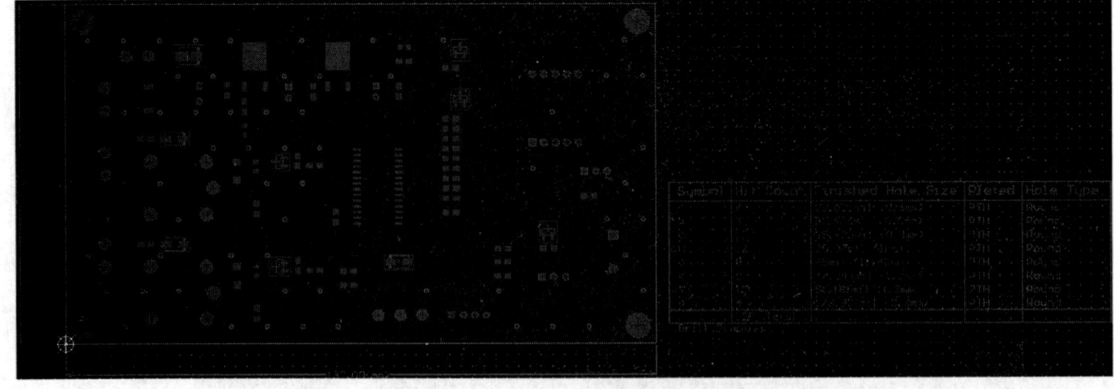

图 7-65　Gerber 文件输出效果预览

2. 钻孔文件的输出

安装孔和过孔需要通过钻孔文件输出设置进行输出。在 PCB 设计交互界面中，执行菜单命令“文件”→“制造输出”→“NC Drill Files”，进入钻孔文件的输出设置界面，如图 7-66 所示。

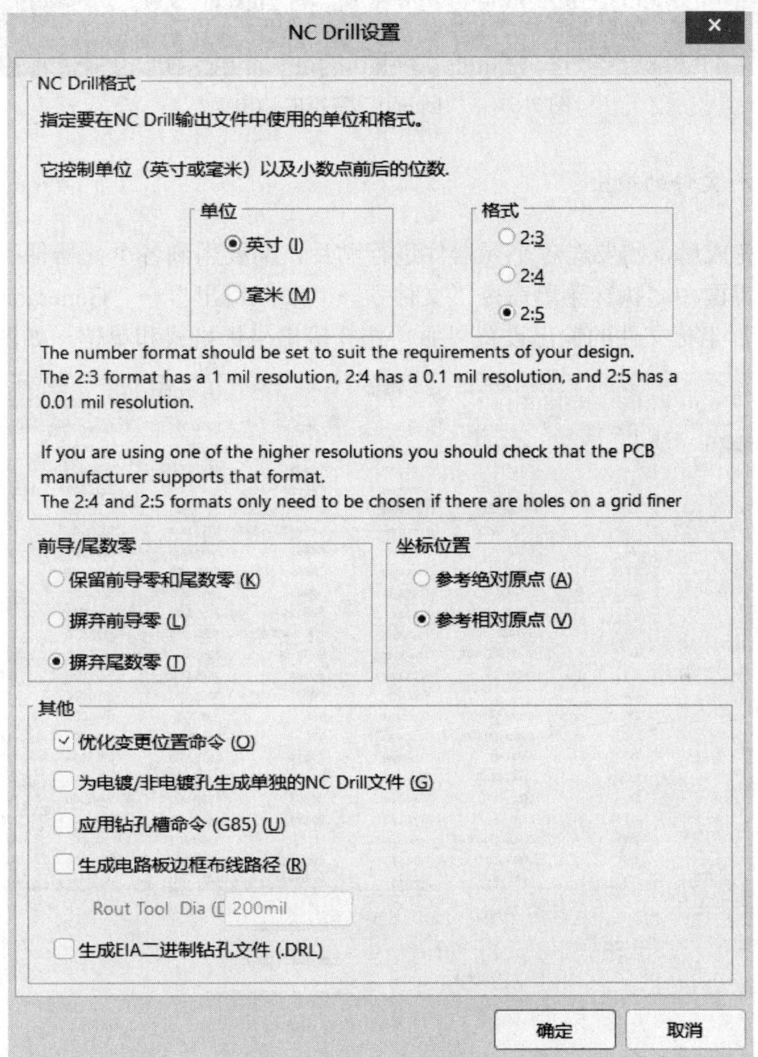

图 7-66　钻孔文件的输出设置

1）单位：输出单位选择，通常选择“英寸”。

2）格式：比例格式选择，通常选择“2:5”。

3）其他选项通常采用默认设置。

在 PCB 设计阶段，通常在 PCB 的右下角“Dill Drawing”层放置“.legend”字符，在输出 Gerber 文件之后，会看到钻孔的属性及数量等信息，如图 7-67 所示。

Symbol	Hit Count	Finished Hole Size	Plated	Hole Type
	74	23.622mil (0.6mm)	PTH	Round
	4	31.496mil (0.8mm)	PTH	Round
	12	35.433mil (0.9mm)	PTH	Round
	12	39.37mil (1mm)	PTH	Round
	9	45mil (1.143mm)	PTH	Round
	2	47.244mil (1.2mm)	PTH	Round
	10	51.181mil (1.3mm)	PTH	Round
	4	129.921mil (3.3mm)	PTH	Round
	127 Total			

Drill Drawing.

图 7-67 “.legend”字符的输出信息

3. 贴片坐标文件的输出

制板生产完成后，需要对各个元器件进行贴片，需要用到各个元器件的坐标文件。在 PCB 设计交互界面中，执行菜单命令“文件”→“装配输出”→“Generates pick and place files”，进入贴片坐标文件的输出设置界面，选择输出坐标格式和单位，如图 7-68 所示。

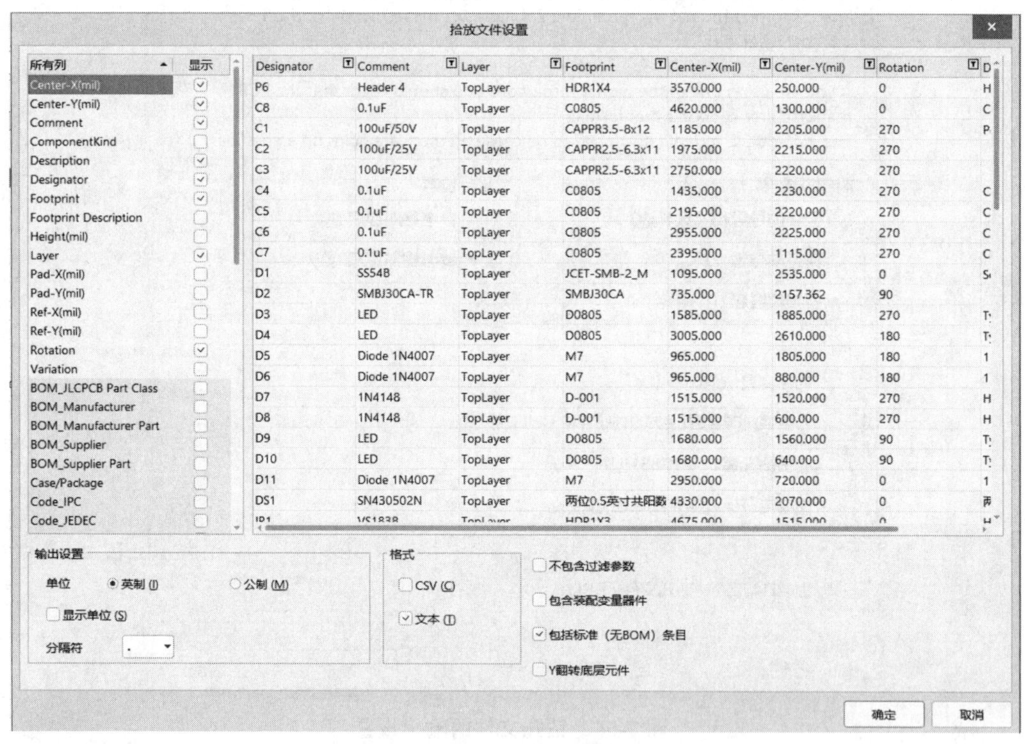

图 7-68 贴片坐标文件的输出设置

至此，所有 Gerber 文件输出完毕，把当前工程目录下输出文件夹中的所有文件进行打包，即可发送到 PCB 加工厂进行加工。

项目小结

本项目是一个实际的工程案例，通过该项目的学习，了解设计元器件和设计封装的一般流程，会调用设计的元器件绘制原理图，会将自己设计的封装加载到元器件中，掌握 DigiPCBA 云平台查找并放置元器件的方法，熟悉 PCB 设计的一些后期处理，包括设计规则检查、PDF 文件及生产文件的输出。

拓展阅读

征途漫漫中国“芯

如果你留意近年各大报纸的科技新闻，就会发现，“中国‘芯’”这三个字曾经让中华大地欢欣鼓舞。在结束了几十年的无“芯”时代之后，中国终于掌握了自己的微处理器核心技术，设计出了一批中国“芯”——“方舟-1”“龙芯”、北大微处理器等。

如果你被中国集成电路产业的发展历程所鼓舞，那一定也会被一个人的故事所感动，他就是王阳元。

王阳元 1953 年顺利考入北京大学，毕业之后留校任教，后担任北京大学微电子所研究室主任、微电子研究所所长、博士生导师，1995 年当选中国科学院院士。凭着对微电子技术的深刻理解和对国际发展形势的准确把握，2000 年，王阳元作为奠基人之一与国外同事共同创建了中国最先进的集成电路代工厂——“中芯国际”。2003 年，中芯国际被世界知名的《半导体国际》（*Semiconductor International*）杂志评为全球“2003 年度最佳半导体厂”之一。《半导体国际》杂志在对中芯国际的评价中这样写道：“中芯国际把中国与全球权威者的差距由原来的 4～5 代缩小到仅剩 1～2 代。”从研制存储器到开发芯片设计软件，再到参与创建国内规模最大、技术最先进的集成电路制造企业，王阳元为中国的芯片产业开辟出一条探索之路。这里有无数个从零到一的开拓，更有无数个艰难险阻的挣脱。如今，王阳元的博士生培养出来的博士生都已经是国家级重点实验室的骨干，但王阳元依然忙碌在科研一线。

小小的芯片展示着一个国家的科技实力，也凝结着王阳元一个甲子的不懈追求。当再问起他是如何看待入党申请书中的那句“人活着应当使人民感到有益”时，他回答道：“生逢盛世、肩负重任，我没有虚度年华。科学无国界，但是科学家有祖国。” 我们要坚持弘扬科学家精神，涵养优良学风，为建设中国式现代化积累知识、提升技能和贡献力量。

拓 展 项 目

7-1　试画出如图 7-69 所示的单片机开发板电路原理图，并制作 PCB。要求如下：

1）使用双层 PCB，PCB 长度为 100mm，宽度为 100mm。

2）尽量采用贴片元器件。

3）PCB 的 4 个角采用倒角设计，4 个角各放置 1 个直径为 3.5mm 的安装孔。

4）信号线宽度不低于 8mil，电源线和地线宽度不低于 10mil。

5）手动布局，自动布线后手动优化。

6）元器件布局可借鉴如图 7-70 所示的单片机开发板三维视图。

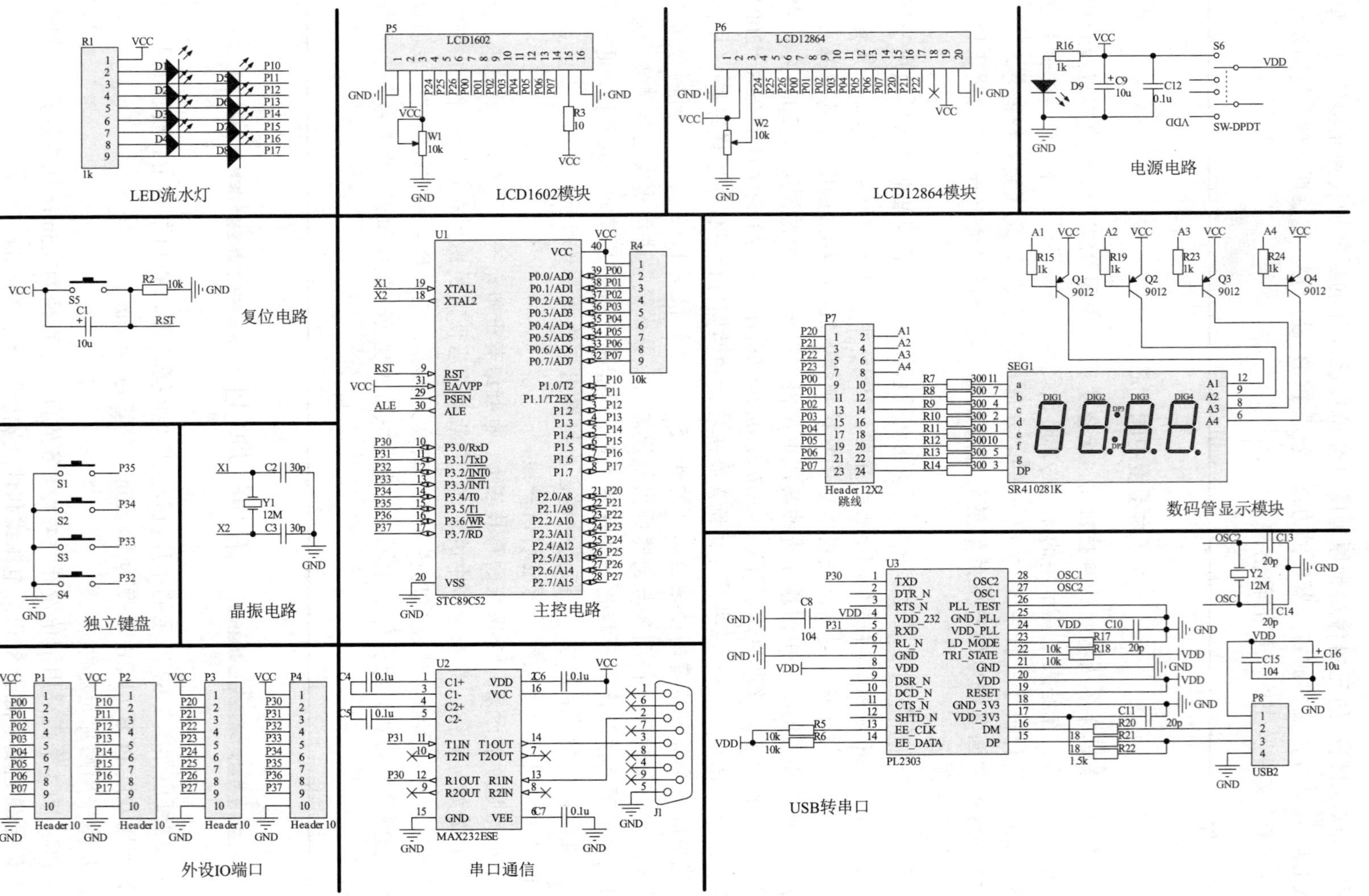

图 7-69 单片机开发板电路原理图

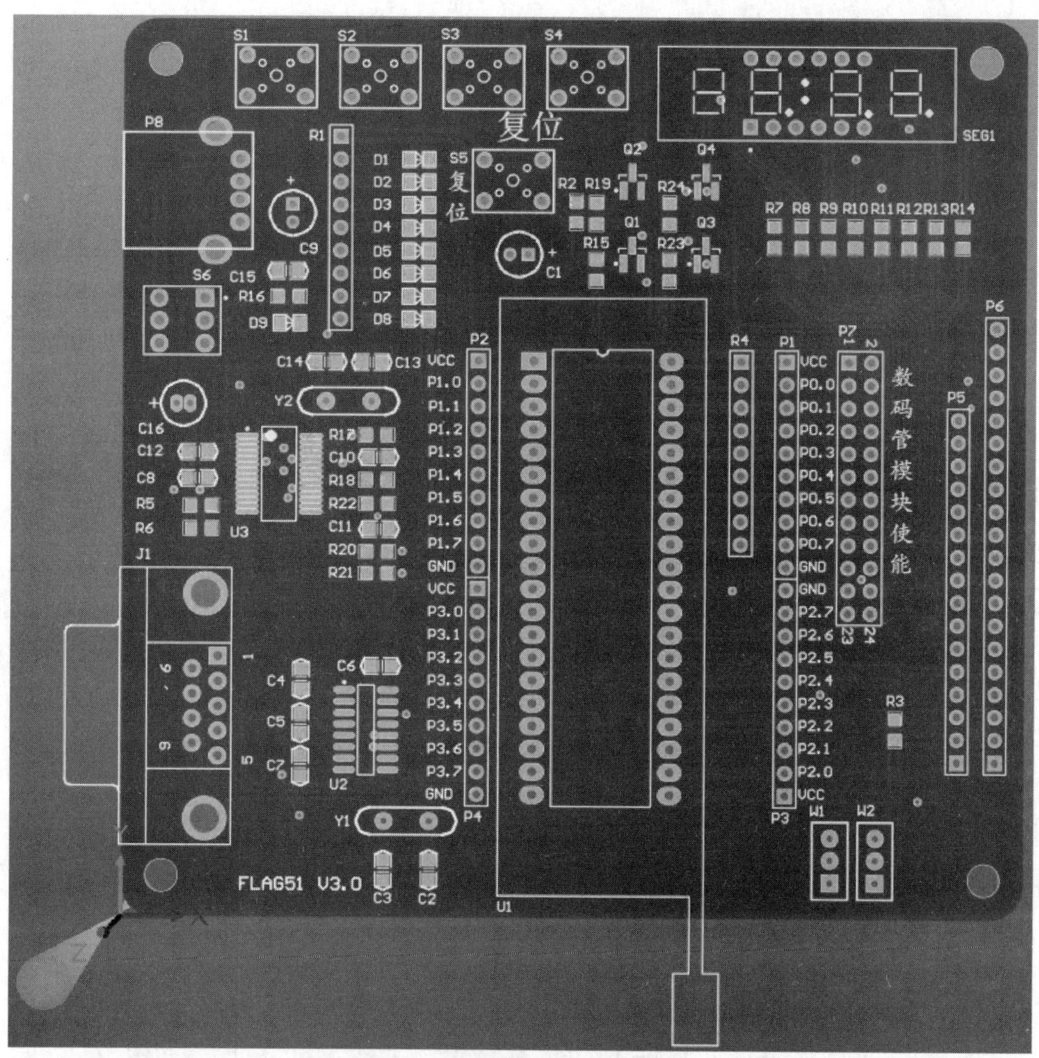

图 7-70　单片机开发板三维视图

7-2　试画出如图 7-71 所示的婴幼儿尿床检测电路原理图，并制作 PCB。要求如下：

1）使用 4 层 PCB，板框尺寸不大于 35mm×27mm。

2）尽量采用贴片元器件。

3）信号线宽度不低于 6mil，电源线和地线宽度不低于 10mil。

4）射频天线采用 PCB 天线。

5）手动布局并手动布线。

6）元器件布局可借鉴如图 7-72 所示的婴幼儿尿床检测电路三维视图。

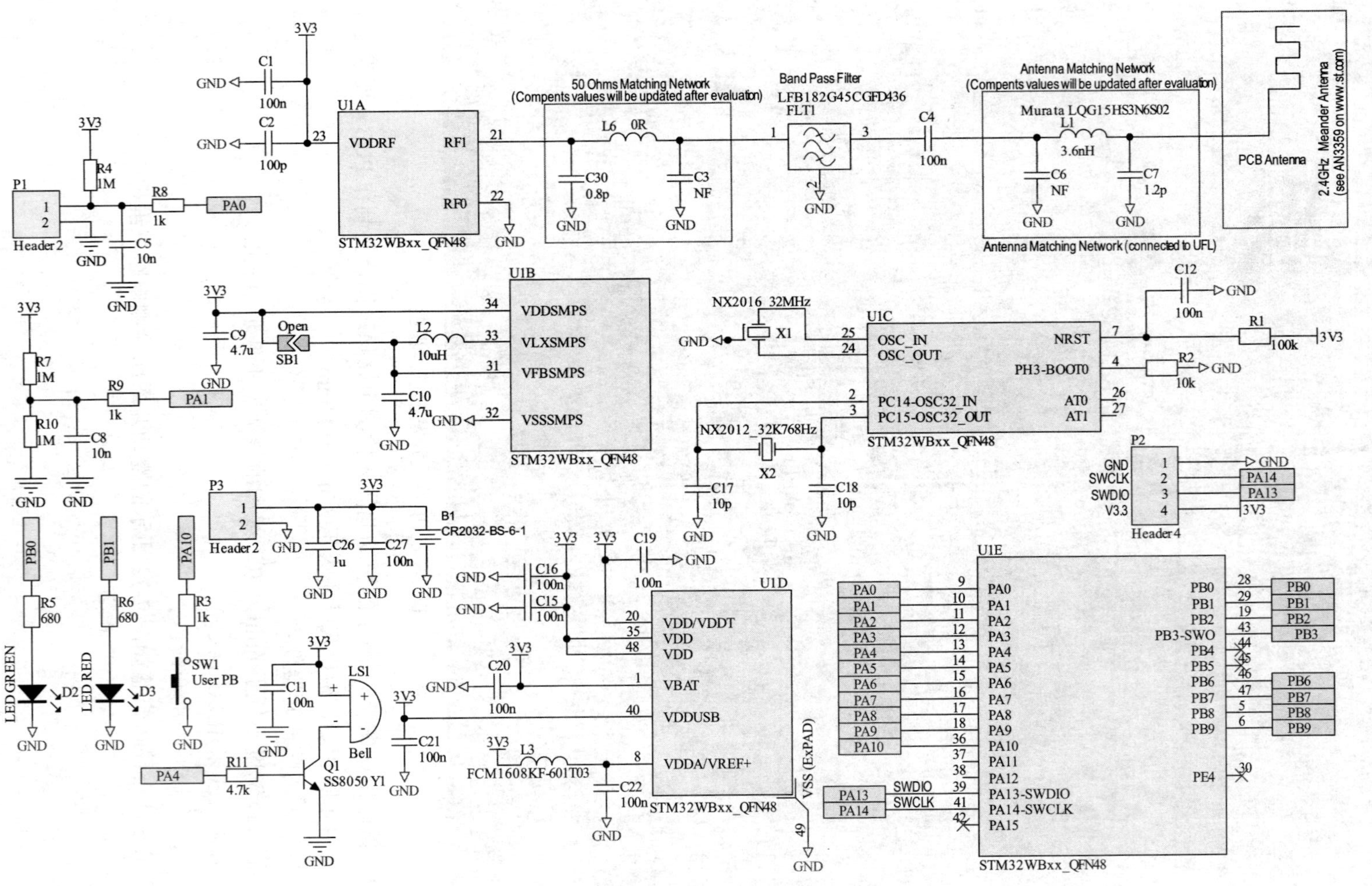

图 7-71　婴幼儿尿床检测电路原理图

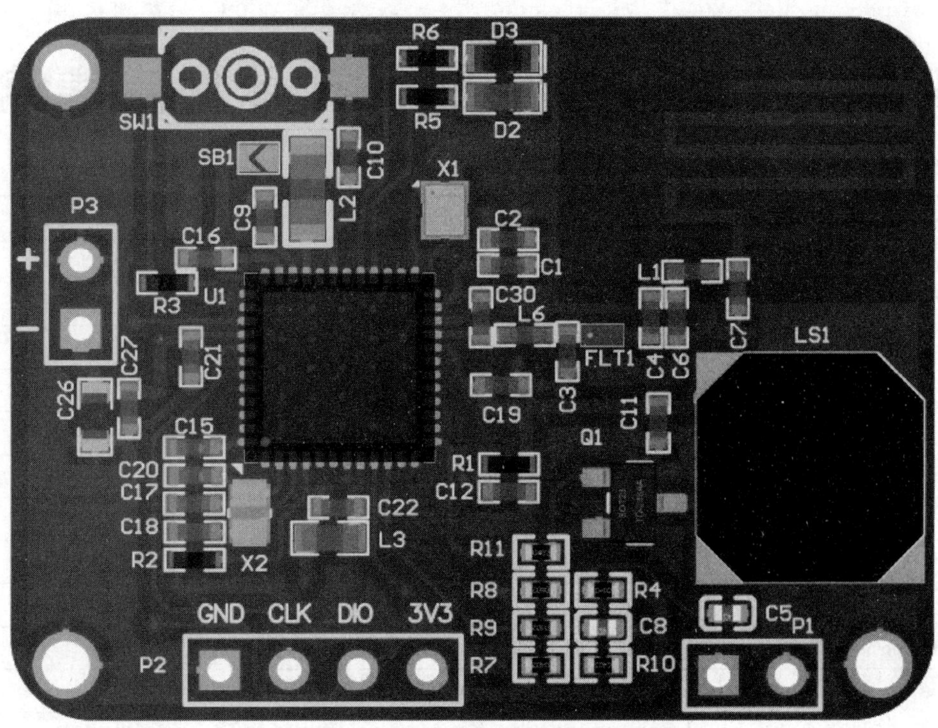

图 7-72　婴幼儿尿床检测电路三维视图

附录　Altium Designer 元器件库集锦

元器件的总库名	元器件的分库名	中文名称
Fairchild Semiconductor	FSC Discrete BJT.IntLib	晶体管
	FSC Discrete Diode.IntLib	二极管
	FSC Discrete Rectifier.IntLib	1N 系列二极管
	FSC Logic Flip-Flop.IntLib	40 系列
	FSC Logic Latch.IntLib	74LS 系列
C-MAC MicroTechnology	C-MAC MicroTechnology	晶振
Dallas Semiconductor	Dallas Microcontroller 8-Bit.IntLib	存储器
International Rectifier	IR Discrete SCR.IntLib	可控硅
	IR Discrete Diode.IntLib	二极管
KEMET Electronics	KEMET.Chip.Capacitor.IntLib	粘贴式电容
Motorola	Motorola Discrete BJT.IntLib	晶体管
	Motorola.Discrete.Diode.IntLib	1N 系列稳压管
	Motorola Discrete JFET.IntLib	场效应管
	Motorola.Discrete.MOSFET.IntLib	MOS 管
	Motorola Discrete SCR.IntLib	可控硅
	Motorola Discrete TRIAC.IntLib	双向可控硅
	Motorola.Power Management Voltage Regulator.IntLib	电源 LM 系列
National Semiconductor	NSC Audio Power Amplifier.IntLib	LM38、48 系列
	NSC Analog Timer Circuit.IntLib	LM555
	NSC Analog Timer Circuit.IntLib	晶体管
	NSC Discrete Diode.IntLib	1N 系列二极管
	NSC Discrete Diode.IntLib	1N 系列稳压管
	NSC Logic Counter.IntLib	CD40 系列
	NSC Logic Counter.IntLib	74 系列
	NSC Power Mgt Voltage Regulator.IntLib	电源稳压模块 78 系列
ON Semiconductor	ON Semi Logic Counter.IntLib	74 系列
	ON Semi Logic Counter.IntLib	晶振
ST Microelectronics	ST Analog Timer Circuit.IntLib	LM555
	ST Discrete BJT.IntLib	2N 系列晶体管
Teccor Electronics	Teccor Discrete TRIAC.IntLib	双向可控硅
	Teccor Discrete SCR.IntLib	可控硅

续表

元器件的总库名	元器件的分库名	中文名称
ST Microelectronics	ST Operational Amplifier.IntLib	TL084 系列
	ST Logic Counter.IntLib	40 系列、74 系列
	ST Logic Flip-Flop.IntLib	74 系列 4017
	ST Logic Switch.IntLib	4066 系列
	ST Logic Latch.IntLib	74 系列
	ST Logic Register.IntLib	40 系列
	ST Logic Special Function.IntLib	40 系列
	ST Power Mgt Voltage Reference.IntLib	TL 系列、LM38 系列
	ST Power Mgt Voltage Regulator.IntLib	电源稳压模块 LM317 系列
Teccor Electronics	Teccor Discrete TRIAC.IntLib	双向可控硅
	Teccor Discrete SCR.IntLib	可控硅
Texas Instruments	TI Analog Timer Circuit.IntLib	555 系列
	TI Converter Digital to Analog.IntLib	D/A 转换器
	TI Converter Analog to Digital.IntLib	A/D 转换器
	TI Logic Decoder Demux.IntLib	SN74LS138
	TI Logic Flip-Flop.IntLib	逻辑电路 74 系列
	TI Logic Gate 1.IntLib	逻辑电路 74 系列
	TI Logic Gate 2.IntLib	逻辑电路 74 系列
	TI Operational Amplifier.IntLib	TL 系列功放块
Simulation	Simulation Sources.IntLib	信号源
	Simulation Voltage Source.IntLib	信号源
	Simulation Math Function.IntLib	数学函数
	Simulation Pspice Functions.IntLib	Pspice 函数
	Simulation Special Function.IntLib	特殊函数
	Simulation Transmission Line.IntLib	传输线

参考文献

陈学平，2015．Altium Designer 电路设计与制作[M]．北京：中国铁道出版社．

高立新，2017．Altium Designer 电子 CAD 教程[M]．北京：科学出版社．

高明远，曹红英，2019．Protel DXP 2004 电路设计与应用[M]．2 版．北京：科学出版社．

廖芳，熊增举，2022．电子产品制作工艺与实训[M]．5 版．北京：电子工业出版社．

廖先芸，2011．电子技术实践与训练[M]．3 版．北京：高等教育出版社．

刘超，包建荣，俞优姝，2019．Altium Designer 原理图与 PCB 设计精讲教程[M]．北京：机械工业出版社．

彭远芳，张静，黄晓峰，2019．Altium Designer 14 电子线路板设计项目教程[M]．北京：清华大学出版社．

汤伟芳，戴锐青，2018．电子制图与 PCB 设计：基于 Altium Designer[M]．北京：电子工业出版社．

王天曦，李鸿儒，王豫明，2009．电子技术工艺基础[M]．2 版．北京：清华大学出版社．

王巍，冯世娟，罗元，2021．现代电子材料与元器件[M]．北京：科学出版社．

肖文平，王卫平，2021．电子产品制造工艺[M]．4 版．北京：高等教育出版社．

杨益群，2006．电工电子实习教程[M]．北京：机械工业出版社．

郑振宇，黄勇，2021．Altium Designer 21（中文版）电子设计速成实战宝典[M]．北京：电子工业出版社．

Altium 中国技术支持中心，2022．Altium Designer 21 PCB 设计官方指南（基础应用）[M]．北京：清华大学出版社．